人工智能前沿科学丛书

类脑智能机器人

褚君浩院士　主编

乔　红　等　著

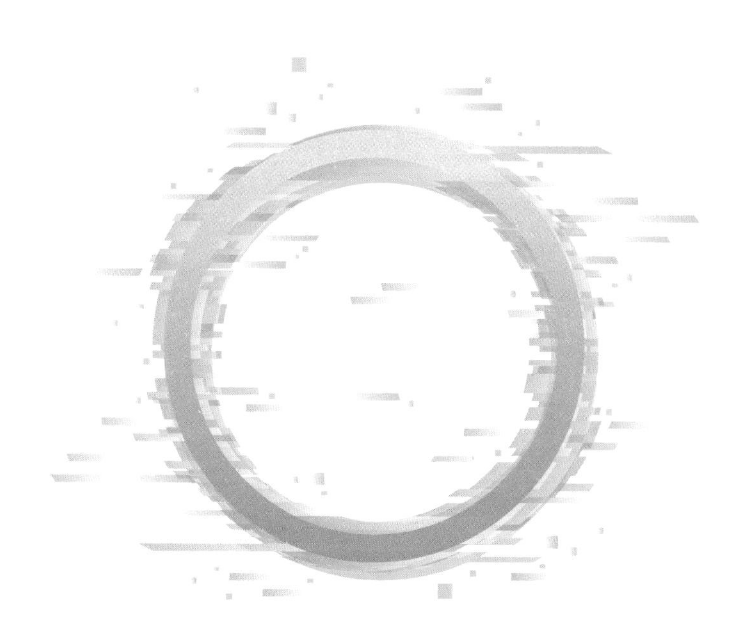

上海科学技术文献出版社
Shanghai Scientific and Technological Literature Press

图书在版编目（CIP）数据

类脑智能机器人 / 乔红等著 . —上海：上海科学技术文献出版社 ,2022
（人工智能前沿丛书 / 褚君浩主编）
ISBN 978-7-5439-8496-7

Ⅰ . ①类… Ⅱ . ①乔… Ⅲ . ①智能机器人—研究 Ⅳ . ① TP242.6

中国版本图书馆 CIP 数据核字 (2021) 第 258736 号

选题策划：张　树
责任编辑：王　珺
封面设计：留白文化

类脑智能机器人
LEINAO ZHINENG JIQIREN
褚君浩院士　主编　乔　红　等著
出版发行：上海科学技术文献出版社
地　　址：上海市长乐路 746 号
邮政编码：200040
经　　销：全国新华书店
印　　刷：商务印书馆上海印刷有限公司
开　　本：720mm×1000mm　1/16
印　　张：22
字　　数：371 000
版　　次：2022 年 2 月第 1 版　2022 年 2 月第 1 次印刷
书　　号：ISBN 978-7-5439-8496-7
定　　价：158.00 元
http://www.sstlp.com

序

人工智能是人类第四次工业革命的重要引领性核心技术。

人类第一次工业革命是热力学规律的发现和蒸汽机的研制，特征是机械化；第二次工业革命是电磁规律的发现和发电机、电动机、电报的诞生，特征是电气化；第三次工业革命是因为相对论、量子力学、固体物理、现代光学的建立，使得集成电路、计算机、激光、存储、显示等技术飞速发展，特征是信息化。现在人类正在进入第四次工业革命，其特征是智能化。智能化时代的重要任务是努力把人类的智慧融入物理实体中，构建智能化系统，让世界变得更为智慧、更为适宜人类可持续发展。智能化系统具有三大支柱：实时获取信息、智慧分析信息、及时采取应对措施。而传感器、大数据、算法和物理系统规律，以及控制、通信、网络等提供技术支撑。人工智能是智能化系统的重要典型实例。

人工智能研究仿人类功能系统，也就是通过研究人类的智能与行为规律，发现人类是如何认知外在世界、适应外在世界的秘密，从而掌握规律，把人类认知与行为的智慧融入一个实际的物理系统，制备出能够具有人类功能的系统。它能像人那样具备观察能力、理解世界；能听会说、善于交流；能够思考并能推理；善于学习、自我进化；决策、操控；互相协作，也就是它能够看、听、说、识别、思考、学习、行动，从简单到复杂，从事类似人的工作。人类的智能来源于大脑，类脑机制是人工智能的顶峰。当前人工智能正在与各门科学技术、各类产业、医疗健康、经济社会、行政管理等深度融合，并在融合和应用中发展。

“人工智能前沿科学丛书”旨在用通俗的语言，诠释目前人工智能研究的概貌和进展情况。上海科学技术文献出版社及时组织出版的这套丛书，主笔专家均为人工智能研究领域各细分学科的著名学者，分别从智能体构建、人工智能中的搜索与优化、构建适应复杂环境的智能体、类脑智能机器人、智能运动控制系统，以及人工智能的治理之道等方面讨论人工智能发展的若干进展。在丛书中可以了解人工智能简史、人工智能基本内涵、发展现状、标志性事件和无人驾驶汽车、智能机器人等人工智能产业发展情况，同时也讨论和展望了人工智能发展趋势，阐述人工智能对科技发展、社会经济、道德伦理的影响。

该丛书可供各领域学生、研究生、老师、科技人员、企业家、公务员等涉及人工智能领域的各类人才以及对人工智能有兴趣的人员阅读参考。相信该丛书对读者了解人工智能科学与技术、把握发展态势、激发兴趣、开拓视野、战略决策等都有帮助。

中国科学院院士
中科院上海技术物理研究所研究员、复旦大学教授
2021年11月

目　录

第一章

类脑智能机器人

1.1 智能机器人发展历程

作者：刘 洋 张金涵 王萧娜 乔 红
（中国科学院自动化研究所）

近年来，机器人技术发展迅速，在工业制造、农业生产、医疗服务、教育娱乐、航空航天、深海探测、军事战争等各行各业，都具有广泛而重要的应用。随着机器人智能程度的不断提高，机器人在人类生活中扮演着越来越多的重要角色，它们已经无处不在，并加速影响着我们的生活和社会[1]。

关于智能机器人，目前尚无统一定义。日本工业机器人学会对智能机器人的解释是：“机器人具有感知和理解外部环境的能力，即使其工作环境发生变化，也能够成功地完成任务。”[2]英国皇家两院院士Michael Brady给出的定义为：“智能机器人：从感知到行为的智能联系。”[3]清华大学张钹院士认为，智能机器人应该具备三方面的能力：“感知环境的能力，即感知；执行某种任务而对环境施加影响的能力，即行动；最后是把感知与行动联系起来的思考能力，即思考。”[4]机器人智能涉及多个领域的技术融合，其发展经历了漫长过程，总结各时期技术特点，基本遵循“感知”—“行动”—“思考”这一发展历程。

制造出能够服务于人的智能机器人，一直是人类的梦想与追求。1920年，捷克作家Karel Capek在他的科幻剧本《罗素姆万能机器人》中首次提出“robot”这一名词，用来描述人工制造的人形或仿人形的机械装置[5]。美国科幻作家Issac Asimov写作了一系列机器人相关作品，深入探讨人与机器人之间的冲突与道德问题，于1940年提出著名的“机器人三原则”。随着科幻小说与电影的广泛传播，智能机器人的形象在大众心目中逐步清晰[6]。

在智能机器人构想被提出的同时，学术界相关理论研究也迎来重要突破。20世纪中期，“控制论”兴起，在当时这是一门关于生命理解和自动机研制的前沿科学[6]。1948年，美国数学家Norbert Wiener撰写了专著《控制论或关于在动物和机器控制和通信的科学》，首次提出反馈是一个控制系统的特征之一，其普遍存在于工程和生物系统中[7]，这对于控制理论与机器人学的发展都有着重要意义。1956年，“人工智能之父”John McCarthy在美国达特茅斯学院主持召开了一个具有分水岭意义的会议，参会者包括Marvin Minsky、Claude Shannon、Herbert Simon、Allen Newell等众多计算机领域知名学者。他们在会议上提出并定义了人工智能的概念，强调了数值计算和符号操作，开创了在机器人学、视觉、自然语言、语义学以及推理等方面的新研究方向[8]。

1954年，George C. Devol申请了第一项具有现代意义的机器人专利，该机器人装置安装在导轨上，包含一个机械臂及其末端夹持手，机器人动作序列由保存在一个转动鼓轮上的磁性图进行编码。1956年，Devol与Joseph Engelberger创立了世界上第一家机器人公司尤尼梅逊，该公司生产的第一台机器人Unimate于1961年正式发布并应用于通用汽车公司的压铸车间，如图1.1.1[9]。

为满足工业生产及特殊作业中大负载、高精度、高速度等需求，英国工程师D. Stewart于1965年发明了6足自由度并联机构Stewart平台，如图1.1.2[10]。并联机器人的设计与应用逐渐成为医疗设备、机械加工、天文仪器等诸多领域的研究热点之一[11]。

图1.1.1　Unimate[9]

图1.1.2　Stewart平台[10]

工业机器人的广泛应用极大推动了制造业的发展，产品在质量和数量上都有显著提升。但此时的机器人本质上是一种机器自动化，几乎不具备智能性。

1966至1972年，美国斯坦福研究院开发了世界首台智能移动机器人Shakey[12]，如图1.1.3[13]。它能够自主进行信息感知、环境建模、行为规划，并能够完成重新排列简单物体的任务。1973年，日本日立公司研制了世界第一台具备视觉和触觉，用于螺栓紧固或放松的工业智能机器人，如图1.1.4[14]。该机器人利用视觉技术对移动框架上的螺栓、肋条、轮胎进行实时识别，通过触觉确认视觉识别结果并进行精度补偿[14]。

图1.1.3　Shakey[13]

图1.1.4　日立自动螺栓紧固或放松机器人[14]

随着传感器技术进入机器人领域，越来越多的机器人具备了视觉、触力觉等感知能力，它们能够对外部环境进行检测，生成相应的策略，在动态环境下具备一定的在线调整能力。这种实时调整主要通过自适应控制来实现，机器人初步具备了“感知”能力与“行动”能力，但与所期望的具备“思考”能力还有很大距离。

2000年，日本本田公司研制出仿人机器人ASIMO[15]，后经升级改进，ASIMO除了具备走路、跑步、上下楼梯等基本功能外，还可以与人类交流、依据人类指令做出相应动作，且能够进行基本的记忆与辨识，如图1.1.5[16]。2005年，美国移动机器人设计公司波士顿动力公司[17]推出了四足机械狗BigDog，它通过汽油发动机及液压泵驱动，不仅能在复杂地形上载重行进，甚至在受到外部强烈冲击时仍能保持平衡，如图1.1.6[18]。2013年，波士顿动力公司展示了双足人形机器人Atlas，如图1.1.7[19]，并在后续完成了多版功能迭代。在2021

图1.1.5　ASIMO[16]

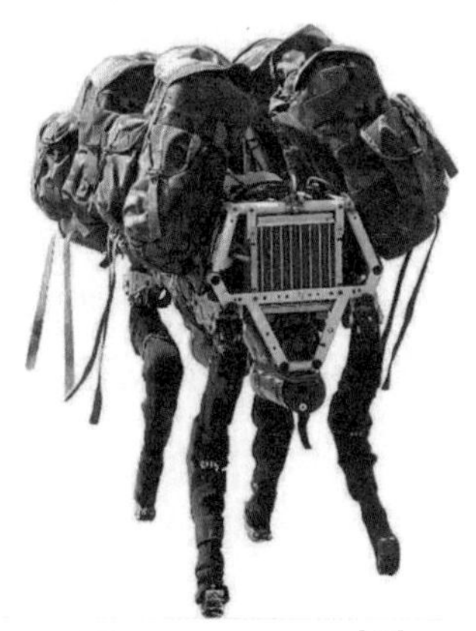

图1.1.6　BigDog[18]

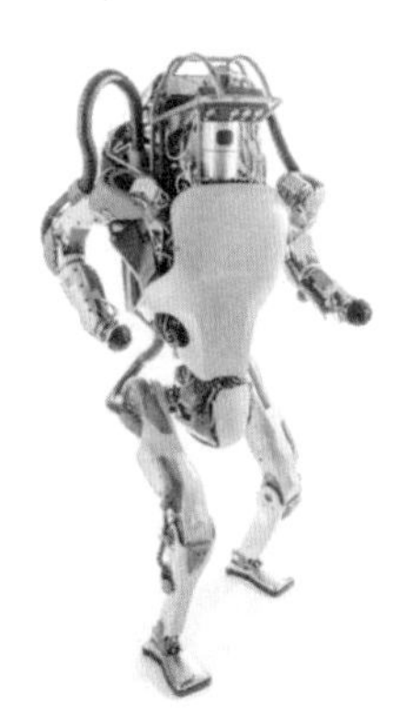

图1.1.7　Atlas[19]

年8月发布的最新研究成果中，Atlas团队尝试让机器人完成跑酷运动，将机器人行动力推向极限，以发掘新一代机器人的机动性、感知力和运动智能[19]。

随着人工智能技术的蓬勃发展，智能机器人的前沿探索已成为当前最热门的话题之一。与此同时，不同形态的智能机器人也正在各领域实现应用并拓展。从应用场景角度，机器人可分为工业机器人和服务机器人两大类[20]。

工业机器人主要面向工业生产，在接受人类指令后，按照设定的程序规划运动路径并执行包括焊接、喷涂、组装、采集、放置、产品检测和测试等多项作业[21]。2016年，谷歌大脑的研究人员利用深度强化学习对多个协作机器人进行操作训练，如图1.1.8[22]。各机械臂可将所学技能在所有机械臂之间共享，这样所有机械臂都能以更快的速度学习、成长[22]。2018年，央视报道了京东物流无人仓智能分拣系统，如图1.1.9[23]。仓库内上百个智能移动机器人同时进行取货、运输、投货，机器人利用二维码和惯性导航完成定位与路径规划，可自动识别快递面单信息，自动完成包裹的扫码和称重，以最优线路完成投递，还能自动排队充电[24]。

图1.1.8　谷歌协作机器人[22]

图1.1.9　京东智能分拣系统[23]

服务机器人是一种半自主或全自主工作机器人（不包括从事生产的设备），能够完成有益于人类的服务工作。服务机器人可分为两类：专用服务机器人和家用服务机器人。专用服务机器人是在特殊环境下作业的机器人，如水下作业机器人、空间探测机器人、抢险救援机器人、反恐防爆机器人、军用机器人、农业机器人、医疗机器人及其他特殊用途机器人；家用服务机器人是服务于人的机器人，如助老助残机器人、康复机器人、清洁机器人、护理机器人、教育娱乐机器人等[25]。

在专用服务机器人领域，2012至2015年，美国国防高级研究计划局举办了DARPA机器人挑战赛（DRC），旨在促进半自主机器人的技术创新，以用于复杂环境中的灾难响应等危险任务[26]。比赛中，机器人面对救灾场景，完成了不平坦路面搬运、使用钻孔机、爬行或快走等复杂任务，其中韩国科学技术院队的机器人HUBO以总分第一的成绩夺冠，如图1.1.10（a）[27]。2020年7月，英国利物浦大学研究团队开发的“机器人化学家”第二次登上《自然》封面，该机器人每天工作21.5小时，一周之内研究了1000种催化剂配方，8天自主发现新型催化剂材料，如图1.1.10（b）[28]。2020年，为抗击新型冠状病毒肺炎疫情，武汉市第三医院ICU病房引进两台AirFace智能医护服务机器人辅助医疗检测，大大降低了医患交叉感染风险[29]，如图1.1.10（c）[30]。在家用服务机器人领域，德国弗劳恩霍夫研究所研制的家庭机器人Care-O-bot已更新至第四代。Care-O-bot采用模块化、标准化设计，是一款成熟度高、实用性强的家用服务智能机器人[31]，如图1.1.10（d）[32]。关于智能机器人的应用案例还有非常多，此处不再一一列举。

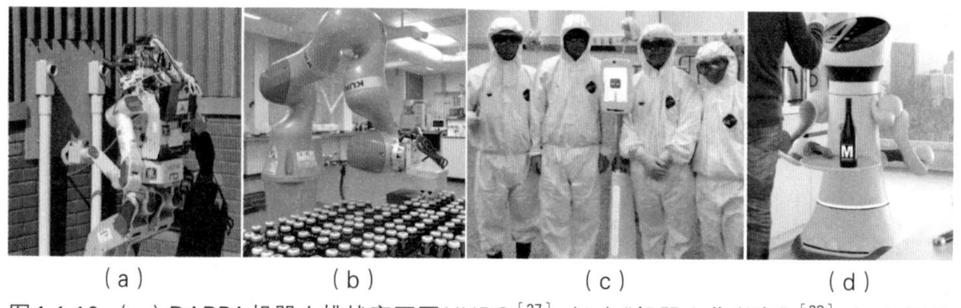

（a）（b）（c）（d）

图1.1.10 （a）DARPA机器人挑战赛冠军HUBO[27]；（b）“机器人化学家”[28]；（c）智能医护服务机器人AirFace[30]；（d）家用服务智能机器人Care-O-bot[32]

智能机器人技术及应用已经融入我们的日常生活与工作中，并将不断扩展到新的应用领域，以执行对于人类而言更复杂或无法完成的任务。近年来，机器人系统的快速发展主要归功于计算性能的提升，以及控制理论和机器学习方法的进步[33]。然而，在复杂环境、人机交互、学习感知、语义理解、现实场景协作等方面，仍存在诸多亟待解决的机器人技术难题[34]。

受脑神经和人类认知行为机制启发，智能机器人迎来新的发展契机[35]。在具备感知能力、行动能力与思考能力的同时，如何让机器人具备更好的灵巧性、智能性以及与人的“共情性”，让机器人更“像人”，与人成为朋友，成为前沿探索新的追求目标。“类脑智能机器人”概念的提出以及相关理论与技术的发展也许是一条有效实现途径。通过神经科学与信息科学的深度交叉融合，从机理、结构的角度模仿人，让机器人更聪明、更智能，能像人类一样行动、推理和互动，有望为机器人理论和应用研究带来新的突破。

1.2　类脑智能机器人

传统机器人一直以来得到广大学者的关注和研究，并在工业、服务业和国防领域发挥着越来越重要的作用，然而在复杂多变环境中仍然不能像人一样精准、稳定、灵活地实现各种任务和操作。而如何让机器人更像人，并成为人类的得力助手，是人类迫切想要克服的挑战。为了让机器人在感知、决策、操作技能和学习能力上更加接近人，当前的机器人领域存在以模仿人的功能为导向建立仿生模型或机构的研究路径。但是这条路径主要是基于对机器人的功能要求，针对某种特定场景来开展研究，并不关注人具有的杰出认知、学习和动作控制能力所倚靠的内部机理，而仅根据对人的外在观察进行功能性仿生系统实现。因此，这种方法通常是对人的各项功能原理进行一定的假设和猜测并借助于现有的数学工具来进行系统设计。这种机器人受表述的数学工具和场景的制约，在不同场景的泛化能力上可能具有一定的局限性。此外，还有一条路径可以作为当前机器人理论与应用研究方法和框架的补充，即结合脑科学研究成果，从内向外地分别在机理、结构等角度模仿人，通过计算建模等手段，建立受人脑启发的软硬件系统[36]。这种研究方法建立在当前脑科学领域的各种前沿成果基础上，力图将人的内部机理融入机器人系统，自内而外地在微观、介观、宏观各个层次上模仿人的重要神经机理、结构，实现神经科学和机器人学的深度交叉融合，这也是本书中我们想要介绍的类脑智能机器人。

本节将从神经机理研究、类脑智能算法，类脑智能芯片、受人启发的肌肉骨骼系统、脑机接口等方面，简要阐述与类脑智能机器人相关的发展情况。

神经机理的研究是发展类脑智能的基石。人类的大脑是一个极其复杂的生物动力学系统，它是人类个体行为、思想和情感的基础。鉴于神经系统的复杂性，从分子到神经回路再到功能的各个层面都需要进行相关的探索。当前，借助于各类先进的神经信号检测、显微成像、神经环路追踪和光遗传学、神经环路重构等技术，神经科学领域已获得越来越多的成果，为脑科学的研究掀开新的篇章，搭建了与人工智能的合作桥梁。通过理解大脑的各种信息处理机制和认知行为机制，并将不同层次的神经科学进行整合，可逆向工程出生物的各种感认知系统。欧盟和美国在脑科学领域的研究上投入了巨资，先后推出了各自的人脑研究计划。在国内，北京大学、北京师范大学、中科院神经所、中科院心理所、中科院深圳先进技术研究院等科研单位在大脑的视觉感认知、运动控制、情绪加工、协同编码等神经机理研究和计算建模方面取得了一系列的研究成果[37–42]。

类脑智能算法近年来也已成为类脑智能机器人领域的研究热点，可用于机器人的软件系统从而实现对环境感认知与交互或参与机器人硬件平台的控制。虽然在机器学习算法蓬勃发展、已标记数据集可大量获得，以及高计算能力的推动下，用于识别人脸或声音等明确任务的人工智能系统在速度和准确性方面在一定程度上可与人相媲美或超越人。然而，人类的大脑有能力同时处理多项任务，可在较少的样本监督下学习，并泛化所学的技能，所有这些都能以高效率和低能耗成本完成。借鉴脑科学领域的研究成果研究类脑智能算法有可能获得类似的潜在优势。事实上，神经科学的概念已经被引入到机器学习算法中，并在过去几十年里，在触发人工智能的几次突飞猛进中发挥了关键作用。例如突触可塑性的概念，即根据神经网络活动模式或相对于预期的输出误差来修改神经网络连接的权重，已经成为一些机器学习算法的基础[43]。类脑智能算法旨在将更多在脑科学中发现的概念和原理引入到信息学领域的算法中，利用基于实验事实的生物学发现来提出全新或改进的计算框架或算法理论。举例来说，将人类的联想记忆机制、注意力调控机制等引入到算法模型中，使得机器人可具备在复杂环境下对物体的鲁棒识别能力，并具有很好的泛化能力[44]。又如，在类脑智能机器人运动控制方面，可借鉴人的运动控制方法来设计智能控制算法，可模仿人的神经系统，通过中枢神经系统与外周神经系统进行协同控制，来增加控制的稳定性、快速性和准确性[36]。基于上述思路，中科院自动化所等科研单位提出了脑启发的学习和运动控制算法[45–47]。

在硬件方面，类脑智能芯片的发展如火如荼，可作为类脑智能机器人的处理器和“大脑”。人脑具有很多计算机无法比拟的特性，例如人脑具有低能耗特性；具有容错性，人脑时时刻刻都会有神经元失活但依旧正常运行，而计算机失去某个零部件就有可能无法正常工作；人脑不需要编程，无须遵循事先设计好的算法，而是与环境的交互过程中自发学习与发育。鉴于人脑的优越特性，类脑智能芯片从大脑的内部神经元模型和组织结构以及工作机制获取灵感设计芯片，使用神经元和突触的方式替代传统冯诺依曼架构体系，基于微电子技术和新型神经形态器件结合，突破传统计算架构，在大幅提升计算性能，实现低功耗方面具有较大优势，使芯片能够异步、并行、低速和分布式处理信息数据，从而能在复杂的环境中处理多通道数据，并具备自主感知、识别和学习的能力[35]。近年来，类脑芯片的研究受到了科研团队或企业的广泛关注，国际商业机器公司、高通、英特尔等相关企业以及清华大学、中科院半导体所、浙江大学、中科院计算所、麻省理工大学等相关科研单位都推出了类脑芯片，推动着类脑芯片的快速发展[48–53]。

此外，受人启发的肌肉骨骼机器人也是类脑智能机器人的典型硬件体现。区别于以关节电机或者气缸、液压缸等器件作为驱动的传统机器人，肌肉骨骼机器人是模仿人体的肌肉骨骼系统进行研发设计的。当前的传统关节机器人受其驱动方式的约束，面临着关节臃肿、承载效率低、有效工作范围小等弊端。与传统关节机器人相比较而言，人体肌肉骨骼系统由肌肉和关节组成，具有运动机构简单、能量可储备、爆发力强等特点；当某些肌肉疲劳甚至受损时，肌肉冗余可以维持肌肉骨骼系统的可靠运行；在中枢神经系统的控制下，肌肉骨骼系统可以完成精确和精细的操作；通过拮抗肌肉对的协调激活，可以根据环境自适应调整刚度，实现柔顺运动。因此人借助于多自由度的骨骼结构，以及具有高冗余特性的肌肉驱动系统能在各种非结构化环境下执行多样的任务。为克服传统机器人的弊端并获得上述潜在优势，肌肉骨骼机器人通过采用人工肌肉和骨骼，在肌肉排列和驱动模式等方面来模仿人类肌肉骨骼系统，吸取人类的形态结构和运动机制的特性，从而有望展现较好的灵活性、柔顺性，并显著提高机器人的安全性。但同时，肌肉骨骼机器人难以精确建模、力学性能复杂而为控制带来的挑战也亟待解决。当前，国内外有关肌肉骨骼机器人硬件平台的研究取得了一些重要的进展，相关的科研单位如日本东京大学、慕尼黑工业大学、苏黎世大学、哈尔滨工业大学、浙江大学等研发出了一些肌肉骨骼机器人的硬件平台[54–59]，基本可分为电机肌腱式驱动、气动人工肌肉驱动以及新型智能材料驱动。

脑机接口技术的发展也进一步推动着类脑研究，该技术在脑与外部环境之间建立了一种新型的信息交流与控制通道，使得大脑的信息处理过程得以采用计算机进行实现和代替。通过植入式电极、功能磁共振成像等技术，利用信号采集设备把信息从大脑内部提取出来，并将其输入到人工的信息处理系统进行处理和模式识别，最后转化为控制外部设备的具体指令，实现对外部设备的控制，并反馈信息给大脑，这是脑机接口技术的总体架构[60]。脑机接口技术的日渐成熟进一步推动了脑机融合计算系统的诞生，促进以计算为基础的虚拟机器脑与生物脑的一体化，有望实现生物脑感认知能力和机器脑计算能力的完美结合，促进生物智能和人工智能的深度融合。清华大学、浙江大学、上海交通大学、电子科技大学、斯坦福大学、匹兹堡大学等国内外众多科研团队学者为推动着脑机接口、人机共融的发展做出了努力[61-66]。

类脑智能机器人涉及脑科学、机器人学、计算机科学、人工智能等学科的交叉融合，对下一代机器人发展有着重要意义。首先，鉴于人脑在感认知、控制、决策、学习、低能耗等众多方面具有的优越特性，类脑智能机器人力图融入、模仿人的关键内部机理运作方式和结构，有望展现类似的优势，从而提高机器人的认知、学习、动作控制能力，并降低能量消耗，实现性能的提升[67]。其次，由于类脑智能机器人从内而外地模仿人的结构、机理，有望实现类脑智能机器人与人"共情"，从而产生更深度的人机协作，成为人类的工作助手和生活助手，为服务业、工业等领域提供更多的帮助。此外，由于类脑智能机器人引入了神经机制，可进一步验证脑科学相关机理或假说的有效性，实现对脑科学领域研究的反哺，从而产生一个双向发展的良好循环。尽管类脑智能机器人有着广阔的应用前景，但它的发展目前依旧面临着诸多挑战，期待更多的研究学者能够加入到类脑智能机器人的研究行列。

参考文献

[1] Yang G Z, Bellingham J, Choset H, et al. Science for robotics and robotics for science [J]. Science Robotics, 2016, 1(1): 1-2.

[2] (美) Saeed J. Niku 著. 机器人学导论—分析、控制及应用 (第二版) [M]. 孙富春, 朱继洪, 刘国栋等译. 北京：电子工业出版社，2014.

[3] Brady M. Intelligent Robots: Connecting Perception to Action. In: Winston P H, Prendergast K A. The AI Business-Commercial Uses of AI [M]. Cambridge: MIT Press, 1984.

[4] 张钹.智能机器人的现状及发展［J］.科技导报,1992(6):42-43+24+65+2.

[5] Fukuda T, Dario P, Yang G Z. Humanoid robotics—History, current state of the art, and challenges［J］. Science Robotics, 2017, 2(13): 1-2.

[6] (澳) Corke P著.机器人学、机器视觉与控制—MATLAB算法基础［M］. 刘荣等译.北京:电子工业出版社, 2018.

[7] Wiener N. Cybernetics or Control and Communication in the Animal and the Machine[M]. Cambridge: MIT press, 1948.

[8] Goodfellow I, Bengio Y, Courville A. Deep learning［M］. Cambridge: MIT press, 2016.

[9] International Federation of Robotics［EB/OL］. https://ifr.org/robot-history.

[10] 六自由度并联机器人相关知识［EB/OL］. https://www.sohu.com/a/205872163_660628.

[11] Merlet J P. Parallel robots［M］. Dordrecht, Netherlands: Springer Press, 2006.

[12] Nilson N J. A mobile automaton: an application of artificial intelligence techniques［C］. International Joint Conference on Artificial Intelligence,1969:509-520.

[13] Shakey the Robot – SRI International［EB/OL］. https://www.sri.com/hoi/shakey-the-robot/.

[14] 歴史: 1960~1970年代: ロボティクス: 研究開発: 日立［EB/OL］. https://www.hitachi.co.jp/rd/research/mechanical/robotics/history/1960_70.html.

[15] ASIMO by Honda［EB/OL］. https://asimo.honda.com/asimo-history/.

[16] 三大耀眼的仿人机器人［EB/OL］. http://www.naorobotics.com/newsview.asp?id=917.

[17] Boston Dynamics［EB/OL］. https://www.bostondynamics.com/.

[18] Legacy Robots［EB/OL］. https://www.bostondynamics.com/legacy.

[19] Atlas［EB/OL］. https://www.bostondynamics.com/atlas.

[20] 陶永,王田苗,刘辉,江山.智能机器人研究现状及发展趋势的思考与建议［J］.高技术通讯,2019,29(2):149-163.

[21] International Federation of Robotics. Industrial robot as defined by ISO 8373［EB/OL］. http://www.ifr.org/industrial-robots.

[22] Yahya A, Li A, Kalakrishnan M, et al. Collective Robot Reinforcement Learning with Distributed Asynchronous Guided Policy Search［J］. arXiv:1610.00673, 2016:1-8.

[23] 京东晒物流黑科技: 4万平米仓库上千机器人 单日分拣20万单［EB/OL］. https://new.qq.com/cmsn/20180524/20180524024865.html#p=6.

[24] 央视记者点赞京东物流 仓库分拣员变身时尚白领管理300个机器人［EB/OL］. https://www.sohu.com/a/221704245_801294.

[25] International Federation of Robotics. Service robots［EB/OL］. http://www.ifr.org/service-robots.

[26] DARPA Robotics Challenge (DRC)［EB/OL］. https://www.darpa.mil/program/darpa-

roboticschallenge.

[27] DARPA机器人挑战赛结果公布，韩国队伍夺冠［EB/OL］. https://www.leiphone.com/category/zixun/QPGis6BhqkwUTDVm.html.

[28] Burger B, Maffettone P M, Gusev V V, et al. A mobile robotic chemist［J］. Nature, 2020, 583: 237-241.

[29] 晓雪.智能机器人抗疫显身手［J］.现代班组,2020,4(3):16.

[30] 智能机器人“小白”加入武汉新冠肺炎治疗“一线”［EB/OL］. https://www.sohu.com/a/371280626_123753.

[31] 李盼盼,白杨,刘志文,孙维洁.智能服务机器人在军队疗养领域中的应用探索［J］.中国医疗设备,2021,36(08):152-156.

[32] Care-O-bot 4［EB/OL］. https://www.care-o-bot.de/en/care-o-bot-4.html.

[33] Yang G Z, Fischer P, Nelson B. New materials for next-generation robots［J］. Science Robotics, 2017, 2(10): 1-2.

[34] Yang G Z, Bellingham J, Dupont P E, et al. The grand challenges of Science Robotics［J］. Science Robotics, 2018, 3(14): 1-14.

[35] 陶建华,陈云霁.类脑计算芯片与类脑智能机器人发展现状与思考［J］.中国科学院院刊,2016,31(07):803-811.

[36] 乔红,尹沛劼,李睿,王鹏.机器人与神经科学交叉的意义——关于智能机器人未来发展的思考［J］.中国科学院院刊,2015,30(06):762-771.

[37] Wang X, Fung C C A, Guan S, et al. Perisaccadic receptive field expansion in the lateral intraparietal area［J］. Neuron, 2016, 90(2): 400-409.

[38] Cui H. From intention to action: hierarchical sensorimotor transformation in the posterior parietal cortex［J］. eneuro, 2014, 1(1).

[39] Sun Y B, Lin X X, Ye W, et al. A screening mechanism differentiating true from false pain during empathy［J］. Scientific reports, 2017, 7(1): 1-13.

[40] Zhan Y, Paolicelli R C, Sforazzini F, et al. Deficient neuron-microglia signaling results in impaired functional brain connectivity and social behavior［J］. Nature neuroscience, 2014, 17(3): 400-406.

[41] Zhan Y, Paolicelli R C, Sforazzini F, et al. Deficient neuron-microglia signaling results in impaired functional brain connectivity and social behavior［J］. Nature neuroscience, 2014, 17(3): 400-406.

[42] Zhong T, Zhang M, Fu Y, et al. An artificial triboelectricity-brain-behavior closed loop for intelligent olfactory substitution［J］. Nano Energy, 2019, 63: 103884.

[43] Munakata Y, Pfaffly J. Hebbian learning and development［J］. Developmental science, 2004, 7(2): 141-148.

[44] Qiao H, Xi X, Li Y, et al. Biologically inspired visual model with preliminary cognition and active attention adjustment [J] . IEEE transactions on cybernetics, 2014, 45(11): 2612-2624.

[45] Chen J, Qiao H. Muscle-synergies-based neuromuscular control for motion learning and generalization of a musculoskeletal system [J] . IEEE Transactions on Systems, Man, and Cybernetics: Systems, 2020, 51(6): 3993-4006.

[46] Zhao F, Zeng Y, Xu B. A brain-inspired decision-making spiking neural network and its application in unmanned aerial vehicle [J] . Frontiers in neurorobotics, 2018, 12: 56.

[47] Huang X, Wu W, Qiao H. Connecting Model-Based and Model-Free Control With Emotion Modulation in Learning Systems [J] . IEEE Transactions on Systems, Man, and Cybernetics: Systems, 2019.

[48] Pei J, Deng L, Song S, et al. Towards artificial general intelligence with hybrid Tianjic chip architecture [J] . Nature, 2019, 572(7767): 106-111.

[49] Zhang H, Gang C, Xu C, et al. Brain-Inspired Spiking Neural Network Using Superconducting Devices [J] . IEEE Transactions on Emerging Topics in Computational Intelligence, 2021.

[50] Shen J, Ma D, Gu Z, et al. Darwin: a neuromorphic hardware co-processor based on spiking neural networks [J] . Science China Information Sciences, 2016, 59(2): 1-5.

[51] Chen T, Du Z, Sun N, et al. Diannao: A small-footprint high-throughput accelerator for ubiquitous machine-learning [J] . ACM SIGARCH Computer Architecture News, 2014, 42(1): 269-284.

[52] Chen Y, Luo T, Liu S, et al. Dadiannao: A machine-learning supercomputer [C] //2014 47th Annual IEEE/ACM International Symposium on Microarchitecture. IEEE, 2014: 609-622.

[53] Yeon H, Lin P, Choi C, et al. Alloying conducting channels for reliable neuromorphic computing [J] . Nature Nanotechnology, 2020, 15(7): 574-579.

[54] Nakanishi Y , Asano Y , Kozuki T, et al. Design concept of detail musculoskeletal humanoid “Kenshiro” - Toward a real human body musculoskeletal simulator [J] . 2012.

[55] Asano Y, Okada K, Inaba M. Design principles of a human mimetic humanoid: Humanoid platform to study human intelligence and internal body system [J] . Science Robotics, 2017, 2(13).

[56] Jäntsch M, Wittmeier S, Dalamagkidis K, et al. Anthrob-a printed anthropomimetic robot [C] //2013 13th IEEE-RAS International Conference on Humanoid Robots (Humanoids). IEEE, 2013: 342-347.

[57] Narioka K, Homma T, Hosoda K. Humanlike ankle-foot complex for a biped robot [C]

//2012 12th IEEE-RAS International Conference on Humanoid Robots (Humanoids 2012). IEEE, 2012: 15-20.

[58] Liu Y, Zang X, Liu X, et al. Design of a biped robot actuated by pneumatic artificial muscles [J]. Bio-medical materials and engineering, 2015, 26(s1): S757-S766.

[59] Jiang F L, Tao G L, Liu H. Research on PMA properties and humanoid lower limb application [C] //2015 IEEE International Conference on Advanced Intelligent Mechatronics (AIM). IEEE, 2015: 1292-1297.

[60] 吴朝晖,俞一鹏,潘纲,王跃明.脑机融合系统综述[J].生命科学,2014,26(06):645-649.

[61] Chen X, Wang Y, Gao S, et al. Filter bank canonical correlation analysis for implementing a high-speed SSVEP-based brain–computer interface [J]. Journal of neural engineering, 2015, 12(4): 046008.

[62] Zhang S, Yuan S, Huang L, et al. Human mind control of rat cyborg's continuous locomotion with wireless brain-to-brain interface [J]. Scientific reports, 2019, 9(1): 1-12.

[63] Zheng W L, Lu B L. Investigating critical frequency bands and channels for EEG-based emotion recognition with deep neural networks [J]. IEEE Transactions on Autonomous Mental Development, 2015, 7(3): 162-175.

[64] Zhang Y, Xu P, Cheng K, et al. Multivariate synchronization index for frequency recognition of SSVEP-based brain–computer interface [J]. Journal of neuroscience methods, 2014, 221: 32-40.

[65] Willett F R, Avansino D T, Hochberg L R, et al. High-performance brain-to-text communication via handwriting [J]. Nature, 2021, 593(7858): 249-254.

[66] Flesher S N, Downey J E, Weiss J M, et al. A brain-computer interface that evokes tactile sensations improves robotic arm control [J]. Science, 2021, 372(6544): 831-836.

[67] Qiao H, Chen J, Huang X. A Survey of Brain-Inspired Intelligent Robots: Integration of Vision, Decision, Motion Control, and Musculoskeletal Systems [J]. IEEE Transactions on Cybernetics, 2021.

第二章

类脑智能机器人的视觉模型及算法

2.1 视觉感知、认知的神经机制

作者：吴 思 邹晓龙 王 潇 李罗政 刘 潇
（北京大学）

2.1.1 引言

大脑通过视觉系统处理视觉信息，感知五彩斑斓的外部世界。我们通过视觉神经系统感知物体的形状、颜色、远近，以及对运动的物体探测和追踪。在人类的大脑中，接受的感知觉信息有近70%与视觉相关，将近一半的皮层区域参与了视觉信息的处理，理解视觉神经系统的信息处理机制不仅对我们理解大脑的工作原理至关重要，而且对我们发展类脑智能也很关键。

哺乳动物的视觉信息处理始于眼睛。眼睛接收到外部视觉刺激，进行初步的视觉信息处理，并将其编码为一串串动作电位。编码视知觉信息的动作电位串通过神经节细胞的轴突，亦称视束（optic nerve），向后传递，到达不同的中枢部位。大部分的视觉信息会通过视束，经视交叉，送入外侧膝状体（lateral geniculate nucleus, LGN），进入初级视觉皮层V1，进而到达中高级视觉皮层区。大脑分为两个半球，其中左半球的视觉皮层会接受右侧视野的视知觉输入，而右半球会接受左侧视野的视知觉输入。还有一部分视觉信息会被送入视上丘（superior colliculus, SC），最终被送入中高级视皮层区域。大脑视觉系统通过层级化和高度并行化的方式处理视觉信息。

物理学家费曼曾说，“如果我不能创造它，便不能真正地理解它”。计算神经科学家也一直追求将不同层次的神经科学发现整合，逆向工程生物视觉系统，让其可以像人脑一样自由地完成各种视知觉任务。这一过程不仅可以加深我们对视觉神经系统的理解，亦可启发新的视觉智能算法[4]。得益于Hubel and Wiesel的重要研究，人们很早就意识到腹侧视觉通路通过层级化的网络结构提取缩放、位移、旋转等不变性的物体表征。一系列受生物视觉启发的网络架构被提出并模拟腹侧通路的识别功能，如Neocognitron和Hmax模型等[6,7,8]。随后计算神经科学家们逐步意识到，这些模型均为层级化的深度卷积神经网络的子类[19]。深度卷积神经网络是一种多层神经网络，每一个神经元层包含一系列的线性和非线性转换，如滤波，阈值化，池化和归一化。通过反向传播算法训练深度神经网络完成物体识别任务，Yamins等人发现训练后的网络可以很好地模拟和解释腹侧视觉通路不同层级的神经元对自然刺激的统计发放特性[20]。网络高层级的神经元有对人脸等产生选择性，类似大脑IT区。而中间层级的神经元类似V4，对一些几何形状具备选择性，低层级的神经元类似V1，表现为对不同朝向线条以及边缘等刺激偏好。深度神经网络也被成功地用于模拟和解释视网膜的刺激预测功能，听觉皮层的神经元表征等[21,22]。近年来，受大脑启发的深度神经网络技术飞速发展，一方面，深度神经网络在一些限定的模式识别任务上逐步接近人的视觉系统，被广泛用于建模生物视觉系统，可以帮助我们理解大脑视觉信息处理机制；另一方面，深度神经网络在泛化，视觉场景的理解等任务上还不如人类的视觉系统，还可以从生物视觉认知获取更多启发进一步发展。深度学习技术和大脑的研究交互，势必帮助我们对大脑的视觉系统有着更加深入的理解，进而启发新一代智能视觉算法研究。

本章主要介绍我们课题组在视觉感觉和认知机制的一些数学建模研究。在介绍我们工作之前，我们先简要回顾一下视觉系统的基本结构；在介绍完之后，我们也对领域发展做出展望。

2.1.2　视觉系统基础

下面简要介绍生物视觉的基本结构和通路。

（1）视网膜

在哺乳动物中，眼睛被用于光的探测、定位和分析，是大脑进行视觉信息处理的起始位置。眼睛的前半部分主要是一个光学系统，主要功能为调节进入视网膜的光强和聚焦。同时，大脑会控制眼球的运动来追踪移动的物体，保证运动的目标物体始终可以在视网膜上形成清晰的成像。视网膜位于眼睛的后侧，属于中央视觉神经系统的一部分。视觉信息进入眼睛，经过视网膜处理后，到达中央视觉系统的其他部分，如图2.1.1所示。

光的本质是电磁波。可见光的波长在400~700nm之间。光可以被物体表面吸收、反射和折射。我们大脑所看见的东西绝大部分为物体表面反射的光。眼睛中透明的晶状体可以折射进入的光，并将其投射，聚焦在视网膜上，形成清

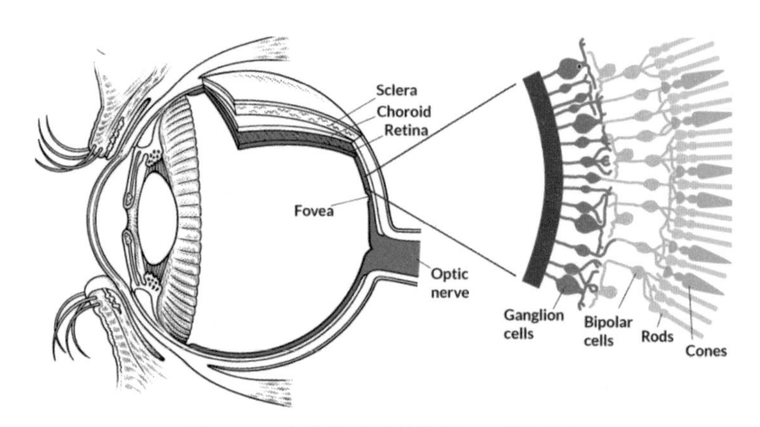

图2.1.1　大脑视网膜结构图，图片源于

（https://www.sciencenews.org/article/how-rewire-eye）

晰的图像。

在视网膜上，负责检测光的神经元被称之为光感受器（photoreceptors）。这些细胞有着丰富的感光色素，不同的感光色素可以吸收不同波长的光，以特定的转导机制将光信号转换为膜电位的变化。最直接的视觉信号传输路径是光感受器——双极细胞（bipolar cells）——神经节细胞（ganglion cells）。同时，视网膜上的视觉信息处理会受水平细胞（horizontal cells）和无长突细胞（amacrine cells）的横向调控。光感细胞是视网膜中唯一对光敏感的神经元，其他神经元通过直接或间接的突触连接对光信号响应。神经节细胞是唯一的信号输出神经元，其将视觉信息送入下一层级的中央视觉神经系统。

光感受器将输入的光信号转换为电信号。每一个光感受器均包含四部分：外节、内节、胞体和突末梢。外节中含有感光色素。光子被感光色素吸收，会在光感受器内部催生一系列变化，并引发膜电位的变化。根据外节形状的不同，光感受器可以分为视杆（rods）和视锥（cones）。视杆的外节细长，而视锥的外节较短，呈锥形。其结构上的不一样导致两种光感受器具有不同的功能。视杆包含大量的膜盘，且膜盘含有高密度的感光色素，因此视杆的光敏感度很高，约为视锥的1000倍。在黑暗的环境中，主要由视杆系统负责光转导。而在光亮的环境中，视杆系统反应易于饱和，光转导主要由视锥系统介导。这就是为什么视网膜由两个有一定重叠的系统组成，其中视杆负责介导黑暗环境的视觉信息，视锥负责介导光亮环境的视觉信息[75]。

视杆和视锥的不同还表现在其他方面。通常哺乳动物的视网膜只有一种视杆，含有特定的感光色素，而对于拥有彩色视觉的动物，其视网膜有着不同种的视锥，而不同种的视锥具有不同类型的感光色素。感光色素的结构决定了其对光波的吸收特点，进而决定光感细胞的光谱敏感性。以上是彩色视觉的结构机制。

实际上，视杆和视锥并不是均匀地分布在整个视网膜上。在视网膜的外周，视杆细胞的数量远超视锥细胞，而视网膜的中心位置包含更高密度的视锥细胞。这样的结构特点使得视网膜的外周具备更好的光敏性，而中心具备更高的视敏性。在视网膜上，中央凹位于黄斑的中心，具备最好的视敏性。中央凹上没有视杆，有着最高密度的视锥。中央凹的直径大约为半毫米，比视网膜的其他部分更薄。中央凹的形成是神经节细胞错位分布于外周所致。因而光线可以直接到达中央凹，从而增强其视敏性。

（2）腹侧视觉通路和背侧视觉通路

视觉信息被视网膜编码为脉冲动作电位，主要视觉信息通过神经节轴突送入LGN，后到达初级视觉皮层V1，进而被送入其他中高级皮层区。

在哺乳动物中，V1位于后枕叶区域，是皮层中处理视觉信息的第一站。人和猴子的V1可分为六层，LGN介导的视觉输入主要送入V1第四层。V1的神经元数目众多，一个成人的V1大约有2.8亿个神经元。V1中的神经元和视网膜有着精准的拓扑对应关系，其中大部分神经元和视网膜的中央凹拓扑对应。外部视觉刺激会在V1中形成自下而上的显著图，发放率最高的神经元编码的区域显著性最高，从而吸引眼睛的注意力[9]。早在1962年，Hubel和Wiesel就发现V1中的神经元具有朝向选择特性，同时发现在视皮层中相邻神经元对外界刺激具有相似的朝向选择性[10]。他们提出了视皮层的基本结构单元——功能柱。功能柱中相同朝向敏感细胞垂直于皮层排列成一列，同时左、右眼优势细胞在另一方向交替排列[11]。V1中的神经元不仅编码朝向，还编码颜色、方向和速度等刺激特征。V1中神经元的组织结构至今仍是神经科学领域的研究热点。

根据解剖结构和功能的不同，人类和灵长类动物的视觉信息在皮层上的传导通路可分为腹侧视觉通路（ventral pathway）和背侧视觉通路（dorsal pathway）。腹侧视觉通路位于枕颞叶区，亦称“内容通路”（what pathway），主要提取物体的表征，如颜色、形状等，负责物体识别等任务。背侧视觉通路主要位于枕顶叶区，主要用于物体空间信息的处理，如物体的位置和运动方向等，亦称“空间通路”（where pathway），负责定位和视觉引导的任务。

在腹侧视觉通路中，视觉信息从V1出发，至V2视觉皮层区，进而被传输至V4视觉皮层区，最后到达下颞叶区域IT。腹侧视觉信息处理由简单到复杂，由局部到整体。V1中的神经元主要编码一些低层级的特征，如简单的线条、边缘和中心环绕特征等。当信息传至V2和V4，神经元开始对一些简单形状具备选择性，如一些线条组成的拐角等。IT中神经元对更高层级的特征具备选择性，如对人脸具备选择性。从IT神经元表征可以线性地解码出物体的类别信息，且对输入刺激的一些扰动具备高鲁棒性。在V1时，神经元还和视网膜具拓扑对应关系，到了IT区，这种几何位置的拓扑对应关系不再保持，神经元的表征对位置、角度等变换更具不变性。在背侧视觉通路中，信息从V1出发，经V2、V3和V3A视皮层区域，最后到达内侧颞叶（middle temporal area, MT）、上侧颞叶（medial superior temporal area ,MST）区域和下顶叶区域（inferior parietal cortex）。除了MT外，背侧视觉通路中大部分区域均和视网膜保持拓扑对应关系。MT神经元对于刺激的运动方向和速度具选择性。背侧视觉通路也将信息送入顶叶（parietal lobe），顶叶还会接受来自听觉和躯体感觉的输入。这些多模态输入在顶叶汇聚整合，形成一个统一的空间方位表征。因而“空间通路”有时也被称为“动作通路”（action pathway），被认为可以帮助构架本体和外部环境之间的位置关系，从而利于生物本体和外部事件的交互。

根据功能和结构，将视觉通路分为“what pathway”和“where pathway”，可以帮助我们很好地理解视觉皮层的组织结构，但这种归类过于简化。实际上，腹侧视觉通路和背侧视觉通路也并不是相互独立，存在大量的交互连接。在腹侧视觉通路的IT区，其神经元群表征中也可以编码物体的姿态、大小和位置信息[13]，而这一直被认为是在“空间通路”中编码。在背侧视觉通路中，也存在对简单的二维几何形状具备选择性的神经元。有趣的是，一个通过fMRI对人类视觉系统研究发现，在背侧视觉通路的顶叶内沟，也有神经元对于大小、位置、姿态等变换的物体具有不变性表征[14]。而可以对物体提取转换不变性表征一直被认为是腹侧视觉通路关键特点，对物体识别有着重要意义。以上实验发现表明，腹侧和背侧视觉通路在功能上并非完全可分，我们对物体的感知是两个通路作用的结果。更重要的是，在我们的视觉皮层，不仅仅存在这种自下而上的前馈连接，还存在着大量的反馈连接和同层的互馈连接。

比如腹侧视觉通路的IT区投射大量的反馈连接到V1，可能扮演着注意力选择机制。而在V2区，存在大量的同层互馈连接，可能存储视觉记忆[15]。

（3）皮层下视觉通路

皮层下视觉通路主要有两条通路，包括视网膜–上丘–LGN–V1–中高级视觉皮层和视网膜–上丘–丘脑后结节（pulvinar）–中高级视觉皮层，如图2.1.2所示。其中上丘（superior colliculus, SC）位于中脑，是一个层级化的结构，可大致分为浅层和深层。SC浅层接受来自视网膜的输入，且几乎只对视觉刺激响应，而深层会接受其他模态的感知觉刺激输入。当病人的V1受损，尽管其声称看不见物体，却可以找出目标，躲避障碍物，神经心理学家命名此现象为盲视。盲视背后的神经机制即使V1受损，视觉信息仍可以通过皮层下通路，到达其他中高级视觉皮层。一些盲视病人还可以完成抓取任务，尽管看不清物体的形状，而且如果缩短“看”和“抓”之间的时间间隔，病人的成功率会更高。盲视现象中视觉信息可能由SC至丘脑后结节通路介导[16]。皮层下视觉通路提供了一种下意识的、快速的视觉信息处理通路。最近一项研究中，研究人员利用光遗传技术将小鼠V1抑制，发现小鼠大脑的后脊髓皮质区（postrhinal cortex, POR）依然可以完成对运动刺激的分类，进一步研究发现POR直接从上丘获取视觉数据，而不依赖V1。大脑可能利用皮层下通路对危险快速响应，从而躲避天敌[17]，比如SC受损后，在有蛇的模型呈现时，猴子依然会去取食

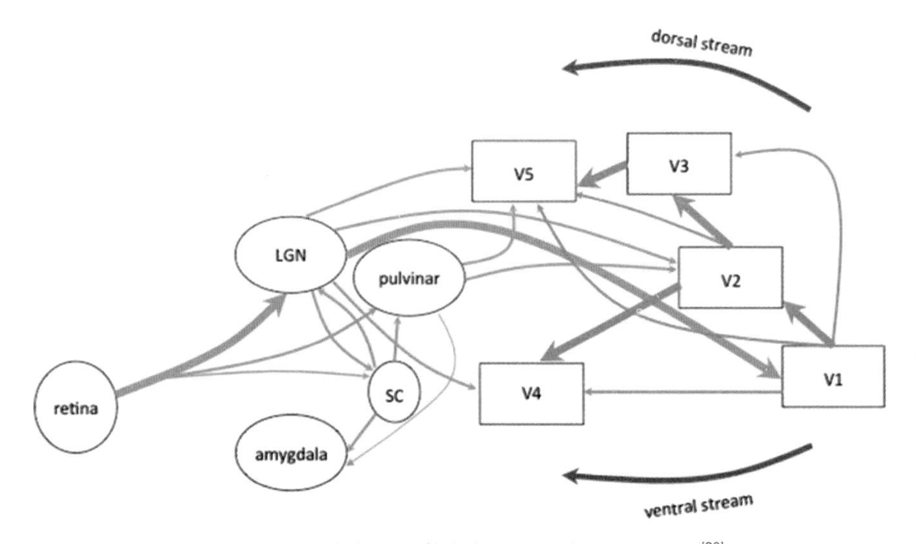

图2.1.2 人类大脑视觉信息处理通路，图片源于[30]

物，而正常的猴子会躲避危险，不取食物[18]。

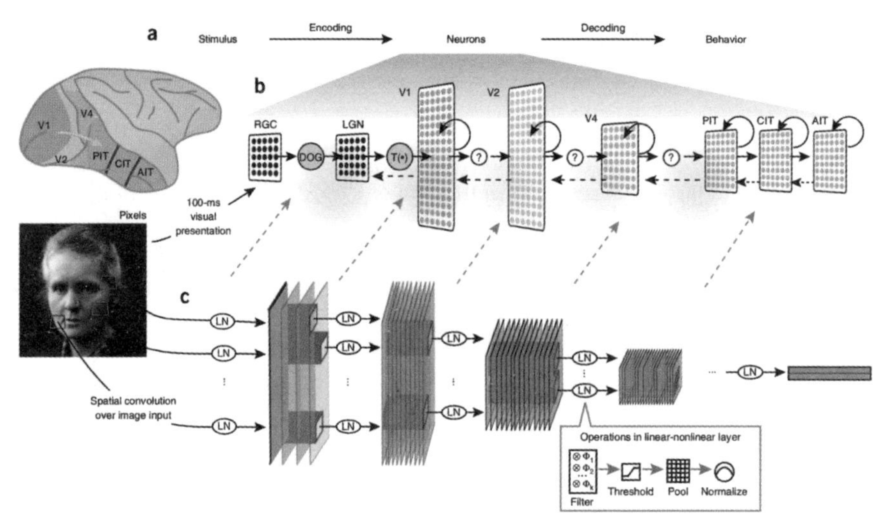

图2.1.3　深度卷积神经网络模拟腹侧视觉皮层通路，源于[5]

2.1.3　视觉感知与认知的计算建模

下面我们将重点介绍我们课题组在视觉感知与认知的神经机制的三个数学建模工作。作为抛砖引玉，帮助读者理解计算神经科学的研究方法，了解该领域的一些研究进展，以及可能的对类脑智能的启示。

（1）神经系统的动态编码机制

• 神经编码

a.从发放率编码到关联编码

外界刺激在神经系统中的编码和解码方式，一直是理论和实验神经科学界所关心的核心问题之一。现有研究已经发现，神经系统中存在多种编码方式，主要的两种分别是发放率编码和关联编码。发放率编码（rate coding）也叫频率编码（frequency coding），朴素地认为绝大部分信息都包含在神经元的放电率中。早在1926年，ED Adrian 和Y Zotterman就已经在青蛙的肌肉拉力实验中发现，神经元的发放率可以编码刺激大小。为了减小外界噪声对实验结果的影响，后来的研究者们又提出按照时间或者重复试验次数计算出平均发放率，使得发放率编码对噪声具有较强的鲁棒性。然而，在发放率编码的框架下，由于对时间窗口内的神经发放数目平均值的计算，包含在时间里的信息会被很大程度地忽略。于是在20世纪60年代，时间编码（temporal coding）的概念被相应提出。时间编码即认为神经元放电的时刻或者高频放电的统计涨落中也包含信息。具体来说，时间编码理论包括不同的形式，关联编码（correlation coding）就是其中的一种。

关联编码，即认为神经信息可以被两个或多个邻近神经元共同发放所表征。在这种理论框架下，神经元发放活动的同步性（synchrony），决定了系统编码信息的能力。通常在单位时间窗口内（比如5ms），网络所产生的共同发放的数目越多，同步性就越强。现有研究中，针对不同的研究尺度和场景，量化系统同步性的指标多种多样。对于两个发放序列来说，最常用的方法是计算其互相关（cross-correlation）系数。具体计算方法如下：

$$C_{ij}(m)=\frac{M}{M-2|m|}\frac{\sum_{n=1+|m|}^{M-|m|}r_i(n)r_j(n+m)}{\sqrt{\sum_{n=1}^{M}r_i(n)\sum_{n=1}^{M}r_j(n)^2}},$$

上式中，n = 1，2...M，r_i（n）= 1表示神经元i在第n个时间窗口内产生了动作电位，则表示没有动作电位。

我们用图2.1.4来直观地展现发放率编码和关联编码的差异。假设有一个下游神经元，接受来自两个突触前神经元的信号输入。左、右展示的两种不同

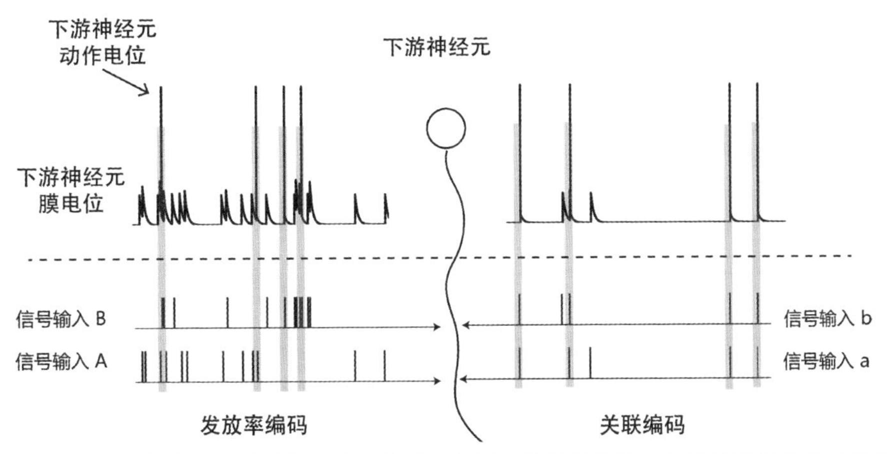

图2.1.4 发放率编码和关联编码的示意图。左侧：发放率编码，上游神经元单个神经元强烈并且独立地放电，激活下游神经元产生动作电位（蓝色阴影）；右侧：关联编码，上游神经元较弱但同步性发放，激活下游神经元产生同样数量的动作电位

突触前神经信号输入均可以引起下游神经元的反应进而传递信息。左边展示的为发放率编码，上游两个神经元独立地发放，产生信号输入A和B，引起下游神经元产生四个动作电位；右边则展示的为关联编码，上游两个神经元的动作电位不多，但时间上的同步性较强，产生信号输入a和b，这种方式同样可以使下游神经元产生四个动作电位。这两种策略都可以实现神经系统对刺激信息的编码。然而，从功能特点上来说却是各有千秋：关联编码可以利用更少的动作电位来传递信息，从而可以节约神经系统产生动作电位所消耗的能量；而发放率编码则可以快速地完成信息编码，更具时效性。

b. 两种编码策略的争论与统一

关联编码的提出，对发放率编码造成了一定程度的冲击。因为在发放率编码的框架下，神经元之间的相关性通常被认为是不利因素，相关性造成的信息冗余会减少信息的容量。因此，邻近神经元的放电活动越独立，编码的效率越高。长久以来，发放率编码被诸多研究者先入为主地接受为大脑编码信息的主要策略。相比之下，关联编码则是争议不断。一些研究认为神经相关性几乎无法完成对刺激信息的编码[31]；而另一些研究者则持有不同观点，他们认为，很多脑区突触连接较弱且不稳定，这时就需要突触前神经元群的同步发放才有可能激发突触后神经元的活动，神经活动的相关性在神经系统信息处理中发挥着非常重要的角色[32]。

尽管争议不断，但最近的越来越多的研究表明，在神经系统中的这两种编码可能并不像传统观点中的那样水火不容。理论研究者们也认为这两种编码方式各自具有计算上的优势，不应是单纯的互斥关系，很可能存在一种混合模型可以将两种编码方式都包含其中[33]。我们接下来提出的动态编码机制，就可以看作对这两种冲突观点的一种折中。

• 神经适应性中的动态编码

a. 神经生物学实验及模型

一个神经生物学的例证来自我们和合作者对于牛蛙视网膜上神经节细胞的实验[34]。在这项研究中我们的合作者发现，在神经适应性条件下，神经系统很可能存在一种动态编码的机制。

适应性（adaptation）是指神经系统在接受恒定刺激时降低自身反应的一种普遍现象。在适应性过程中，神经元的发放率首先会在刺激刚刚施加时快速地上升，随后逐渐地降到一个接近神经元背景活动的低水平（如图2.1.5示意图）。在已经产生适应性（adapted）的阶段，重复的刺激所引发的神经元发放率几乎为零。而我们从日常生活中的经验中可以知道，即使在已经产生适应性的时间段内，我们依旧能够感觉到重复刺激的存在。比如，我们可以看到一张静态的图像，或者听到一个持续的纯音[35]。此时，如果在发放率编码的理论框架下，就会产生令人困惑的问题：神经系统产生适应性后，神经元发放率几乎为零，此时神经系统是如何进行编码的？

牛蛙的视网膜有一种暗检测神经细胞（dim detectors），其特性正好适用于神经系统适应性期间编码的研究。这种神经元对黑白随机分布的光刺激几乎没有反应，但会对无光的暗刺激产生强烈活动。在接收到黑暗刺激后，该神经元发放率快速地上升，随后由于适应性的作用，发放率逐渐下降直到背景噪声的水平。

我们发现，暗检测神经元中存在一类活动同步性高的神经元，适应性过程中它们的发放率逐渐下降，但活动的同步性强度（互相关）却得到了增强，如图2.1.5所示。

我们观测到：在适应性过程中，神经元发放率下降的同时，伴随由电突触连接的神经元之间的同步性活动增强。进一步，我们通过协同信息（normalized synergy information）对神经元间相关性所编码的刺激信息进行量化，发现确实在适应性后由神经元关联编码的信息增加。于是在此基础上，

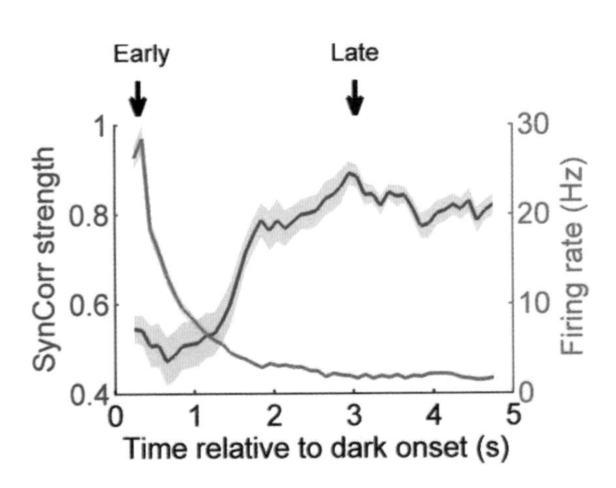

图2.1.5 牛蛙视网膜部分神经元发放率和同步性强度在适应性中随时间的变化。蓝色曲线表示的是神经活动的同步性，绿色曲线表示的是神经元的平均发放率。我们可以看到，适应性的早期（Early），神经元发放率较高，但同步性活动水平低，但进入适应性晚期（Late）后，神经元发放率下降，同步性活动却缓缓上升。刺激呈现时间是0–5s

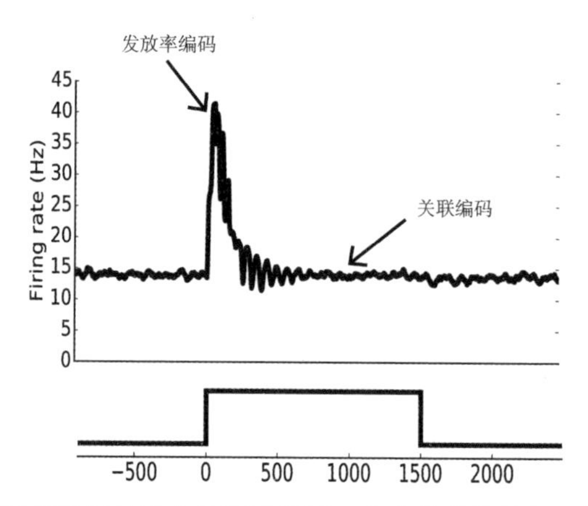

图2.1.6　神经适应性下的动态编码示意图。上方曲线为神经元接收恒定刺激时，产生适应性时的平均发放率示意图，初始阶段发放率急剧上升，随后缓慢下降至背景噪声水平；下方折线为刺激呈现的示意图。动态编码机制认为，在适应性的初期，神经系统采用了发放率编码的策略；而随着发放率的下降，系统逐渐使用关联编码来编码刺激的存在

我们提出动态编码的机制（如图2.1.6所示）：在适应性的早期，刺激信息主要由神经元发放率进行编码，然而在适应的后期，刺激信息主要由神经元的同步活动进行关联编码。之后，我们建立了一个计算模型来阐明这一编码机制，并且提出电突触（间隙连接）的短时程突触增强（Short-term Facilitation）可能是动态编码的基础[34,36]。

b.动态编码的普适性

牛蛙视网膜神经元上的实验研究工作发现并提出了适应性期间的动态编码机制，但其结果并未能给我们一个普适性的答案。因为实验基于牛蛙视网膜中的神经节细胞，细胞之间以电突触的形式相互连接。然而，包括人类在内的哺乳动物的感觉皮层中神经元之间的连接更普遍是以化学突触形式存在。化学突触具有和电突触截然不同的生理性质和计算性质。因此，为了验证动态编码机制在神经系统中的普遍存在性，我们非常有必要将工作拓展至由化学突触连接构成的神经网络上。

但另一方面，根据神经生理学的观察，化学突触产生同步性活动的难度要远大于电突触。因此在高等动物神经系统中，进行关联编码时每一对突触的相关性增量非常微小，这就需要同时记录成千上万的突触活动才有可能观测到这种相关性的改变。而以当前的实验技术手段，这几乎不可能实现。所

以在后续的研究中，我们通过数学建模的方式来验证化学突触在神经适应性中的动态编码机制[37]。

我们通过建模仿真，搭建了一个大尺度的神经网络。在网络中，我们引入了生物体化学突触中常见的短时程突触可塑性（Short-term synaptic plasticity[38,39]）。即每对兴奋性神经元之间的突触电流可以用如下方式来表示：

$$\tau_f \frac{du_i(t)}{dt} = -u_i(t) + U[1-u_i(t)]\sum_k \delta(t-t_i^k),$$

$$\tau_d \frac{dx_i(t)}{dt} = 1 - x_i(t) - u_i(t)x_i(t)\sum_k \delta(t-t_i^k),$$

$$\tau_s \frac{dI_i^E(t)}{dt} = -I_i^E(t) + J_{EE}\sum_{j\in E} w_{ji}u_j(t)x_j(t)\sum_k \delta(t-t_j^k) + J_{IE}\sum_{j\in I} w_{ji}\sum_k \delta(t-t_j^k),$$

其中，u_i的含义为突触前神经元i上的神经元释放神经递质的概率，含义为该突触前神经元中可用的神经递质的比例。JEE是两个相连接的兴奋性神经元的最大突触连接效率，而乘积$J_{EE}u(t)x(t)$表示时刻t的瞬时突触效率，表示由一个兴奋性神经元指向一个抑制性神经元的突触的效率。我们使用一个二元变量表示两个神经元之间的连接，$w_{ij}=1$意味着存在从神经元到神经元的连接，而0则意味着没有连接。

在仿真模拟中，我们复现出和实验中几乎相同的适应性条件，然后观测神经网络在刺激呈现前、已经适应期和刺激撤去后三个时间段内，神经元关联性活动的变化情况。我们发现在适应性后期，由于前期神经元激烈的放电，神经元的突触效率u（t）x（t）得到了增强，而这种增强进一步带来了网络整体关联性的增加。

与实验不同的是，以化学突触相连接的神经元，对其活动同步性的增加更加缓慢。因此，互相关系数的方法不再适合刻画神经网络的关联性。研究中，我们通过截断高斯模型（The dichotomized Gaussian model）[40]证明，网络的同步化水平可以简化地利用突触电流的协方差来表示，即某时间窗口内，网络的关联性为：

$$corr = \sum_{i,j} cov(s_i, s_j),$$

其中s_j表示神经元i、j的突触电流。

通过设定合理对照实验，我们得到了与之前基于牛蛙视网膜神经元的实验相一致的结果，如图2.1.7。即在神经系统已经达到适应性阶段，网络整体的关联性会显著增强。这种增强并不是发放率带来的（图2.1.7 左2），也不是刺激无关的瞬态刺激造成的（图2.1.7 右2）。且当神经网络中没有短时程突触可塑性机制时，这种关联性的增加随即消失（图2.1.7 右1）。

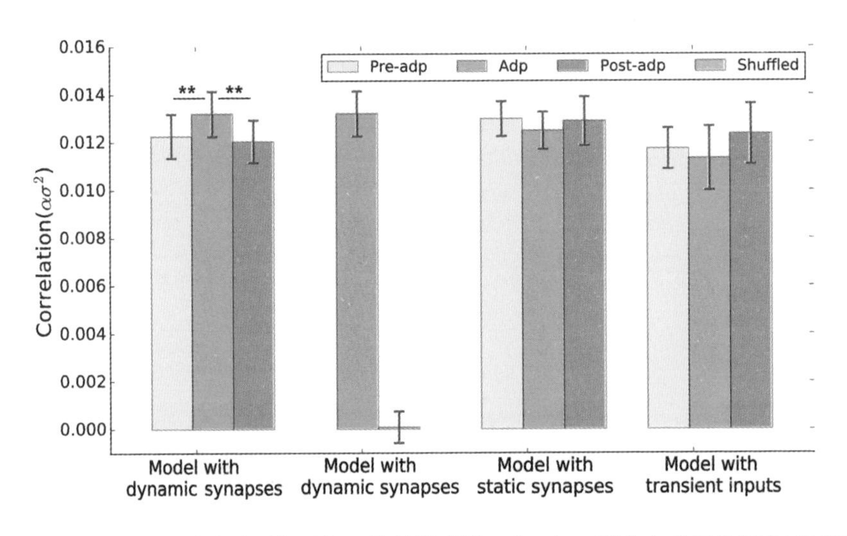

图2.1.7　不同模型中各个时期神经网络的关联性。黄、红、蓝色条状图分别表示刺激呈现前、已经适应期和刺激撤去后三个时间段内网络神经活动的关联性。“shuffled”的含义为我们将突触电流在时间上进行了重排，在保持均值不变的情况下破坏了其时间结构。图中可以看出，只有在动态突触（具备短时程突触可塑性）的模型中适应性期间的相关性才相对其他两个时段有显著提升，** 表示统计显著性 $p < 0.05$

我们得到结论，在化学突触构成的神经网络中，神经系统可以通过短时程突触可塑性来完成动态编码。具体来说，在适应性的初始阶段，系统通过神经元独立而强烈的发放活动编码信息，而这种强烈的放电活动可以通过短时程增强（STF）作用使神经元间的突触连接变大，进而神经元之间连接加强，更容易产生同步化活动。于是，在神经系统已经产生适应性的阶段，虽然神经元发放率逐渐下降，但神经元放电活动的同步性逐渐缓慢增加，信息编码便逐渐转移到较弱但同步的神经发放活动中。并且这种神经元同步性的增加是和刺激相关的，持续时间取决于短时程衰减（STD）的时间常数。

在大规模的神经网络中，虽然单个神经元对的相关性的增加量非常小，然而已经有研究证实这种很小的增量对于大规模神经网络的同步发放来说，其作用确是显著的[41]。于是，我们又设计了合理的读出机制，将神经系统通过关联编码的信息传递到了下游神经元。

• 小结与讨论

发放率编码和关联编码是两种常见的神经系统编码信息的机制。领域内多年来一直存在争论，有观点认为神经系统是用神经元的发放率来编码信息，有观点认为神经系统是用神经元之间的关联活动来编码信息。这里我们展示了一种中和两种观点的动态编码机制。实验和理论研究表明，神经系统在适应性过程中，很可能使用了动态编码的机制来编码信息：起初，在适应性的初始阶段，系统通过神经元独立而强烈的发放活动编码信息；接下来，由于适应性的作用，神经元发放率逐渐下降，信息逐渐转移到较弱但同步的神经发放活动中，并且这种信息转移机制可以通过短时程突触可塑性来完成。

当然，同时关注发放率编码和关联编码两种机制，我们关于动态编码的研究也并非孤例。越来越多的研究者意识到这两种重要的编码方式之间也许并不是非此即彼的关系。我们研究着重讨论的是两种编码方式在时间维度上的动态切换。也有研究发现两种编码方式可能在不同脑区间也存在空间上的转换，他们通过对小鼠感觉皮层的实验记录发现，两种编码机制在丘脑－皮层的上下游神经元群之间存在着转换的关系[42]。

动态编码机制认为，发放率编码和关联编码实际上分别描述了神经系统在不同的时间段的编码策略。利用神经同步活动的关联编码，优点之一是可以节约生物体的能量，相对于发放率编码来说，它需要更少的动作电位。有人也可能有这样的疑问，既然相关性编码有这样的优点，神经系统为何不在适应性一开始就采取这样的编码策略？其实，我们认为相关性编码虽然更加节约能量，但它也有自身的局限性，那就是速度慢：由于神经元放电活动较弱，系统使用关联编码时需要用很长的时间才可以使下游神经元将信息读出。而实际情况中，动物往往需要对新出现的刺激做出非常迅速的反应才能适应复杂的生存环境。故而，动态编码机制很可能就是大脑已经开发出的一种补偿优化方案：神经系统使用快速的发放率编码来检测新刺激的外观，并使用缓慢但经济节能有效的关联编码来保留持续的刺激信息。通过动态编码策略，大脑既实现了对新刺激的快速反应，又用经济节能的方式维持了适应后的刺激信息，很好地平衡了计算的速度和能耗，对类脑计算有着重要的启示作用。

我们希望随着神经影像学技术的发展，今后可以实现大规模在体神经元群上测量活动相关性。这样一来就可以对动态神经编码机制的理论假设提供直接、可靠的生物学证据。

（2）视觉的稳定性

• 视觉的稳定性难题

视觉信息是我们感知世界的重要信息来源，由于受到视网膜上光感受器（视锥和视杆细胞）的分布非常不均的限制：中央凹（fovea）部位的视锥细胞密度最高，因而具有最高的视觉空间分辨能力[57]。但是，中央凹仅占据视网膜上很小的部分（直径约1.5 mm），只能覆盖双眼视野中（大约180° x 150°）~5°的范围[46]。因此，在观看任何自然景象时，我们的眼睛需要不断地跳动，以便将感兴趣的物体影像直接投射至中央凹。为了获取外界精确的视觉信息，我们人类以及其他非人灵长类动物需要作平均每秒3–5次的快速眼跳，我们假设外界物体静止，投射在视网膜上的物体影响会随着每次眼动而发生不连续的位移。然而，我们却可以有一个连续而稳定的视觉感知，同时我们也可以区分出，视网膜上物体影像的位移是源于我们自身的眼动还是物体本身的运动。大脑的这一功能表明，我们视空间感知（visuospatial perception）的形成不仅仅依赖于视网膜传入的视觉信息，而且还在视觉信息的基础上，整合了其他信息后的结果[57]。而早在20世纪中叶，就有学者认为，躯体运动神经元在发放运动指令到运动效应器（骨骼肌）的同时，同样的信号（corollary discharge/ efference copy，CD）[57]也被上传到了高级感觉皮层区，通过整合这些信息，我们就可以区分出感觉到的运动信息是由自身运动造成的，还是由外界物体运动造成的。我们的大脑具备这种预知即将到来的眼动，因而可以提前抵消眼动造成的视网膜影像移位，维持我们的视觉感知的稳定性。同时，大脑也可以利用CD信号来进行跨眼动视觉信息比较（trans-saccadic visual comparison），通过对比眼动前后视野中同一空间位置的物体是否一致，来判断视觉空间是否稳定。然而，截至目前，关于视觉稳定性如何形成还存在着很多争论，背后的神经机制也不甚了解。

• 视觉稳定性的形成方式

目前，关于灵长类视空间稳定性的神经机制，主要存在两种学说：视网膜坐标学说（retinotopic coordinate hypothesis）和空间坐标学说（spatiotopic coordinate hypothesis）[57，58]。外界的视觉信息进入大脑前会首先投射在视网膜上，大量研究表明高级视皮层的视觉细胞在视网膜上都有对应的感受野（retinotopic receptive field），因此，视网膜坐标学说认为，灵长类动物视觉稳定性的形成，完全依赖于视觉信息在视网膜坐标系中的整合。然而空间坐标学说认为视网膜坐标系并不是脑内视觉系统编码空间信息的唯一方式。伴随着视觉信息从初级视皮层向高级视皮层的传递，视觉信息和非视觉信息，包括眼位置、头位置和躯体位置等信息逐步整合，形成以头、身体和外界物体为中心的坐标系[60]。另外在实验中发现，大脑中许多和视觉相关的脑区神经元的感受野是在视网膜坐标下，但同时会受到眼位置的调制作用，这种现象被称为增益调制（gain field）。许多理论工作者认为[60]，大脑就是通过增益调制，在整合了眼位置信息之后，将编码在视网膜坐标上的信息，转换至编码到在以头为中心的坐标系下。因此，空间坐标学说认为大脑通过一系列的坐标转换，可以使对外界物体的定位不受眼动的影响，从而实现了视觉稳定性。

然而，空间坐标学说难以满足连续、快速运动对视空间稳定性的要求。例如，视觉信息在视网膜坐标系编码、眼位置信息在以头为中心的标系编码，通过多层次加工逐步形成高层面的坐标系，最终形成以头为中心的坐标系（空间坐标系）。考虑到信息在大脑内传递的延迟和信息处理所需要的时间，每次初级感觉系统层面上发生的改变，需要几十到上百毫秒才能传递到空间坐标系层面进行加工处理。另外也有实验发现，增益调制信号在眼动结束后150秒之前并不可靠[59]。如果灵长类动物仅仅依靠空间坐标系来实现视空间稳定性，将难以精准指导连续、快速的自身运动，例如，连续的快速眼跳。快速眼跳是灵长类动物速度最快的运动（可达到1000°/秒），一次快速眼跳的时间约为50ms，最短的潜伏期可小于50ms。因此，建立和维持灵长类视空间稳定需要其他的原理和方法，例如视网膜坐标学说。

• 视觉稳定性的神经机制

在视网膜坐标下，大脑实现视觉稳定性的一种可能的神经机制是1992年美国教授Michael E. Goldberg和同事们在猕猴后顶叶皮层视觉神经元（Lateral Intraparietal Area，LIP）发现的所谓神经元预测性重构现象（Remapping）[43]。图2.1.8B展示眼跳发生前后瞬间，视觉神经元的感受野同时覆盖两处空间位置，即眼跳前后的视网膜感受野。视觉神经元感受野重构现象，被认为是跨眼跳视觉信息比较/预览理论（Preview theory）的神经基础，即在单细胞水平通过比较眼跳前后获取的同一空间位置的视觉信息是否一致，来判断眼跳前后视空间是否稳定。随后的研究发现，在猕猴额叶眼动区上丘[52]以及纹外皮层[49]等脑区都存在感受野重构特征的神经元。

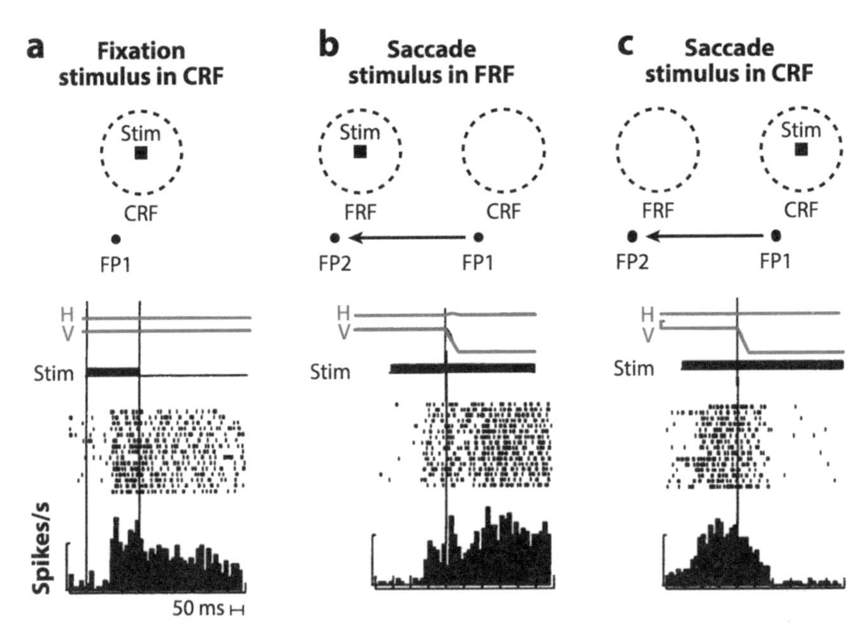

图2.1.8　单个神经元在三个不同任务时的发放情况。最上排图中的黑点代表注视点，星号代表视觉刺激，虚线圆圈代表视网膜感受野，箭头表示眼跳方向。其下的线条分别表示水平方向眼位置（H.eye）、竖直方向眼位置（V.eye）和视觉刺激的起止时间。图中的竖线标识任务事件发生的时间。栅格图显示了16次连续试验的神经元反应。柱状图左侧的校准标注为每秒100次发放频率。（A）注视任务时，神经元对出现在视网膜感受野内的视觉刺激的反应；（B）即将发生的眼跳对视网膜感受野的影响。神经元对未来感受野（眼跳后视网膜感受野覆盖的空间位置）内的视觉刺激产生反应，发生感受野重构现象。靠左的栅格图和视觉刺激出现的时间对齐，靠右的栅格图和眼跳的起始时间对齐。（C）同样眼跳但无视觉刺激出现在未来感受野，无感受野重构现象（图片摘自[43]）

随着近年来实验技术的进步，研究者们就引起神经元感受野重构的原因和机理进行了进一步探索，发现CD信号在感受野重构和空间稳定性的形成中起着关键作用[49,54]。Wurtz等人利用局部电刺激和失活（GABA agonist muscimol）的方法发现了一条介导眼动指令副本的通路（上丘→丘脑背内侧核→额叶眼动区，SC–MD–FEF）。如果阻断这一通路，会降低额叶眼动区神经元的感受野重构[48]。视网膜坐标学说建立在视网膜坐标系感受野重构的基础之上，而感受野的重构主要依赖于从眼动控制中枢（上丘）上传到高级视皮层的眼动指令副本[57]，因而在时程上视网膜坐标系上的信息可在眼跳起始前开始整合，以便满足快速形成视空间稳定的要求。

基于前人的发现，我们的合作者在近期的一项工作中通过增添空间测试的部位（图2.1.9）[54]，发现在猕猴顶内沟外侧壁（LIP）部分视觉神经元在眼动发生前的瞬间，感受野不仅覆盖当前感受野（current receptive field）和未来感受野（future receptive field），还覆盖位于两者中间的部位（intermediate location）。在眼动结束后，神经元的当前感受野恢复到对应的视网膜空间区域。图2.1.10展示一例该类神经元的发放情况。

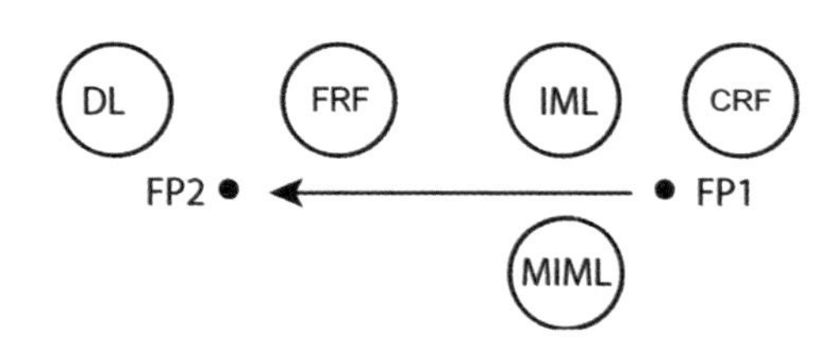

图2.1.9　多点位检测感受野的眼跳任务设计。猕猴从FP1眼跳至FP2，视觉探针刺激（probe stimulus）随机出现在五个位置中的一个：CRF（目前感受野）、FRF（未来感受野）、IML（中间位置）、MIML（镜像中间位置）、DL（远端位置）图片摘自[54]）

同时，为了说明这种拉长型的感受野重构，我们在实验的基础上建立了一个数学模型，提出感受野重构是通过眼动指令副本增强LIP神经元间侧向连接，实现感受野重构的理论假设（图2.1.11）。为了简化，我们在一个一维的网络模型中模拟LIP神经元在单一方向眼动

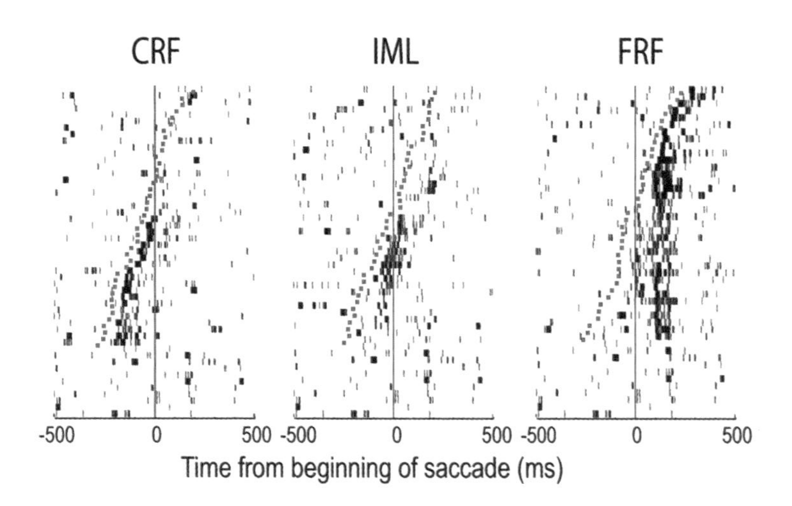

图2.1.10　同一个LIP神经元对不同位置视觉刺激的反应在眼跳前后的改变。黑色短线代表动作电位，红色短线代表视觉刺激出现的时间，红色竖线表示眼跳开始时间。视觉刺激呈现在三个不同位置：CRF–目前感受野；FRF–未来感受野；IML–中间位置（图片摘自[54]）

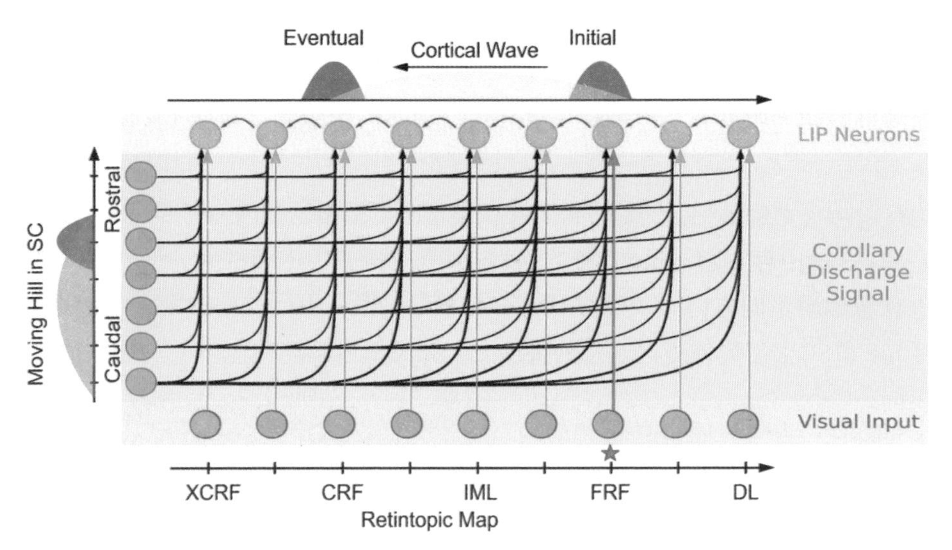

图2.1.11　一维网络模型示意图。LIP神经元之间的连接为单向连接，方向和眼动方向相反。红色箭头代表来自视网膜的输入，可以一对一的激活LIP神经元。SC和LIP是全连接，当眼动将要发生时，CD信号会输送至所有LIP神经元中，并且，当LIP神经元接受到邻近神经元的侧向连接时，此神经元才能被激活。此时就会产生朝向当前感受野神经元的活动传播（图片摘自[54]）

的情况下的活动。LIP神经元接受两个外界输入，从视网膜传递上来的视觉输入和来自下丘的并且包含着眼动幅度信息的伴随放电（CD）。在这个网络中，LIP在视网膜坐标下编码视觉信息，即网络中某个位置的视觉输入可以激活与之对应的LIP神经元的放电。另外，每个LIP神经元还会接受到靠近FRF神经元传递的侧向输入。研究者通过设定网络连接的参数（SC-LIP，LIP-LIP unidirectional connections），使得在没有视觉输入的情况下，LIP神经元不会被CD信号和侧向输入激活。模型在实现CD信号时采用了在上丘（superior colliculus）发现和眼动相关的神经元活动：在猕猴作眼动时，会有一个从丘脑的尾部（caudal colliculus）传向嘴部（rostral colliculus）神经元活动（moving hill），当活动传播到嘴部时即是眼动结束的时候，因此这种行波传播的持续时间就对应着眼动持续的时间。当眼动将要发生时，CD信号会打开LIP神经元之间的单向连接。当探测刺激出现在未来感受野时，会激活对应的神经元，这个神经元的活动就会通过单向连接向靠近当前感受野的神经元传播，直到激活当前感受野的神经元，完成感受野的重构。

• 感受野重构的形成和作用

随后我们在上述模型的基础上，将其扩展为二维模型，用来解释任意方向眼动时感受野重构的情况[56]，并且引入神经元的突触可塑性（Spike Timing Dependent Plasticity，STDP），通过模拟视觉刺激来训练网络，证明了感受野重构可以从视觉刺激中自然地习得。在该模型中，根据已有的生物学事实，我们假设在LIP中存在着一群对不同眼动方向具有偏好性的神经元，并且在SC上也有着编码不同方向眼动的神经元。在学习阶段，不同方向的眼动会分别激活LIP和SC上编码该方向眼动的神经元，在突触可塑性的作用下，LIP中编码相同方向的神经元以及SC和LIP编码相同方向的神经元之间的连接会被增强。通过大量的学习，偏好不同眼动方向的神经元就会产生在对应眼动方向下的感受野重构。

接下来，我们继续从信号处理的角度探究这种感受野重构现象和视觉稳定性的关系[55]。首先，我们假设视觉稳定性来自于大脑能否准确预测眼动所造成的视网膜上图像的变化，研究什么样的神经网络结构可以完成这样的预测功能，即将视觉稳定性问题转化成一个优化预测问题。我们构造了一个生物合理的神经网络，然后训练这个网络来实现相关的空间预测任务。通过训练得到的优化网络结构和皮层活动传播模型一致[54]，而感受野重构现象来自于网络动力学的自然演化。因此，该工作可以从算法层面说明神经元感受野的重构现象来自于在眼动前后，大脑准确预测视网膜上图像变化产生的网络动态过程。

• 感受野重构遇到的挑战争论

对于感受野重构的研究虽然已经有了近30年的历史，但一些关键性的问题仍存在着争议，尤其是近期刊登在Nature上的一项研究表明[61]，在猕猴额叶眼动区（frontal eye field, FEF），眼跳前视觉神经元的视网膜坐标感受野变化，不像前人报道的朝向未来感受野（future receptive field），而是汇聚于眼跳的目标点附近。对于和前期感受野重构实验结果的不一致性，Zirnsak和同事们认为前期研究中仅检测少数几个空间部位，而非仔细检测视觉神经元的整个感受野，因此视网膜坐标感受野朝向未来感受野方向的移位可能是一种假象；视网膜坐标感受野朝向注视点的移位和眼跳时感觉视空间朝向眼跳靶点压缩有关（saccadic compression）[61]，而和视空间稳定并非直接相关。另外，有研究报道在猕猴的V4区，眼跳前视网膜坐标感受野的重构，根据眼动方向的不同，即朝向未来感受野也朝向眼跳目标点移位[47]，并且在时程上存在着预测性重构和收缩性重构的复杂交互。还有，较早的研究发现，在猕猴的V4区，眼跳前视觉神经元的视网膜坐标感受野会缩小，并朝向眼跳目标点迁移[50]。

视觉稳定性还有可能通过眼动抑制来部分获得，即眼跳发生时大脑通过降低视觉系统的敏感性，达到抑制对视网膜影像移位的感知。眼动速度峰值会高达 500 度每秒，外界视野在视网膜上的投射会因为这种高速眼动而变得模糊，然而我们并不会感知到这种模糊现象，我们把这种在眼动中对视觉模糊视而不见的现象称为眼动抑制。眼动抑制说明了在眼动前后，我们的视觉系统的敏感度会降低，并在眼动之后恢复正常水平。一些早期的实验发现证明在眼动时，我们对视觉信息的敏感度会被短暂抑制，并且早于眼动发生，因为眼动抑制来源于CD信号，首先眼动抑制领先于眼动的发生50毫秒，此时在视网膜上的投射还没有发生位移，并且CD信号要领先于眼睛肌肉收缩的本体感受，其次眼动抑制会持续到眼动结束100~150毫秒之后，这些正好和CD信号的时程吻合。在电生理实验中，Thiele等人发现[51]，和运动视觉相关的脑区MT和MST，这些神经元对眼动引起的移动刺激的发放率显著低于猕猴在注视阶段对移动刺激的发放率。

• 小结与讨论

探索灵长类动物视空间稳定性的神经机制，不仅能够深化我们对大脑工作原理的认识，而且还会为类脑计算以及人工智能的研究提供生物学依据。但是对于视觉稳定性的形成及背后的神经基础尚不完全清楚，例如在跨眼动比较理论中（trans-saccadic visual comparison），我们对于：1）眼动前后目标会出现在视网膜上的不同位置，因而具有不同的空间分辨率，大脑如何实现不同空间分辨率视觉信息的对比，目前还不清楚；2）因为涉及前后物体景象的比较，就涉及物体识别的问题，但是在FEF和LIP脑区神经元对物体特征的偏好性还有待探讨；3）眼动前后视觉信息比较的神经机制是什么，大脑是通过什么手段读取比较的结果，也尚未探究清楚。此外关于眼动前神经元感受野的重构，前期研究发现的不同情况（预测性vs收缩性），是什么原因造成的：1. 实验设计和条件；2. 不同脑区在空间感知（LIP vs FEF）中的作用有差异，也需要今后深入研究。

（3）神经反馈的工作原理

• 神经反馈

深度神经网络（DNNs）通过模仿腹侧视觉通路逐层处理信息的结构，在物体识别等领域取得了巨大的成功[20]。然而，DNNs网络与真实的神经系统所实现的物体识别仍有较大差异。事实上，真实神经系统的物体识别，是一种动态地可以根据不同的应用场景从层级化类别信息中选择相应精细度的识别。具体来说，当你快速瞥过一张图片时，你仅能大致区分它是猫还是狗，而如果给你更长的观察时间你甚至可以细致辨别出图片中的猫的品种是英短还是波斯。DNNs网络，特别是没有经过专门训练的DNNs网络却很难实现这样一种识别。实验数据表明，相较于DNNs网络主要由低层到高层的前馈连接构成的结构特点，真实的神经系统中还存在着非常丰富的由高层到低层的反馈连接[62]。分析和整合（analysis-by-synthesis）[63]以及预测编码理论（predictive decoding）[64]是两个对于反馈连接在神经网络中作用的经典观点。前者认为前馈通路会不断地从外部输入中提取物体信息，通过分析提出可能的猜测，而反馈通路则结合物体同一性，上下文背景整合得出最可能的结果。而后者认为神经网络通过反馈通路不断对即将到来的刺激给出预测，而前馈通路比较预测和真实刺激，将预测误差自下而上传回高的层级，调整估计的准确性。总的来说，无论是上述两种观点，还是其他的观点都认同反馈调节对神经系统的重要性，但其具体机制尚不清楚。比如说，从上到下传递的是什么样的物体信息，什么样的反馈调制能有效地完成识别任务，这些问题都还是未知的。解决这些问题，不仅是为了解答神经科学的问题，同时也将给予启发相关的人工算法物体去应用到物体识别任务中。

尽管受目前神经科学进展的限制，我们对反馈调节的机制还存在很多疑问，但在已有的实验数据表明，视觉系统在物体识别的过程中神经元活动表现出一种"push-pull"特性，并且该特性与反馈调节有关。当猕猴在完成轮廓整合任务中，观察初级视觉皮层（V1）感受野位于非轮廓位置的神经元群体活动，结果发现在刺激呈现后，神经元活动强度如图2.1.12A 所示，在早期有一个提升（push），随后显著降低（pull），最终使得原本由于感受野太小无法识别的轮廓信息在V1也能够实现表征[65]。而在类似任务条件下，一系列的多电极记录实验[66, 67]发现这种轮廓信息先在视觉皮层中更高的层级（如V4和V2）产生，而后传递到V1，并进一步证实了这种"push-pull"特性并非是一个神经适应结果，相反早期"push"和后期"pull"阶段都有来自更高层级的反馈调节发挥作用。

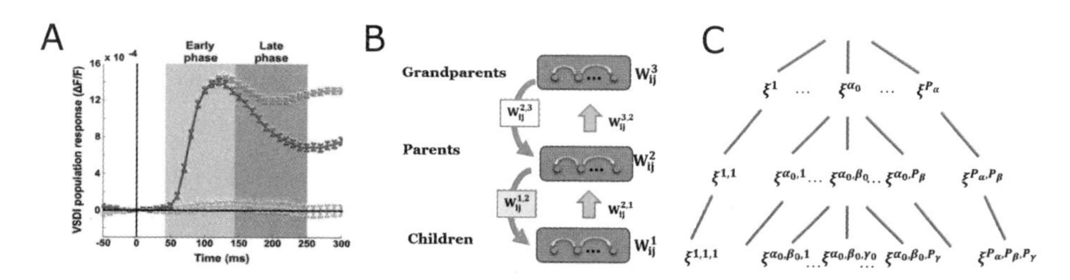

图2.1.12　A. 数据为清醒猕猴的V1处电压敏感染料成像（voltage-sensitive dye imaging）结果。视觉刺激是一个隐藏在噪声中的虚拟轮廓，它出现于t = 0时刻。蓝色曲线当猕猴能识别出轮廓的情况下，神经反应随时间的变化，在早期上升而后期下降。红色曲线表示的是猕猴不认识轮廓的情况。绿色曲线是无视觉刺激条件下的神经元群体反应[65]；B.一个存储着物体层级信息的三层网络，网络从下到上，分别表示子辈、父辈和祖辈模式。层与层之间的神经元通过前馈和反馈连接相互联系；C.显示层级记忆模式之间的分类关系的分支树（图片摘自[74]）

生活中，我们对物体的分类是基于它们在图像或语义层次上的相似性，并且具有层级结构的特点，也就是说属于同一类别的物体比属于不同类别的物体具有更高的相似性。实验数据表明，大脑会采用神经表征的重合度（overlaps）对物体间的相似性进行编码，即越相似的物体，它们对应的神经元表征也越相似[20]。从表征的角度来看，用重合度表征相似性是直观的，并且能够自然地构造出层级化类别结构，然而，对于记忆检索而言未必是好事：比如众所周知的在Hopfield模型中的记忆模式（memory patterns）间极小相关性，就会给网络记忆检索能力带来毁灭性破坏[68]。这里特别要强调的是，这种存储信息相关性带来的破坏并非是某些神经网络才特有的，事实上，这是神经网络固有的，其根源在于，神经网络既利用突触进行信息编码，又通过突触实现计算。简单来说，突触强度由存储模式的相关性所决定，而在检索时这些相关性又会反过来干扰网络检索的可靠性。因此，神经编码面临着一个两难的平衡：一方面，神经系统需要利用记忆模式间的相似性来表征编码对象之间的类别关系；另一方面，在信息检索时又需要克服这些模式之间的相似性。因此，如何在神经网络中实现可靠的分层信息检索一直是该领域研究的热点[69]。

受到实验中观察到的“push-pull”现象的启发，本研究将关注反馈调节机制在层级化记忆检索任务中的作用。具体来说，我们认为神经系统采用了一种由粗到细的检索过程，在此过程中，检索目标更高的类别信息将优先被检索，由于更高的类别之间相关性更低，因此检索精度更高，而后通过反馈调节，利用更高类别的信息提高更低类别信息的检索。我们发现，为了获得良好的记忆检索表现，反馈调节机制应该是动态的，随着时间先正（“push”）后负（“pull”），分别抑制来自不同和相同类别模式之间的相关性造成的干扰，并在仿真数据和真实数据下验证了先正后负的反馈调节能够有效地提高层级化信息检索效果。

• 神经反馈的计算机制

我们建立了一个三层网络（如图2.1.12B），它一一对应地存储着具有三级层次化结构的记忆模式（memory pattern，如图2.1.12C）：每个子辈模式属于相应的父辈模式，这些父辈模式又分别属于各自的祖辈模式[70,71]。为了模拟网络中各个层级在记忆检索任务中所扮演的角色，每一层内部通过递归连接实现相应层次的联想记忆功能，层级之间分别通过前馈和反馈连接来联系它们的父辈层和子辈层。其中，h_i^l是神经元i所收到的总的输入，具体来说输入具有如下的形式：

$$h_i^l(t) = \sum_j W_{ij}^l x_j^l(t) + \sum_j W_{ij}^{l,l-1} x_j^{l-1}(t) + \sum_j W_{ij}^{l,l+1} x_j^{l+1}(t)$$

网络中同层内的递归连接以及自下而上的前馈连接均由Hebbian 学习规则生成。

我们探究反馈调节如何提高网络记忆检索效果，不失一般性地，我们以对第1层的反馈调节作用为例进行阐述。

a. 无反馈调节的记忆检索

为了理解反馈调节的计算功能，首先我们需要了解第1层在没有反馈调节下自身的记忆检索究竟会出现怎样的问题。类似传统的稳定性分析，我们考虑在第1层上以一个特定的记忆模式作为网络的初始状态的情况，也就是说，假设$x^1(0) = \xi^{\alpha 0, \beta 0, \gamma 0}$，然后分析究竟是什么因素影响了这个模式的检索效果。网络经过一步迭代后，我们重新整理神经元接受的输入，并进行了一定的近似后结果发现：

神经元接受的输入被分解为信号和噪声两部分，后者又可以进一步分解为两项——类内噪声和类间噪声。其中，类内噪声是指由于同一个父辈的模式之间相关性带来的噪声；相似的，类间噪声是指同一祖辈不同父辈的那些表兄妹模式所带来的噪声。这意味着，即使网络的初始输入没有噪声，由于记忆模式之间的相关性也会产生干扰，从而导致网络动力学最终演化出错。

b. 正向反馈的作用

接下来，我们考虑从第2层到第1层之间的正向反馈的设置：

$$W_{ij}^{1,2} = \frac{1}{NP_\gamma}\sum_{\alpha,\beta,\gamma} \xi_i^{\alpha,\beta,\gamma}\xi_j^{\alpha,\beta}.$$

这种正向反馈的作用是很直观的。它只会增强属于这个父辈模式的所有子辈模式的活动强度，而对于其他记忆模式都没有效果，因此等价于反向地抑制了来自其他类带来的类间噪声。如图2.1.13A所示的仿真结果也证实了这个直观的认识。

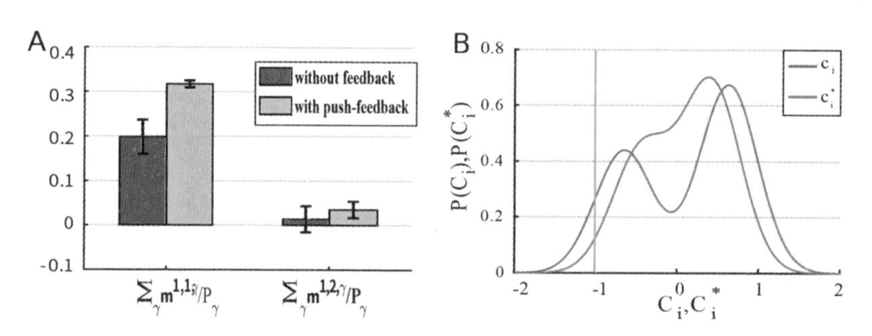

图2.1.13 A. 正向反馈的作用。其中父辈模式为ξ1,1，而它给予其子辈模式的影响由$\sum_\gamma m^{1,1,\gamma}/P_\gamma$的反馈作用来衡量，它对于其他父辈模式所属子模式的作用为$\sum_\gamma m^{1,2,\gamma}/P_\gamma$；B. 负向反馈的效应。类内噪声的分布$C_i$和收到负向反馈后分布$C^*_i$。概率$P(C^*_i<-1)$比$P(C_i<-1)$小得多，这表明负向反馈有效地抑制了类内噪声。图片摘自[74]

c. 负向反馈的作用

我们发现如果第2层已经完成了记忆检索，如下形式的一个负向反馈将促进第1层的记忆检索。负向反馈连接权重设置为：

$$W_{ij}^{1,2} = -(P_\gamma - 1)b_1\delta_{ij}$$

随后，我们证明了负向反馈能有效地抑制来自同一父辈的兄弟姐妹之间的类内噪声（如图2.1.13B）。值得注意的是，负向反馈的作用实际上是从下层的模式信息里减去共有的父辈信息，从本质上看这与预测编码的思想是一致的。

d. 具有先正后负反馈的记忆检索

上文中，我们分别探讨了正向和负向反馈的作用，其中前者抑制类间噪声，后者抑制类内噪声。也就是说，为了最大限度地提高反馈增益，这两种形式的反馈交互都是必要的。我们认为最优的反馈调节应该是动态的，也就是说，在早期阶段，反馈是正向的，在后期阶段，反馈变为负向的。这样，反馈调节既可以抑制类间噪声，也可以抑制类内噪声，从而帮助网络实现从粗糙到精细的记忆模式检索。

随后我们的仿真实验验证了我们的观点。如图2.1.14A所示，先正后负的反馈调节下，第1层神经元群活动显出“push-pull”现象与实验结果[65]相似（对比图2.1.14A和图2.1.12A）。图2.1.14B显示第1层和第2层在同一次试验中的检索准确性随时间的变化。我们看到，父辈模式在第2层的检索精度很快就上升到一个较高的水平（m接近1）。这是很好理解的，因为父辈模式与其他父辈模式之间的相关性较小，因此在相同强度的信息输入下能够更好地完成检索。而第1层对于子辈模式的检索精度在先正后负反馈下逐渐增加，最终将达到一个比没有反馈的水平更高的准确度，这表明先正后负反馈确实增强了相应的子模式的检索精度。

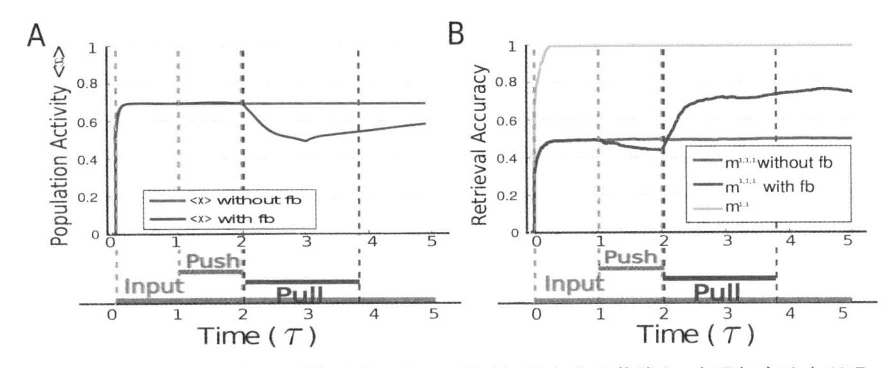

图2.1.14　A. 第1层神经元群体活动强度 ⟨x⟩ 随时间的变化（蓝线），表现与实验中所观察到的“push-pull”现象一致[65]。B. 在A图的同一次试验中，子辈模式（红线）和父辈模式（黄线）的检索正确率随时间的变化。蓝线是没有反馈调节的情况。图片摘自[74]

（4）在真实图像中的验证结果

同时，我们也在真实图像集中检测了我们的模型。如图2.1.15A所示，我们从ImageNet选取了两类动物（猫和狗），每一类的动物进一步分为九个子类，分别对应模型的父类和子类。我们发现通过预处理之后的模式自然地形成了类间层级结构，即同一父辈模式的子模式相比表亲（与不同父辈的子辈）模式，具有更高的相似性。

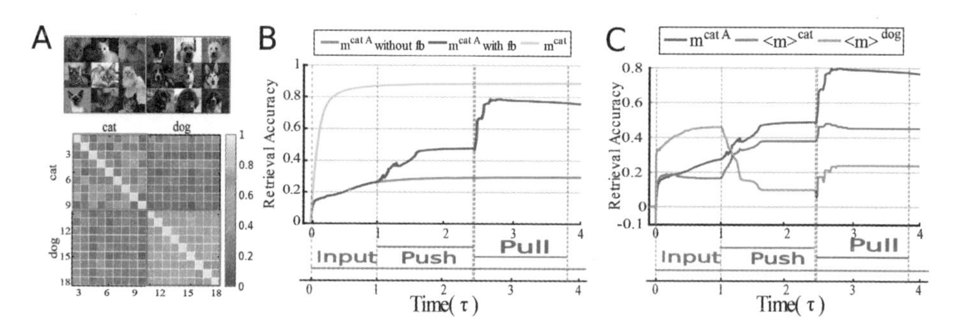

图2.1.15　A.上图为猫狗中每一类的一个样例。下图为经过预处理之后子辈模式之间的相关性。猫为：1–9；狗为10–18。B和C为真实图像中的实例；B.子辈（猫A，蓝线）和父辈（猫，黄线）模式检索精度随时间的变化曲线。红色曲线为没有反馈的结果；C.正向和负向反馈调节的效果。其中蓝色、紫色和绿色的曲线分别表示了猫A、其他猫和狗子类的检索准确度。图片摘自[74]

图2.1.15B显示了一个检索过程的典型示例。我们看到第一层的检索精度与没有反馈的情况相比随着先正后负的反馈逐步提高。通过对比搜索过程中兄弟模式和表亲模式（来自另一个父辈模式）的网络响应（图2.1.15C），我们发现：正向反馈具有抑制类间噪声的效果;而在后期的负向反馈确实可以抑制类内噪声。

• 总结与讨论

我们研究了反馈调节在层级联想记忆中的作用。之前已有的具有层级结构的联想记忆研究[70,71]，都只考虑了无反馈交互作用的单层网络的效果。据我们所知，我们的工作是第一篇研究反馈在层级记忆联想任务中计算机制的工作。而在机器学习领域中，有一些研究利用基于语义的对象高级分类知识作为辅助信息来增强图像识别[72]，但是它们并没有考虑利用层间动态反馈来增强信息检索，这与我们的网络模型有很大的不同。

实验结果表明，反馈连接丰富且广泛地存在于神经信号通路中，但它们精确的计算功能至今仍不清楚[62]。我们发现，为了获得更好的检索性能，由高到低层的反馈调节应该是动态的，随时间变化，从正到负，从而依次抑制下层的类间噪声和类内噪声。这样设置的层级间相互作用所得到的动力学过程与实验中观察到的“push–pull”现象相吻合[65,66,67]。通过这样一种作用，网络能够实现一个从粗糙到精细的层级记忆模式的信息检索。这里要特别强调的是，神经系统拥有丰富的资源可以用来实现这种动态反馈，文章中为了简化描述，我们用同一组神经连接来表示正向和负向的反馈调节。但事实上，在真实的神经系统中它们很可能通过不同的信号途径实现。例如，正向反馈可以直接通过自上而下的兴奋性突触来实现，而负向反馈可能来自于另一通路，例如抑制性的中间神经元（层级之间的抑制作用通常是中间神经元所介导的[73]）。相比于直接连接通路，这个调控会有一定的延迟，并受上层神经元反应所控制。也就是说，只有当较高层级上识别出了较高层级的物体时，才会启动负向反馈，从实验数据上也有相似的推测。然而，需要进行进一步的实验研究才能弄清这些问题。

除了层级联想记忆，本研究还解决了神经编码中的一个两难抉择：一方面，模式之间的相关性对于编码物体之间的分类关系至关重要；但另一方面，它们不可避免地会对记忆检索造成干扰。例如，传统的以Hebbian学习规则构造权重的神经网络无法支持太大的存储容量，因为内部存储的模式之间相似性会导致检索急剧恶化[68]。为解决这一致命缺陷，以往的研究提出的策略往往考虑如何适当地修改Hebbian学习规则。而在这里，我们的结果提出了一种新的策略，即利用神经系统结构的层级特征，通过层级结构存储的物体分类信息，并且在记忆检索时，越高层级内存储的模式越独立，因而容易识别，然后通过先正后负反馈，利用高层级的信息，来抑制低层级所存储模式之间的类内和类间噪声的干扰，从而提高记忆检索的效果。通过这种方式，表征了物体相关性的具有较高相似性的神经元响应能够被很好地检索。

（5）总结与展望

计算神经科学的发展一直有两个目标：一是用数学模型和方法，从计算的角度来阐明大脑的工作原理；二是从算法层面总结归纳出大脑的计算机制，为类脑智能发展提供新思路。一方面大家已经意识到脑科学对人工智能发展的重要性，但另一方面，由于大脑的复杂性，我们目前对神经系统的工作原理，尤其是在算法层面的认识，还很初步。这都提示我们需要进一步发展计算神经科学，尽快加深对神经信息处理计算机制的认识。

深度学习技术建模大脑的视觉系统，在一些相对简单的任务上取得了巨大成功，但是其终究只是一种过度简化的前馈网络结构，从神经元、突触再到网络结构，都和真实的生物视觉系统有着重要差异。首先，深度神经网络的神经元通常采用简单的非线性单元，而大脑中的神经元远比这复杂，有着丰富的树突结构，不同的树突和树突内部有着复杂的非线性作用，可以完成复杂的计算功能，最近发现人脑中单神经元可以完成异或操作[27]，而解决异或问题则需要多层人工神经网络。其次深度网络的突触通常采用的是一个静态连接，而真实的大脑中，神经突触并非一成不变，是动态的，具备不同的时间尺度，如具备短时程可塑性的突触（synapse with short-term plasticity）[23]。最后，深度网络多采用前馈连接结构。而大脑中有着丰富的高层级神经元层到低层级的反馈连接，和同层神经元之间的互馈连接等。

从视觉认知机制研究的角度，哪方面的研究突破对当前人工智能发展最为重要呢？我们认为是破译视觉认知的动态交互计算形式。不同于深度神经网络对图像信息的前馈处理方式，大脑的视觉系统采用的是一种动态交互、综合分析的方式[2]。外部刺激通过一个快速的前馈视觉通路由低层级视觉区送至高层级视觉皮层区，在高层级视觉区产生很多猜测，这些猜测再通过反馈环路形成的生成网络将猜测映射回低层级皮层区，进行印证。大脑可能通过这种猜测、印证、动态交互的方式，最终完成复杂图像的分析理解。在这个过程中，低层级的皮层区如V1、V2更多地表征了图像的纹理、形状和方位等信息，而高层级的视觉皮层区，如IT，提取了物体的语义信息。我们的大脑在语义层面作猜测，可以有效地避免由组合爆炸导致的混乱，而低层级保留了更加丰富的视觉信息，可以更好地印证猜测。视觉信息动态交互处理在大脑中被广泛发现，特别是较为困难的物体识别和物体探测任务。2009年，Bar和Kassam等人通过fMRI研究人在处理物体识别过程中[12]，发现视觉信息会通过背侧视觉通路快速传入眼窝前额皮质（orbitofrontal cortex，OFC），然后通过反馈连接送入IT整合，最终完成物体识别，实验还发现OFC对低空间频率的信息处理最快。在2014年，Minggui chen等人研究发现[24]，当猕猴对复杂背景中的轮廓线进行检测时，其高级皮层区V4中的神经元先于V1出现全局轮廓信息，随后轮廓信息被反馈至V1，通过V1和V4的动态交互完成轮廓线识别。在2019年，Kohitij Kar等人研究发现[28]，当猴子在进行困难图片识别任务时，相比于简单任务，IT区完成识别任务需要额外30ms左右，通过实验和模型证实视觉皮层的互馈连接在物体识别过程中扮演着重要的角色。从V1到IT区，一次前馈传输约10~15ms左右，对困难的物体进行识别时，30ms的延时意味着视觉信息可以至少进行额外的两个阶段处理。一种可能性是不同层级的皮层互馈处理，如IT区和低层级V1与V4的动态交互。另一种可能性是，前额叶皮层向IT区反馈连接；还有可能这些同时发生。大脑在进行图片识别时，会提取利用形状特征和纹理特征。但这两种特征并不是同时处理，研究表明，V4中编码形状和纹理的神经元是相对独立的，且编码形状的神经元响应明显先于编码纹理的神经元，对于纹理信息的处理可能依赖V1和V4件的互馈信息处理[25,26]。而深度学习进行物体识别时更加依赖于纹理特征，面临泛化问题[3]。总结一下，大脑的视觉系统是高度并行化的，信息自视网膜开始，通过多种视觉通路，最终被送入高层级皮层区，产生视觉感知。这一信息处理过程存在不同尺度的动态信息处理过程，小范围如V1与V4之间的动态交互地提出全局轮廓信息、形状和纹理特征，大范围的如V1与IT区动态交互，甚至不同功能脑区如IT和前额叶皮层之间的动态交互。在猜测和印证的动态处理过程中，猜测过程可以由一些快速的前馈视觉通路实现，如从视网膜经SC到IT 区，或者腹侧视觉通路到PFC等。而视觉皮层区有大量的从高层级投向低层级的反馈连接，可能实现生成模型。利用猜测、印证的方式进行动态信息处理是大脑视觉信息处理的重要特点，将这一过程引入深度学习或许可以帮助构建更加鲁棒的人工视觉系统，并从简单的图像识别走向图像理解。

参考文献

[1] Sereno, A. B., & Maunsell, J. H. (1998). Shape selectivity in primate lateral intraparietal cortex. Nature, 395(6701), 500-503.

[2] Yuille, A., & Kersten, D. (2006). Vision as Bayesian inference: analysis by synthesis? Trends in cognitive sciences, 10(7), 301-308.

[3] Sinz, F. H., Pitkow, X., Reimer, J., Bethge, M., & Tolias, A. S. (2019). Engineering a less artificial intelligence. Neuron, 103(6), 967-979.

[4] Kriegeskorte, N. (2015). Deep neural networks: a new framework for modeling biological vision and brain information processing. Annual review of vision science, 1, 417-446.

[5] Yamins, D. L., & DiCarlo, J. J. (2016). Using goal-driven deep learning models to understand sensory cortex. Nature neuroscience, 19(3), 356.

[6] Fukushima, K. (1980). Neocognitron: A self-organizing neural network model

for a mechanism of pattern recognition unaffected by shift in position. Biological cybernetics, 36(4), 193-202.

[7] Riesenhuber, M., & Poggio, T. (1999). Hierarchical models of object recognition in cortex. Nature neuroscience, 2(11), 1019-1025.

[8] Serre, T., Oliva, A., & Poggio, T. (2007). A feedforward architecture accounts for rapid categorization. Proceedings of the national academy of sciences, 104(15), 6424-6429.

[9] Zhaoping, L., & Li, Z. (2014). Understanding vision: theory, models, and data. Oxford University Press, USA.

[10] Hubel D H, Wiesel T N. Receptive fields, binocular interaction and functional architecture in the cat's visual cortex[J]. The Journal of Physiology, 1962, 160(1): 106-154.

[11] Hubel D H, Wiesel T N. Receptive fields and functional architecture of monkey striate cortex[J]. The Journal of Physiology, 1968, 195(1): 215-243.

[12] Bar, M., Kassam, K. S., Ghuman, A. S., Boshyan, J., Schmid, A. M., Dale, A. M., ... & Halgren, E. (2006). Top-down facilitation of visual recognition. Proceedings of the national academy of sciences, 103(2), 449-454.

[13] Hong, H., Yamins, D. L., Majaj, N. J., & DiCarlo, J. J. (2016). Explicit information for category-orthogonal object properties increases along the ventral stream. Nature neuroscience, 19(4), 613.

[14] Konen, C. S., & Kastner, S. (2008). Two hierarchically organized neural systems for object information in human visual cortex. Nature neuroscience, 11(2), 224-231.

[15] López-Aranda, M. F., López-Téllez, J. F., Navarro-Lobato, I., Masmudi-Martín, M., Gutiérrez, A., & Khan, Z. U. (2009). Role of layer 6 of V2 visual cortex in object-recognition memory. Science, 325(5936), 87-89.

[16] Kinoshita, M., Kato, R., Isa, K., Kobayashi, K., Kobayashi, K., Onoe, H., & Isa, T. (2019). Dissecting the circuit for blindsight to reveal the critical role of pulvinar and superior colliculus. Nature communications, 10(1), 1-10.

[17] Van Le, Q., Isbell, L. A., Matsumoto, J., Nguyen, M., Hori, E., Maior, R. S., ... & Nishijo, H. (2013). Pulvinar neurons reveal neurobiological evidence of past selection for rapid detection of snakes. Proceedings of the National Academy of Sciences, 110(47), 19000-19005.

[18] Maior, R. S., Hori, E., Barros, M., Teixeira, D. S., Tavares, M. C. H., Ono, T., ... & Tomaz, C. (2011). Superior colliculus lesions impair threat responsiveness in infant capuchin monkeys. Neuroscience letters, 504(3), 257-260.

[19] LeCun, Y., Bengio, Y., & Hinton, G. (2015). Deep learning. nature, 521(7553), 436-444.

[20] Yamins, D. L., Hong, H., Cadieu, C. F., Solomon, E. A., Seibert, D., & DiCarlo, J. J. (2014).

Performance-optimized hierarchical models predict neural responses in higher visual cortex. Proceedings of the National Academy of Sciences, 111(23), 8619-8624.

[21] Tanaka, H., Nayebi, A., Maheswaranathan, N., McIntosh, L., Baccus, S., & Ganguli, S. (2019). From deep learning to mechanistic understanding in neuroscience: the structure of retinal prediction. In Advances in Neural Information Processing Systems (pp. 8535-8545).

[22] Kell, A. J., Yamins, D. L., Shook, E. N., Norman-Haignere, S. V., & McDermott, J. H. (2018). A task-optimized neural network replicates human auditory behavior, predicts brain responses, and reveals a cortical processing hierarchy. Neuron, 98(3), 630-644.

[23] Mongillo, G., Barak, O., & Tsodyks, M. (2008). Synaptic theory of working memory. Science, 319(5869), 1543-1546.

[24] Chen, M., Yan, Y., Gong, X., Gilbert, C. D., Liang, H., & Li, W. (2014). Incremental integration of global contours through interplay between visual cortical areas. Neuron, 82(3), 682-694.

[25] Kim, T., Bair, W., & Pasupathy, A. (2019). Neural coding for shape and texture in macaque area V4. Journal of Neuroscience, 39(24), 4760-4774.

[26] Pasupathy, A., Kim, T., & Popovkina, D. V. (2019). Object shape and surface properties are jointly encoded in mid-level ventral visual cortex. Current opinion in neurobiology, 58, 199-208.

[27] Gidon, A., Zolnik, T. A., Fidzinski, P., Bolduan, F., Papoutsi, A., Poirazi, P., ... & Larkum, M. E. (2020). Dendritic action potentials and computation in human layer 2/3 cortical neurons. Science, 367(6473), 83-87.

[28] Kar, K., Kubilius, J., Schmidt, K., Issa, E. B., & DiCarlo, J. J. (2019). Evidence that recurrent circuits are critical to the ventral stream’ s execution of core object recognition behavior. Nature neuroscience, 22(6), 974-983.

[29] Liang, P., Wu, S., & Gu, F. (2016). An Introduction to Neural Information Processing. Springer Netherlands.

[30] Urbanski, M., Coubard, O.A., & Bourlon, C. (2014). Visualizing the blind brain: brain imaging of visual field defects from early recovery to rehabilitation techniques. Front. Integr. Neurosci.

[31] Oizumi M, Ishii T, Ishibashi K, et al. Mismatched decoding in the brain [J]. Journal of Neuroscience, 2010, 30(13): 4815-4826.

[32] Ishikane H, Gangi M, Honda S, et al. Synchronized retinal oscillations encode essential information for escape behavior in frogs [J]. Nature neuroscience, 2005, 8(8): 1087.

[33] Ratte S, Hong S, Deschtter E, et.al. Impact of Neuronal Properties on Network Coding: Roles of Spike Initiation Dynamics and Robust Synchrony Transfer [J]. Neuron, 2013,

78(5): 758–772.

[34] Xiao L, Zhang M, Xing D, et al. Shifted encoding strategy in retinal luminance adaptation: from firing rate to neural correlation [J]. Journal of neurophysiology, 2013, 110(8): 1793-1803.

[35] Christopher Decharms R, Merzenich M M. Primary cortical representation of sounds by the coordination of action-potential timing [J]. Nature, 1996, 381(6583): 610.

[36] Xiao L, Zhang D, Li Y, et al. Adaptive neural information processing with dynamical electrical synapses [J]. Frontiers in Computational Neuroscience, 2013, 7: 36.

[37] Li L, Mi Y, Zhang W, Wang D, Wu S, Dynamic Information Encoding with Dynamical Synapses in Neural Adaptation [J]. Frontiers in computational neuroscience, doi: 10.3389/fncom.2018.00016.

[38] Markram H, Wang Y, Tsodyks M. Differential signaling via the same axon of neocortical pyramidal neurons [J]. Proceedings of the National Academy of Sciences, 1998, 95(9): 5323-5328.

[39] Tsodyks M, Wu S. Short-term synaptic plasticity [J]. Scholarpedia, 2013, 8: 3153

[40] Amari S, Nakahara H, Wu S, et al. Synchronous firing and higher-order interactions in neuron pool [J]. Neural computation, 2003, 15(1): 127-142.

[41] Bruno R M, Sakmann B. Cortex is driven by weak but synchronously active thalamocortical synapses [J]. Science, 2006, 312(5780): 1622-1627.

[42] Wang Q, Webber R M, Stanley G B. Thalamic synchrony and the adaptive gating of information flow to cortex [J]. Nature neuroscience, 2010, 13(12): 1534.

[43] Duhamel JR, Colby CL, Goldberg ME (1992a) The updating of the representation of visual space in parietal cortex by intended eye movements. Science 255:90-92.

[44] Duhamel JR, Bremmer F, Ben Hamed S, Graf W (1997) Spatial invariance of visual receptive fields in parietal cortex neurons. Nature 389:845-848.

[45] Hubel DH, Wiesel TN (1968) Receptive fields and functional architecture of monkey striate cortex. J Physiol 195:215-243.

[46] Jones LA, Higgins GC (1947) Photographic granularity and graininess. Journal of the Optical Society of America 37:217-258.

[47] Neupane S, Guitton D, Pack CC (2016) Two distinct types of remapping in primate cortical area V4. Nature Communications 7:10402.

[48] Sommer MA, Wurtz RH (2006) Influence of the thalamus on spatial visual processing in frontal cortex. Nature 444:374-377.

[49] Sommer MA, Wurtz RH (2008) Brain circuits for the internal monitoring of movements. Annu Rev Neurosci 31:317-338.

[50] Tolias AS, Moore T, Smirnakis SM, Tehovnik EJ, Siapas AG, Schiller PH (2001) Eye movements modulate visual receptive fields of V4 neurons. Neuron 29:757-767.

[51] Thiele A, Henning P, Kubischik M (2002) Neural mechanisms of saccadic suppression[J]. Science,, 295(5564).

[52] Walker MF, Fitzgibbon EJ, Goldberg ME (1995) Neurons in the monkey superior colliculus predict the visual result of impending saccadic eye movements. J Neurophysiol 73:1988-2003.

[53] Wang X, Zhang M, Cohen IS, Goldberg ME (2007) The proprioceptive representation of eye position in monkey primary somatosensory cortex. Nat Neurosci 10:640-646.

[54] Wang X, Fung CC, Guan S, Wu S, Goldberg ME, Zhang M (2016) Perisaccadic Receptive Field Expansion in the Lateral Intraparietal Area. Neuron 90:400-409.

[55] Wang X, Zhang M, Wu S (2018) Peri-saccadic remapping accounts for visual stability. Proc.2018 IEEE ICCI*CC' 18.

[56] Wang X, Wu Y, Zhang M, and Wu S(2017)Learning Peri-saccadic Remapping of Receptive Field from Experience in Lateral Intraparietal Area. Frontiers in computational neuroscience, vol. 11:110.

[57] Wurtz RH (2008) Neuronal mechanisms of visual stability. Vision Res 48:2070-2089.

[58] Wurtz RH, Joiner WM, Berman RA (2011) Neuronal mechanisms for visual stability: progress and problems. Philos Trans R Soc Lond B Biol Sci 366:492-503.

[59] Xu B, Karachi C, Goldberg M (2012) The postsaccadic unreliability of gain fields renders it unlikely that the motor system can use them to calculate target position in space. Neuron 76:1201-1209.

[60] Zipser D, Andersen RA (1988) A back-propagation programmed network that simulates response properties of a subset of posterior parietal neurons. Nature 331:679-684.

[61] Zirnsak M, Steinmetz NA, Noudoost B, Xu KZ, Moore T (2014) Visual space is compressed in prefrontal cortex before eye movements. Nature 507:504-507.

[62] Adam M. Sillito, Javier Cudeiro, Helen E. Jones. Always returning: Feedback and sensory processing in visual cortex and thalamus [J]. Trends in neurosciences, 2006, 29:307–316.

[63] Tai S. Lee, David Mumford. Hierarchical Bayesian inference in the visual cortex [J]. Journal of the Optical Society of America A, 2003, 20:1434–1448.

[64] Rajesh P. Rao, Dana H. Ballard. Predictive coding in the visual cortex: A functional interpretation of some extra-classical receptive-field effects [J]. Nature Neuroscience, 1999, 2:79–87.

[65] Ariel Gilad, Elhanan Meirovithz, Hamutal Slovin. Population responses to contour

integration: early encoding of discrete elements and late perceptual grouping [J] . Neuron, 2013, 78:389–402.

[66] Minggui Chen, Yin Yan, Xiajing Gong, et al. Incremental integration of global contours through interplay between visual cortical areas [J] . Neuron, 2014, 82:682–694.

[67] Rujia Chen, Feng Wang, Hualou Liang, et al. Synergistic processing of visual contours across cortical layers in V1 and V2 [J] . Neuron, 2017, 96(6):1388–1402.

[68] J. Hertz, A. S. Krogh, R. G. Palmer, Introduction to the theory of Neural Computation, Addison-Wesley (1991).

[69] B. Blumenfeld, S. Preminger, D. Sagi, M. Tsodyks, Dynamics of memory representations in networks with novelty-facilitated synaptic plasticity. Neuron, 52, 383-394 (2006).

[70] Nestor Parga, Miguel A. Virasoro. The ultrametric organization of memories in a neural network [J] . Journal de Physique, 1986, 47:1857–1864.

[71] ShunI. Amari, Kenjiro Maginu. Statistical neuro dynamics of associative memory [J] . Neural Networks, 1988, 1:63–73.

[72] S. Chandar, S. Ahn, H. Larochelle, P. Vincent, G. Tesauro, Y. Bengio. Hierarchical memory networks. arXiv preprint arXiv:1605.07427(2016).

[73] EricR. Kandel, JamesH. Schwartz, Thomas M. Jessell, et al. Principles of neuralscience[M], volume 4. McGraw-hill New York, 2000.

[74] X. Liu, X. Zou, Z. Ji, G. Tian, Y. Mi, T. Huang, M. Wang, S. Wu, Push-pull Feedback Implements Hierarchical Information Retrieval Efficiently. Neural Information Processing Systems 2019(2019).

[75] Liang, Peiji, Si Wu, and Fanji Fan. An introduction to neural information processing. Springer Netherlands, 2016.

2.2 脑启发式视觉算法

作者：王军鹏 乔 红
（中国科学院自动化研究所）

人类生活各个层级的需求都要依赖视觉感知来提供服务，计算机视觉的终极目标即为复现甚至超越人类视觉系统。而在计算机视觉任务中，视觉识别是最具挑战性的任务之一。这是因为视觉识别是一种对视觉信息的高层次理解，不仅需要克服各种环境因素的干扰准确地理解图像中的基本视觉要素，同时还要结合各种先验知识理解视觉要素所具有的深层语义。视觉识别的结果往往是人工系统其他决策、操作的信息来源，因此视觉识别的结果将直接决定人工系统后续操作的性能。经过几十年的发展，计算机视觉领域的研究人员提出了一系列里程碑式的视觉识别方法，并获得了广泛应用。

2.2.1 早期的视觉方法

特征提取/选择是视觉分类和检测的基础，一般来说特征有全局特征和局部特征两种。全局特征是对整张图像进行特征表示的方法，如主成分分析（Principal Component Analysis, PCA）[1]基于滤波器的描述子[5–8]、Fisher线性判别分析（Linear Discriminant Analysis, LDA）[2]等，可以对大的图片矩阵降维，提取主要特征并对全局信息编码。但是整体特征对于部件遮挡和比较强的视角和尺度变化，则表现较差。相比于整体特征，一些精巧设计的局部特征具有对尺度、光照、视角等不变的特性，在经典视觉识别模型中应用更为广泛，常用的局部特征包括SIFT[3]、HOG[4]、SURF、LBP等，对整个图像区域稠密计算局部特征也是实现整体特征表示的一种方法。

（1）传统视觉特征建立方法

• 尺度不变特征转换描述子（SIFT）

SIFT[3]是目前最流行的局部表观特征。其具有对尺度和旋转的不变性，以及较强的判别性。这主要归功于SIFT使用了DoG特征检测子和基于统计直方图的局部特征描述子。实际上，这两部分也可以分离使用，如SIFT的基于统计直方图的局部特征描述子可以与任何具有尺度不变性的特征检测子结合使用，使其成为一种通用的局部特征描述方法。

• 梯度直方图描述子（HOG）

同样利用梯度直方图构建特征的方法还包括HOG（histogram of gradients）[4]。HOG以人体检测为应用背景被提出。自然场景中的直立人体通常位于窗口内且具有较为规则的2D纹理特征。HOG方法的主要思想是提取感兴趣窗口（Regions of Interest, RoIs）内的稠密纹理特征，然后利用SVM分类器来区分人和非人。HOG在设计的过程中充分考虑了梯度计算方法、归一化方法以及网格的设计等多方面因素，并通过实验进行验证，从而在标准数据集上具有较好的效果。

• 基于滤波器的描述子

基于滤波器的描述子（filter–based descriptors）是利用各种滤波器滤波后的结果来作为图像的描述子，此类描述子常用滤波器，主要包括方向可调滤波器[5]、Gabor滤波器[6, 7]和复杂滤波器[8]这三类。方向可调滤波器描述了一系列基础滤波器，这些基础滤波器可以合成任意方 向的滤波器。该种滤波器一般可以表示为：

$$F_\theta = \sum_{i=1}^{N} k_i(\theta) F_i$$

其中，F_θ表示合成的θ方向上的滤波器，F_i表示基础滤波器，$k_i(\theta)$表示合成滤波器时的线性组合系数。神经认知科学研究发现Gabor滤波器与哺乳动物大脑皮层简单细胞的响应特性相似。[9]

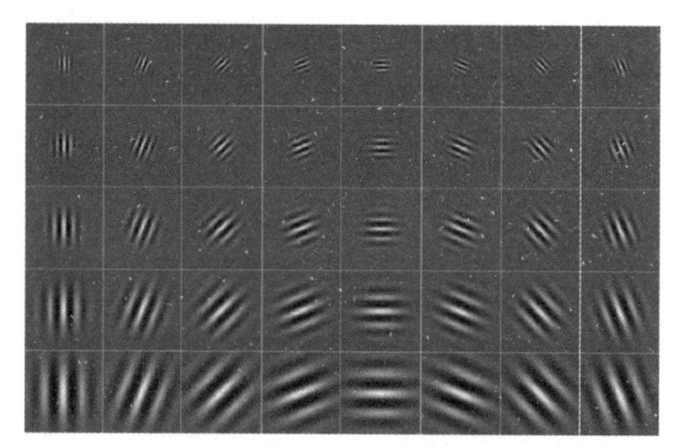

图2.2.1　具有5个尺度和8个方向的Gabor滤波器实部的可视化图（图片来自文献[26]）

（2）经典视觉分类模型框架

上一部分主要描述了图像的局部特征描述子，这些描述子可以有效地刻画图像局部的视觉信息，但是在基于全图的分类识别任务中，还不能直接使用。一般需要在不同的模型框架下基于底层局部特征描述子构建全图的图像编码特征，然后再基于图像编码特征完成分类识别任务。常见的分类框架有：词袋模型[10]、可变形部件模型[11]、空间金字塔匹配[12]等。本部分将介绍具有代表性的三种分类模型框架。

- 词袋模型（BoW）

相对于全局特征表示和局部特征表示，词袋模型（Bag of Words, BoW）[10]是一个中间级的特征表示方法，在图片分类领域有广泛应用。在训练阶段，词袋模型通过局部的特征描述子，如SIFT，对训练图像提取“单词”，通过向量量化的方法如k-means聚类，来学习词典。最终，将一幅图片上提取的“单词”分到与其最相邻的聚类中心，统计分到每个聚类中心的个数，得到一组直方图特征向量。

词袋模型的好处在于，它将大量的局部特征转化成固定长度的特征向量。这种转换使得词袋特征能够很好地与常用的机器学习算法结合，如支持向量机（SVM）或随机森林等分类器。它的缺陷在于，虽然它没有对空间信息编码，使得其对位置和姿态变化具有一定的鲁棒性，但也正因为如此，在某些情况下，词袋模型会丢失一定的判别性。

- 可变形部件模型（DPM）

在物体分类任务中，不仅同一类物体在类内存在差异性，而且相同的物体不同部件的空间分布也会不同，两者都会影响物体的表观特征。因此无法找到一个完美的模板对特定类别的物体实现完美匹配。但是，我们还是可以找到相同类别的物体在相似的位置上出现的一些相似的局部特征。在这种思想的驱使下，便出现了以学习物体部件和部件的空间分布关系的方法。可变形部件模型（deformable part model, DPM）[11]由来已久，最早可以追溯到Fischler和Elschlager的画板模型。他们设计了一个由若干刚性部件以及连接它们的“弹簧”组成的模型。匹配的过程就是优化一个以匹配相似性和“弹簧”张力两部分组成的目标函数。

在早期的模型中，部件通常是人工设计的。而近年的发展，部件通常是通过学习得到的。前面提到的局部特征描述子，如SIFT和HOG，就为这种部件学习提供了良好的基础。除部件之外，部件模型还需要给出相对位置的关系表征方式。这类部件模型，最简单的是上面介绍的词袋模型，但是它只学习了局部特征的表述，但没有学习部件间的相对位置。最复杂的模型是全连接模型，这种模型记录了所有部件两两之间的相对位置约束。其不足是随着部件个数的增多，需要记录的位置约束个数成指数增长，使其不适用于复杂模型。一种折中的模型是星状模型，这种模型中每个部件都与中心相连，而彼此之间独立。在可变部件模型中部件与根滤波器的相对位置可以存在多种情况。部件滤波器和相对位置模型全部在训练数据上自主学习获得。

• 空间金字塔匹配（SPM）

空间金字塔匹配（spatial pyramid matching, SPM）[12]模型框架是对词袋模型的一种改进。词袋模型损失了局部特征之间的位置信息，而空间金字塔匹配融入了多尺度和网格位置编码的思想。首先，在金字塔的最底层（最大尺度），在全图范围内基于局部特征建立统计直方图特征，该步骤同词袋模型。然后，在金字塔的其他各层，将原始图像划分为若干图像子块，在每个子块中建立统计直方图特征，合并得到该分辨率空间的直方图特征。最后，将金字塔的各层特征合并，得到最终的图像特征描述，基于此特征通过匹配的方式完成分类等任务。由于金字塔特征不同层级直方图的表达能力不同，往往在匹配时会给不同层级附加权重，最终的匹配结果是各层级匹配的加权。

2.2.2 基于深度学习的视觉方法

深度神经网络的发展可追溯到1949年，被认为是神经网络之父的Hebb提出了Hebbian学习规则[13]，他认为同时激活的神经元会连接在一起。Rosenblatt在1958年提出了感知机（perceptron）[14]的概念，其非常类似于现代感知机。1979年，Fukushima提出了神经认知机（Neocognitron）模型[15]。1982年，Hopfield提出了Hopfield网[16]，由于其中神经元有着双向连接，该模型也曾被描述为一种循环神经网络。1998年，LeCun用LeNet[17]展示了深度神经网络可以实际使用，从此正式开启了当代神经网络的应用历程，神经网络的研究手段也由之前的模拟生物神经元的功能逐渐转变为通过数学手段和工程技巧获得最佳使用性能。特别是近十年来，深度神经网络技术作为人工智能领域的研究热点得到了快速发展，涌现出多种不同的网络形态，如深度置信网络（deep belief networks, DBN）[18]、卷积神经网络（convolutional neural network, CNN）、全卷积网络（fully convolutional network, FCN）[19]、循环神经网络（recurrent neural network, RNN）[20,21]、生成对抗网络（generative adversarial nets, GAN）[22]等。根据结构特点不同，这些网络被用于不同的视觉任务，并且都取得了令人瞩目的效果，极大地提高了传统模式识别方法的性能。

相比人类视觉系统，目前的计算机视觉模型仍面临着一些共同的难题，主要体现在稳健性、泛化能力、学习效率、推断速度等方面。

- 稳健性

目前的计算机视觉模型，在部分特定的结构化环境和场景下已经可以取得较好的效果，但是现实环境中的自然物体往往是复杂而多变的，存在着遮挡、变形、噪音、模糊、混淆等诸多干扰因素。人类基于自身视觉神经系统与结构化的知识体系可以实现对干扰的较强稳健性。但是目前的计算机视觉模型在处理这些问题时，往往是通过预处理和针对性的特征来分别处理。这主要是因为模型基于人工或者样本提取的特征并不能够准确把握事物的内在特点，从而在稳健性上显得不足。如何设计神经网络，使得可以通过更好地从图像中抽取关键信息，以综合性解决稳健性问题，对于扩展视觉模型在真实环境中的应用场景有着重大意义。

- 泛化能力

泛化能力是另一个制约视觉模型进一步应用的瓶颈所在。目前的神经网络模型的性能很大程度上依赖于输入样本的数据分布，因此，当训练数据的分布对测试样本覆盖得非常好时，性能常常可以达到甚至超过人的水平，但是当训练数据的数量并不充分或者测试样本的分布与训练数据出现偏差时，就很可能会出现性能的大幅下降。而在现实场景中，我们很难保证所有的输入信息都落在了预先给定的输入数据中。如果希望能像人一样以现有知识适应未知环境，就需要从训练数据的分布中提取出更加广泛的对视觉模型的泛化能力，这是一个很大的考验。

- 学习效率

视觉模型的学习训练效率可以分为两个部分，一个是模型本身学习训练的速度，另一个是对样本的利用效率。在这一方面，目前的神经网络模型与人相比，尚有很大的差距。从学习训练的速度上讲，尽管在GPU的帮助下，神经网络模型的训练速度得到了大大的提高，但是，对于大规模数据集的训练，依然需要数以天计的时间。另一方面，模型本身对于训练数据样本量的需求也反映出其对样本的利用率。人在学习时，由于可以对视觉信息进行抽象总结，从而对新知识仅需少量样本即可。但是除了少数“单样本”“小样本”学习算法，大部分视觉模型都需要大量的样本来覆盖样本空间。但是在实际应用和部署当中，尤其是在智能机器人的很多应用场景下，视觉模型必须能够快速、有效地从训练数据中获取足够的信息。

- 推断速度

推断速度一般是指对于测试样本而言，模型输出识别结果的速度。由于神经网络现在已经呈现越发复杂的趋势，因此推断速度事实上是有所下降的，距离实时性还有一定距离，特别是部分模型可能会进行多次迭代，就更加削弱了模型测试过程中的速度。想要提高推断速度，需要对模型的计算过程进行进一步的压缩，以减小推断过程中涉及的计算量。这既包括对于模型本身具体计算方式的改进，也包括对于整体识别架构的优化。

2.2.3 类脑视觉算法研究进展

在过去的几十年里，基于神经生理学和心理学的相关研究成果，许多研究者建立了相应的功能模型或计算模型来模拟相应的视觉功能，并力图达到生物视觉系统的优异性能。这些模型的提出不仅极大地促进了人们对于脑机制的理解，也促进了计算机视觉的发展。下面首先介绍几个经典的类脑视觉模型，包括Neocognitron模型[15]、Visnet模型[27]、HMAX模型[2]、BPL模型[25]。

Fukushima在1979年提出的神经认知机（Neocognitron）模型是该领域的开创性工作。该模型是一个自组织神经网络（self-organizing neural network），其基本结构类似于Hubel和Wiesel提出的视觉神经系统的层级模型[23]。该模型主要由许多模块化的基本单元级联构成，该基本单元包含了两层节点：S层和C层。S层节点模拟了视皮层中的简单细胞，用于对传入的前一级C层信号进行匹配；C层模拟了视皮层中的复杂细胞，用于对同级S层的信号进行汇聚。

Perrett和Oram在Neocognitron模型的基础上，受视皮层V2、V3、IT区域功能的启发，于1993年提出了新的多层级模型。该模型采用并行处理框架，结构上由一系列逐层处理阶段组成，在每一阶段通过相关学习（associative learning）的方法来模拟汇聚（pooling）操作。通过对传入刺激的各种变换进行汇聚操作，从而实现对各种变换具有不变性，而不再像Neocognitron模型仅对图像平面上的变换具有一定的不变性。该模型通过对输出之间的关联性进行独立分析从而实现感知的不变性，同时该模型提供了一种通过二维形状描述来实现三维物体识别的途径。

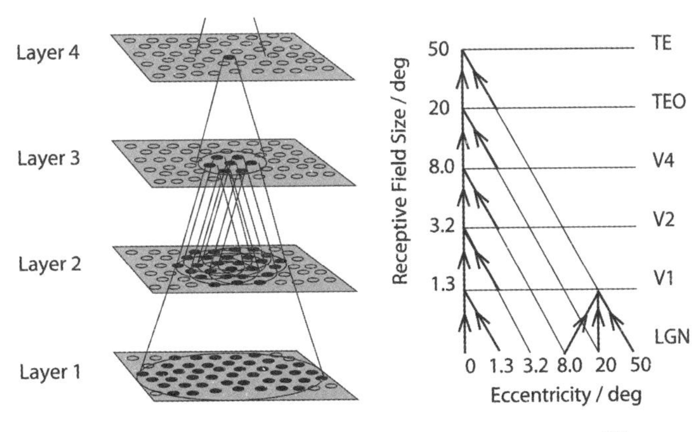

图2.2.2　Visnet模型结构示意图（图片来自文献[27]）

1997年，Rolls等人提出了Visnet模型[27]。Visnet算法使用自组织算法，可以通过基于视觉输入统计的自组织学习来建立不变表示。最终的表示可以保持在平移、视图、大小和照明等方面的不变性。该模型已经扩展到包含自上而下的反馈连接，以通过例如空间和对象搜索任务中的偏见竞争来模拟对注意力的控制。

1999年，Poggio等人针对灵长类动物皮层腹侧通路的结构，提出了HMAX模型[2]。该模型是一个四层前向模型，包含S1层、C1层、S2层和C2层，与视觉皮层从V1到PIT层相对应。HMAX模型通过交替使用匹配（卷积）和最大汇聚操作，构建起不变性越来越强的多层特征，最终在C2层获得对位置和尺度不敏感的特征。

2015年，MIT的研究人员使用贝叶斯概率推断建立了一个从基本视觉信息到高层概念的模型BPL[25]。该模型重点解决了三个问题：

语义合成（compositionality）：将目标拆分成有意义的语义信息。

因果关系（causality）：研究了物体是如何通过各部分的相互关系建立联系。

自主学习（learning to learn）：由过去的经验信息生成新的样本。

该模型创造的新样本可以通过视觉图灵测试。该模型的优点是可以提取形成高级的概念信息，与人的智能很接近，缺点是未能将从低层到高层的视觉通路进行建模。

下面详细介绍两个由本节作者团队完成的工作：（1）引入联想和记忆机制的

改进型层级视觉认知框架[28]和（2）引入语义与结构信息的生物启发式视觉认知模型[24]。

（1）引入联想和记忆机制的改进型层级视觉认知框架[28]

（a）概述

近年来，神经科学和信息科学的交叉研究促进了两个领域的快速发展。其中，神经科学和计算机视觉的交叉研究是一个活跃的研究方向，产生了许多生物启发式的算法和模型，如Neocognitron模型[15]，基于显著性的注意力模型、HMAX模型[2]等。其中，HMAX模型是一个模拟灵长类动物视皮层结构和机制的前馈视觉认知模型，通过多层交替的卷积和汇聚操作，HMAX模型可实现对位置和尺度变化不敏感的识别，在计算机视觉领域，HMAX模型一经提出，就被作为一个特征学习模型应用到图像分类中，并展现了优异的性能。但是，HMAX模型仍有一些待改进之处，特别是其随机特征模板采样方法，容易造成特征判别性的不足。

针对HMAX模型存在的问题，基于生物学的相关研究成果，本节对视觉认知的联想和记忆机制进行初步的模拟，将其引入到HMAX模型中，改善HMAX模型的性能，并建立一个视觉学习、记忆和识别的基础框架，指导进一步的研究。主要工作包括以下两个方面：

在记忆过程中，基于相关的生物证据，初步模拟视觉记忆的内容、方式和特性。一是物体的记忆包括语义记忆和情景记忆。在特征记忆学习过程中，语义特征可调节情景特征进行选择性记忆。其中，语义记忆主要描述目标的物理属性，如人脸识别中眼睛和鼻子的“大”或“小”。如果一个物体的某一语义描述超过一定的阈值，则判定该语义对应的特征部件是显著的，进而学习和存储显著部件的情景特征。二是特征存储的分布式概念模型。不同关键部件的特征（语义特征和情景特征）存储在分离的脑区。不同目标的同类特征（如不同人的眼睛）聚集在一起，以方便通过联想比较的方式快速匹配特征并实现识别。随着对新目标不断地学习，聚类内部特征的语义描述和相似性阈值可不断更新。

在识别过程中，可通过识别记忆或者集群编码两种方式实现识别。通过识别记忆的两个阶段——相似判别和回忆匹配实现识别时，模型首先基于HMAX模型C1层中学习的显著特征模板，利用HMAX模型实现相似判别，得到候选目标。然后结合语义特征实现全局的回忆匹配，得到识别结果。通过集群编码放电识别时，则联合不同关键部件语义特征和情景特征的识别结果实现最终的识别。

（b）HMAX模型结构及其生物学解释

腹侧视觉通路多层前馈生物视觉认知模型HMAX是由Tomaso Poggio等人模拟灵长类动物视皮层的机制和结构提出的[1][2]。

HMAX模型的整体框架在图2.2.3中给出，在逐层的处理过程中，模型逐步增强了其对特征的选择性和不变性。其中HMAX的可计算建模对应灵长类动物视皮层的V1到PIT，一共包括四层（S1，C1，S2，C2），通过卷积和汇聚操作的交替叠加，模型最终可学习到对位置和尺度变化不敏感的特征，并应用于图片分类任务。以下分别介绍S1，C1，S2，C2层的结构、功能和学习算法。

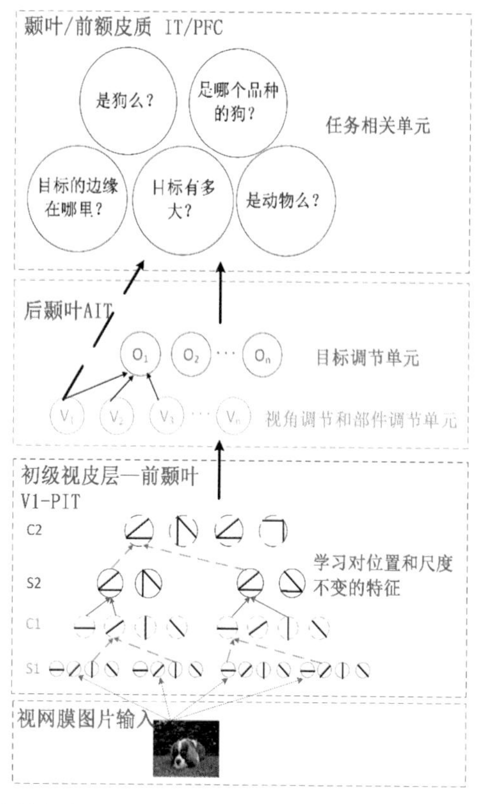

图2.2.3　HMAX模型整体框架。S1和S2对应简单神经元，C1和C2对应复杂神经元。红色实线对应卷积（匹配）操作，蓝色虚线对应汇聚操作。最终，在C2层产生对位置和尺度不变的特征。AIT层和IT/PFC层的功能设计在图的上半部分给出，通过汇聚多个视角调节单元Vi，AIT层的Oi单元可实现视角不变的表示。视角调节单元Vi可直接或间接服务于多种视觉处理任务。图片基于文献[3][4]修改

S1层：本层模拟了V1中简单神经元的功能，其在生物实验中被证实具有类似Gabor的响应特性。因此，S1层设计多种方向和尺度的Gabor滤波器，其形式如下：

$$G(x,y)=\exp\left(-\frac{x_0^2+\gamma^2 y_0^2}{2\sigma^2}\right)\times\cos\left(\frac{2\pi}{\lambda}x_0\right)$$

$x_0=x\cos\theta+y\sin\theta$，$y_0=-x\sin\theta+y\cos\theta$。其中，（$x$，$y$）是尺度为$l$的滤波器中的坐标点，$\theta$是方向，$\lambda$是波长，$\gamma$是长宽比，$\sigma$是有效宽度。在HMAX模型中，$\gamma$= 0.3，共设置了16个尺度$l\in\{l_1, l_2, \ldots, l_{16}\}$，4个方向的$\theta\in\{0°, 45°, 90°, 135°\}$ Gabor滤波器。l、λ和σ的具体设置请参照文献[5]。

HMAX模型只考虑视网膜输入图片的灰度信息16个，4个θ的Gabor滤波器与输入的灰度图片分别卷积，产生了64个（=16×4）S1层的特征图$\mathbf{FM}_{s1}$，设定两个相邻尺度（如l_1和l_2）的4个方向的特征图为一组特征图，则共有8组$\mathbf{FM}_{s1}^{b}$，$b\in\{\{l_1, l_2\}, \{l_3, l_4\}, \ldots, \{l_{15}, l_{16}\}\}$。

C1层：本层模拟了V1中复杂神经元的功能，它们比简单神经元（S1）具有更大的感受野，对微小的位移和尺度变化具有一定的不变性。每一组C1层一个方向特征图的单元响应$\mathbf{FM}_{c1}^{b,\theta}(x, y)$，都是在$\mathbf{FM}_{s1}^{b,\theta}$特征图上与其相连的局部区域$\mathbf{B}_{s1}^{b,\theta}$求最大汇聚得到。注意到$\mathbf{FM}_{s1}^{b,\theta}$和$\mathbf{B}_{s1}^{b,\theta}$都包含两个尺度。对一组含有两个尺度的S1特征图跨尺度的最大汇聚操作，有利于实现对尺度变化不敏感的特征表示。局部区域大小设定与特征图的尺度相关，且每次操作移动的步长小于局部区域的大小，也就是最大汇聚操作的相邻局部区域具有一定的重叠。由于一组特征图间的最大汇聚操作，相比S1层，C1层获得了一定程度的位置和尺度不变性，得到了32（=8×4）个C1层特征图$\mathbf{FM}_{c1}$。具体计算形式如下：

$$\mathbf{FM}_{c1}^{b,\theta}(x, y)=\max_{(x', y')}\mathbf{B}_{s1}^{b,\theta}(x', y')$$

$\mathbf{B}_{s1}^{b,\theta}$是（$x'$，$y'$）中心点在的局部区域。

特征模板提取：在C1层的第一个尺度的所有4个方向上，采样4个尺寸$v\in\{4, 8, 12, 16\}$，K个特征模板$\{\mathbf{P}^k\}_{k=1}^{K}$，即每个$K/4$尺寸个特征模板。一个特征模板的维度为（$4\times v\times v$）。在原始的HMAX模型中，模板提取采用随机采样的方式。对于二分类任务，特征模板只在正样本的训练集上采样。

S2层：本层对应V4和IT层神经元的功能。在每一组C1层特征图中，所有4个方向，中心点在（x，y）的局部区域$\mathbf{X}_{c1}^{b} \in \mathbf{FM}_{c1}^{b}$和每个特征模板$\mathbf{P}^{k}$计算公式如下：

$$\mathbf{FM}_{S2}^{k,b}(x, y) = \exp(-\beta \| \mathbf{X}_{C1}^{b} - \mathbf{P}^{k} \|)$$

β定义了函数的锐利程度。由于4个方向的差异性合并计算，得到了$8 \times K$个S2层特征图$\mathbf{FM}_{S2}$。

C2层：本层对一个特征模板$\mathbf{P}^{k}$的S2层特征图$\mathbf{FM}_{S2}^{k}$，求其内所有特征图和所有空间位置上的全局最大值。因此，最终得到的C2层特征向量为维。由于HMAX模型采用的多尺度卷积和汇聚操作，其学习的特征对位置和尺度变化不敏感。

（c）改进框架的相关生物依据

在本部分中，我们列举与本章工作相关的认知神经科学、解剖学和病理学等领域的研究成果。

- 物体的记忆包括情景记忆和语义记忆

学习和记忆大致包含编码、存储和提取三个阶段，其中编码阶段又可分为获取和巩固两个阶段。按照维持时间的长短，记忆可分为感觉记忆、短时记忆和长时记忆。进一步，按照是否有意识参与，又可把长时记忆分为陈述性记忆（外显记忆）和非陈述性记忆（内隐记忆）。McElree等[6]指出陈述性记忆包括情景记忆和语义记忆两个子系统。其中情景记忆主要包含对特定场景和事件的自传性记忆，例如时间、位置、可联想的情绪和其他上下文的知识[7]。语义记忆则是与事件无关的世界性知识和事实记忆，例如与概念相关的知识和工作相关的技能等[8]。

对于物体的视觉认知记忆，我们简化物体经常出现的场景，其关键部件的具体表观信息及其呈现的空间位置分布为情景记忆，而对物体及其关键部件的属性描述为语义记忆。如图2.2.4所示，在记忆编码过程中，语义记忆可以调节情景记忆的编码。

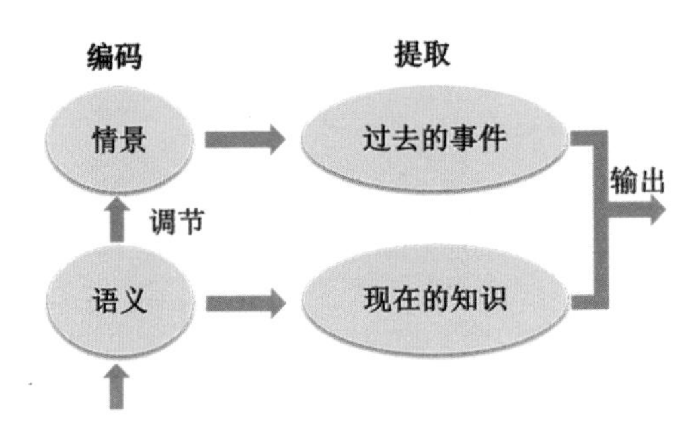

图2.2.4　语义记忆和情景记忆关系简图（图片来自于文献[17]）

- 物体视觉感认知在分布的脑区上实现

一个物体的视觉感认知在分布的脑区上实现。在第二章中，我们探讨了视皮层的多层结构，其各个功能层对不同种类和复杂度的特征表现出选择性和不变性[9][10]。大脑皮层中广泛存在功能柱结构，这些垂直于大脑皮层表面对同类刺激敏感的柱状结构提供了解剖学的证据。对大脑激励的fMRI成像实验证明，物体的表示与不同的大脑皮质区域相关，构成了与传感系统和运动系统并行的分布式的网络结构。

陈述性记忆的两类，情景记忆和语义记忆也是由不同的脑区处理的[11]。在患有遗忘症的病人大脑中，内侧颞叶的损伤造成了严重的新情景记忆的获取缺陷，而不影响新的语义信息的学习。而对于高级视皮层IT的细胞，文献[12]指出对记忆有相似选择性的神经元聚集在一起，且随着时间推移，表现出一定的学习能力。例如，不同的神经元群组对同一生物体的不同部件（如人的脸、手和腿）表现出了选择响应特性。另外，长时记忆也被证实是以分布式的形式永久存放在大脑新皮质层中的。

- 识别记忆包括相似判别和回忆匹配

识别记忆是陈述性记忆的一种，用来识别、判断和回忆过去是否有意识地见过或经历过某个目标或事件[13][14]，它包括两个部分：一个是相似判别即意识到曾经见过某个目标，但并没有产生强烈的回忆。另一个回忆匹配则是回忆起与目标相关的更丰富的细节和语义。研究者提出了不同的机制来解释这两个过程。有些研究者提出相似判别和回忆匹配的主要区别是回忆的强度不同，显然前者弱于后者；另一些研究者提出两者是识别记忆两种不同的模式，且分别在海马和鼻周皮层两个不同的区域实现。

从进化的角度考虑，相比需要耗费更长时间的深度回忆匹配，具备一个简化的基于相似判别的视觉系统，能够服务于快速决策，对加快紧急情况发生时的反应速度具有很大的优势[6][15]。

• 物体识别的集群编码理论

集群编码理论[16]认为，物体识别是基于多个单元的集体激活，即使用同时激活的一群定义性特征单元定义物体，可以看出集群编码理论支持分布式的特征学习和记忆存储。与祖母细胞理论认为的物体最终的知觉表象由单个细胞编码不同，集群编码假说可以解释视觉认知中相似物体识别出现的混淆情况，因为两个物体可能激活了很多相同的神经元。集群理论还能解释我们对新异物体的识别能力，即新异物体与熟悉的物体具有一定的相似性，可以激活表征相似特征的单元，进而通过与语义记忆的联想学习，实现对新异物体的快速学习和识别描述。

（d）引入联想和记忆的HMAX模型算法框架

基于上述的生物研究，本章将联想和记忆初步引入HMAX模型中，改善HMAX模型的性能，并建立一个视觉学习、记忆和识别的基础框架，如图2.2.5所示。框架主要包含五个模块。下文将以人脸识别为例，首先简单介绍各个模块及其图中符号的含义，然后分别描述各个模块的功能和算法。

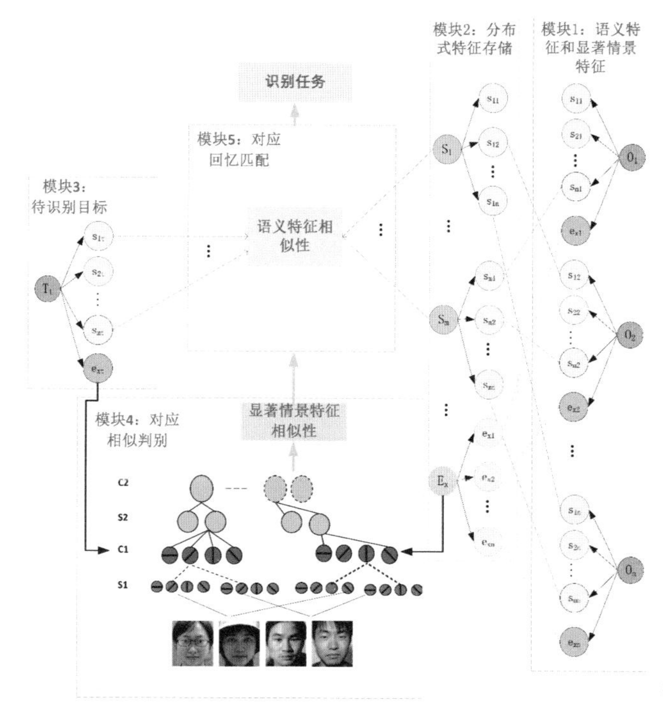

图2.2.5 初步引入联想和记忆的视觉认知基础框架（图片来自文献[28]）

算法框架简介

物体的特征包括情景特征和语义特征（模块1）：O_i表示第i个对象（i=1，2，...n）；s_{ji}表示第i个对象的第j个语义特征（j=1，2，...m）；e_{xi}表示第i个对象的第x个显著的情景模板。在人脸识别中，视觉语义特征可以是"眼睛大""鼻子小"等等。而显著的情景模板可以是包含显著语义特征的图片区块，如"大眼睛"的图片片段，本章不考虑人脸出现的背景等情景特征。这两种视觉特征的记忆分别对应陈述性记忆中的语义记忆和情景记忆[17]。

同一物体的不同部件分布式存储（模块2）：S_1-S_m分别代表不同的语义特征的存储区域，不同对象的同一语义属性存储在同一区域，例如S_1中的$s_{11}-s_{1n}$（i=1，2，...n）为不同对象的第一个语义特征。按照语义记忆和情景记忆在脑区上表现的分离。E_x表示情景特征的存储区域。图2.2.5中，我们对情景特征的存储方式作了简化，在内部不同的情景特征也应是按照分布式的结构存储，即不同的特征由分离的脑区处理，相同的特征在同一脑区内存储。S_j（j=1，2，...m）和E_x除了存储特征外，还具有学习和更新能力。对于未见过的对象，能够存储其特征，并逐渐调节语义值和相似性的阈值。该概念模型与V2层和IT层中对记忆加工和对特征部件具有选择和聚类作用的细胞集群的生物证据相对应[12][18]。

待识别目标（模块3）：T_t表示一个待识别的目标。在识别之前，首先学习其语义特征$s_{1t}-s_{mt}$和显著的情景特征e_{xt}。

相似判别（模块4）：本部分基于HMAX模型实现相似判别。不同于原始HMAX模型随机选择特征模板的方法，e_{xi}（i=1，2，...n）和e_{xt}是在HMAX模型的C1层中，根据关键特征点提取的。然后，使用C2层特征计算待识别目标与已记忆对象之间的相似性，对相似性得分排序并选择高得分的候选对象。

回忆匹配（模块5）：通过将语义和情景特征相结合实现回忆匹配。计算待识别目标的语义特征$s_{1t}-s_{mt}$与排名靠前候选对象的语义特征相似性。对于得分最高的候选对象，如果语义相似性的阈值小于训练过程中对该类对象学习的阈值，则判定待识别目标属于该类，反之，判定待识别目标是新的类别，并记忆其语义和情景特征。

语义特征和情景特征编码

在图2.2.5的模块1中，根据上述认知神经科学对语义和情景记忆的编码顺序以及编码内容的研究。在本章中，我们定义一个对象i的描述性属性

s_{1i}–s_{mi}作为语义特征。根据显著的语义特征选择的图片区块作为情景特征e_{xi}。

在认知过程中，人类能感知和记忆语义特征；在计算过程中，语义特征能够使用较低的维度表示更丰富的信息，降低存储量。

以人脸识别为例。我们使用主动形状模型（Active Shape Model, ASM）学习人脸部件和轮廓的关键点，并根据学习的关键点定义17种几何语义特征，如表2.2.1所示。直观上，这些几何特征是我们对人脸关键部件描述的一种方式，在人脸识别的生物研究中它们也被认为是对身份识别至关重要的[19][20]。在自然场景的人脸中，表情、视角甚至是观察者的主观认识都可能会对这些几何特征造成显著的影响，因此在本文的验证实验中，我们使用具有较小表情变化的正面人脸数据，语义特征的计算方式如下：

$$s_{ji}=\frac{\overline{g}_{ji}}{\sigma_{ji}},\ \overline{g}_{ji}=\sum_{q=1}^{Q}g_{jiq}/Q,\ \sigma_{ji}=\sqrt{\sum_{q=1}^{Q}(g_{jiq}-\overline{g}_{ji})^2/Q}$$

表2.2.1　人脸的几何语义特征

眼睛	鼻子	嘴巴
眼间距 面积 长度 宽度 长宽比 眼－眉距 眼长－脸颊比	长度 宽度 长宽比 鼻宽－脸颊比	面积 长度 宽度 长宽比 人中长度 嘴长－脸颊比

g_{jiq}是训练集中第i个人第q张图片上学习的第j个几何语义特征。$\overline{g}_{ji}$和σ_{ji}分别是g_{jiq}，$q\in\{1，2，...，Q\}$的均值和标准差。最终，计算几何语义的归一化均值得到s_{ji}。

对于人脸的身份识别来说，还包含很多其他语义属性，如肤色、性别、种族、年龄、发型等。更宽泛地说，过去共同经历的事件和情绪，以及两个人之间的关系等都能进一步丰富我们的情景和语义记忆。

情景特征通过显著语义特征的调节来学习，与HMAX模型中随机选择特征模板的方法不同，我们只选择语义特征显著的、对应关键部件的情景特征。

定义某一类特征部件c的语义特征集合为S_c（c=1，2，...C）。基于前述公式计算的语义特征s_{ji}，得到在所有对象上第j类语义特征的均值为$\bar{s}_j$。则一类对象i特征部件c显著性的方法如下：

$$Dis_{ci} = \sum_{s_{ji} \in S_c} \frac{\| s_{ji} - \bar{s}_j \|}{|S_c|}$$

其中，$\|\cdot\|$为二范数。$|S_c|$对应部件c语义特征种类数，本工作中定义人脸包含三类部件，其对应的语义特征集合分别为眼睛S_{eye}、鼻子S_{nose}和嘴巴S_{mouth}。按照表2.2.1，它们当中语义特征种类数分别为7个、4个和6个。对每类对象（同一身份的人脸）各个部件语义显著性的值排序。每类对象都只选择显著的几个部件（例如人脸识别的三类部件，选择一类或两类），每个训练图片处理到HMAX模型的C1层后，基于ASM得到的原始输入图片中显著部件中心点的坐标，推算其在C1层特征图上的坐标，以该坐标为中心，在多个尺度上提取排名在前的显著特征模板作为情景特征。

分布式联想和记忆结构

特征在记忆中的组织形式，将会影响特征检索和联想回忆的速度和强度。在这一模块中，我们描述了特征存储的分布式概念模型。对于图2.2.5中的模块2，图2.2.6给出了更清晰的结构，并不根据每一个特征j对区域进行划分，而是根据集群编码理论、IT层具有相似选择性和学习能力神经元的聚集机制，认为一类物体的记忆对应c个分布式的区域，每一个区域对应一个特征部件，且在各个区域内语义记忆S_c和情景记忆E_c的存储也是分离的。其中，E_c中有虚线的圆框代表不显著的情景记忆。

在这种存储结构中，随着认知过程中不断的回忆和更新，一个特定区域对特定部件的识别和判断逐渐敏感并更具个性化，除了绝对语义描述外，不同对象同一特征部件还存在相对语义描述（比较描述），并学习和更新同类对象语义和情景特征相似性的阈值。在一个样本的测试识别时，在各个区域内其不同部件的情景记忆和语义记忆依次匹配，通过识别记忆的两个阶段或集群编码放电的方式实现最终的识别。

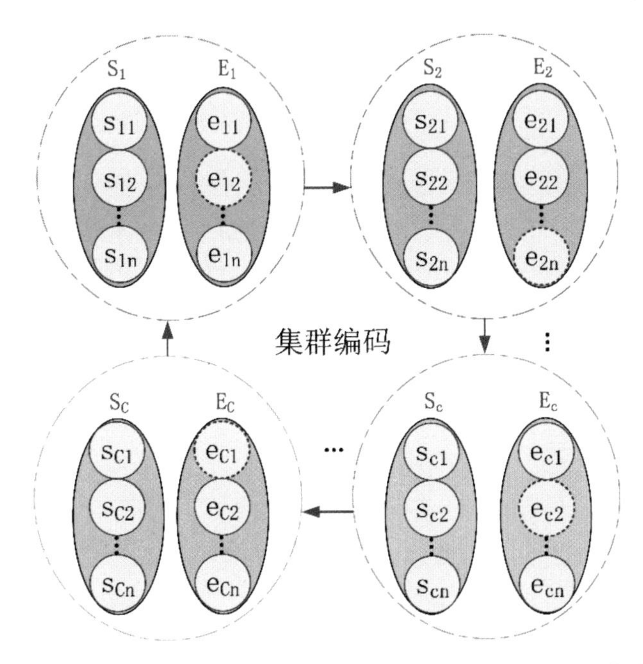

图2.2.6　分布式的特征存储和联想回忆结构（图片来自文献[28]）

在本章探讨的人脸图片中，关键特征部件指向明确且可借助ASM较容易地获得其空间位置范围，分布式的学习和存储可直接实现。我们也尝试通过迭代聚类方法实现分布式特征学习，使用CDBN模型实现关键特征部件空间位置的初步推断等方式，请参见文献[21]-[24]。

基于相似判别和回忆匹配的识别

本部分基于情景特征和语义特征，通过相似判别和回忆匹配两个阶段实现识别，对应图2.2.5的模块4和模块5。

对于一个测试样本T_t，可计算17种语义描述及其显著特征部件，并联想回忆训练阶段存储的该显著部件的特征模板集合。为了便于计算情景特征的相似性，以及避免测试样本显著部件判断错误对后续识别的不良影响，回忆训练阶段存储的所有显著特征部件集合E_x。将E_x作为特征模板，在HMAX模型中计算T_t的C2层特征向量作为其最终的情景特征。然后度量其与训练集中各个类别的平均C2层特征之间的相似性。通过以下公式判断其为各个类别的概率。

$$p(O_i|T_t)=\frac{p(T_t|O_i)p(O_i)}{\sum_{i=1}^{N}p\,(T_t|O_i)p(O_i)}$$

其中，假设所有对象的先验概率$p(O_i)$是相等的，$p(T_t|O_i)=\exp(-d)$，d是测试样本T_t的C2层情景特征和训练样本的C2层情景特征的欧式距离。对$p(O_i|T_t)$排序，保留排名靠前的候选类别。

然后比较测试样本T_t的语义特征与候选类别语义特征的相似性，如果语义距离最小差异对应的类别，其差异值小于在训练集中该类样本上学习到的阈值$thres_i$，则该测试样本属于该类别。反之，判断为新的样本，并存储其语义特征和显著情景特征。当新样本积累到一定数量后，可考虑引入标签信息对新类别的统计特征和阈值进行学习。公式具体形式如下：

$$s_{jiq}=\frac{g_{jiq}}{\sigma_{ji}}$$

$$thres_{1i}=\max_{q}(\|\mathbf{s}_{iq}-\mathbf{s}_i\|_2),\quad thres_{2i}=\min_{i^*,i^*\neq i}(\|\mathbf{s}_{i^*}-\mathbf{s}_i\|_2)$$

$$thres_i=\frac{thres_{1i}+\lambda thres_{2i}}{1+\lambda}$$

s_{jiq}是第i类第q个样本的第j个归一化语义特征，$\mathbf{s}_{iq}$是s_{jiq}构成的向量，$\mathbf{s}_i$是$\mathbf{s}_{ij}$组成的向量。$thres_{1i}$和$thres_{2i}$分别计算了类内最大差距和类间最小差距。λ是可调节的参数。

基于集群编码放电的识别

另外，也可以基于物体表征的集群编码理论，即同时激活一群定义性特征来识别物体。我们将其解释为使用各种语义特征和情景特征的联合放电实现识别。每个特征部件的语义和情景特征分别独立判断测试图片的类别，将各个特征在训练集上的分类准确度作为各个特征判别性的加权，得到置信度加权向量$\boldsymbol{\alpha}$，各个特征将测试样本分为类别i的概率组成的向量为$\mathbf{p}_i$，则测试样本最终类别计算公式如下：

$$\mathbf{i}=\underset{i\in\{1,2,\ldots,n\}}{argmax}\,\boldsymbol{\alpha}^T\mathbf{p}_\mathbf{i}$$

（e）实验结果和分析

本部分首先介绍本文各个章节实验分析中用到的评价指标。然后以人脸识别为例对本章的视觉认知算法框架进行验证，在公共数据集CAS-PEAL-R1[25]上实现多种方式和参数配置下的人脸识别，验证本框架的有效性。

实验结果评价指标介绍

本部分定义一些模式分类中常用的实验评价指标。

首先，待分类的数据集中包含正样本和负样本，而分类器可以将样本标记为正或负。对实验得到的一组结果，定义正确分类的正样本个数为TP，正确分类的负样本个数为TN，被错误分类为正样本的负样本个数为FP，被错误分类为负样本的正样本个数为FN。此时，总样本个数为$TP+FP+TN+FN$，其中正确分类样本的个数为$TP+TN$，错误分类样本的个数为$FP+FN$。以下给出各个评价指标。

准确率：准确率（Accuracy）定义为被分类器正确分类的样本所占的比例：

$$Accuracy=\frac{TP+TN}{TP+FP+TN+FN}$$

精度、召回率、平均精度：精度（Precision）和召回率（Recall）也常在分类器评价中使用。精度可以看作精确度的度量，即被分类器标记为正的样本中真实正样本的比例。召回率是完全性的度量，即真实正样本中被标记为正的比例。它们的定义是：

$$Precision=\frac{TP}{TP+FP}$$

$$Recall=\frac{TP}{TP+FN}$$

精度与召回率之间的关系可以用精度-召回率曲线（PR曲线）描述，该曲线之下的面积被称为平均精度（AP）。AP的值在［0，1］范围内，其值越趋向于1代表分类器的性能越好。

接收者操作特征曲线：接收者操作特征（Receiver Operating Characteristic，ROC）曲线，是一种比较分类器性能的可视化工具。它描述的是被分类器标记为正样本中真正样本比例（TPR）和假正样本比例（FPR）之间的关系。其中$TPR=\frac{TP}{TP+FN}$，等价于召回率，$FPR=\frac{TP}{TN+FP}$。

一般来讲，ROC曲线的纵轴为TPR，横轴为FPR。ROC曲线比较好的特性是在正负样本比例不均衡时ROC曲线能够保持不变。而ROC曲线下的面积

（Area Under Curve），即ROC AUC，它本质上是一个概率值，代表了分类器对一个随机抽取的正样本的评分高于一个随机抽取的负样本的评分的概率，可以作为评价分类器性能的综合指标。与AP类似，ROC AUC的值也在［0，1］范围内，其值越趋向于1代表分类器的性能越好。

CAS-PEAL-R1数据集验证实验

CAS-PEAL-R1是一个包含大量中国人人脸图片的数据集。每个人的图片具有一定的表情、配饰、光照等变化。部分示例见图2.2.7所示。

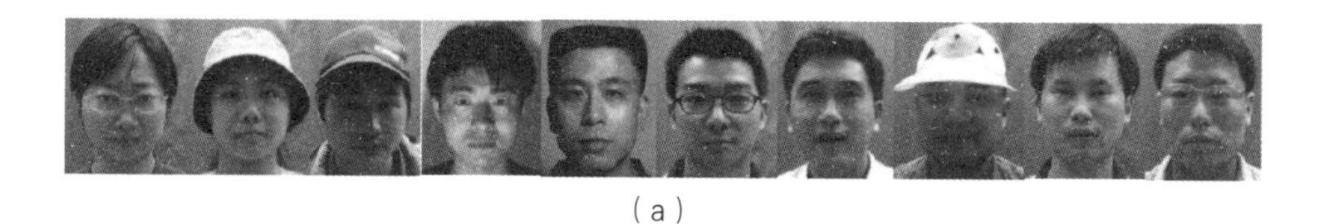

（a）

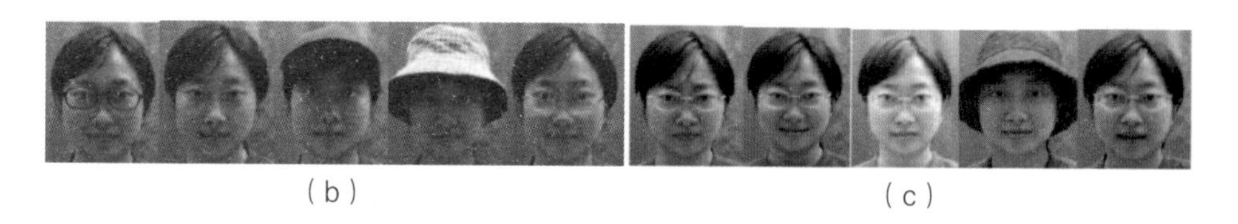

（b）　　　　（c）

图2.2.7　CAS-PEAL-R1数据集。（a）部分人脸图片；（b）某个人的5张训练图片；（c）某个人的5张测试图片。（图片来自于文献[25]）

首先，我们验证了HMAX模型对人脸分类的准确率。在CAS-PEAL-R1上随机采样200张人脸图片作为训练正样本，每张图片对眼睛、鼻子和嘴巴分别采样不同尺度的特征模板。在Caltech101上随机选择92类非人脸类别的图片作为负样本。两类数据训练和测试样本数目相同，使用线性SVM作为分类器。使用不同尺度特征模板和分类器组合时，HMAX模型对人脸和非人脸图片的分类准确率见图2.2.8。可以看出，稠密采样关键部件特征模板时，不同尺度模板对分类准确率的影响较小，且基本都可达到100%的分类准确率。

进一步，验证相似判别和回忆匹配的两级识别算法准确率。我们随机采样13个人的人脸图片，每个人5张训练图5张测试图。表2.2.2显示了在四种尺度（[4，6，8，12]，每个尺度4个方向），不同显著部件数目（d=1，2，3）下的两级识别和原始HMAX模型（以下简称oHMAX）的人脸识别准确率。

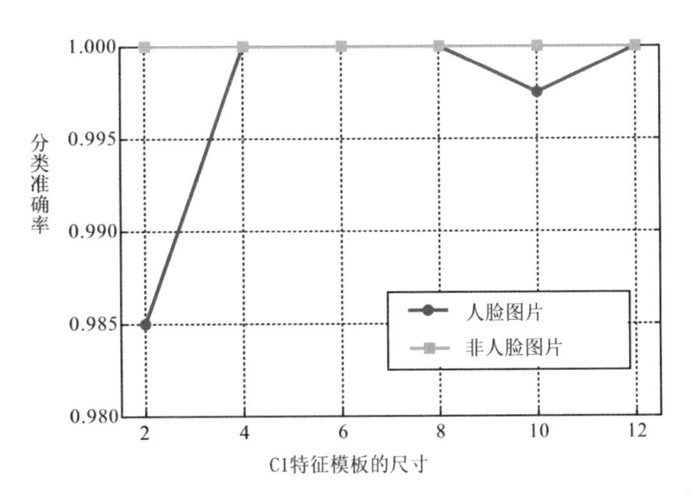

图2.2.8　不同尺度特征模板在人脸和非人脸图片上的分类准确率。（图片来自文献[28]）

表2.2.2　oHMAX和两级识别方法在CAS-PEAL-R1小样本数据集的人脸识别准确率（%）

模型	一张图片特征模板个数	整体	显著部件	语义特征
oHMAX	4（随机）	67.69	/	/
oHMAX	8（随机）	67.69	/	/
oHMAX	12（随机）	70.77	/	/
两级识别	4（1个显著部件）	75.38	55.38	69.23
两级识别	8（2个显著部件）	90.77	72.31	69.23
两级识别	12（3个显著部件）	89.23	78.46	69.23

可以看出，使用两个显著特征部件、四个尺度的两级识别的方式得到了最高的准确率90.77%，而且值得注意的是，此时单独基于显著部件和单独基于语义特征的人脸识别准确率只能达到72.31%和69.23%。oHMAX模型的最高准确率只有70.77%（五次独立训练的oHMAX模型在测试集上的平均准确率），而且本章工作中使用的图片都对人脸部分进行了剪裁，对于包含大量背景的人脸图片，oHMAX更有可能在背景上随机采样特征模板，准确率可能进一步降低。

从上述在CAS-PEAL-R1的小样本数据的人脸识别结果可以看出，将基于语义和情景特征的相似判别和回忆匹配两级识别相结合，比oHMAX和只使用一类特征的方法可以得到更高的识别准确率。由于语义特征的低维抽象表示以及只对显著特征部件模板进行学习记忆，两级识别的方式具有较低的存储量。相似性度量采用了最简单的欧式距离，如果引入分类器则有望进一步提高分类的准确率。

最终，我们在CAS-PEAL-R1上采样40个人的人脸图片来验证基于集群编码理论的识别方式，每人还是5张训练图5张测试图。与只采样显著特征部件不同，集群编码时对所有的特征部件都采样和学习，即每张人脸图片采样四个特征部件模板，分别对应左眼、右眼、鼻子和嘴巴，语义特征仍按照表2.2.1分为眼睛、鼻子、嘴巴三大类。因此，每张图片一共有七种特征（四类情景，三类语义）。图2.2.9给出了在训练集上随着识别人数的增加，单独使用各个特征（E代表情景特征，S代表语义特征）得到的置信度值（训练集上分类准确率）。可以看出基于各个部件C2层情景特征的识别准确率远高于基于语义特征的识别准确率，且随着识别人数的增加，基于语义特征的识别准确率下降非常明显。图2.2.10给出了随着测试集识别人数的增多，基于七种特征和集群编码放电的人脸识别准确率。相比于任何一种特征，集群编码放电都具有更高的识别准确率，说明了使用集群编码的有效性。另外，在测试集上情景特征的表现也优于语义特征，说明相比本章采用的几何语义特征，情景特征具有更强的稳定性和判别性。但是，语义信息的引入增强了模型的理解和描述能力，在未来的工作中，除了几何语义特征之外，如果能考虑更加丰富的语义特征，如人脸识别中的年龄、肤色、性别等，将有望提高语义特征的判别性。

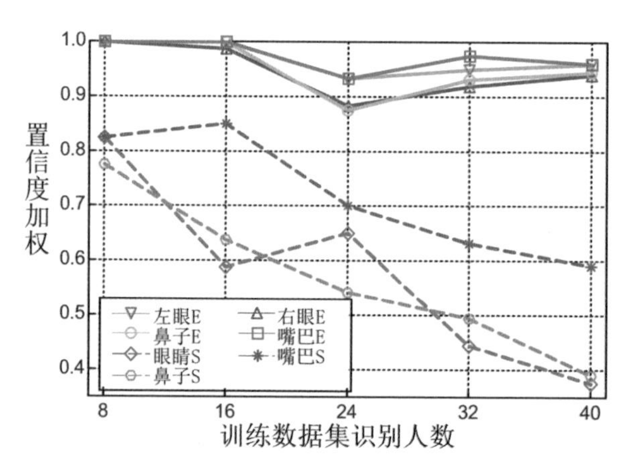

图2.2.9　CAS-PEAL-R1训练集上随着识别人数增加，基于各个部件不同特征人脸识别准确率（置信度加权值）的变化。（图片来自文献[28]）

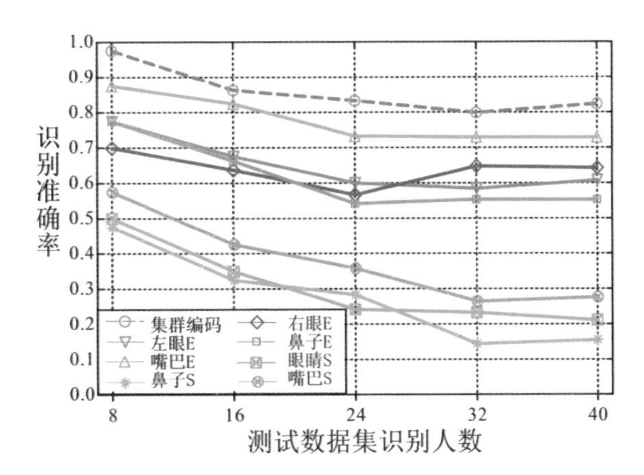

图2.2.10　CAS-PEAL-R1测试集上随着识别人数增加，基于各个部件不同特征和基于集群编码放电的人脸识别准确率变化。(图片来自文献[28])

（f）小结

本节基于神经认知科学、解剖学等生物学科的研究发现，对灵长类动物视皮层及相关认知皮层的机理和功能进行了初步模拟，在灵长类动物腹侧视觉通路HMAX模型的基础上，提出了具有一定联想记忆功能的改进型层级生物视觉认知框架。一个物体的记忆包括语义特征和情景特征，且可以通过语义特征来选择显著的情景特征。物体的识别可以通过识别记忆的两个阶段——相似判别和回忆匹配实现，也可以通过基于集群编码放电的方式实现。在实验阶段，我们以人脸识别为例初步证明了该模型框架的有效性。本部分生物启发式的特征学习和识别思想，对其他视觉计算模型建模或者信息模型的改进和完善，具有一定的启发意义。

（2）引入语义与结构信息的生物启发式视觉认知模型[24]

（a）概述

与当前的计算机视觉系统相比，尽管已经有部分工作在特定环境的任务中达到了与人类近似的效果。但是对于一个多视角、多尺度、存在变形和混淆的情景下，人类依然有着计算机视觉系统所难以企及的优异表现。人类视觉系统中的目标识别任务涉及神经皮层中的多个部分，以及多种复杂的机制比如预先识别、自上而下的注意力、语义与概念的记忆等等。如果能将人类在这方面的神经系统原理进一步引入计算机认知模型中，将有助于提高计算机视觉系统的稳健性和可扩展性。

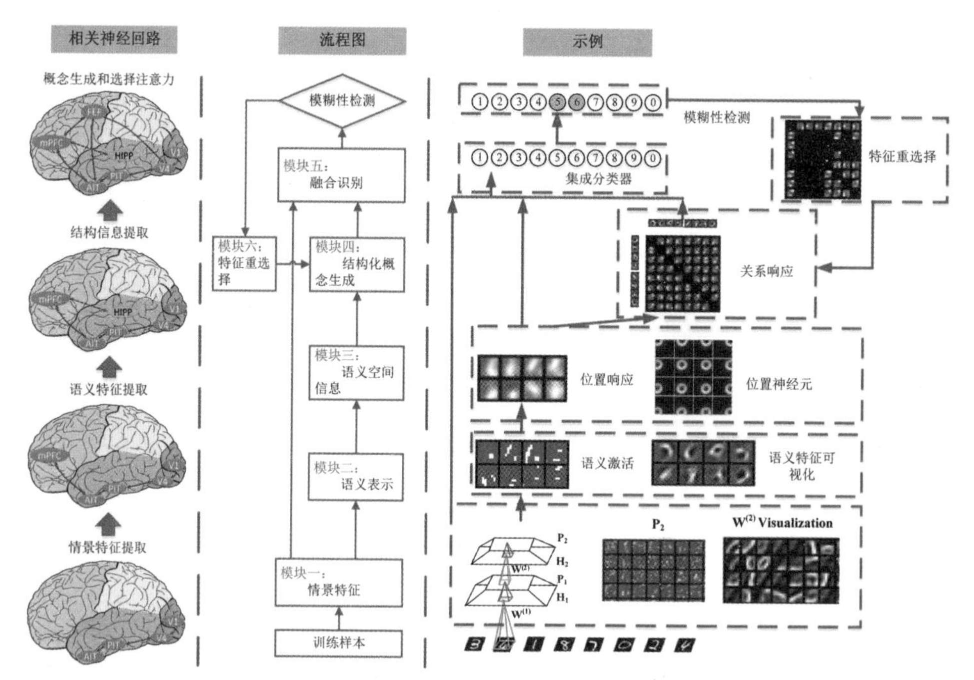

图2.2.11　模型的识别过程图示。左边是视觉认知的相关神经回路，涉及不同视觉功能的多个脑区（V1、V4、PIT、AIT、mPFC、Hipp、FEF）。中间是各个模块识别过程的流程展示。右边是将整个过程进行可视化之后的例子。（图片来自文献[24]）

本节建立了一个受生物启发式语义神经网络模型（如图2.2.11），通过层次化地提取语义信息，形成概念以及概念对应的不确定性。模型通过序列化的训练，逐层处理信息，实现对复杂物体的建模。为了更好地模拟生物机制，本模型由以下四个模块组成：

情景特征训练模块：模型首先涉及的是无监督地对一个神经网络进行训练，使其能够直接从原始图像中提取情景特征。

语义特征提取模块：进一步，模型将从基于提取的情景特征，从中“归纳”出更有代表性的语义特征，提高模型特征的抽象程度。

结构关系学习模块：模型通过学习不同特征之间的结构关系，并将其表示为群体向量，来对结构信息进行编码，基于结构关系的群体向量，模型以一种概率的形式来建立不同类别的相应概念。

特征重选择模块：本章所提出的模型加入了对特征的重选择，以更好地处理相似类别之间的细致差别。

通过模仿并实现在视觉系统中所涉及的神经机制，本模型可以实现对语义模糊混淆图像的较好识别，对于对抗样本攻击具有较好的稳健性，即使在训练数据规模很小的情况下。通过引入特征和概念信息，模型同样提高了模型的效率和结果的不确定性，从而进一步加强了模型的可扩展性。

（b）基于情景特征学习语义表示

受到神经科学对语义记忆性质的启发，我们可以提出一个合理的假设，对于视觉任务的语义特征是通过对层次化学习到的情景特征进一步抽象归类形成。在这里，语义特征是指具体用于对语义记忆进行编码的特征，对应于大脑中语义记忆相关的神经元节点。相较于情景特征，语义特征可以更好地学习到物体的区分性属性。对于视觉识别任务而言，不同抽象程度的特征具备不同的区分能力，诸如字符的笔画、整体的形状这类可以概括一类局部图像区域的特征就比某个特定的小图像块更有意义。

记从特征空间到图像空间的特征可视化函数为：frecon：$\mathbb{F} \rightarrow \mathbb{I}$，其中$\mathbb{F}$是情景特征所在的空间，$\mathbb{I}$为输入图像所在的空间。给定一组情景特征的重构图像集合$V'=\{v'_1, v'_2, \cdots, v'_n\}$，其中$v'_i$是第$i$个情景特征的重构图像，则构建语义特征的任务即将$V'$分为$K$组，使得组内的相似性较高，组间差异性较高，相对集合V'的大小，是一个较小的数。由此，我们实际上将相应的语义特征基于其可视化图像的相似性分为K个组。在每个组中，我们可以找到一个合适的代表元v^j（$v^j \in$ frecon（$\mathbb{F}$），$j=1, \cdots, K$），以最小化由此带来的信息损失。我们记表示元为集合$S=\{S_j, j=1, \cdots, K\}$，$S$即为从情景特征中抽象而成的语义特征。由此，我们可以给出语义聚类的目标为寻找集合S，使得

$$\arg\min_{S} \sum_{j=1}^{K} \sum_{v_i' \in S_j} ||v_i' - S_j||^2$$

其中 $\|\cdot\|$ 表示I由f_{recon}所限制的测度。

基于上述分析和定义，并权衡计算复杂度，在本章提出的模型中，我们使用K-均值和L2度量来迭代地找到所需的语义特征S_i。在本文中，我们选择了以情景特征的数量的方法来确定K的大小。如果采用启发式聚类，可以在不指定K的情况下自适应地进行选择，但它们同时也增加了更多的计算复杂度，因此在本文中并未涉及。经过上述操作之后，我们可以基于可视化图像，将情景特征聚类为多个簇，并使用每个特征簇的中心作为代表元，以此为语义特征。

（c）基于集群编码的结构学习

在目标识别的任务中，空间结构信息是很有价值的，然而，计算机视觉，特别是神经网络领域中，一直很难找到合适的方式来对空间信息进行表征。神经科学研究表明，大脑处理这种类型的信息时，是以神经元集群（Populations of neurons）的方式进行的[28]。我们以与方位相关的神经元群为例，进行简单说明。在与方向有关的感知皮层，实验表明，存在一组神经元，其中每个单独的神经元都有相应的偏好方向：对一个带有方向性的视觉输入而言，越接近神经元的偏好方向，这种方向性刺激对该神经元的激活作用就越强。视觉刺激的方向信息与神经元的激活强度之间的关系可用类高斯曲线表示。这样，每个视觉神经元都可以相应地表征一定的信息，当群组内的多个神经元被作为一个集群聚合起来同时考虑时，神经元集群的激活强度信息不仅可以精细编码输入刺激，还可以产生一组相应的分布，来对其不确定性进行编码。我们定义了两种结构特征：（1）位置特征，即组件相对于对象中心的位置；（2）关系特征，即由空间方向和对象语义组件之间的距离组成的关联结构。前一特征获取输入样本中不同语义特征的空间位置。后一个特性代表了如何组织不同特性的全局概念。

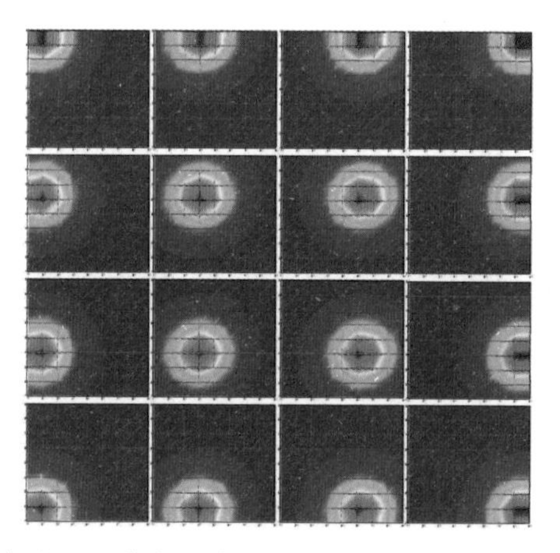

图2.2.12　空间上采用均匀分布的PNeurons激活函数。每个正方形代表一个PNeurons的激活函数。这16个PNeurons的输出形成一个4×4的位置矩阵（PM）。（图片来自文献[24]）

受生物神经系统中集群编码机制的启发，两种结构特征由两种神经元分别进行编码，一个编码相对空间位置，另一个编码不同成分之间的相对方向和距离，本文将这两类神经元分别称为位置神经元（PNeurons）和关系神经元（RNeurons）。图2.2.12是16个PNeurons的可视化结果。每个正方形代表一个PNeurons的调优函数。本文中，单个神经元的调优函数（Finetune Function）采用类似于离散高斯滤波器的形式，与神经科学研究结果相一致。每个神经元都有自己的偏好位置——即会使神经元的产生最大激活的位置输入。当多个PNeurons一起考虑时（如图2.2.12中的16个神经元），神经元集群将可以输出一组语义特征的空间位置表示。

关系神经元（RNeurons）的激活过程与位置神经元基本相同，只是基于特征间的相对方向而不是从相对位置进行激活的。图2.2.13描述了关系神经元被激活的详细过程。首先，与位置神经元类似，每个神经元同样有一个使其激活最大化的偏好方向。对于某个特定的神经元而言，输入的方向性刺激会经过一个以偏好方向为均值的高斯型的激活函数来编码，根据输入和偏好方向之间的角度差异，产生相应的激活值。

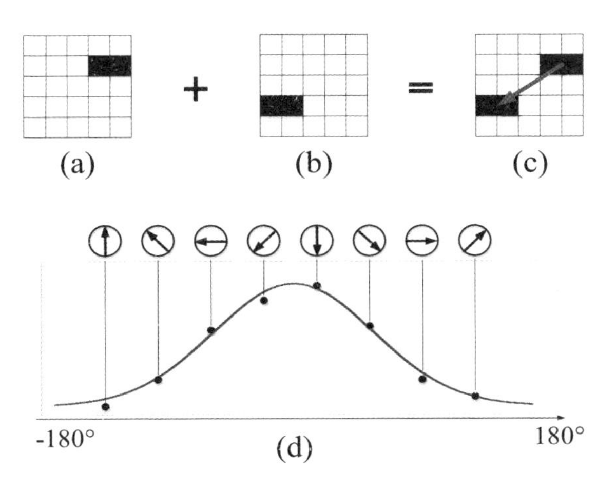

图2.2.13　通过神经元集群编码来表示方向的示例图（图片来自文献[24]）。（a）和（b）分别是两个语义特征的激活和可视化；（c）展示了不同语义特征之间的相对方向；（d）是关系神经元的输出，代表了相对方向的分布式编码

（d）结合贝叶斯学习的融合识别

在本工作中，目标识别可以看作一种基于不同特征训练出模型的贝叶斯推理过程。首先，基于不同的路径（即不同的特征，包括情景特征、语义特征和结构特征）建立识别模型（如 Softmax 分类器、高斯混合模型等）。每个模型分别输出输入样本的所有类别的概率向量。在训练过程中，还可以学习到

特征和类别之间的相关性，这些相关性会在特征重选择中被用到。

基于这些识别模型的输出，通过一个简单的贝叶斯学习即可推断出相应的识别结果。通过模拟群体编码和视觉感知过程，该模型可以利用贝叶斯学习来整合从原始样本中提取的不同信息。

（e）特征重选择

本模型采用了一种特征重选择的策略来处理分类模型给出多个的可能结果，且置信度区分性不高的混淆情况。然后，识别过程将返回到位置特征提取和结构特征提取模块（模块三、四），以选择更有区分度的结构特征。举例来说，当模型不能确定一个手写数字是“5”还是“6”时，它将返回到模块三、四，选择具有“直线”和“半圆”特点的语义特征及位置分布（PNeurons输出），以及它们之间的垂直分布关系（RNeurons给出），并将重点放在这些特征上以区分“5”和“6”。值得注意的是，在模块五中，我们已经学习到了类别和不同路径的特征之间的相互关系。

基于空间位置和结构关系的识别模型会在模块五中进行训练，我们可以认为这些模型的权重中实际表征了不同特征的对于某个类别的重要性。如果对于两个不同的类别，同一个特征的权重有较大差值，我们可以认为，这个特征对于这两个不同的特征而言，有较强的区分性。在给定两个候选类别的情况下，我们将根据候选类别的权重的绝对差异来选择两个候选类别中具有较强鉴别能力的特征。如果有两个以上的候选类别，我们可以累加差值来表示特征对于所有候选类别的重要性。为了更好地利用这些特征，我们可以特征矩阵中的一个区块（例如同一个语义特征图在不同PNeurons下的输出）作为一个整体来考虑。将这些特征对应权值的绝对值进行求和，从而得到每个区块相对某个类别的重要性。在特征重选择的过程中，我们可以选择权重大于所有权重平均值的块作为进一步分类的依据。由于权重并非均匀分布，这样选择出来的特征数量将大幅减少。

利用重选择的高区分度特征，比较当前样本和学习到的概念的结构信息，我们可以得到在候选类别之间的判断结果。如前文所述，我们此处的“概念”是语义特征和结构关系的空间相对分布。继续以“5”和“6”为例，如图2.2.14所示，数字“5”和“6”的结构概念是通过平均特征图的形式被表征出来，这些特征图代表着当输入“5”或“6”时神经元被激活的可能性（基于经验分布）。在同一个图像局部区域上，它们可以激活不同的语义特征。显然，“5”和“6”

在图2.2.7中的蓝色方框中被检测到的特征有很大的不同。因此，重新选择的过程将选择这些最能区分“6”和“5”的特征。当输入图像存在模棱两可的语义时，只有具备区分度的特征激活才会继续传递到分类模型中。

通过采用特征重选择策略，该模型具有较强的泛化能力，能较好地适应有语义混淆性的输入样本。

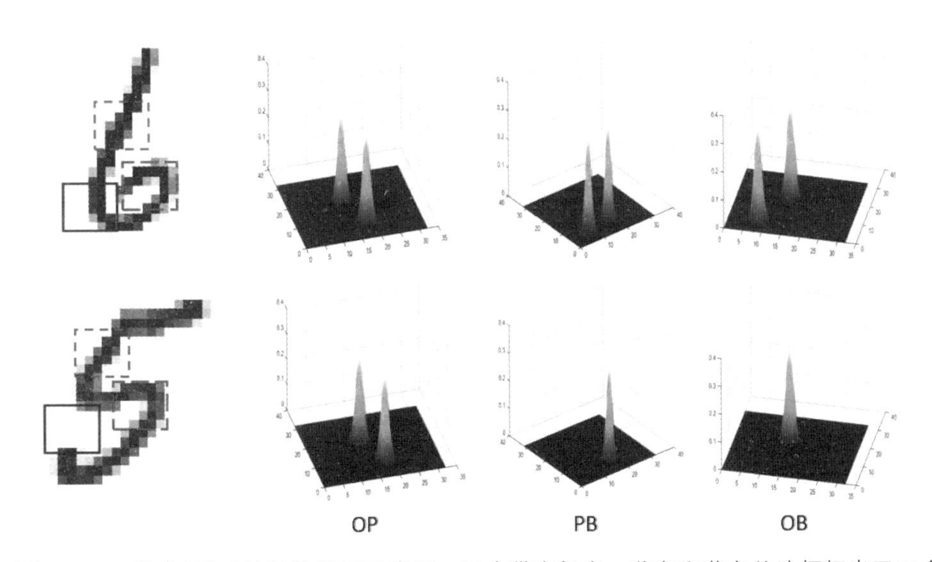

图2.2.14　数字5和6的结构关系示意图。三个带有橙色、紫色和蓝色的边框标出了三个不同的语义特征。OP表示由数字部分周围的橙色和紫色框检测到的特征的激活。类似的，PB表示由紫色和蓝色框检测到的特征之间的关系，OB表示由橙色和蓝色框检测到的特征之间的关系（图片来自文献[24]）

参考文献

[1]　Abdi H, Williams L J. Principal component analysis [J]. Wiley interdisciplinary reviews: computational statistics, 2010, 2(4): 433-459.

[2]　Fisher R A. The use of multiple measurements in taxonomic problems [J]. Annals of eugenics, 1936, 7(2): 179-188.

[3] Lowe D G. Distinctive image features from scale-invariant keypoints [J]. International journal of computer vision, 2004, 60(2): 91-110.

[4] Dalal N, Triggs B. Histograms of oriented gradients for human detection [C] //2005 IEEE computer society conference on computer vision and pattern recognition (CVPR'05). Ieee, 2005, 1: 886-893.

[5] Freeman W T, Adelson E H. The design and use of steerable filters [J]. IEEE Transactions on Pattern analysis and machine intelligence, 1991, 13(9): 891-906.

[6] Daugman J G. Two-dimensional spectral analysis of cortical receptive field profiles [J]. Vision research, 1980, 20(10): 847-856.

[7] Daugman J G. Uncertainty relation for resolution in space, spatial frequency, and orientation optimized by two-dimensional visual cortical filters [J]. JOSA A, 1985, 2(7): 1160-1169.

[8] Schaffalitzky F, Zisserman A. Multi-view matching for unordered image sets, or "How do I organize my holiday snaps?" [C] //European conference on computer vision. Springer, Berlin, Heidelberg, 2002: 414-431.

[9] Marĉelja S. Mathematical description of the responses of simple cortical cells [J]. JOSA, 1980, 70(11): 1297-1300.

[10] Csurka G, Dance C, Fan L, et al. Visual categorization with bags of keypoints [C] // Workshop on statistical learning in computer vision, ECCV. 2004, 1(1-22): 1-2.

[11] Felzenszwalb P, McAllester D, Ramanan D. A discriminatively trained, multiscale, deformable part model [C] //2008 IEEE conference on computer vision and pattern recognition. Ieee, 2008: 1-8.

[12] Lazebnik S, Schmid C, Ponce J. Beyond bags of features: Spatial pyramid matching for recognizing natural scene categories [C] //2006 IEEE Computer Society Conference on Computer Vision and Pattern Recognition (CVPR'06). IEEE, 2006, 2: 2169-2178.

[13] Hebb D O. The organization of behavior: A neuropsychological theory [M]. Psychology Press, 2005.

[14] Rosenblatt F. The perceptron: a probabilistic model for information storage and organization in the brain [J]. Psychological review, 1958, 65(6): 386.

[15] 福島邦彦. 位置ずれに影響されないパターン認識機構の神経回路モデルーネオコグニトロンー [J]. 電子情報通信学会論文誌 A, 1979, 62(10): 658-665.

[16] Hopfield J J. Neural networks and physical systems with emergent collective computational abilities [J]. Proceedings of the national academy of sciences, 1982, 79(8): 2554-2558.

[17] LeCun Y, Bottou L, Bengio Y, et al. Gradient-based learning applied to document recognition [J]. Proceedings of the IEEE, 1998, 86(11): 2278-2324.

[18] Hinton G E, Osindero S, Teh Y W. A fast learning algorithm for deep belief nets [J]. Neural computation, 2006, 18(7): 1527-1554.

[19] Long J, Shelhamer E, Darrell T. Fully convolutional networks for semantic segmentation [C] //Proceedings of the IEEE conference on computer vision and pattern recognition. 2015: 3431-3440.

[20] Rumelhart D E, Hinton G E, Williams R J. Learning representations by back-propagating errors [J]. nature, 1986, 323(6088): 533-536.

[21] Hochreiter S, Schmidhuber J. Long short-term memory [J]. Neural computation, 1997, 9(8): 1735-1780.

[22] Goodfellow I, Pouget-Abadie J, Mirza M, et al. Generative adversarial nets [J]. Advances in neural information processing systems, 2014, 27.

[23] Hubel D H, Wiesel T N. Receptive fields of single neurones in the cat's striate cortex [J]. The Journal of physiology, 1959, 148(3): 574-591.

[24] Perrett D I, Oram M W. Neurophysiology of shape processing [J]. Image and Vision Computing, 1993, 11(6): 317-333.

[25] Lake B M, Salakhutdinov R, Tenenbaum J B. Human-level concept learning through probabilistic program induction [J]. Science, 2015, 350(6266): 1332-1338.

[26] Itti L, Koch C, Niebur E. A model of saliency-based visual attention for rapid scene analysis [J]. IEEE Transactions on pattern analysis and machine intelligence, 1998, 20(11): 1254-1259.

[27] Cootes T F, Taylor C J, Cooper D H, et al. Active shape models-their training and application [J]. Computer vision and image understanding, 1995, 61(1): 38-59.

[28] Stokes M, Thompson R, Cusack R, et al. Top-down activation of shape-specific population codes in visual cortex during mental imagery [J]. Journal of Neuroscience, 2009, 29(5): 1565-1572.

第三章 类脑智能机器人的运动模型及算法

3.1 “大脑－小脑－脊髓－肌肉”通路的运动神经机制

作者：赵　晨　徐新秀　崔　蜀
（中国科学院脑科学与智能技术卓越创新中心）

3.1.1 序言

生命在于运动，运动是我们和世界交互的最重要方式。我们通过运动感知世界，而我们几乎所有思考，最终都要通过运动表达出来。由于在复杂多变的环境中产生快速精准的运动行为对人和动物的生存至关重要，脑如何产生灵活自主运动的神经机制一直是神经科学的一项重要挑战。自1870年以来，大量研究表明运动皮层是肢体自主运动控制最重要的脑区，大脑皮层水平上编码的运动计划如何通过大脑－小脑－脊髓－肌肉通路来实现对复杂的骨骼肌肉灵活自如地控制至今还是个谜。

作为具有较高智力的非人灵长类，猕猴不仅能够通过训练来完成接近人类的复杂精巧运动，还拥有与人类极其相似的运动控制神经通路。因此这个千百万年进化而来的精巧的运动控制系统，长期以来在研究人类运动控制神经机制和功能代偿研究中一直是不可替代的动物模型。本章我们所描述的生理过程以猕猴为主要对象和蓝本展示运动控制的生理通路和神经机制，来回答“大脑是如何产生并控制运动的”这一问题，并试图从计算模型上理解。首先，我们通过一个例子来描述控制简单动作的完整生理过程。其次，我们介绍一种描述这一过程的系统性理论框架。接着，我们将详细阐述完成这一过程所涉及的运动相关脑区、皮层下结构、脊髓、肌肉等生理过程。然后，我们将介绍从计算模型的角度，从各个层面理解控制过程和核心机制的工作。最后，我们提出未来的方向。

3.1.2 一个完整的自主运动控制回路是怎样的？以伸手运动为例

运动多种多样，千姿百态。大多数我们日常熟知的运动都是自主运动，由大脑产生运动意图后执行，主体是一个自上而下的过程。非自主运动，例如反射和节律运动，大体上是外周感受器受到外界刺激后通过脊髓产生活动，或者在局部回路完全自发的运动。本章主要考察经由大脑控制的自主运动。

在许多体育运动中，看似复杂的一套动作可以被拆解成许多简单动作，它们被人熟练掌握后可以组合成复杂的运动。为了同样一个简单的目的，考虑躯体的实现过程，达成这个目的的组合方法几乎有无限种。那么，面对运动的复杂性和几乎无限的可能性，我们如何研究这一控制过程？对于人类和许多灵长类动物来说，上肢运动（包括手）在日常生活中起到极为重要的作用。与此相一致的是，控制手臂和手的肌肉数量在全身肌肉中的占比远超它们的肌肉量在全身的占比（Stewart & Cooley, 2009）[72]。同时，在主要处理运动具体执行的运动皮层（primary motor cortex，M1）中，和上肢与手相关运动的神经元的数量在全身所有部位中也占有高得多的比例（Hlustik, Solodkin, Gullapalli, Noll, & Small, 2001; Penfield & Boldrey, 1937）。因此，在本章中我们以一个对于灵长类非常基础却重要的伸手运动（reach）为例，介绍这样一个简单动作的生成、准备、实现的复杂处理过程。

我们以Georgopoulos等人经典的猕猴推杆运动实验（Georgopoulos, Kalaska[23], Caminiti, & Massey, 1982）为蓝本。他们的实验设计和过程如图3.1.1所示。在每一次试验（trial）中，猕猴需要根据提示伸手将推杆推往圆周的8个方向之一。这是一个经过精心设计的控制试验，我们从中能系统性地看清运动从产生、准备到执行的每个过程。

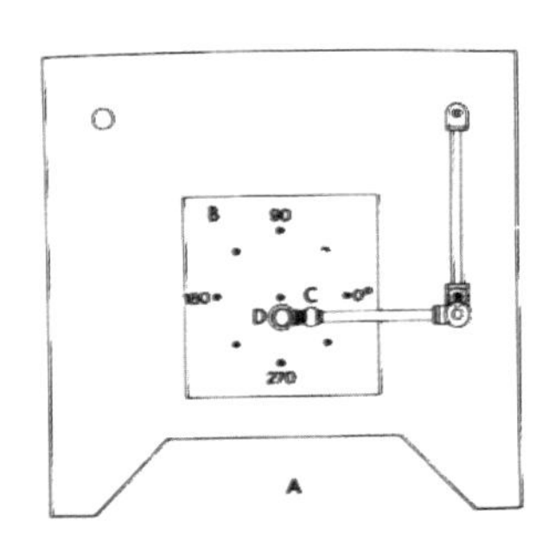

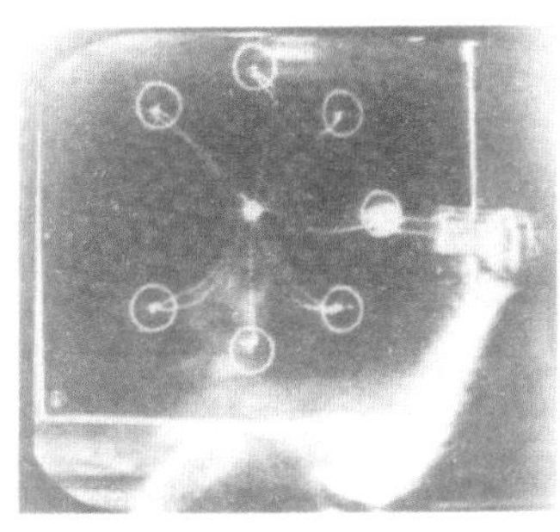
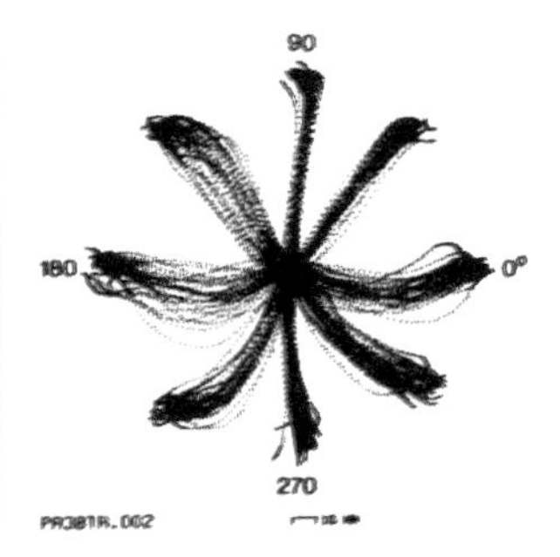

图3.1.1　Georgopoulos 1982年经典的猕猴8个方向推杆运动实验。左图：猕猴呈坐姿（A）面对工作面（B），其上有位于圆上呈45度间隔分布的8个发光二极管（LED），以及一个位于圆心的LED。猕猴抓住铰接操纵器的末端（C）将其在工作面上移动，使其处于目标圆圈（D）中。中图：执行任务的猕猴的俯视图。猕猴已将操纵器从中心移至目标LED（图中显示的运动方向为0度）以完成一次试验。细亮线的轨迹是多次试验运动轨迹的叠加。小圆圈是每个目标LED周围的目标窗口。右图：训练有素的猕猴对每个目标进行30次运动的轨迹，其中每个点是以10毫秒为间隔拍摄的操纵器末端位置。图片和文字来自（Georgopoulos, Kalaska, Caminiti, & Massey, 1982）[23]

我们将推杆运动实验简化为自由伸手触碰实验，除了没有操纵器和推杆之外，其他设置一致。想象这样一个场景：你经过多次训练，得知将要执行一个伸手运动的任务。你的前方放置一块屏幕。你需要首先手按屏幕中心，然后，当标志开始出现时，伸手触碰离屏幕中心半径25厘米处某个角度的圆点——这个圆点会出现在圆周的8个方位，最后返回。以触碰东方0度的圆点为例，大致步骤如下：

步骤1：手放在屏幕中心；

步骤2：圆点出现在东方0度，显示500毫秒后消失；

步骤3：屏幕出现“运动开始”标志；

步骤4：伸手触碰刚才出现的圆点位置，屏幕给出视觉反馈指示正误；

步骤5：手返回屏幕中心。

现在任务开始。

步骤1结束时，你自身的位置，主要是手臂和手的位置，通过遍布身体皮肤和肌肉的感受器传达到躯体感觉皮层（primary somatosensory cortex，S1）；同时，手在环境中的视觉位置信息也通过视觉皮层一路传达到后顶叶皮层（posterior parietal cortex，PPC）。S1和PPC通过交互连接确认你处在恰当的状态。

步骤2结束时，新的视觉信息从视网膜经由视觉皮层再次传达到PPC。此时经过熟练训练的大脑已经意识到这个新的视觉信号是接下来运动的目的地，于是在PPC提早开始进行视觉运动转换。此时，你的大脑已经综合了至少两个重要信息：你的身体位置和目标的视觉位置。这两者之间的转换已经初步完成，形成了最初的“运动意图”：***伸手触碰右边25厘米处的圆点***；同时，这个意图已经提示运动相关皮层作准备，后者包括前运动皮层（premotor cortex，PM）、初级运动皮层（primary motor cortex, M1）和辅助运动区（supplementary motor area，SMA）等。

步骤3开始时，“运动开始”的视觉信号引发各运动子区PM、M1和SMA等的自身演化，将整合的信息生成具体运动指令，并继续向下游传导。

在整个步骤4的过程中，来自S1、PM和M1的指令汇合在一起，通过皮质脊髓束（corticospinal tract）连接到脊髓上的运动神经元（motor neuron）和中间神经元（interneuron），调节拮抗肌张力和脊髓反射，对相应的肌肉群中的肌纤维产生兴奋性和抑制性的信号，使得肌肉伸缩产生力，从而发生运动。在手臂行进的极短过程中，小脑（cerebellum）对接受来自皮质脊髓束的传出信号副本（efference copy）进行修正，随后通过中脑（midbrain）等部分反馈脊髓，随时修正脊髓对运动的控制，产生最佳行进路线。位于皮层下的基底核（basal ganglia，BG）也会参与反馈调节。

最后，步骤5由步骤4的视觉反馈触发，大体上重复步骤3到4的生理过程，使得手回到屏幕中心。

图3.1.2展示了以上过程涉及的脑区和具体流向。值得注意的是，尽管这个伸手运动从开始到完成在逻辑上分成了以上5个步骤，但涉及的各个脑区之间信息的流动并不是严格按照时间序列化的，反而存在很多并行和相互交叉

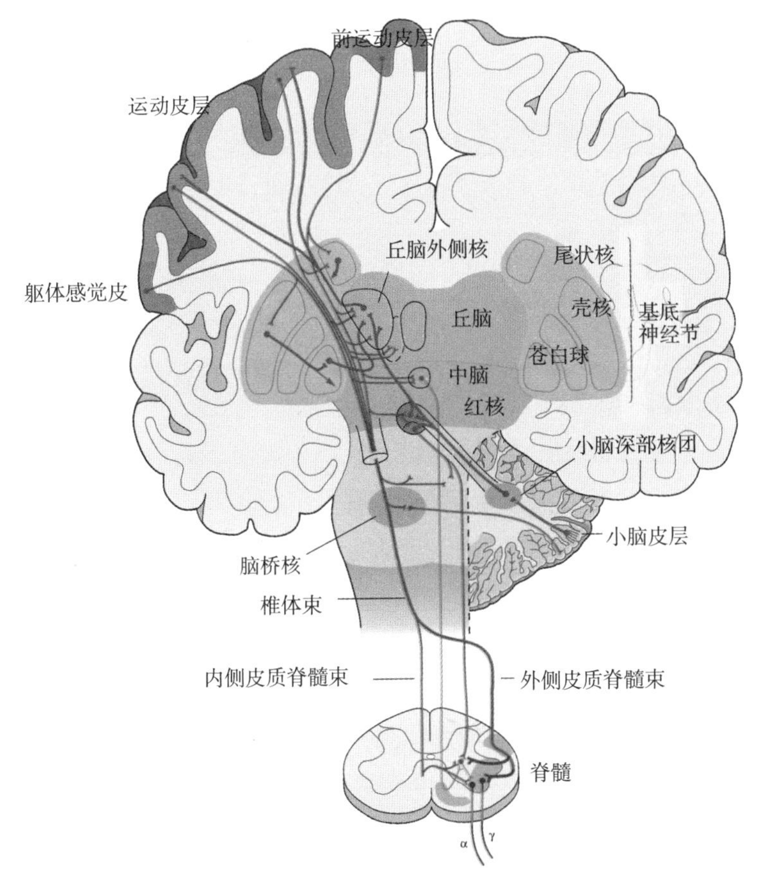

图3.1.2 参与自主运动的相关中枢神经系统区域，自主运动需要协调参与运动的各个部分——运动皮层（M1、PM、SMA）、基底神经节、丘脑、中脑、小脑和脊髓。绿色连接为下行通路，紫色连接为反馈预测和本地通路。下行通路最终整合汇聚成位于脊髓腹角运动神经元的输入，这是神经支配肌肉并引起运动的所谓“最终共同途径”（Sherrington[69]，1906）。图片和文字来自（Kandel,Schwartz,Jessell,Siegelbaum,& Hudspeth[43],2013）第367页 Figure 16-9

的连接和流动。可以看到，一个简单的伸手运动，从决策到执行的过程，至少调动了位于枕叶和颞叶（视觉通路）、顶叶（S1、PPC）、额叶（PM、M1、SMA）、小脑、皮层下结构（BG）、脊髓等各个脑区和部分协同工作才能完成一个完整的试验任务。

我们以伸手运动为例，展示了一个简单任务从生成到执行的完整生理图景。尽管动作简单，但这个过程已经包含了运动控制的所有主要元素。通过这个已经非常复杂的处理过程，可以想象由它组成的复杂运动的是一幅多么澎湃壮阔的大脑图景。

3.1.3 如何从系统的角度理解自主运动控制回路？以“内部模型”为例

上面我们阐述了在伸手运动中，从感知到行为转换的生理过程。接下来，我们希望能从系统性的角度来理解这个过程，通过一个计算框架从定性甚至定量的角度来解释各种运动控制。

上一节介绍的伸手运动尽管简单，但已经涵盖运动控制的几个主要过程：

感知：感官信号从外部输入到皮层，主要包括通过视觉通路汇聚到PPC的视觉信息（例如，目标圆点位置），和通过脊髓上行到S1的本体感觉信息（例如，当前手臂状态）。

认知：视觉和本体感觉信息在顶叶各脑区（PPC、S1）被转换成初步的运动意图：***伸手触碰右边25厘米处的圆点***。这个意图中已经包含关于运动目的的高级信号，例如目标的物理属性、运动的目的、运动的总体方向等。

行动：初步的运动意图进一步在额叶脑区（PM、M1、SMA）转换成具体的运动指令，包括运动学和动力学意义上的参数，例如参与手臂起始的速度、肌肉的伸缩幅度等。

反馈：在感知、认知、行动的每一步转换过程中，大脑都会接受相应的反馈信号，尤其是在行动阶段的反馈修正对运动有最直接的影响。

由此，运动控制就是一个感知→认知→行动的转换过程，同时接受反馈修正。这四者几乎并行发生，都在群体神经元水平上传递和表征。

内部模型（internal model）理论为从系统上理解这一转换过程提供了参考。内部模型源自控制论，最初是为了估计系统扰动的影响，模拟系统在特定输入下的反应。内部模型大体上分为两部分，一种被称为前向模型（forward model），形式上类似物理系统中的微分方程，给定系统变化的动态方程，可以描述系统从特定的初始条件和参数开始，在时间或空间上演化，直至到达未来某个状态。另一种被称为逆模型（inverse model），可以看作前向模型的逆过程。逆模型以一组特定的状态作为开始，以相反的方向操作，确定哪些参数适合估计系统演化过程。逆模型可以告诉我们如何设置系统参数以获得所需结果。（Kandel, Schwartz, Jessell, Siegelbaum, & Hudspeth, 2013）[43]

那么，预测物理世界的前向模型和逆模型如何应用在神经科学的运动控制中呢？ Kenneth Craik 在1943年提出认知功能中的内部模型概念（Craik, 1943）[9]，认为生物体会为外部世界建立表征模型，然后利用表征模型预测自身行为可能发生的结果。通过将预测的结果和实际结果比较，为后续行为提供反馈纠正，同时优化内部表征。

根据这个概念，大脑必须同时使用预测和控制来实现灵活运动，如同硬币的两面，而预测和控制这两个过程正好对应正向模型和逆模型：前者将运动指令通过对外部世界表征转化为预期的感官状态，而后者将期望的感官状态转化为运动指令（Kandel，Schwartz，Jessel，Siegelbaum，& Hudspeth，2013）。图3.1.3展示了这个串联前向模型和逆模型的预测–控制–反馈模型的架构。模型首先通过状态估计模块将感官输入转化为期望的状态，作为逆模型的输入。例如通过视觉和本体感觉计算出的理想手臂位置［$x^{ref}(t)$］，这些输入到逆模型产生控制手臂到理想位置所需要的运动命令［$u(t)$］。前向模

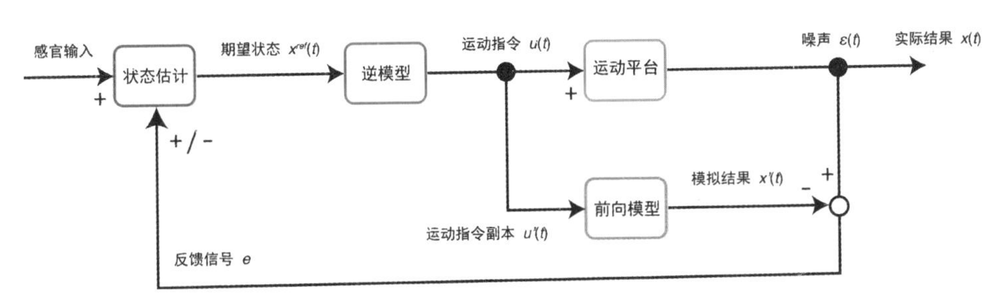

图3.1.3　包含前向模型、逆模型、反馈信号的内部模型架构。外界的感官输入通过状态估计模块产生期望的状态，期望状态输入逆模型成必要的运动指令。该运动指令被发送到运动平台，产生实际运动结果。同时，运动指令的副本被发送到前向模型。将前向模型的输出（预测的状态）与运动平台的输出（实际的状态）进行比较。来自系统或环境的噪声可能会导致人体实际位置与预测位置之间的差异。实际状态和预测状态之间的误差提供反馈估计新的状态，以改善内部模型下一次迭代的运动。输出具有容错的运动指令，既满足相对任务要求的相对精度，又能保持较强的泛化能力

型使用运动指令的副本［$u'(t)$］作为输入，计算出预测的手臂位置［$x'(t)$］。随后，由于内部和外部噪声（ε）的存在，手臂的实际位置［$x(t)$］和预测位置［$x'(t)$］可能产生误差（e）。这个误差反馈给状态估计模块，调整理想手臂位置，由此形成新的运动指令。如果每个模型的结构和参数值正确，则正向模型的输出（预测的手臂位置）将与逆向模型的输入（期望的手臂位置）相同。$x^{ref}(t)=x'(t)$。

回到运动控制的感知→认知→行动转换过程，结合前向模型和逆模型的内部模型，我们可以表征如下变量：

运动意图：期望状态$x^{ref}(t)$

运动指令：$u(t)$

运动指令副本：$u'(t)$

实际的行动结果：$x(t)$

预测的行动结果：$x'(t)$

那么感知→认知→行动转换过程可以转化为：

感知→认知：通过状态估计产生$x^{ref}(t)$

认知→行动：控制过程（逆模型）：$x^{ref}(t)\rightarrow u(t)$

认知→行动：预测过程（前向模型）：$u'(t)\rightarrow x'(t)$

行动的输出：$u(t)\rightarrow x(t)$

反馈：$x(t)-x'(t)\rightarrow x^{ref}(t)$

可以看到，内部模型并不能适应感知、认知、行动的全部过程（比如，不能涵盖状态估计和运动平台的运行机制），而且只是一个框架性的高度简化过程，但它能为神经科学领域研究运动控制带来指导性作用。例如，Wolpert 等人1995年的工作（Wolpert, Ghahramani, & Jordan, 1995）[84]对内部模型在状态估计、状态预测、状态学习、运动计划、运动控制和运动估计的最优控制等方面做出了总结，提出了统一的模型框架。模型主要分为正向模型：使用运动指令和当前状态估计来预测下一步状态动态；感官模型：使用预期和实际感官反馈之间的差异来校正正向模型状态估计。在模型训练上，通过卡尔曼增益介导的权重进行训练，并进一步阐述了感觉运动循环（Wolpert & Ghahramani, 2000）[83]。图3.1.4是这个工作的核心理念。他们用内部模型展示了运动命令生成、状态转换和感觉反馈生成这些中枢系统的核心功能，展示了内部模型框架在系统性理解感觉运动整合和运动控制中的作用。

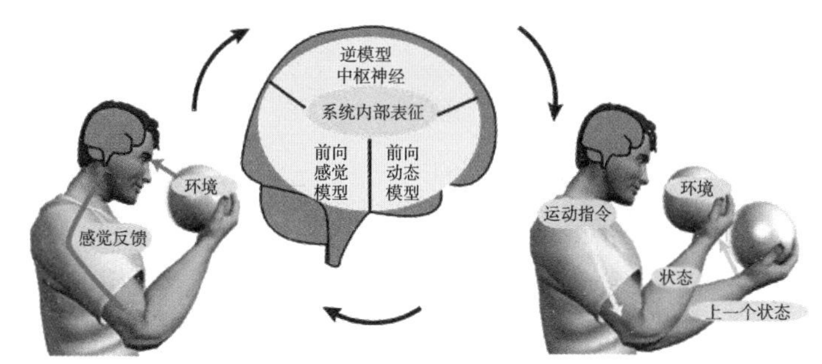

图3.1.4　大脑的内部模型：感觉运动循环。运动命令生成（顶部）、状态转换（右图）和感觉反馈生成（左图）。中图是这些阶段在中枢神经系统（central nervous system，CNS）的内部表示。图片来自（Wolpert & Ghahramani, 2000）

内部模型虽然还是一种理论假说，但其可解释性被越来越多的行为和生理实验验证（Sommer & Wurtz, 2002；Gribble & Scott, 2002；Mulliken, Musallam[71][27][54][26], & Andersen, 2008；Golub, Yu, & Chase；2015）。我们虽然仍不清楚其中诸多细节，例如解释前向模型的外部世界表征的具体生理基础，但内部模型的前向控制和反馈控制无疑为我们从系统角度定性、定量理解运动控制提供了重要参考。

接下来，我们将一一详细拆解从运动意图产生到动作生成的每个步骤，同时试图从模型角度来解释各个环节。

3.1.4　运动意图的产生

为了在复杂的动态环境中及时地产生合适的行为，大脑必须首先有效地整合感觉信息并产生运动意图。很长一段历史时期，后顶叶皮层一直被认为是高级感觉联合区，这里的神经元整合多种信息输入，构建出带有主观偏好的认知地图，和额叶皮层交互生成前馈预测来影响行为，即注意假说（Bisley & Goldberg, 2010[5]）。神经内科的研究发现：后顶叶脑损伤的病人没有单纯的感知或运动障碍，但不能有效地使用自己的感觉信息去引导精确行为（Perenin &[58] Vighetto, 1988），而且直接电刺激后顶叶皮层，病人会报告产生强烈的运动意图（Desmurget, et al.[15], 2009）。这体现出后顶叶皮层在感知整合和运动生成过程中的必要性。

近二三十年，非人灵长类的电生理研究表明，后顶叶包含多个功能子区且各子区之间在感觉输入（视觉或体感）或运动输出之间存在明显差异（Andersen[3] & Buneo, 2002），甚至可能参与不同阶段的感觉运动转化（Cui, 2014）[10]。为了清楚地揭示后顶叶神经元是编码高度处理后的感觉信息，还是抽象层次的运动意图，科学家们进行了大量研究（Andersen & Cui, 2009）[4]。其中，主要关注的子区有LIP（the lateral intraparietal area）、PRR（parietal reach region）、5d（dorsal area 5）等。位于顶叶沟内的LIP是这段时期的研究热点，它的神经元在延迟眼动（delayed saccade）任务中从目标出现到眼动结束一直持续发放（Gnadt & Andersen, 1988）[25]，发放率受到任务奖励大小的明显影响（Platt & Glimcher, 1999; [60][85]Yang & Shadlen, 2007），因此被认为是反映了注意调节（Bisley & Goldberg[5], 2010）。不过Snyder等人用红绿目标训练猕猴交替完成延迟眼动（红色目标）和延迟伸手运动（delayed reach，绿色目标）时发现LIP在延迟伸手时发放明显减弱，但相邻的PRR刚好相反——延迟手动时发放更强（Snyder, Batista, &[70] Andersen, 1997）。稍后有人发现LIP神经元还编码了行为训练后对感觉信号的分类（Freedman & Assad[18], 2006），因此它们在完成眼动和手动任务时的差别也有可能反映了红绿视觉刺激代表的不同行为意义，而非真正的运动意图。因此，要想真正确定后顶叶在感知运动过程中的准确作用需要更为严格的判定性实验结果。

为彻底排除感觉刺激的影响，Cui和Andersen训练猕猴在完全相同的感觉刺激下自主选择眼动还是手动，同时记录了LIP和PRR神经元的活动（Cui &[11] Andersen, 2007）。如图3.1.5 A所示，猕猴在开始后首先注视并把手放在中心紧挨着的红绿两个点上，保持眼、手都不动直到中心点消失（GO信号），接下来另外两个红绿点在周边感受野位置上同时呈现0.6秒。有三种任务情况随机出现（trial by trial）：1）在25%的情况下，外周绿点消失而红点再保持呈现0.6秒，提示猕猴准备眼动；2）在另外25%的情况下，外周红点消失而绿点再保持呈现0.6秒，提示猕猴准备手动；3）在剩下的50%情况下，外周红绿两个点都消失，而猕猴可以自主选择0.6秒后保持注视中心伸手，或保证手按中心、眼睛向目标扫视。两只猕猴上记录的100个LIP神经元在眼动或手动的平均发放率如图3.1.5B中红色（扫视）和绿色（伸手）曲线所示。当周边刺激出现后的前0.6秒内，由于猕猴还不知道最终是要完成眼动还是手动，它们的发放率非常接近。当周边目标消失后，如果猕猴选择眼动LIP神经元发放率继续保持在较高水平，但如果猕猴选择手动LIP神经元会降低到基础水平。而记录到的91个PRR神经元（图3.1.5C）恰恰相反，选择手动时保持有更高发放率。这些结果证明了在感觉刺激完全相同的情况下，后顶叶皮层神经元还是编码了自主选择的运动意图，否定了该脑区只参与注意或高级认知地图的假说。目前，抽象运动意图最先形成于后顶叶皮层已经成为主流观点，后顶叶皮层也普遍被认为是皮层运动控制网络的重要部分。后顶叶皮层运动意图信号也被成功解码来控制神经假肢，并在病人间开展临床试验（Aflalo, et al., 2015）[1]。

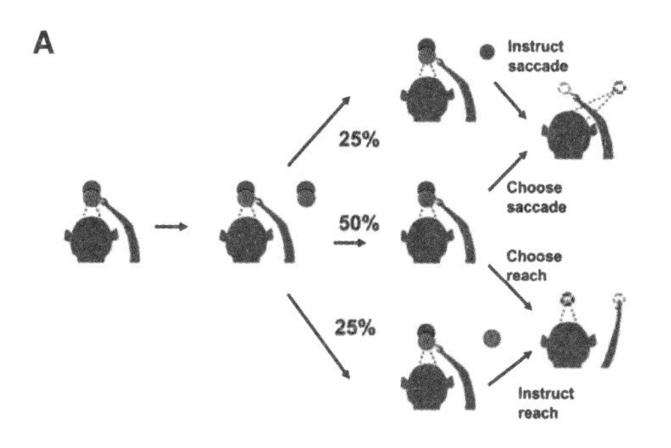

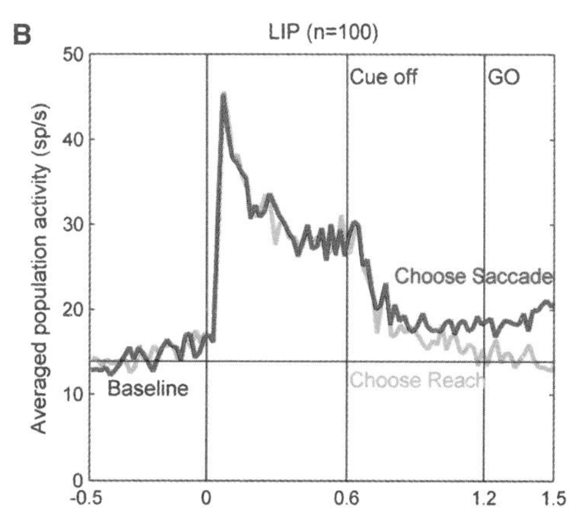

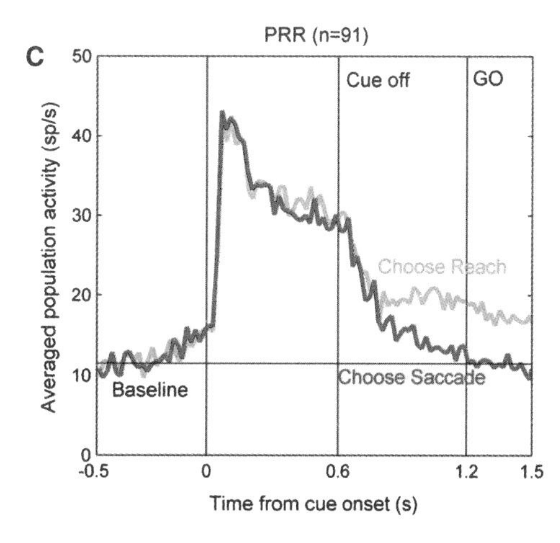

图3.1.5　后顶叶皮层LIP和PRR区的神经元分别表征了自主选择的眼和手运动。源自（Cui & Andersen, 2007）[11]

3.1.5 运动指令的规划与生成

（1）从运动意图到实施指令的准备过程

根据上一节所述，当各种感觉信号在顶叶和额叶的各个皮层中产生、汇集之后，运动意图便决定了：***伸手触碰右边25厘米处的圆点。***在一个运动的决策过程中，外部的刺激信号，无论是视觉，还是其他感觉，不一定会立即激发神经系统产生运动意图。这和经典的视觉实验中，刺激信号立刻就能带来相关脑区神经元发放的模式不同，所谓“运动意图”的产生是一个更高级的认知过程。

运动意图产生后，下游运动相关的脑区需要将这个最高阶的意图进行一番“准备”处理，形成具体的指令通过脊髓指导肌肉执行。那么，这个准备和执行过程究竟是怎样的呢？

运动相关的信号事实上分布在大脑顶叶、额叶和皮层外的很多区域中（Rizzolatti & Luppino, 2001; Dum & Strick, 2002; Kalaska, 2009; Andersen &[63][16][42][31] Buneo, Intentional maps in posterior parietal cortex, 2002），甚至包括位于枕叶的视觉皮层（Keller, Bonhoeffer, & Hübener, 2012）[45]，尤其是在处理躯体感觉相关的信息时。这个事实再一次提醒我们，运动作为大脑最终的输出形式，必须调动大部分的脑区参与响应。但是，当由感觉信号转化的运动意图产生之后，人们发现存在更专门的本地化的脑区来进一步处理运动意图，形成指导脊髓和肌肉的运动指令。这样的区域包括前运动皮层（PM）、运动皮层（M1）、辅助运动区（SMA）等。

在伸手运动，以及许多相关的实验范式中，都能观察到运动相关脑区早在运动实际开始前几百毫秒就已经产生和运动参数高度相关的信号。这意味着，在最初的运动意图产生后，神经系统存在运动准备的过程。正是在这个过程中，运动相关脑区将感知觉信号转化成运动执行相关的信号。

需要指出的是，感觉信号转化成运动意图和运动指令的形成，并不存在严格的序列处理的时间先后关系；它们在解剖结构上更多呈现一种互相关联、并行处理的结构。尤其是皮层中最后进行运动指令转化的区域（PM、M1和SMA），许多研究表明，PM、M1和SMA之间存在许多互相连接的结构（Dum & Strick, 2002），呈现一种“犬牙交错”的纠缠关系。PM、M1和SMA都通过皮质脊髓束和脊髓相连，其中M1的连接占大约40%（Kandel，Schwartz，Jessel，Siegelbaum，& Hudspeth，2013），而且M1的相当大部分直接和脊髓中的运动神经元相连，PM则主要经过脊髓[43]中的中间神经元调节。同时，脊髓还接受其他皮层下结构的连接。PM、M1和SMA的连接结构并不同序列化的运动准备和执行一致，这种组织形式能为整个运动控制带来更大的灵活性。

尽管存在并行处理，但这种运动意图→运动指令的转化，从逻辑上呈现出从抽象到具体的梯度层级性特征（Kalaska[42], 2009）。以上文所述的伸手运动为例，“***伸手触碰右边25厘米处的圆点***”这个运动意图已经包含感觉信号所提供的特征：运动的目标性质、距离、本体状态等。这个最高阶的意图所包含的信息也会体现在关联的本地化运动脑区中，通过这一系列运动相关脑区的处理，被进一步拆解，逐渐演化成具体的关节角速度、方向、开始时间等“运动参数”，到关节力矩等“动力参数”，直到最后连接脊髓运动神经元的肌肉募集和伸缩模式参数。这是一个从感觉感知到运动的具体化过程，是从“做什么”到“怎么做”、从抽象到具体的过程。转换“做什么”可能更多在PM中进行，转换“怎么做”可能更多在M1中进行，而SMA则可能更多在两者中参与筛选不同的计划。这样一种层层转化、层层具体化的动态变化过程，使得大脑能充分利用有限的资源高效地将感觉信息转化成运动指令输出。同时，并行和互相关联的连接结构为这个层级化的动态过程提供了不断修正的机会和冗余容错功能。

（2）运动相关皮层信号的表征和动态演化

在了解运动准备和执行的过程后，我们想进一步知道，运动指令究竟是如何通过感知觉信号演化而成？特别是，在各个运动相关脑区，尤其是M1中表征了怎样的运动信息？

经典文献指出（Penfield & Boldrey,[57]1937），猕猴的M1中也存在类似躯体感觉皮层中发现的传统小人图（homunculus）。这种躯体定位图（somatotopic map）将M1的各个区域映射到身体的不同部分，但映射区域的大小并不反映对应躯体部分的体积大小，而是与其能完成的动作精细程度相关，其中上肢的比例最大，尤其是手部有对应每根手指的精细区域。但这样精确的M1躯体定位表征在人类大脑中并未发现。事实上，M1神经元的组织方式和感觉相关皮层的神经元差别很大，并不呈现明显的“功能柱”（functional columns）形式（Rizzolatti & Luppino[63], 2001），它们对相同类型的刺激并不存在本地聚集的特征——相邻的神经元并不一定会对相同的外部刺激发放；相反，M1神经元的本地聚集和肌域（muscle fields）更相关——相邻的神经元更倾向于控制类似的肌肉或肌肉功能。尽管如此，M1的躯体定位图只是一个粗糙的身体部位映射。即使M1中的单个神经元，可能也会以不同的方式参与整合肌肉活动。这使得很多区域，尤其是上肢部分，包含大量的重叠（Hlustik, Solodkin[35][67], Gullapalli, Noll, & Small, 2001; Schieber, 2001）。这样一个粗略且重叠的身体定位分布，表明M1的表征方式可能远比感觉皮层复杂。神经元活动可能对应高维度的肌肉特征，且随着学习和经验的变化呈现高度的动态适应性。

和这种复杂表征相一致的，是M1中单个神经元对外部刺激反应的高度特异性。单个神经元可能参与完全不同的运动，指征不同的刺激特性，例如对猕猴运动皮层施加电刺激时，它会引起复杂的、高度整合的运动，诸如用手抓握或伸手、张开嘴巴等。关于运动皮层神经元和产生运动之间的关系，几十年来这方面神经机制的研究积累了大量的成果。

其中有一种比较有代表性的表征观点，认为运动皮层直接参与调控相关的运动参数。前文已经提到Georgopoulos 等人1982年提出的猕猴推杆实验（Georgopoulos, Kalaska, Caminiti, & Massey[23], 1982）。猕猴坐在工作台前，根据实验的提示往8个方向推动推杆（图3.1.1）。他发现在猕猴执行8个方向的伸手运动中，大部分的神经元对于特定方向有更高的发放，并且可以用余弦函数进行很好的拟合。刻画一个神经元特性的最重要特征，就是发放最高时对应的手动方向，称之为该神经元的偏好方向（preferred direction，PD）：

$$r = b_0 + c_1 cos\left(\theta - \theta_0\right)$$

其中r为神经元动作电位的发放率，θ_0为PD，θ为当前刺激的方向，c_1和b_0为线性拟合参数。由此，单个神经元的电活动可以表示为沿PD方向长度为发放强度的向量，对大量神经元进行向量加和即可得到接近真实手动方向的群体向量（Georgopoulos, Schwartz, & Kettner[24], 1986）。群体向量是刻画一群神经元的重要特征。而“表征观点”正是通过运动皮层的群体向量来表征相关的运动参数。

群体向量的表征方法在许多工作中得到了发展，但随着运动皮层的实验不断深入，这种解释方法逐渐遇到了困难。其中，Churchland和Shenoy在2007年发现（Churchland & Shenoy[6], 2007），在猕猴执行7个方向、两种速度、两种距离的伸手运动中，单个神经元展现出了超出表征观点的复杂特性。如图3.1.6所示，每张小图代表一个神经元。A和B图展示了和表征观点一致的“教科书般”的和速度对应的表征特点，C–F图却展示了相反、偏移、时间上的复杂性和动态变化的方向偏好的特点。这个工作以及后来的很多研究都表明了单个运动皮层神经元的复杂性。传统的表征观点难以解释这些复杂性和动态性。

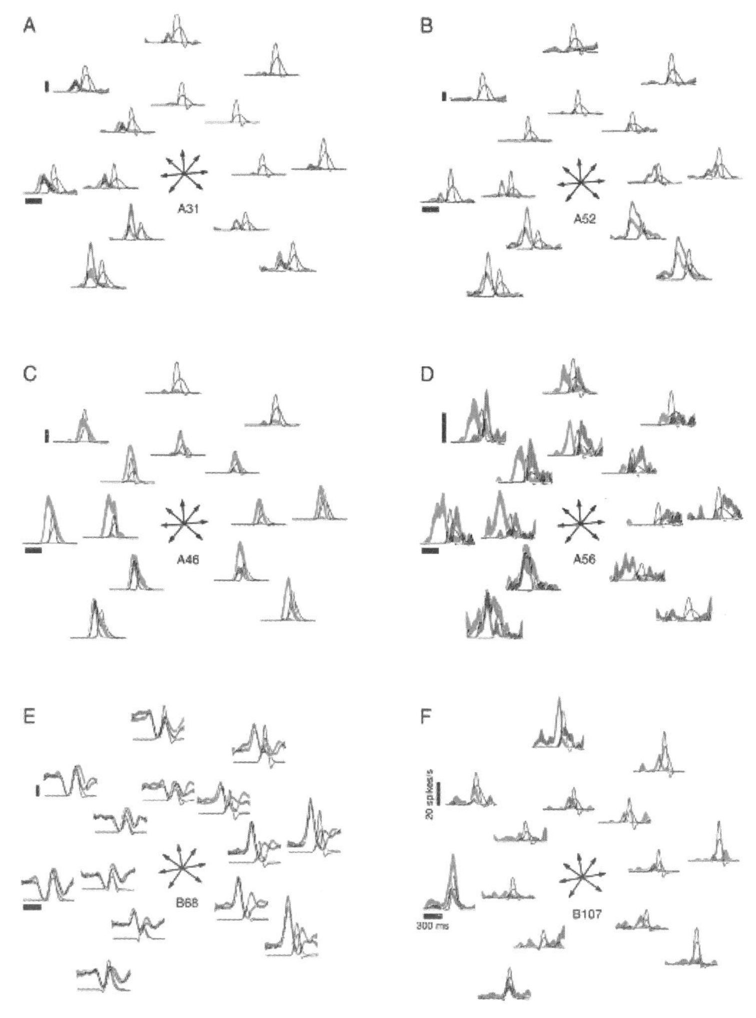

图3.1.6 六个代表性的运动皮层神经元的发放。红色和绿色代表快和慢两种伸手速度下的神经元发放，灰线代表快和慢的伸手速度。A–F每张小图代表一个神经元。A和B图展示了“教科书般”的表征特点，即神经元展现了偏好方向和与伸手速度严格对应的发放率。但C和D图展示的神经元却表现出了相反的快慢对应和偏移的相位，E和F则能看到更复杂的时间上的动态特性和偏好方向的反转。图片来自（Churchland & Shenoy, 2007）[6]

Shenoy等人和其他人的工作于近年提出了一种动态系统的观点（Shenoy[68], Sahani, & Churchland, 2013）。这种观点最初源于统计物理中的状态空间理论，描述一个系统状态随时间的变化，认为神经元活动$\mathbf{r}(t)$在既有规则的调控下随时间演化。它将系统的活动$\mathbf{r}(t)$通过广义的泛函$\mathcal{G}$映射到运动输出$\mathbf{z}(t)$中：

$$\mathbf{z}(t)=\mathcal{G}[\mathbf{r}(t)]$$

这种方法对群体神经元降维后建模，通过线性变换，用状态空间的方法来体现神经元活动的结构特征，从而描述神经元活动的演化。如图3.1.7所示，在这个神经元活动张成的多维状态空间中，每一条轨迹对应的就是一次试验中神经元活动的演化路线。通过运动准备，初始神经动力系统状态落在最有利于后续运动开始的区域，并逐渐演化直至产生目标运动。

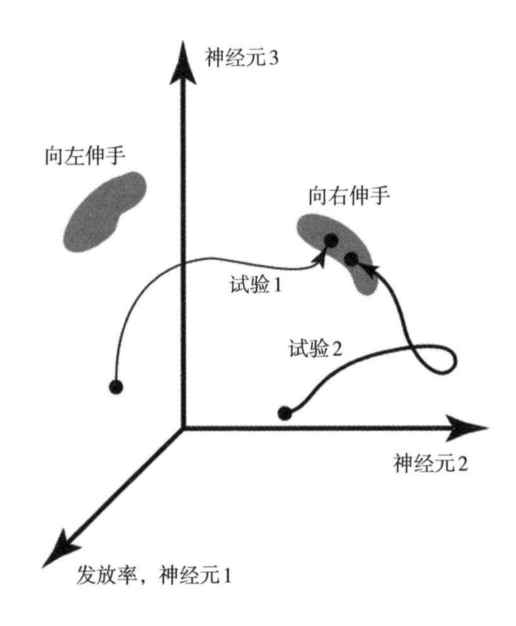

图3.1.7　神经元发放率在状态空间中的动态表征。用三个神经元的发放率表示一个数轴，绘制三个神经元组成的三维状态空间的演化过程。对于每个可能的运动，假设存在一个局部最优的状态子空间，即在运动开始时它们将以最小的反应时间产生所需的结果。不同的运动将具有不同的最优子空间（阴影区域）。运动准备的目标是优化发放率，以使其位于所需运动的最优子空间内。对于不同的试验（箭头表示），此过程可能以不同的速率，不同的路径和不同的起点进行。图片和文字来自（Shenoy, Sahani, & Churchland,[68] 2013）

动态系统观点和表征观点最重要的差别，在于与其去考虑哪些运动参数构成了运动皮层的输出，不如从生成式的动态系统角度看待运动皮层：如何产生输出？这样，运动皮层就是把上游运动指令翻译成运动执行的引擎。

实际上，表征观点和动态系统的观点并不互相矛盾。只是，前者用来得到皮层输出所控制的参数，后者用来展示皮层输出是如何产生的。表征观点从广义上讲可以用这样的公式表达神经元n在t时刻的发放$r_n(t)$：

$$r_n(t)=f_n(param_1(t),\ param_2(t)\cdots)$$

也就是将神经元活动随时间变化的过程映射到由任意k个参数$param_1(t)$、$param_2(t)\cdots param_k(t)$来决定的函数$f_n$中。这样的参数可以是运动的方向、起始位置、最初的速度、肌肉的收缩，等等。问题是，随着参数越来越多，可能找不到符合所有参数特征的函数。所以这种表征方法非常不灵活，容易出错。而动态系统的方法由对这种函数表征的反思阐发。与其去考虑哪些运动参数构成了运动皮层的输出，不如从生成式的动态系统角度看待运动皮层：运动皮层如何产生输出?

那么，动态系统的方法有哪些来自神经生理学的支持?

首先是支持运动皮层在运动执行期间自主运动的证据。实际上，神经元的群体活动中的确包含了一些关于动态系统的新信息，其中最鲜明的一个特点就是发现了运动皮层发放中的“震荡模式”。2012年，Churchland和Cunningham等人的工作（Churchland, et al.,[7]2012）同时分析了运动中的单神经元运动和群体运动的模式。在蚂蟥游泳和猕猴行走的节律运动中，神经元表现出周期性振荡，它们的神经群体因而在低维空间展现出一种旋转结构。令人惊讶的是，在非节律的伸手触碰运动中，尽管单神经元活动非常复杂多相，没有显著的规律，但群体神经元在低维空间仍然保持这种旋转结构，并且这种震荡成分的幅值和相位都和准备阶段的状态相关，但是震荡的方向和运动参数不相关。这表明运动皮层的群体活动反映神经动力学系统的演化过程。这种群体神经元体现出的震荡模式支持了运动皮层在运动执行期间自主运动的观点，它为解释复杂多相的单个神经元活动如何共同合作产生运动提供了一种新思路。

然后，基于动态系统的分析工作提示从生理实验中观察到的运动准备和执行阶段，Churchland 等人2010年的工作（Churchland, et al., 2010 [8]）具体地解读了这两个过程。他们从一组 delay reaching 试验中背外侧前运动皮层（dorsal premotor cortex，PMd）的神经活动中计算出状态空间轨迹，发现在目标出现前后的三个时间段中，神经活动明显聚拢，这反映了运动准备中向最优准备子空间汇集的趋势。绝大部分的群体状态沿着一条固定的曲线演化，说明类似的运动下神经活动到肌肉活动的指令生成相似。

动态系统的理论框架能解释运动皮层在这两个阶段的不同表现。在运动准备期间或受到干扰的行为中，运动皮层的行为是由输入驱动的，同时受内部规则调控；而执行准备好的动作时，运动皮层近似一个自主的系统，倾向于产生旋转震荡模式。由此就产生了可能的运动准备和运动执行的分野。近年来的研究进一步指出，每个运动的准备应该都存在一个最优的状态子空间，它最有利于产生运动。因此，运动准备活动的作用是设置一个有利于后续产生精确运动的初始状态——位于最优的状态子空间中。从这个初始状态开始，每次运动从开始到完成都对应一条神经活动状态空间上的轨迹。

除了提示和验证神经生理学实验，近年来基于动态系统观点的分析还揭示了运动控制系统中可能存在的新特性。Russo 等人2018年的工作（Russo, et al.,[64] 2018）分析了一种评估自主运动和输出观察的“纠缠”关系。他们发现，从运动准备到运动执行转换的过程中，运动皮层的活动不仅和任务参数、肌肉活动有关，同时还和内部活动的控制有关。他们提出了一种叫作“纠缠”（tangling）的概念来评估这种内部活动的相关性。从流向场（flow field）分析的角度，纠缠指在状态空间中相邻的点在未来的状态是否会导向完全不同的方向。对于高纠缠的情况，一点外部的扰动或者噪声，会使得未来状态发生巨大的改变；对于低纠缠的情况，则不会发生这种情况。所以，一个稳定的动态系统应该处于低纠缠的状态，它会通过增加冗余的状态空间维度来将处于高纠缠状态的点“拉向”低纠缠的状态。

动态系统的观点还支持这样的现象：不同种类的计算，可以在一套神经活动的不同维度中共存。例如，Kaufman 等人2014年的工作（Kaufman[44], Churchland, Ryu, & Shenoy, 2014）提出了肌肉输出的有效空间和零空间。神经元活动可以被投射到这两个互相正交的子空间中去，前者的投影在运动准备期间基本不产生活动，而在运动开始时发生明显活动变化；后者则在运动准备和执行过程中变化不大。这种理论解释了同一个神经元在不同时期的发放对输出功能可能会产生完全不同的影响。Elsayed 等人2016年的工作（Elsayed, Lara[17],

Kaufman, Churchland, & Cunningham, 2016）展示了在运动准备和生成过程中激活不同的维度的神经元投影。此外，对于不同的运动类别，神经活动也倾向于占据不同的维度：例如，踩踏板运动中的向前或向后。运动皮层的这种动态系统特点，高度冗余的任务特异神经子空间可以使运动皮层灵活地生成各种响应模式，以实现不同运动功能的鲁棒性和抗干扰性。

动态系统的核心观点之一是通过群体神经元而不是单个神经元的活动来解释运动控制乃至更广泛的认知过程。近年来出现了基于“神经流形（neural manifolds）”的观点（Gallego J. A., Perich, Miller, & Solla[20], 2017），同样基于群体神经元，同时在动态系统观点的基础上进一步抽象化。这个理论认为M1神经元活动模式受底层网络连接性约束，该网络连接性可以定义为由几个独立响应模式（称为“神经模式”）组成的低维流形。模型分析指出，少量的神经模式就能描述大量的群体协方差，足以覆盖神经流形，可以解释 M1 如何控制产生运动。神经流形可以通过线性［主要成分分析principal component analysis，PCA）、因子分析（factor analysis，FA）等］或非线性［等度量映射（isomap）[2]，自动编码器等］降维方法生成。正是这些基于群体神经元神经模式的活动，而不是单个神经元的活动，成为产生运动动力系统的基本组成部分。神经流形的观点认为类似的流形结构可能遍布整个大脑，所以对脑功能的理解需要从以神经元为中心的神经活动转变为以流形为中心的观点。

神经流形的理论也用来解释运动学习。这方面的工作（Sadtler, et al.,[65] [31] 2014; Hennig, et al., 2018）表明，神经流形可能是运动学习中的重要约束条件。他们通过脑机接口（brain-computer interface，BCI）范式训练猕猴控制屏幕上的光标，发现动物学习新行为的难易程度取决于控制行为的神经元网络的当前属性——即当新行为处于固有神经流形之内，学习起来更容易，当新行为处于固有神经流形之外，学习起来更难。神经流形的理论由此可以解释学习相关技能和全新技能的学习机制，提示当新技能与我们已经拥有的技能相关时，更容易学习。此外，将神经流形作为基本组成构件来解释单任务、跨任务、快速学习和长期学习的工作（Gallego J. A., Perich, Miller, & Solla, 2017[20] [21] [59] [19]; Gallego J. A., et al., 2018; Perich, Gallego, Miler, Gallego, & Miller, 2018; Gallego J. A., Perich, Chowdhury, Solla, & Miller, 2020），显示这一理论在理解更广义的神经学习机制上的强大潜力。

尽管近年来类似的研究提供了更支持动态系统观点的结果，但目前动态系统观点仍然更像一种指导框架而非机制上的分析，尚不能从神经实现机制的层面解释和预测运动控制的完整过程。作为基于群体神经元活动的数学抽象，动态系统、神经流形理论和运动控制的生理过程之间仍缺乏直接的机制性联系。

总之，作为运动控制的核心组成部分，我们能看到运动皮层不呈现精确的躯体定位图，各个脑区在生理上既非严格序列化的连接，也并不仅仅表征运动参数。运动皮层并不以一一对应的方式表征躯体部分，也不是特定肌肉或身体部位运动的静态图。运动皮层的各个部分互相关联，紧密合作，在群体神经元的尺度上将运动意图转化为精密的运动指令，同时保留相当的冗余结构以备灵活应对各种意外情形。我们可以将整个运动皮层看成一种动态计算图，其内部组织和脊柱连接将有关运动意图的中央信号和有关肢体当前状态的感觉反馈转换为最终的运动指令输出。（Kandel, Schwartz, Jessel, Siegelbaum, & Hudspeth, 2013）。[43]

3.1.6 执行运动

运动，意味着身体被驱动。我们看到指导肌肉的运动指令已经在运动皮层生成，最后一步就是通过肌肉执行使得身体动起来。这不是一件简单的事。来自大脑的运动指令可能只包含高级的信息——要满足何种需要，要调动哪些功能的肌肉群，最终完成怎样的目标，却没有一个具体的执行图。现有的脊髓肌肉骨骼系统已经包含各种精密的控制设施，可以把来自大脑的命令分解到最下层，让每一块肌肉执行：人体的六百多块肌肉中，要调动哪些，分别激活或抑制的程度，何时激活或抑制，同时还需要如何调动身体其他部分的肌肉来保持某个姿势，等等。这一节介绍的，就是大脑如何传递信息给脊髓，如何通过脊髓调动肌肉，肌肉如何产生力，脊髓回路如何控制，以及对应不同运动的肌肉组织方式。

（1）运动指令的下行通路

在运动皮层 PM 和 M1 具体化的运动指令，通过皮质脊髓束传递给脊髓。我们现在已经知道，对于脊椎动物，皮层或其他部分的指令通过两种方式经由脊髓传递给肌肉。对于灵长类，皮层存在皮质运动神经（corticomotoneuronal, CM）细胞直接单突触连接脊髓的运动神经元，然后负责下行通路肌肉控制[48]

（Lemon, 2008）；对于其他脊椎动物包括啮齿类，没有CM通路，皮层只能通过脊髓中间神经元或者脑干核团控制运动神经元调制，而后再传递给脊髓的运动神经元去控制肌肉（Rathelot & Strick[61], 2009）。

猕猴运动皮层中的 CM 细胞通过与脊髓运动神经元的单突触连接来直接控制肌肉活动，主要包括远端肢体、手、手指等。在人类中，此类的CM细胞比例更高。这种直接连接的方式绕过脊髓中间神经元，可以直接、任意地控制可能与视觉信息集成在一起的运动，从而灵活、协调地控制整个身体。猕猴和人类中虽然也存在许多非CM的间接连接，但目前研究过的所有肌肉中CM连接都很显著，肯定有更广泛的作用。

从另一个角度说，CM通路更适应人的运动皮层和脊髓的不同结构特征。上一节提到，M1神经元是高度特异性的，可能会以不同的方式参与整合肌肉活动，存在躯体图的大量重叠结构，使得邻近的神经元可能调制完全不同的肌肉。而在脊髓中，邻近的运动神经元调制相近的肌肉或者它们的协同。CM通路充分利用这两种不同的结构，帮助协调身体各个部位不同的肌肉。这种相互协调对于动态的运动和相对静态的身体姿态都很重要（Nielsen[55], 2016）。由此存在一种假说，CM通路在猕猴到人中的变化发展，和我们习惯性的双足站立、上身姿态有关，因为这种姿态需要紧密结合视觉信息，协调全身肌肉。

除了CM，其他通路例如通过中间神经元介导的间接通路也在运动控制方面发挥了重要作用（例如，Alstermark & Isa[2], 2012）。但运动指令下行通路的研究仍在发展中。对于CM细胞在人的运动控制中的具体作用、不同通路之间交互作用的更全面了解有助于全面理解脊髓环路。

（2）肌肉是如何被驱动的？（本部分主要内容翻译归纳自Kandel, Schwartz, Jessel, Siegelbaum, & Hudspeth, 2013）。[43]

无论采用何种通路，运动指令下达到脊髓后，完成运动的核心部分就是运动单元（motor unit，MU）——运动控制的基本单元。这个概念最早由Sherrington 爵士在1925年（Liddell &[50] Sherrington, 1925）提出，他非常准确地将其称为运动传出的最后公路。运动单元由一个运动神经元和其支配的一群肌纤维（muscle fiber）组成。前者在脊髓上，后者是肌肉的组成部分。运动单元发送电信号给肌纤维产生力，完成运动。一块肌肉由上千条肌纤维组成，通常由几百个运动神经元控制。运动神经元的细胞本体分布在脊髓或脑干上，每个运动神经元的轴突通过脊髓前根离开脊髓，或通过颅神经离开脑干，连接到肌肉，然后在那里分叉、支配几个到上千个不等的肌纤维。运动单元的示意见图3.1.8。

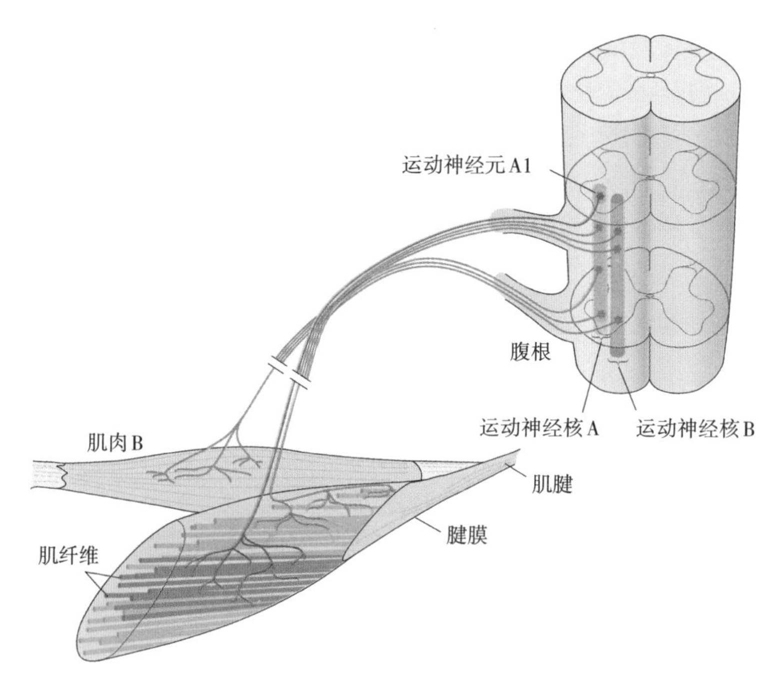

图3.1.8 运动单元结构图。运动单元由一个运动神经元和其支配的若干肌纤维组成。支配一块肌肉的运动神经元通常聚集成一个细长的运动核，可以延伸到脊髓腹侧内1至4个脊髓节。运动核的轴突在几个腹根和周围神经中离开脊髓，但被收集到目标肌肉附近的一条神经束中。图中运动核A包括所有支配肌肉A的运动神经元，这里显示了运动神经元A1；运动核B包括所有支配肌肉B的运动神经元。图片和文字来自（Kandel, Schwartz, Jessell, Siegelbaum, & Hudspeth[43], 2013）第769页 Figure 34-1

在人体中，一个运动神经元支配的肌纤维的数量——称为支配数——随着肌肉类型和功能变化差别很大，从几个到上千个不等。支配数决定了一块肌肉中平均一个运动单元能产生的力的增长，从而反映肌肉控制的适应度：支配数越小，肌肉越能通过改变激活的运动单元的数量来实现精细控制。即使在同一块肌肉中，运动单元的支配数同样差别很大，也从几个到上千个不等。

从电生理角度，运动神经元是如何控制肌肉的？运动神经元被去极化产生动作电位，沿着轴突到达肌肉，然后在那里的神经肌肉突触上释放神经递质，这使得肌纤维中的肌纤维膜（sarcolemma）产生动作电位。同一个运动神经元所产生的这些动作电位几乎同时发生，在细胞外加和成了肌纤维附近的场电位。这些运动神经元产生的场电位再次加和形成能被放置于皮肤表面的传感器记录到的电信号，称为肌电（electromyogram，EMG）信号。与此同时，肌肉所包含的多个运动单元激活产生了肌肉收缩——运动单元对一个动作电位的反应。所以，我们可以用 EMG 的幅度和时间过程来表征肌肉产生收缩的幅度和时间。

肌纤维收缩产生力和它的结构特性有关。这些“预先设定”的特性也必须在神经系统的计算中考虑。首先是肌纤维内在的特性。根据肌丝滑动假说[39][40]（Huxley & Niedergerke, 1954; Huxley & Hanson, 1954），当一条肌纤维被激活后，肌纤维膜释放的钙离子触发组成肌纤维的粗肌丝和细肌丝相对滑动，由此产生了收缩力，然后力通过肌纤维中的其他支撑结构传导到骨骼。肌丝滑动假说认为滑动由肌球蛋白的交联过程（cross bridge cycle）调控，交联过程由钙离子触发，其次数和每次所产生的作用力决定一条肌纤维产生的力。其次是肌纤维的长度和直径。肌原纤维节的串行数量决定了肌纤维的长度，并行数量决定了肌纤维的直径，从而决定其力量。具备更多肌纤维数量的肌肉有更大的最大力水平，而具备更长肌纤维的肌肉能产生更大的功率（力 x 速度）。最后是肌肉在骨骼中的位置，即肌肉力矩。运动，在宏观上体现为肌肉控制的体节旋转的过程，所以肌肉对一种运动的贡献能力取决于它和它跨越的关节的相对位置。肌肉在关节上产生的旋转力被称为肌肉力矩 = 肌肉力 × 力臂。

肌肉收缩和产生的力有怎样的关系？肌肉收缩中产生的力取决于被激活的运动单元的数量，和被激活的运动神经元的动作电位放电频率。当肌肉开始收缩，随着募集的运动单元逐渐增加，产生的力变大；募集的顺序是从最小到最大。运动单元的募集阈值就是它被激活后产生的收缩力。与之对应的是肌肉的舒张过程：随着输入运动单元的兴奋性信号消失，肌肉输出力逐渐变小，这个反募集的顺序是从最大到最小。在这里，所谓运动单元的大与小是指：运动细胞神经元的大小、轴突的直径和传导速度、肌纤维能产生的力。运动单元的募集阈值取决于运动神经元的膜电阻，而这和细胞膜表面积反相关——一个突触电流在直径小的运动神经元上能产生更大的膜电位变化。所以，细胞到达阈值的去极化水平随着运动神经元直径变大而上升。基于这些原因，当增加一个运动神经元的净兴奋性输入时，最小的运动神经元最先被募集，最大的最后被募集。这个效应被称为运动单元募集的大小原则（size principle）（Henneman, Somjen, & Carpenter, 1965）[29]。

大小原则决定了肌肉收缩中首先被激活的是具有长收缩时间的运动单元，

它们产生的作用力小，不容易疲劳。而后被激活的是具有短收缩时间的运动单元，它们产生的作用力大，容易疲劳。运动单元的不同收缩特性主要来自其支配的肌纤维的特性，可以分出适合快慢速收缩和不同易疲劳性的类型。所以最不易疲劳的运动单元总是产生最初的力。

从大小原则背后的电生理过程中还能推出，运动神经元的募集顺序是由脊髓机制而不是上游脑区决定的，大脑不能选择性地激活特定运动单元。因此，大小原则也意味着上游运动指令能通过相对简单的信息激活脊髓原先设定的功能。

除了通过运动指令驱动肌肉外，脊髓中还存在另一种产生自发行为的网络结构，称之为中枢模式发生器（central pattern generators，CPG）（Hooper, 2001）[37]。这是一种在没有节律或感觉输入的情况下自发产生节奏输出的生物神经网络。哺乳动物的运动通常涉及身体和一个或多个肢体的节律运动。这些运动取决于对许多肌肉的收缩时间（Klein Breteler, Simura, & Flanders[46], 2007）和强度的精确调节。CPG这种局部脊髓电路正是用于产生这种节律性的基本运动模式。CPG是神经活动紧密耦合的模式来源，这些模式驱动有节奏的运动（如步行，呼吸、咀嚼等）。作为有节律的发生器，CPG需要两个或多个相互作用的过程，每个过程依次增加和减少，同时这种交互能使得系统反复返回其初始状态（Hooper 2001）[37]。CPG 非常灵活，它们的细胞和突触特性可以通过化学突触中的调节信号来修饰。它们的功能取决于如何激活以及收到的传入输入的模式。在自然行为中，CPG 可能也参与响应感官输入，并从上游脑区接受调制，辅助即是非节律性的运动。

（3）策略性的激活肌肉

为了执行一个运动，大脑必须在恰当的时候，用足够的强度，激活合适的肌肉组合。激活的方式要适应肌肉的长度大小和收缩特性，符合肌肉骨骼肌的几何结构和力矩特点，同时也必须匹配身体各部分之间的力学相互作用。这些林林总总的特点决定了激活策略必须根据动作的细节有所不同。（Kandel, Schwartz, Jessel, Siegelbaum, & Hudspeth, 2013）[43]。

激活策略首先要考虑的是肌肉的收缩速度。改变募集的运功单元的数量、改变运动神经元的发放率，都可以改变肌肉的收缩速度，从而改变运动速度。然后，激活策略要考虑对应不同运动任务时肌肉激活的长度变化，主要区分执行姿势维持的静态任务和执行运动任务。

最后，激活策略要考虑多肌肉协同。为了完成预定的运动轨迹，神经系统不仅必须激活产生所需运动的肌肉，还要激活防止意外动作的肌肉。加之许多肌肉是跨关节、多自由度的，神经系统灵活的组织性体现在选定肌肉之间的协同关系以产生特定的动作，称之为肌肉协同（muscle synergy）作用。肌肉协同随着时间变化协调募集一组特定激活平衡肌肉，运动便从中产生。

运动控制要求大脑必须将感觉输入映射到运动输出，前文讨论了通过内部模型框架来实现这种感知→认知→行动的变换。但考虑到选择适当肌肉组合来实现运动的计算复杂性，尚不清楚哪种机制可以有效执行内部模型。肌肉协同则提供了这样一种机制，通过少量肌肉协同作用的灵活组合来控制运动，用低维表示的运动输出简化了为给定行为目标选择适当肌肉指令。如果将一个低维系统作为基本元素，可以组合这些基本元素来构建所有有用的肌肉模式，则为给定目标选择合适的肌肉模式意味着只需要确定基于这个低维系统的组合方式即可。另一方面，肌肉协同机制可能和高度特异性的M1内部结构关联——如果M1本身也能通过一个低维度的流形来描述其动态特征，那么同样基于低维度特征的肌肉协同则是这个流形的自然延伸。Holdefer和Miller分析了猕猴执行特定任务时M1单个神经元和相对少量的功能相关肌群活动之间的关系，提出M1可能参与编码肌肉协同（Holdefer &[36] Miller, 2002），这是对这种皮层-肌肉关联的动态系统猜想的支持。

不过，肌肉协同的具体实现方式——是基于固定的基本元素，还是需要根据任务进行灵活调整一直有争议。近年来一些新的实验工作为这一问题提供了证据支持。在青蛙退缩反射（Tresch, Saltiel, & Bizzi, The construction[80] of movement by the spinal cord, 1999）、无脑青蛙的自发行为（Hart & Giszter[28], 2004）、完整青蛙的防御性踢动和移动（d'Avella, Saltiel[14], & Bizzi, 2003）的实验中，4个协同作用可以解释90%与此相关的肌肉EMG信号可变性（variability）。在猫对支撑表面扰动（多个方向的平移和旋转）的姿势响应实验中，5个协同作用可以描述猫后肢肌肉的激活（Torres-Oviedo, Macpherson, & Ting, 2006）[78]，而人类站立平衡时用于转移压力中心的肌肉模式是由3个协同作用组合而成的（Krishnamoorthy, Goodman, Zatsiorsky, & Latash,[47]2003）。低维的肌肉协同组合还能解释腿部和躯干肌肉的肌肉模式（Ivanenko, Poppele, & Lacquaniti[41], 2004）、手部肌肉外在和内在的激活模式（Klein Breteler, Simura,

& Flanders[46], 2007)、人类的伸手动作控制(d'Avella, Portone, Fernandez, & Lacquaniti, 2006)[13]。

越来越多的研究揭示大脑灵活组合了固定的肌肉协同作用，以产生执行许多运动任务和行为所必需的肌肉模式。协同组合模型能很好地描述这些肌肉模式时空组织规律，这表明中枢神经系统使用运动输出的低维表征和简单的组合规则，来选择合适的肌肉模式，掌握复杂任务，实现所需目标。

(4)小结

我们在这一节中看到运动指令如何具体执行运动，皮层和脊髓网络如何协作以确保产生丰富的行为。对于灵长类动物，来自运动皮层的运动指令通过 CM 通路绕过中间神经元直接连接脊髓的运动神经元，激活相应的运动单元，使得肌纤维收缩，产生作用力。脊髓网络具有足够的灵活性使用不同的肌肉激活策略来对应完全不同的运动。

3.1.7 运动控制中小脑的作用

上文描述的过程已经完整实现了运动的生成、规划和执行的过程。但是脑需要在千变万化的环境中控制复杂的骨骼肌肉系统和环境准确交互，势必存在快速的校正机制，才能保证动作顺利执行，不至于因为微小的错误导致运动失败。我们已经看到，要想产生一个迅速、精确并且柔顺的运动绝非易事，可能需要在运动的各个阶段做出同步调整。那么，什么样的机制在保障协调和准确的运动呢？早年医生发现小脑受损的病人表现出不协调和不准确的运动现象——称作共济失调(ataxia)，由此开始探索小脑在运动中的功能。

(1)小脑的解剖结构

小脑体积虽然只占整个脑的十分之一，但它却包含了整个脑一半以上的神经元。整个小脑可以划分为灰质(小脑皮层)、白质(包含负责小脑主要信息输入的苔藓纤维(mossy fiber)和攀缘纤维(climbing fiber)，以及浦肯野神经元(Purkinje cell)的轴突和三对深部核团(顶核、中间核、齿状核)。小脑皮层有三层(图3.1.9)，最下面的颗粒层是输入层，由数量巨大的颗粒细胞和一些较大的高尔基中间神经元组成，苔藓纤维在此层终结，兴奋了颗粒细胞和高尔基细胞。处于中间的浦肯野层为输出层，只包含浦肯野细胞的胞体，而它们的树突伸展到上层，接受来自攀缘纤维和一些中间神经元的兴奋性和抑制性输入。浦肯野神经元的轴突引导了整个小脑皮层的输出，投射到小脑的深部核团或者脑干中的前庭核团。最上面的分子层是小脑皮层一个重要的计算层，它包含两种抑制性中间神经元的胞体和树突，以及浦肯野神经元的树突，还包含颗粒细胞向上伸出来的排布整齐的轴突——平行纤维。通过平行纤维，每个颗粒细胞可以与很多浦肯野神经元中的每一个形成好几个突触。

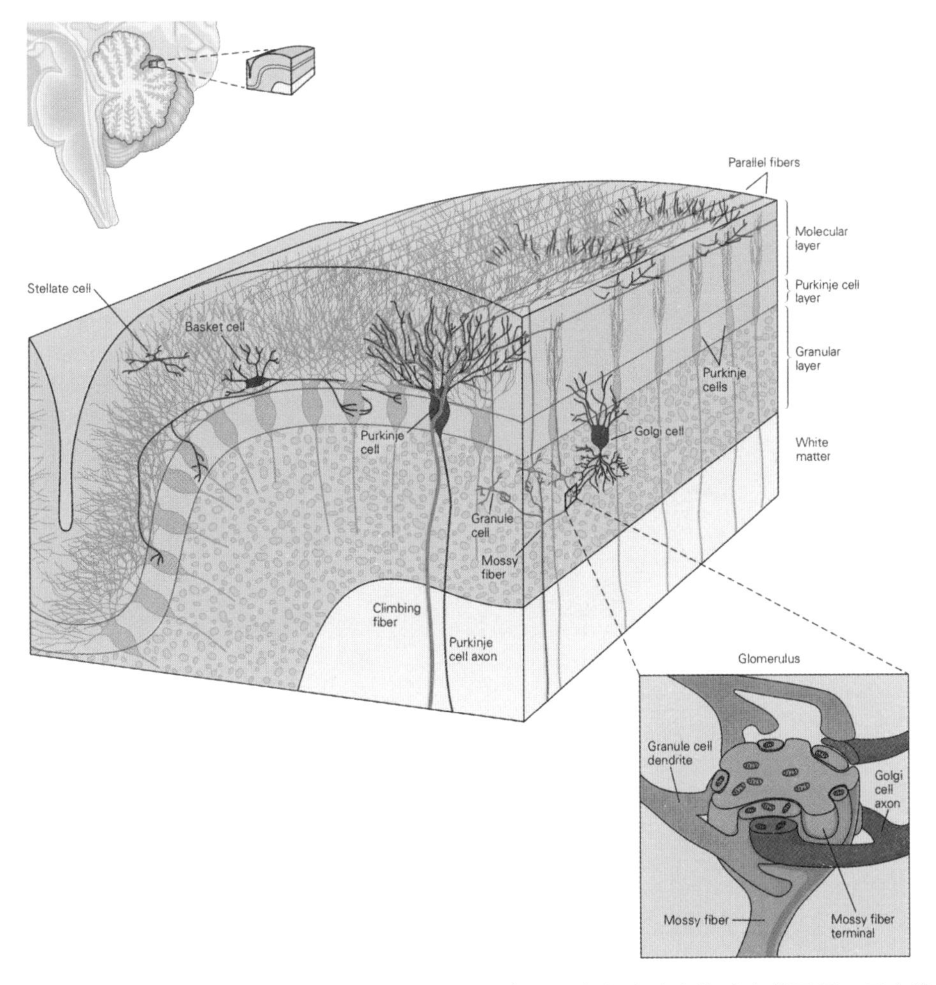

图3.1.9　小脑皮层分为三层，由五类神经元组成。一个小脑叶片的垂直截面展示了小脑皮层普遍的连接形式。右下图展示了颗粒层的小脑小球的细节。小脑小球是由苔藓纤维的球形轴突末端和高尔基神经元以及颗粒细胞的树突共同形成的突触复合体。图片来自（Kandel, Schwartz, Jessell, Siegelbaum[43], & Hudspeth, 2013）第965页 Figure 42-4

（2）小脑的微环路单元

虽然小脑神经元数目巨大，但是它的结构由排布极其规则且重复的模块组成，每个模块有着相同的微环路（图3.1.10）。这种所有区域的结构和生理性质的相似性暗示着小脑的不同区域对于来自不同的输入有着类似的计算功能。基于小脑功能的计算模型和小脑环路的结构特征，David Marr在20世纪60年代末提出小脑可能参与了运动学习（Marr, 1969）[52]。

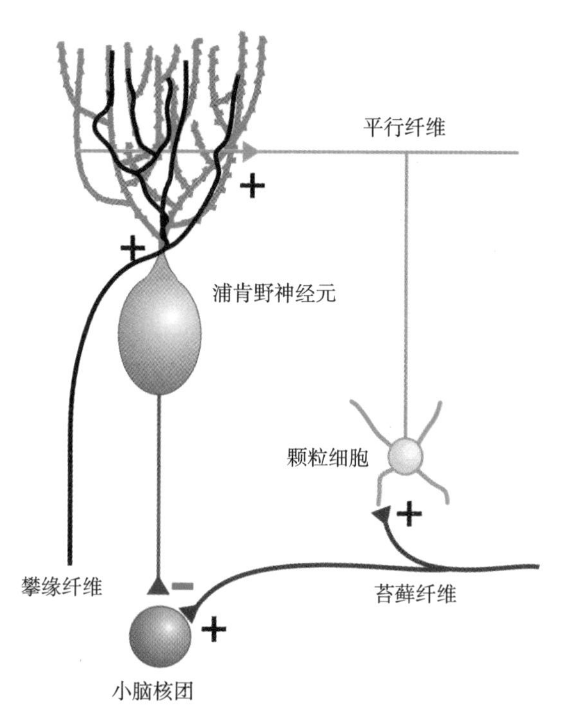

图3.1.10　小脑输入输出通路的环路示意图。攀缘纤维起源于下橄榄核（IO），兴奋了浦肯野神经元的树突，这种输入可以诱发来自兴奋性苔藓纤维通路中异突触的可塑性。浦肯野神经元是抑制性的，调节了小脑深部核团输出神经元的活动。+和−分别表示兴奋性和抑制性。图片来自（Hull, 2020）[38]

（3）小脑的学习机制

苔藓纤维的胞体来自脊髓和脑干，传递来自外周的感觉信息和来自皮层的信息。在动物安静地坐着的时候，浦肯野神经元的简单放电（simple spike）可以高达100赫兹，而当动物有主动的手眼运动时，这种简单放电可以上升到几百赫兹。因此，苔藓纤维通路似乎通过控制浦肯野神经元简单放电的发放率来编码外周的感觉或者内生的行为。

而攀缘纤维通路似乎是事件检测器，它编码了当前运动输出与所需运动输出之间的差异，即误差信息。当运动中突然受到干扰或者一个运动不准确时，攀缘纤维开始发放，浦肯野神经元产生复杂放电（complex spike）。运动误差的方向和幅度分别影响复杂放电发生的概率和时间分布，当前复杂放电的产生会影响下一个试次中的简单放电（Herzfeld, Kojima, Soetedjo, &[33] Shadmehr, 2018）。这是因为攀缘纤维可以选择性地诱发出和它同时被激活的平行纤维、浦肯野细胞之间突触的长时程抑制。可塑性不仅发生在小脑皮层，浦肯野细胞投向深部核团的突触也会发生改变。当学习完成时，攀缘纤维的发放消失，一个更适合的简单放电的活动模式出现。这种群体的简单放电可以预测运动的速度和方向（Herzfeld, Kojima, Soetedjo, & Shadmehr, 2015）[32]。因此，小脑似乎像最早的研究者预测的那样，是一个学习的机器（Raymond, Lisberger, & Mauk, 1996[62]）。

小脑绝大部分的输出来源于小脑深部核团。腹外侧丘脑接受来自齿状核和中间核的输入，这些丘脑神经元再投向运动皮层。中间核主要与运动的执行有关，而齿状核神经元的发放比初级运动皮层和中间核细胞的活动要早，说明它参与了编码运动计划。损毁实验表明，深部核团对于维持运动计划是非常关键的（Gao, et al.,[22] 2018）。与运动皮层一样，深部核团也有躯体定位图。但是，齿状核约三分之一区域投向了包括前额叶等非运动区和部分后顶叶区（Strick[73], Dum, & Fiez, 2009），它也接受来自前额叶的投射，表明小脑在高级认知活动中起着很重要的作用，比如心理预演。

（4）小结

当小脑环路异常，前馈控制消失，大脑的反馈控制起主导作用。因为感觉输入总是慢于运动指令，运动会超越目标。反馈校正本身不具备预测性，又需要一个新的调整。从小脑的结构和学习机制可以看出，代表运动指令的内在反馈信号与代表实际运动的外在反馈信号的误差输入小脑，利用快速的学习能力，在一个很短的时间尺度上，小脑可以产生使运动更加准确的校正信号。这些校正信号属于前馈控制型的，是运动控制内部模型的重要组成部分。应当指出，这种调节和校正的功能伴随运动的意图生成、准备和执行，实时调节参与了各个脑区，整个过程是同步的，不存在明显的时间先后顺序。小脑利用它强大的学习能力定制内部模型，匹配外部世界的改变，使得运动输出更加迅速、精准和柔顺。

3.1.8 运动控制系统的建模

通过上面的描述，我们已经了解到运动就是大脑如何通过脊髓控制肌肉的过程。运动非常复杂——人体有六百多块肌肉，即使每块肌肉只有收缩和拉伸两种状态，大脑也要面对控制两^{600}种可能性。面对如此巨大的复杂性，应当采取何种策略？即使了解运动从生成意图到肌肉执行的完整生理通路，我们仍然无法理解大脑要如何面对这种复杂性——我们不知道每个神经元，每个群体，通过何种动态的规则，何时以及以何种程度去刺激，刺激哪些运动单元？只有通过探寻运动系统采取的控制算法，我们才能真正理解运动。

所以，我们需要在神经生理学的基础上，建立计算模型，从机制上建立更深入的认知。通过模型，我们可以定量地测量电生理实验的结果，更简单地预测新的生理现象并在实验中加以验证，从而更全面了解神经活动和相互作用。第2节我们已经介绍了内部模型，那是一种全局框架层面的描述。我们在这一节集中从网络和系统层面介绍运动控制的计算模型，试图从不同的角度对于上面各节描述的生理过程提供定性或定量的解释。

(1) 最优化（optimality）模型

最优控制理论提供了一套标准，使得运动系统能从无限多种可能的运动中选择模式化的运动“模版”。这个理论认为神经系统为了达到最佳效率，会用某种“最优化”的方式输出运动。这类模型的要点是在各种不同的运动上发现并验证这些最优化的方法（Tanaka 2016）[76]。

早期的模型更关注简单行为学实验中优化某个或某类参数。例如，Viviani & Flash 1995年的工作（Viviani & Flash[82], 1995）提出了最小冲击（minimum-jerk）模型，他们在各种运动路径，包括直线路径、钟形速度曲线路径、过孔点对点到达路径等各种运动中最小化 jerk 这个位移的三阶导数，获得了和实验结果一致的模型结果。1989年的“最小扭矩变化模型”（Uno, Kawato, & Suzuki, 1989）[81]则提出使用基于最优化的肌肉骨骼系统的动力学，而不是单纯的运动学，来控制多关节手臂运动。

更近期的工作则使用强大的具备学习功能的人工神经网络模型来最优化更

复杂的网络。Hirashima 和Nozaki（Hirashima & Nozaki[34], 2012）提出了一个基于自编码器（autoencoder）的神经网络模型来模拟最优化的M1控制。模型通过复现肩部和肘部扭矩参数来训练，遵循最优化的M1活动策略：通过迫使所需的输入扭矩和输出扭矩相同来最小化输出误差，通过最小化M1神经元和肌肉的活动范数来最大限度地降低运动成本。模型使用生物力学约束来训练，能重现M1的偏好方向，同时通过冗余的M1神经元活动来代偿这种复杂的最优化策略。Lillicrap 和 Scott 2013年（Lillicrap[51]& Scott, 2013）的工作模拟了一个动态的伸手运动模型。这个模型包含多段手臂结构，具有非线性反应的单关节和双关节肌肉。这个工作通过一个包含前向模型中和反馈修正的内部模型，计算运动指令，同时从观察结果中接受在线反馈信号修正。这个模型的优化条件是一系列的生物力学约束：肢体几何形状、节间动力学和非线性肌肉反应。通过这些优化过程，模型在模拟手臂的动态特征的同时，实现内部网络中的控制神经元和外部输出的肌肉的偏好方向分布，和实验结果类似。

最优化模型的很多工作为运动控制提供了很好的解决方案，实现了工程上的很好结果。但其中涉及的最优算法往往缺少生理基础，缺少和神经系统在机制层面上的关联。

（2）循环神经网络（recurrent neural network，RNN）

我们在第4节中详细描述了运动皮层动态特征的相关研究。我们了解到动态系统的观点可以从各个不同角度更好描述数据，更适应复杂结构，揭示运动皮层更多更本质的作用，加深我们对运动皮层神经机制的理解。动态系统从生成式的角度看待运动皮层，把运动皮层看作一个把上游运动指令翻译成运动执行的引擎。那么，这个引擎是如何进行翻译工作的?

动态系统是一种根据特定规则来表述系统如何随着时间演化的方法，由于它的复杂性，相关的模型主要通过RNN 的方法作为主要形式。它的想法最初大多来自控制论领域。在前者泛函映射$\mathbf{z}(t) = \mathcal{G}[\mathbf{r}(t)]$的基础上，我们进一步具体化：考虑一个线性的观察者模型和控制模型。

观察者模型通过观察矩阵$\mathbf{H}$作用在运动皮层神经元发放$\mathbf{r}$上，得到观察值$\mathbf{z}$；同时用观察噪声ϵ_o来表述系统的不确定性：

$$\mathbf{z}(t) = \mathbf{H}\mathbf{r}(t) + \epsilon_o$$

控制模型描述**r**如何在既定规则**F**（状态矩阵）和外部控制输入**B**（控制矩阵）和**u**（控制输入信号）的作用下随时间t变化，同时也用控制噪声ϵ_c来表述系统的不确定性：

$$\frac{d\mathbf{r}}{dt} = \mathbf{Fr}(t) + \mathbf{Bu}(t) + \epsilon_c$$

通过观察模型和控制模型，我们能看到动态系统如何被测量、如何被控制、如何内部演变。这个框架决定了动态系统会极大依赖内部规则**F**；同时必须接受外部**B**，例如运动意图、感觉信息等，产生响应的行为（当然运动皮层不可能完全自主）。结合上文第2节的“内部模型”框架，我们可以看到这个动态系统控制模型和观察模型可以直接映射到逆模型和前向模型中。

这个基于控制论动态系统建模方法是一种生成式模型。在网络结构上，通常组成 RNN 的形式来进行学习和训练，刻画动态系统的机制。相对而言，目前这方面的工作才刚刚开始，基本都是用生成式的模型来从各个角度解释运动控制机制。所谓生成式模型，和判别式模型相对应，通过大量输入输出训练来为它们的联合概率建模。对于一个训练合适的模型，未来的演化也就包含在了生成式模型中。

2009年 Sussillo 和Abbott提出的 FORCE 学习算法（Sussillo & Abbott[74], 2009）是这方面工作的成功范例。该方法主要刻画运动皮层的自发响应（**F**）和输出模式（**r**），通过RNN的网络结构修改模型神经网络外部或内部的突触强度，将 RNN 内部随机的活动转换成各种所需的活动模式输出。他们的工作发现，即使训练一个自发、随机的网络，但只要在学习过程中保持反馈环路完好无损，不受约束，即使仅仅修改外部的突触强度，模型的学习仍然有效。如果在学习过程中同时也修改内部反馈回路的突触强度，在适当的参数下能产生具备更加丰富输出模式的混沌网络。使用这些FORCE方法，构建的网络可以产生各种复杂的输出模式，可以产生需要记忆的输入输出转换，可以通过切换控制模式（**B**）产生各种输出，甚至可以产生符合人体动态的活动模式。这个模型最重要的贡献是再现了运动皮层和前运动皮层中运动活动的数据，强调了基于突触可塑性的 RNN 在调解网络活动中的强大潜力。

稍后Sussillo等人2015年的工作（Sussillo, Churchland, Kaufman[75], & Shenoy, 2015）展示一个训练产生肌肉活动的RNN，接受准备信号作为输入，其神经元活动与猕猴电生理实验运动皮层中的记录相似。图3.1.11展示了这个模型的结构、输入输出、运动皮层神经元和模型模拟神经元的对比、肌肉EMG和模型模拟的输出的对比。在网络实现上，这个工作展示了在给定输入**B**和训练了输出**H**后，能产生类似神经元活动的**F**，用一个简单的RNN架构解释运动皮层神经元的动态特性。他们将实验目标的初始状态作为输入，训练一个循环神经网络模型，以模仿肌肉活动为输出。模型读出的**H**和自发连接**F**都是通过最小化模型输出与所需肌肉活动之间的误差来训练。模型能够重现与实验观察到的运动神经元活动高度一致的活动，同时也能观察到之前在动态系统中普遍观察到的典型的“震荡模式”。这个网络最显著的特征是将准备信号作为运动皮层的准备活动，然后这些准备信号被用作这个动力学系统后续运动动力学的初始条件，结果表明这可能是达到目标时产生肌肉活动的自然策略。

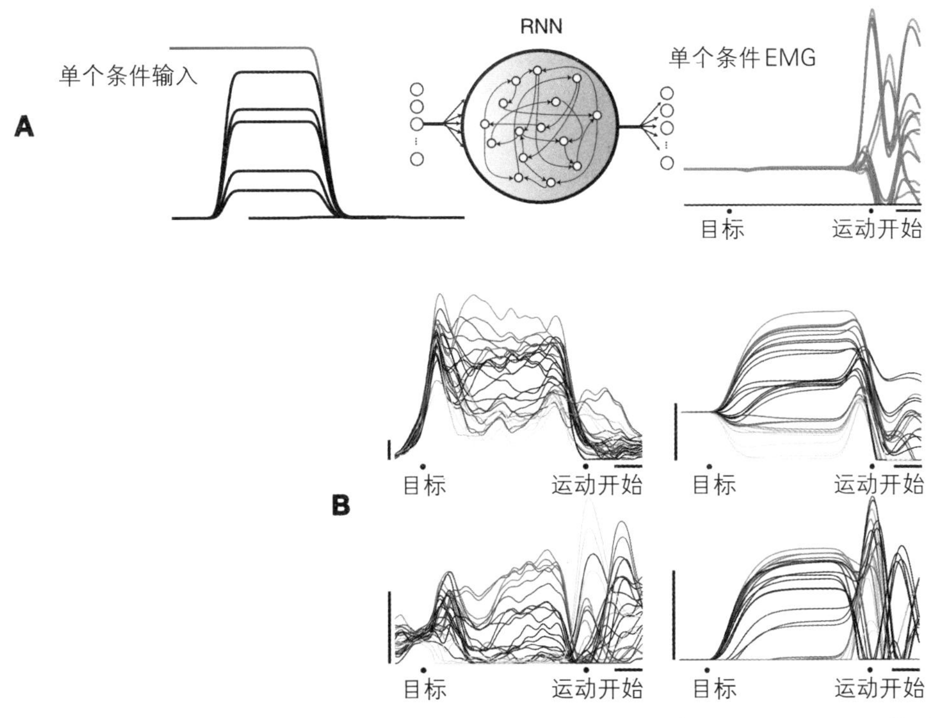

图3.1.11　RNN 模型和结果。A图展示一个优化的RNN网络，接收和任务无关的维持信号（紫色线）和6维的任务相关信号（黑色线）作为输入。输入任务1的信号后，RNN 网络生成了7块肌肉的 EMG 信号，图中绿色线是肌肉测得的信号，红色线是模型生成的信号。B图左边一列展示猕猴运动皮层中记录的两个神经元信号的发放曲线，每一条线表征一个任务条件；右边一列是模型网络里形状相似的神经元的信号。图片改编自（Sussillo, Churchland, Kaufman, & Shenoy, 2015）[75]

Hennequin 等人2014年的工作（Hennequin, Vogels, &[30] Gerstner, 2014）同样利用了一个类似的 RNN 架构，模拟运动皮层神经元活动和输出轨迹。神经元活动产生的参数化的降维特性（jPCA）和之前的工作相印证，而输出轨迹能刻画任意的形状。在这个模型中，给定输入**B**和训练输出**H**后，能产生类似神经元活动的**F**，这个工作将**F**扩展为非混沌的非线性结构。他们的主体模型使用一种以最优稳态为目标训练的网络构建而成，这从更偏向工程和功能性的控制论模型向生物可解释的模型迈进了一步。

近期也有模型工作结合了 CNN 网络，复现从视觉动作的完整传递过程。结合试验工作（Schaffelhofer & Scherberger[66], 2016），Michaels 等人（Michaels[53], Schaffelhofer, Agudelo-Toro, & Scherberger, 2019）在执行抓取动作的猕猴中测量顶叶AIP、前运动皮层F5和运动皮层M1的神经元活动，然后训练一个模块化的 RNN 网络接收模拟的视觉像素数据，并将其转换为抓取各种物体所需的肌肉运动学参数，经训练的模型显示出网络的内部活动与猴脑非常相似。模型的输入是通过 CNN 生成的实验视觉数据，结果表明CNN生成的视觉特征比简单的信号代码或视觉像素更适合作为神经系统的输入，可以进一步由基于神经数据建立的模型处理。这个工作显示，模块化的 RNN 在被训练完成复杂的行为任务后，能展现和猕猴的整个行为过程类似的从视觉到肌肉的完整实现流程。

基于动态系统和 RNN的方法也被使用在更偏向数据分析层面的工作中。LFADS（Pandarinath, et al.[56], 2018）是一个生成式模型，将RNN训练为观察到的脉冲活动的生成模型，利用基于RNN 的自编码器学习网络的动力学特性，再重构生成群体神经元的信号。RNN是强大的非线性函数逼近器，能够通过调整其连通性来建模。LFADS使用顺序自编码器框架，允许使用随机梯度下降法，从嘈杂的单次试验神经种群活动中准确估计潜在的非线性动力学特征。这使LFADS可以在单次试验的基础上准确地推断动力学特征，并以此生成模型推测的神经元信号，达到去噪并提升行为预测能力的效果。回归分析结果显示，LFADS推测的神经元活动比直接观察到的群体活动更能说明实际的运动。这个工作再次强调了群体状态，而不是单个神经元的活动，可能是理解大脑区域如何介导行为的关键因素。此外，顺序自编码器为将群体神经元活动与其介导的行为联系起来提供了强有力的新途径。

（3）空间动力学模型

完全基于人类行为学实验的模型在描述运动和皮层活动的关系中也有重要的作用（TTanaka 2016）[76]。Tanaka 和 Sejnowski 2013年模型（Tanaka[77] & Sejnowski, 2013）就讨论这样的“空间动力学”假说。

他们的工作假设运动皮层在执行伸手运动时利用了牛顿-欧拉动力学进行动力学计算——使用这个方法计算扭矩比Euler-Lagrange方法简单得多。牛顿-欧拉动力学方程由肢体分段向量（$\vec{\mathbf{X}}$）及其运动向量（$\vec{\mathbf{A}}$，$\vec{\mathbf{V}}$）的向量叉积组成，每个向量的叉积对应于运动皮层中一组神经元的活动，例如叉积$[\vec{\mathbf{X}} \times \vec{\mathbf{A}}]$用于肢体运动学，叉积$[\vec{\mathbf{X}} \times \vec{\mathbf{V}}]$对应肌肉动力学。然后，将四肢节的向量作为冗余，简单替换了关节角的计算。这个模型的假设非常简单，但能解释文献中报道的各种实验结果，为理解运动和皮层活动的关系提供了另一种思路。

（4）皮质脊髓和肌肉模型

第5节讨论了我们对 CM 通路直接控制运动神经元的机制仍不十分清楚，尽管如此，我们仍然可以根据对脊髓传出信号和肌肉活动的广泛研究来建立脊髓-肌肉模型。Li 等人2015年的工作（Li, et al.[49], 2015）总结了拮抗肌的脊髓回路中的皮质脊髓虚拟臂模型和 $\alpha-\gamma$ 运动神经元控制模型。该模型包括生理上逼真的脊柱回路、肌肉、本体感受器和骨骼生物力学，通过使用肌肉和肌梭的 $\alpha-\gamma$ 控制模型来研究运动神经元如何整合协调来实现运动和姿势。模型将皮层下传的运动指令分为静态和动态集合，其中静态命令负责姿势保持，而动态命令负责运动。模型通过最小冲击轨迹或人类EMG模拟皮层的运动指令，而后将生成的结果和人类运动数据进行了匹配，显示出定性的接近人类行为的平稳的轨迹保持，并且再现了EMG中经典的三相模式。这个工作表明，通过调整简单形式的 $\alpha-\gamma$ 命令可以重现并精确而稳定地控制运动和姿势。

除了这种生理和生物力学层次的模拟，肌肉协同模型有助于从系统层面理解整体的肌肉控制。第5节提到，为了构建运动输出的低维表征，肌肉协同的目标是寻找一组为各种肌肉模式共享的特征作为基本元素，同时这样的特征应该可以在空间域和时间域中被识别。在一组肌肉中，肌肉协同作用可以表示为加权系数的向量$\mathbf{w}$，表征肌肉之间的激活平衡（图3.1.12A左）。肌肉协同的核心观点就是可以通过线性组合一组N个加权c_i（第i个协同效应的缩放系数）的协同作用$\{\mathbf{w}_i\}_{i=1..N}$，生成许多不同的肌肉模式（d'Avella, Muscle[12] Synergies, 2009）。

这其中最简单的情形是缩放系数c和协同作用$\mathbf{w}$都不随时间变化的情形：

$$\mathbf{m}=\sum_{i=1}^{N}c_i\mathbf{w}_i$$

图3.1.12A中图展示了对应这种情形的6种不同的c_i和固定的3种协同$\mathbf{w}_i$可以为每块肌肉产生不同的模式。

第二种情形是考虑时不变的协同作用$\mathbf{w}$和随时间变化的缩放系数$c(t)$，则时间t处的肌肉激活模式$\mathbf{m}(t)$是：

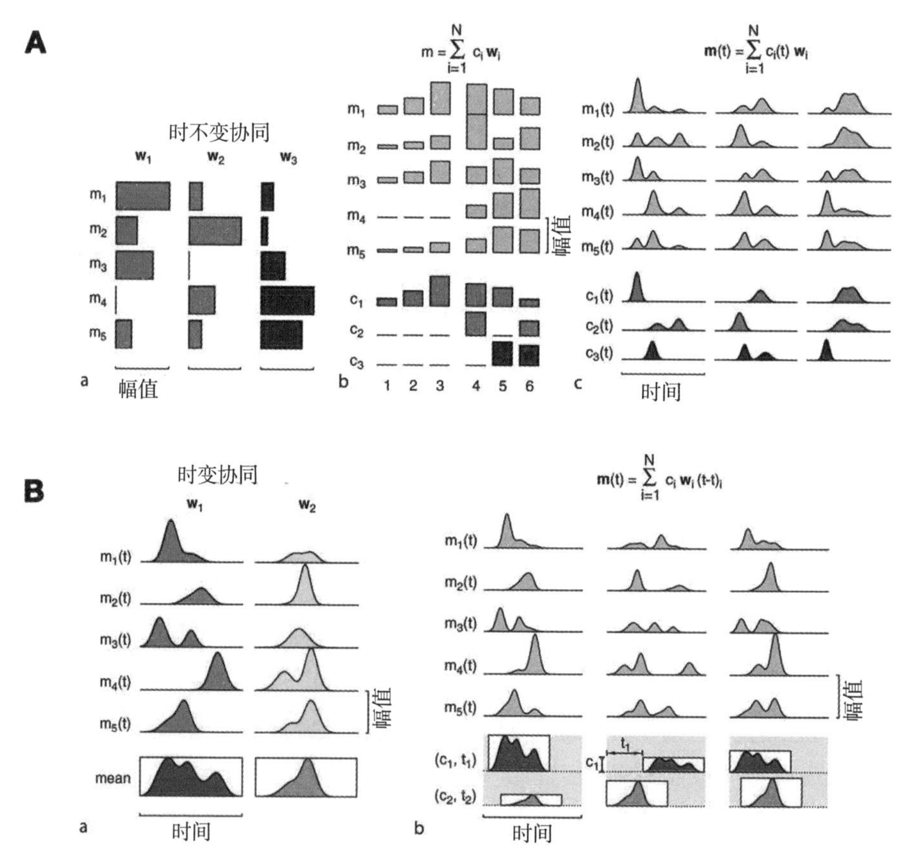

图3.1.12 肌肉协同模型中的肌肉模式生成。图A：组合3个时不变的肌肉协同作用（左图），为5块肌肉生成6种固定缩放系数下的肌肉模式（中图），生成3种与时间相关缩放系数下的肌肉模式（右图），图B：组合2个时变的肌肉协同作用（左图），为5块肌肉生成3种固定缩放系数和时延系数下的肌肉模式（右图）。图片改编自（d'Avella, 2009）[12]

$$\mathbf{m}(t)=\sum_{i=1}^{N}c_i(t)\mathbf{w}_i$$

图3.1.12A右图展示了对应这种情形的3种不同的随时间变化的c_i和固定的3种协同$\mathbf{w}_i$，可以为每块肌肉产生随时间变化不同的模式，此时的模式变化对组内的肌肉来说是同步的。

第三种情形是考虑时变的协同作用$\mathbf{w}$（t）和不随时间变化的缩放系数c^o由于此时时变的协同作用会导致组内肌肉的不同步变化（图3.1.12B左图），引入时延系数t_i来调整协同作用的时间结构，则时间t处的肌肉激活模式$\mathbf{m}$（t）是：

$$\mathbf{m}(t)=\sum_{i=1}^{N}c_i\mathbf{w}_i(t-t_i)$$

图3.1.12B右图展示了对应这种情形的3种不同的固定c_i、2种时延系数和2种协同$\mathbf{w}_i$可以为每块肌肉产生随时间变化不同的模式。这种情形下的时变协同作用代表了运动的输出功率，因为一旦给出了协同作用，一些缩放系数和延迟系数就足以指定许多肌肉模式。

肌肉协同模型提供了描述肌肉活动的一种方法，通过生成所有肌肉模式来作为运动输出的有用表征。我们还需要从数据中验证这种方法的有效性。一种验证方法是从实验中记录的肌肉模式中识别出一组协同作用，看它们是否能捕获数据中的大部分可变性（variability）。对于第二种情形的时不变协同，目前主要是用基于多元分解算法的方法来识别，例如主成分分析（principal component analysis，PCA）、因子分析（factor analysis，FA）、独立成分分析（independent component analysis，ICA）和非负矩阵分解（non-negative matrix factorization，NMF）（Tresch, Cheung, & d’Avella,[79]2006），来确定组合系数和协同。此处一个重要的参数是协同效应的数量N。无论何种算法，总体目标是确定可解释数据中所有结构化变化的最小协同作用数量N，并将其余的非结构化变化解释为噪声。对于第三种情形的时变协同，有人在工作中使用基于简化假设（Klein Breteler, Simura, & Flanders[46], 2007）或者迭代优化算法（d'Avella, Saltiel[14], & Bizzi, 2003）来识别。

除了脊髓环路和肌肉协同，我们更期待能将两者结合起来，以脊髓为中介，用同一种系统化的方法连接上下游，建立统一的模型。我们看到在皮层通过脊髓产生运动的过程中，脊髓上的运动单元通过“转发”信息来控制运动。运动单元的活动模式更像人工神经网络中的“激活函数”，在群体水平上对来自皮层等的输入进行分线性转换。至少在自发运动中，不能机械地认为一个皮质脊髓神经元的运动指令对应一个运动单元。运动单元并不受皮层的独立调控——每个运动单元接受的运动皮层的信号可能都是某个维度信息的一部分。皮层可能采取灵活的策略进行运动控制。这种中间的“转发”机制关联了上游的运动皮层和下游的肌肉协同，使得整个通路都有类似之处，从而在皮层-脊髓-肌肉的层级上呈现一种“维度扩增”的形式。大脑通过预测连续生成由一个个小序列构成的行为，相关的信息在完整的动态系统里流转，并不断往复修正。我们也可以像对运动皮层那样，在抽象层级上通过生成式方法，为整个通路建立统一的框架。

（5）小结

为了进一步理解运动控制系统，我们从各个角度集中介绍了运动控制建模从全局的架构到局部的功能的各个方面。我们讨论了机制性的最优化方法，详细列举了近几年基于动态系统观点的 RNN 模型，主要关注行为学的空间动力学模型，也讨论了脊髓环路的生物可解释性模型，以及肌肉协同的建模和分析方法。

面对运动控制这个复杂的系统，每种模型关注的角度不同，没有一个能面面俱到、涵盖所有方面。我们更关注能从系统性的角度，在一个框架下解释实验和行为数据。动态系统的方法仍在发展中，虽然没有解释运动控制的全貌，但基于动态系统建立生成式模型来更好理解运动控制，更符合我们的想法。我们期望一个理论框架能通过生成式模型来为动态系统建模，完整解释运动控制的过程。

3.1.9 总结和展望

运动是大脑最重要的输出形式，主要通过“大脑-小脑-脊髓-肌肉”这个通路完成。我们在这一章中试图回答“大脑是如何产生并控制运动的”这一问题。

首先，我们以一个简单的自主运动——伸手运动为例，展示了任务从生成到执行，从感知、认知到行为转换的完整生理过程。这个过程包含运动控制的所有主要元素，本章以此为蓝本展开论述。

接着，我们以“内部模型”理论为主要框架，试图从系统的角度理解自主运动控制回路。虽然内部模型的生理基础仍不清楚，但其前向控制和反馈控制为我们从系统角度定性、定量理解运动控制提供了重要参考。

我们详细拆解从运动意图产生到动作执行的每个步骤。我们首先了解了运动意图的产生，其收集顶叶、皮层下感觉信息的通路，以及各种感觉信号如何在顶叶和额叶的各个皮层中产生、汇集。然后我们描述运动的准备过程，即运动意图如何在PM、M1和SMA等运动相关脑区连接、整合，将高阶的意图形成具体的运动指令。我们考察从动态系统角度来理解运动相关皮层信号的表征和动态演化，从生成式的动态系统和群体神经元的角度看待运动皮层如何产生输出。我们阐述相关的神经生理学支持，以及基于此新发现的运动控制系统中的特性。接下来，我们描述运动指令如何具体执行运动，包括皮层到脊髓的直接和间接通路、运动单元如何被激活、肌肉如何被驱动。我们还讨论了大脑和脊髓网络通过可能的肌肉协同机制来灵活产生肌肉激活策略以对应完全不同的运动。作为整个运动控制过程的重要机制，我们还介绍了小脑在整个运动控制中的调节和校正作用。

最后，为了进一步理解运动控制系统，我们从各个角度集中介绍了运动控制建模，包括机制性的最优化方法、近几年基于动态系统观点的RNN模型、主要关注行为学的空间动力学模型、脊髓环路的生物可解释性模型，以及肌肉协同的建模和分析方法。

运动控制是个复杂系统，我们对灵长类动物运动控制神经网络机制仍然知之甚少。运动作为大脑输出的综合体现，势必综合各种感官的、决策的信息，所以运动相关脑区的复杂性可能远超各种初级感觉皮层。即使我们已经大致了解运动从决策到执行的通路，我们仍不确切了解大脑高效应对如此复杂性的核心机制和完整细节。即使对于面向外周系统的脊髓环路，我们的认知也很有限。所以，深入理解运动控制首先需要更多神经科学、生理水平上的进展。

在神经科学进展的同时，我们需要通过系统化、模型化的方法来从机制上解释运动控制。本章我们为运动控制在各种层面上展示了基于计算模型的解释，就是期望能带来这方面新的见解。应对复杂系统时，任何模型都有其局限性，并不存在一个完全正确、能解释一切的理论。但我们认为基于动态系统的生成式模型越来越成为一种系统性的框架和指导思想，能将运动相关的信息流动抽象化，从这个角度提供有用的洞见。

参考文献

[1] Aflalo, T., Kellis, S., Klaes, C., Lee, B. S., Pejsa, K., Shanfield, K., . . . Andersen, R. A. (2015). Decoding motor imagery from the posterior parietal cortex of a tetraplegic human. Science, 348(6237), 906-910.

[2] Alstermark, B., & Isa, T. (2012). Circuits for skilled reaching and grasping. Annual Review of Neuroscience, 35, 559–578.

[3] Andersen, R. A., & Buneo, C. A. (2002). Intentional maps in posterior parietal cortex. Annual Review of Neuroscience, 25, 189–220.

[4] Andersen, R. A., & Cui, H. (2009). Intention, Action Planning, and Decision Making in Parietal-Frontal Circuits. Neuron, 63, 568-583.

[5] Bisley, J. W., & Goldberg, M. E. (2010). Attention, intention, and priority in the parietal lobe. Annual Review of Neuroscience, 33, 1-21.

[6] Churchland, M. M., & Shenoy, K. V. (2007). Temporal complexity and heterogeneity of single-neuron activity in premotor and motor cortex. Journal of Neurophysiology, 97(6), 4235-4257.

[7] Churchland, M. M., Cunningham, J. P., Kaufman, M. T., Foster, J. D., Nuyujukian, P., Ryu, S. I., & Shenoy, K. V. (2012). Neural population dynamics during reaching. Nature, 487(7405), 51-56.

[8] Churchland, M. M., Yu, B. M., Cunningham, J. P., Sugrue, L. P., Cohen, M. R., Corrado, G. S., . . . Movshon, J. A. (2010). Stimulus onset quenches neural variability: A widespread cortical phenomenon. Nature Neuroscience, 13(3), 369-378.

[9] Craik, K. J. (1943). The Nature of Explanation. Cambridge, United Kingdom: Cambridge Univ. Press.

[10] Cui, H. (2014). From intention to action: hierarchical sensorimotor transformation in the posterior parietal cortex. eNeuro, e0017-14.

[11] Cui, H., & Andersen, R. A. (2007). Posterior Parietal Cortex Encodes Autonomously Selected Motor Plans. Neuron, 56, 552-559.

[12] d'Avella, A. (2009). Muscle Synergies. In M. D. Binder, N. Hirokawa, & U. Windhorst, Encyclopedia of Neuroscience. Springer.

[13] d'Avella, A., Portone, A., Fernandez, L., & Lacquaniti, F. (2006). Control of fast-reaching movements by muscle synergy combinations. Journal of Neuroscience, 26(30), 7791–7810.

[14] d'Avella, A., Saltiel, P., & Bizzi, E. (2003). Combinations of muscle synergies in the construction of a natural motor behavior. Nature Neuroscience, 6(3), 300–308.

[15] Desmurget, M., Reilly, K., Richard, N., Szathmari, A., Mottolese, C., & Sirigu, A. (2009). Movement intention after parietal cortex stimulation in humans. Science, 324, 811–813.

[16] Dum, R. P., & Strick, P. L. (2002). Motor areas in the frontal lobe of the primate. Physiology & Behavior, 77(4-5), 677-682.

[17] Elsayed, G. F., Lara, A. H., Kaufman, M. T., Churchland, M. M., & Cunningham, J. P. (2016). Reorganization between preparatory and movement population responses in motor cortex. Nature Communications, 132-139.

[18] Freedman, D. J., & Assad, J. A. (2006). Experience-dependent representation of visual categories in parietal cortex. Nature, 443, 85–88.

[19] Gallego, J. A., Perich, M. G., Chowdhury, R. H., Solla, S. A., & Miller, L. E. (2020). Long-term stability of cortical population dynamics underlying consistent behavior. Nature Neuroscience, 23, 260–270.

[20] Gallego, J. A., Perich, M. G., Miller, L. E., & Solla, S. A. (2017). Neural Manifolds for the Control of Movement. Neuron, 94(5), 978–984.

[21] Gallego, J. A., Perich, M. G., Naufel, S. N., Ethier, C., Solla, S. A., & Miller, L. E. (2018). Cortical population activity within a preserved neural manifold underlies multiple motor behaviors. Nature Communications, 1–13.

[22] Gao, Z., Davis, C., Thomas, A. M., Economo, M. N., Abrego, A. M., Svoboda, K., . . . Li, N. (2018). A cortico-cerebellar loop for motor planning. Nature, 563, 113–116.

[23] Georgopoulos, A. P., Kalaska, J. F., Caminiti, R., & Massey, J. T. (1982). On the relations between the direction of two-dimensional arm movements and cell discharge in primate motor cortex. Journal of Neuroscience, 2(11), 1527-1537.

[24] Georgopoulos, A. P., Schwartz, A. B., & Kettner, R. E. (1986). Neuronal population coding of movement direction. Science, 233(4771), 1416-1419.

[25] Gnadt, J. W., & Andersen, R. A. (1988). Memory related motor planning activity in posterior parietal cortex of macaque. Experimental Brain Research, 70, 216-220.

[26] Golub, M. D., Yu, B. M., & Chase, S. M. (2015). Internal models for interpreting neural

population activity during sensorimotor control. eLife, 4.

[27] Gribble, P. L., & Scott, S. H. (2002). Overlap of internal models in motor cortex for mechanical loads during reaching. Nature, 417, 938–941.

[28] Hart, C. B., & Giszter, S. F. (2004). Modular premotor drives and unit bursts as primitives for frog motor behaviors. Journal of Neuroscience, 24(22), 5269–5282.

[29] Henneman, E., Somjen, G., & Carpenter, D. O. (1965). Functional significance of cell size in spinal motoneurons. Journal of Neurophysiology, 28, 560–580.

[30] Hennequin, G., Vogels, T. P., & Gerstner, W. (2014). Optimal control of transient dynamics in balanced networks supports generation of complex movements. Neuron, 82(6), 1394–1406.

[31] Hennig, J. A., Golub, M. D., Lund, P. J., Sadtler, P. T., Oby, E. R., Quick, K. M., ... Chase, S. M. (2018). Constraints on neural redundancy. eLife, 7, 1-34.

[32] Herzfeld, D. J., Kojima, Y., Soetedjo, R., & Shadmehr, R. (2015). Encoding of action by the Purkinje cells of the cerebellum. Nature, 526, 439–442.

[33] Herzfeld, D. J., Kojima, Y., Soetedjo, R., & Shadmehr, R. (2018). Encoding of error and learning to correct that error by the Purkinje cells of the cerebellum. Nature Neuroscience, 21(5), 736–743.

[34] Hirashima, M., & Nozaki, D. (2012). Learning with slight forgetting optimizes sensorimotor transformation in redundant motor systems. PLoS Computational Biology, 8(6).

[35] Hlustik, P., Solodkin, A., Gullapalli, R. P., Noll, D. C., & Small, S. L. (2001). Somatotopy in human primary motor cortex and somatosensory hand representations revisited. Cereb Cortex, 11.

[36] Holdefer, R. N., & Miller, L. E. (2002). Primary motor cortical neurons encode functional muscle synergies. Experimental Brain Research, 146, 233–243.

[37] Hooper, S. L. (2001). Central Pattern Generators. In Encyclopedia of Life Sciences. John Wiley & Sons.

[38] Hull, C. (2020). Prediction signals in the cerebellum: beyond supervised motor learning. elife(9: e54073).

[39] Huxley, A. F., & Niedergerke, R. (1954). Interference microscopy of living muscle fibres. Nature, 173(4412), 971–973.

[40] Huxley, H., & Hanson, J. (1954). Changes in the cross-striations of muscle during contraction and stretch and their structural interpretation. Nature, 173(4412), 973–976.

[41] Ivanenko, Y. P., Poppele, R. E., & Lacquaniti, F. (2004). Five basic muscle activation patterns account for muscle activity during human locomotion. Journal of Physiology,

556(Pt 1), 267–282.

[42] Kalaska, J. F. (2009). From intention to action: motor cortex and the control of reaching movements. In D. Sternad, Progress in Motor Control. Advances in Experimental Medicine and Biology (Vol. 629, pp. 139–178).

[43] Kandel, E. R., Schwartz, J. H., Jessell, T. M., Siegelbaum, S. A., & Hudspeth, A. J. (2013). Principles of Neural Science. (5, Ed.) McGraw Hill.

[44] Kaufman, M. T., Churchland, M. M., Ryu, S. I., & Shenoy, K. V. (2014). Cortical activity in the null space: permitting preparation without movement. Nature Neuroscience, 17(3), 440-448.

[45] Keller, G. B., Bonhoeffer, T., & Hübener, M. (2012). Sensorimotor Mismatch Signals in Primary Visual Cortex of the Behaving Mouse. Neuron, 74(5), 809-815.

[46] Klein Breteler, M., Simura, K. J., & Flanders, M. (2007). Timing of muscle activation in a hand movement sequence. Cerebral Cortex, 17(4), 803–815.

[47] Krishnamoorthy, V., Goodman, S., Zatsiorsky, V., & Latash, M. L. (2003). Muscle synergies during shifts of the center of pressure by standing persons: identification of muscle modes. Biological Cybernetics, 89(2), 152–161.

[48] Lemon, R. N. (2008). Descending Pathways in Motor Control. Annual Review of Neuroscience, 31(1), 195-218.

[49] Li, S., Zhuang, C., Hao, M., He, X., Marquez, J. C., Niu, C. M., & Lan, N. (2015). Coordinated alpha and gamma control of muscles and spindles in movement and posture. Frontiers in Computational Neuroscience, 9, 1–15.

[50] Liddell, E., & Sherrington, C. S. (1925). Recruitment and some other factors of reflex inhibition. Proceedings of the Royal Society of London. Series B, 97, 488-518.

[51] Lillicrap, T. P., & Scott, S. H. (2013). Preference Distributions of Primary Motor Cortex Neurons Reflect Control Solutions Optimized for Limb Biomechanics. Neuron, 77(1), 168–179.

[52] Marr, D. (1969). A theory of cerebellar cortex. Journal of neurophysiology, 202, 437-470.

[53] Michaels, J. A., Schaffelhofer, S., Agudelo-Toro, A., & Scherberger, H. (2019). A neural network model of flexible grasp movement generation. bioRxiv, 10.1101/742189.

[54] Mulliken, G. H., Musallam, S., & Andersen, R. A. (2008). Forward estimation of movement state in posterior parietal cortex. Proceedings of the National Academy of Sciences of the United States of America, 105, 8170–8177.

[55] Nielsen, J. B. (2016). Human Spinal Motor Control. Annual Review of Neuroscience, 39(1), 81-101.

[56] Pandarinath, C., O' Shea, D. J., Collins, J., Jozefowicz, R., Stavisky, S. D., Kao, J. C., ...

Sussillo, D. (2018). Inferring single-trial neural population dynamics using sequential auto-encoders. Nature Methods, 15(10), 805–815.

[57] Penfield, W., & Boldrey, E. (1937). Somatic Motor And Sensory Representation In The Cerebral Cortex Of Man As Studied By Electrical Stimulation. Brain, 60 (4), 389–443.

[58] Perenin, M. T., & Vighetto, A. (1988). Optic ataxia: A specific disruption in visuomotor mechanisms. Brain, 111, 643-674.

[59] Perich, M. G., Gallego, J. A., Miller, L. E., Gallego, J. A., & Miller, L. E. (2018). A Neural Population Mechanism for Rapid Learning. Neuron, 100(4), 964–976.

[60] Platt, M. L., & Glimcher, P. W. (1999). Neural correlates of decision variables in parietal cortex. Nature, 400, 233–238.

[61] Rathelot, J. A., & Strick, P. L. (2009). Subdivisions of primary motor cortex based on cortico-motoneuronal cells. PNAS, 106, 918–923.

[62] Raymond, J. L., Lisberger, S. G., & Mauk, M. D. (1996). The cerebellum: a neuronal learning machine? Science, 272, 1126–1131.

[63] Rizzolatti, G., & Luppino, G. (2001). The cortical motor system. Neuron, 31, 889–901.

[64] Russo, A. A., Bittner, S. R., Perkins, S. M., Seely, J. S., London, B. M., Lara, A. H., ... Churchland, M. M. (2018). Motor Cortex Embeds Muscle-like Commands in an Untangled Population Response. Neuron, 97(4), 953-966.

[65] Sadtler, P. T., Quick, K. M., Golub, M. D., Chase, S. M., Ryu, S. I., Tyler-Kabara, E. C., ... Batista, A. P. (2014). Neural constraints on learning. Nature, 512(7515), 423-426.

[66] Schaffelhofer, S., & Scherberger, H. (2016). Object vision to hand action in macaque parietal, premotor, and motor cortices. eLife, 5, 1–24.

[67] Schieber, M. (2001). Constraints on somatotopic organization in the primary motor cortex. Journal of Neurophysiology, 86, 2125–2143.

[68] Shenoy, K. V., Sahani, M., & Churchland, M. M. (2013). Cortical Control of Arm Movements: A Dynamical Systems Perspective. Annual Review of Neuroscience, 36(1), 337-359.

[69] Sherrington, C. S. (1906). The integrative action of the nervous system,. New Haven, CT: Yale University Press.

[70] Snyder, L. H., Batista, A. P., & Andersen, R. A. (1997). Coding of intention in the posterior parietal cortex. Nature, 386, 167-170.

[71] Sommer, M. A., & Wurtz, R. H. (2002). A pathway in primate brain for internal monitoring of movements. Science, 296, 1480–1482.

[72] Stewart, G., & Cooley, D. A. (2009). Chapter 8: Skeletal muscles. In The skeletal and muscular systems. New York: Chelsea House.

[73] Strick, P. L., Dum, R. P., & Fiez, J. A. (2009). Cerebellum and Nonmotor Function. Annual Review of Neuroscience, 32, 413-434.

[74] Sussillo, D., & Abbott, L. F. (2009). Generating Coherent Patterns of Activity from Chaotic Neural Networks. Neuron, 63(4), 544–557.

[75] Sussillo, D., Churchland, M. M., Kaufman, M. T., & Shenoy, K. V. (2015). A neural network that finds a naturalistic solution for the production of muscle activity. Nature Neuroscience, 18(7), 1025-1033.

[76] Tanaka, H., & Sejnowski, T. J. (2013). Computing reaching dynamics in motor cortex with Cartesian spatial coordinates. Journal of Neurophysiology, 109(4), 1182-1201.

[77] Torres-Oviedo, G., Macpherson, J. M., & Ting, L. H. (2006). Muscle synergy organization is robust across a variety of postural perturbations. Journal of Neurophysiology, 96(3), 1530–1546.

[78] Tresch, M. C., Cheung, V. C., & d’Avella, A. (2006). Matrix factorization algorithms for the identification of muscle synergies: evaluation on simulated and experimental data sets. Journal of Neurophysiology, 95(4), 2199–2212.

[79] Tresch, M. C., Saltiel, P., & Bizzi, E. (1999). The construction of movement by the spinal cord. Nature Neuroscience, 2(2), 162–167.

[80] Uno, Y., Kawato, M., & Suzuki, R. (1989). Formation and control of optimal trajectory in human multijoint arm movement. Biological Cybernetics, 61(2), 89–101.

[81] Viviani, P., & Flash, T. (1995). Minimum-jerk, two-thirds power law, and isochrony: converging approaches to movement planning. Journal of Experimental Psychology. Human Perception and Performance, 21(1), 32–53.

[82] Wolpert, D. M., & Ghahramani, Z. (2000). Computational principles of movement neuroscience. Nature Neuroscience, 3, 1212–1217.

[83] Wolpert, D. M., Ghahramani, Z., & Jordan, M. I. (1995). An Internal Model for Sensorimotor Integration. Science, 269(5232), 1880–1882.

[84] Yang, T., & Shadlen, M. N. (2007). Probabilistic reasoning by neurons. Nature, 447, 1075–1083.

[85] Tanaka H. (2016). Modeling the motor cortex: Optimailty, recurrent neural networks, and spatial dynamics. Neuroscience Research, 104: 64-71.

3.2 针对肌肉骨骼系统运动控制的类脑算法

作者：陈嘉浩　乔　红
（中国科学院自动化研究所）

3.2.1 肌肉骨骼系统运动控制研究的意义及难点

传统的关节-连杆式机器人主要对人进行外观和功能上的模拟，在实现人机交互和像人一样的灵活、柔顺操作方面存在局限性。肌肉骨骼式机器人则针对人体的骨骼、关节、肌肉、肌腱等内部结构和机制进行模拟，有实现更加类人的运动、操作和交互的潜力。因此，肌肉骨骼式机器人的研究具有重要意义。

具体而言，肌肉骨骼系统从结构上保证了较好的灵活性、可靠性、柔顺性。在肌肉骨骼系统中，关节和肌肉都存在高度冗余，关节空间的维度高于操作空间，肌肉空间的维度高于关节空间。因此，在关节空间中存在多种运动规划，能够令肌肉骨骼系统在操作空间中实现相同的运动，这使得肌肉骨骼系统能够更加灵活地完成运动和操作任务。而且，在肌肉空间中存在多组控制信号，能够令肌肉骨骼系统实现相同的关节运动，这使得肌肉骨骼系统在理论上可以更好地应对肌肉驱动器的损坏和疲劳。但是，由于每条肌肉的排布和驱动力范围等特性都不尽相同，冗余肌肉只能在有限的程度上实现对损坏肌肉的代偿[1]。此外，肌肉骨骼系统还是一个由刚性骨骼和柔性肌肉组成的刚-柔耦合系统，能够根据需要展现出不同的刚度和柔性[2]。系统的各个骨骼上存在着多组对侧分布且功能相反的主动肌和拮抗肌，当主动肌和拮抗肌同步收缩时，骨骼两侧同时产生较大张力，肌肉骨骼系统将对外表现出较高的刚度，能够有效地抵抗环境干扰，增强系统稳定性。当主动肌和拮抗肌同步放松时，肌肉骨骼系统将对外表现出较高的柔性，能够顺应环境和利用环境完成精细操作。

当前肌肉骨骼式机器人的研究瓶颈主要集中在硬件系统，以及控制算法两方面。在硬件系统方面，研究人员们研发了一系列新型的肌肉骨骼式机器人[3-5]。这些机器人在一定程度上展示出类人的动作和特性，也为理解和验证人类肌肉控制和运动学习的机制提供了新的机会。但相比于人体肌肉骨骼系统，这些机器人在灵活性、柔顺性和驱动能力上都还有不小的差距。如何设计轻便、灵活的骨骼和关节结构，研制轻便、柔顺、驱动力大、驱动方式简单、动力学特性稳定的肌肉模块，需要机械、电子、材料等多学科的融合和突破。在控制方面，肌肉骨骼系统结构上的复杂性也给控制带来了巨大挑战，现有的控制和人工智能的方法无法直接应用。肌肉骨骼系统控制上的瓶颈极大地限制了肌肉骨骼式机器人展现其在运动和操作任务上的优越性，以及广泛应用。

具体而言，肌肉骨骼系统的控制难度主要来源于系统的高冗余性、强耦合性和非线性[6-9]。由于肌肉骨骼系统的高度冗余特性，肌肉骨骼系统的控制问题是根据低维运动目标求解高维肌肉控制信号的问题，特定运动的肌肉控制信号具有无穷解，这给肌肉控制信号的快速求解和优化带来了困难。而且，肌肉骨骼系统还存在着强耦合性，一个关节的运动会受到多个肌肉影响，每个肌肉的输出力也会影响多个关节的运动，这种耦合性使得我们无法通过对各个肌肉的单独控制来简化控制难度。另外，肌肉模块的动力学具有很强的非线性，肌肉骨骼系统的肌肉排布也非常复杂，使得建立肌肉骨骼系统的显式动力学模型变得很困难，因此很难通过基于模型的方法进行控制。

人体运动系统可以完成各种复杂的自由运动和操作任务。现有的针对肌肉骨骼系统控制问题的研究主要是基于控制和人工智能的方法，但仍未能实现像人一样的运动控制和学习效果。因此，借鉴和模拟人体运动系统对于肌肉控制的神经机制，设计肌肉骨骼系统的类脑运动控制算法很有必要。既能推动肌肉骨骼式机器人的发展，也能对人体运动通路中的相关神经机制进行验证，促进机器人和神经科学的交叉融合。

3.2.2 肌肉骨骼系统运动控制研究的国内外进展

针对肌肉骨骼式机器人和肌肉骨骼系统的运动控制和学习问题，机器人领域的研究人员提出了一系列基于模型的控制方法和不基于模型的运动学习方法。

（1）基于模型的肌肉骨骼系统控制算法研究

基于模型的控制方法首先需要建立肌肉骨骼系统的任务空间、关节空间和肌肉空间之间转换关系的显式数学模型。任务空间和关节空间之间的转换关系为系统末端执行器运动和关节运动之间的转换，其数学模型主要与系统的骨骼和关节构型有关。关节空间和肌肉空间之间的转换关系主要涉及关节转矩和各肌肉力之间的转换，其数学模型主要与系统的肌肉路径排布有关。针对特定的运动目标，研究人员可以基于这些模型通过逆运动学求解、逆动力学求解和肌肉力反解等过程计算肌肉力[12]。在求解得到肌肉力的基础上，研究人员可以进一步设计任务空间反馈控制器[10]和迭代学习控制器[11]计算肌肉激活信号。Balaghi等基于神经模糊控制器设计了一个针对肌肉骨骼系统的闭环控制系统[13]。在每个控制周期内，研究人员根据运动误差的反馈信号利用多个神经模糊控制器计算肌肉激活信号。在神经模糊控制器的更新过程中，需要综合利用关节运动对关节转矩的梯度、关节转矩对肌肉力的梯度、肌肉力对肌肉激活梯度，以计算目标函数对于神经网络权重的梯度。基于对气动人工肌肉（PAM）和机器人系统的数学建模，赵等设计了切换滑模控制器以实现对带有气动人工肌肉的单自由度作业系统的轨迹控制[14]。此外，研究人员也设计融合静态优化、动力学仿真、运动学仿真和反馈控制的方法来求解肌肉刺激信号[15,16]。此类方法能够减少对显式数学模型的依赖，令肌肉骨骼系统在关节空间[15]和任务空间[16]实现较精确的轨迹跟踪，但其优化过程的计算量大，较难应用于实时控制。

（2）不基于模型的肌肉骨骼系统运动学习算法研究

针对复杂的肌肉骨骼系统，很难建立精确的显式数学模型，研究人员因此提出了一系列不基于模型的运动学习方法[17-23]。Nakada等训练了多个深度神经网络模型以实现对复杂肌肉骨骼系统的闭环控制，完成了在视觉引导下的物体拦截和绘图任务[17]。他们以大量合成的肌肉骨骼系统的运动数据、肌肉张力数据、肌肉激活数据，对多个深度神经网络进行监督训练。在每个控制周期内，神经网络将以运动偏差、肌肉张力偏差和当前肌肉激活信号为输入，输出对肌肉激活信号的调节量。乔红教授团队利用递归神经网络和受情绪调控的运动学习方法实现了上肢肌肉骨骼系统的点对点到达任务[18]。该方法以运动目标为输入，利用递归神经网络产生整个运动周期内的肌肉刺激信号。在学习过程中，该方法以整个运动的终点运动误差作为奖惩信号，结合Oja学习方法进行权重修正。该方法还同时计算学习过程中的情绪因子，并基于情绪因子实现对学习步长、噪声幅度等超参数的调节。另外，研究人员也利用迭代学习控制器实现了用于上肢康复的功能性电刺激[19]，以及PAM驱动的可穿戴式上肢外骨骼机器人控制[20]。

为了令肌肉骨骼系统的运动学习具有泛化能力，d'Avella教授团队在对肌肉刺激信号的学习和优化过程中引入了时变的肌肉协同激活模式[21]。该方法首先针对训练目标点进行学习，可以习得肌肉协同激活模式以及对肌肉协同激活模式的幅度和时间尺度平移的调控。习得的肌肉协同激活模式可作为已训练目标和未训练目标的共享运动基元。而肌肉协同激活模式的幅度和时间尺度平移的调控是随着运动目标的变化而变化。因此，针对新目标点，仅需要重新学习对肌肉协同激活模式的幅度和时间尺度平移的调控。为了实现运动泛化，乔红教授团队也提出了一种基于习惯计划理论的运动控制模型[21]。该方法首先选择新目标点邻近空间内的若干目标点，然后对这些目标点的肌肉刺激信号进行加权组合得到新目标点的肌肉刺激信号。所选的邻近目标点需能够形成一个包围新目标点的凸多边形，且到达该目标点的肌肉刺激信号需已知。

3.2.3 肌肉骨骼系统运动控制研究的典型类脑算法

在运动神经科学领域，关于人体中枢神经系统如何控制肌肉骨骼系统实现运动和操作，是一个长期的公开问题。本书的3.1章部分也从运动意图的产生、运动规划、运动执行等多个层面详细介绍了运动控制的生理通路和神经机制。随着神经科学家们对于神经机制研究的不断深入，研究人员受人和动物在运动控制方面的神经机制的启发，建立了一系列脑启发式的运动控制模型。本章将针对肌肉骨骼系统的运动控制，具体介绍三种受脑启发式算法的研究工作。

（1）基于习惯计划理论的肌肉骨骼系统控制

（该部分内容主要基于本章作者的工作[22, 23]）

人和动物可以灵活、柔顺、快速且高精度地控制其肌肉骨骼系统完成各种运动和操作。因此，除了模仿人的骨骼-肌肉结构和驱动方式，我们还应从内部模拟人和动物的运动神经机制，这为改进肌肉骨骼系统的控制算法提供了启示。在神经科学中，关于人体运动控制存在两种理论假设：最优控制理论[24]、[25]、[26]和习惯性规划理论[27]。最优控制理论作为一种通用的运动协调和控制方法具有广泛的影响力。通过最小化做功或运动路径等代价，该理论可以唯一确定期望运动的最优运动指令并取得良好的效果。但是，面对复杂的人体肌肉骨骼系统及其运动控制时，求解最优控制指令所需的计算量很大，可能无法达到实时控制的要求。而习惯性计划理论认为，人体在实现运动的时候并非总是通过在线优化，而是会倾向于使用不同的肌肉收缩模式来产生相同的运动。该理论认为，人类将从不同的运动任务中学习一些基本的运动模式，并将这些所学的基本运动模式用于完成新的动作任务。为了更好地模拟人体的运动控制过程，本工作设计了基于习惯计划理论的脑启发式运动控制方法[22]。

已有的肌肉骨骼系统运动控制方法可以通过基于模型的控制，优化，和不基于模型的运动学习得到训练目标的控制信号。在此基础上，针对未训练过的类似运动，基于习惯计划理论的控制方法将通过已习得运动的控制信号计算新运动的控制信号。具体来说，将已习得的运动位置定义为运动模板点，将期望到达且未训练的运动位置定义为运动目标点，则可根据运动目标点周围的运动模板点的控制信号，通过加权组合方式计算运动目标点的控制信号如下：

$$u_t(t)=\sum_{i=1}^{N} w_i u_i(t)$$

其中，$u_t(t)$为运动至目标点所需的控制信号，$u_i(t)$为运动至第i个模板点所需的控制信号，w_i为第i个模板点的权重值，表示该模板点运动控制信号对于目标点运动控制信号的贡献，N表示用于估计目标点控制信号的模板点数目。

考虑到肢体运动在小范围内的连续性以及相似的控制信号会产生位置相近的运动，可根据目标点与模板点的距离关系，计算目标点控制信号和模版点控制信号之间的权重值w_i如下：

$$w_i=\frac{\frac{1}{d_{ti}}}{\sum_{j=1}^{N}\frac{1}{d_{tj}}}$$

其中，d_{ti}和d_{tj}分别表示向量p_t-p_i和p_t-p_j的L2范数，$d_{ti}=\| p_t-p_i \|_2$。p_t为运动目标点位置，p_i，p_j为运动模版点位置。

如图3.2.1所示，以选取4个模板点为例，$u_1(t)$，$u_2(t)$，$u_3(t)$，$u_4(t)$分别为4个运动模板点的其中一条肌肉的控制信号，通过对运动模版点控制信号的加权组合得到目标点的其中一条肌肉的控制信号$u_t(t)$。基于所求得的肌肉控制信号，肌肉骨骼系统能够运动至目标点附近。

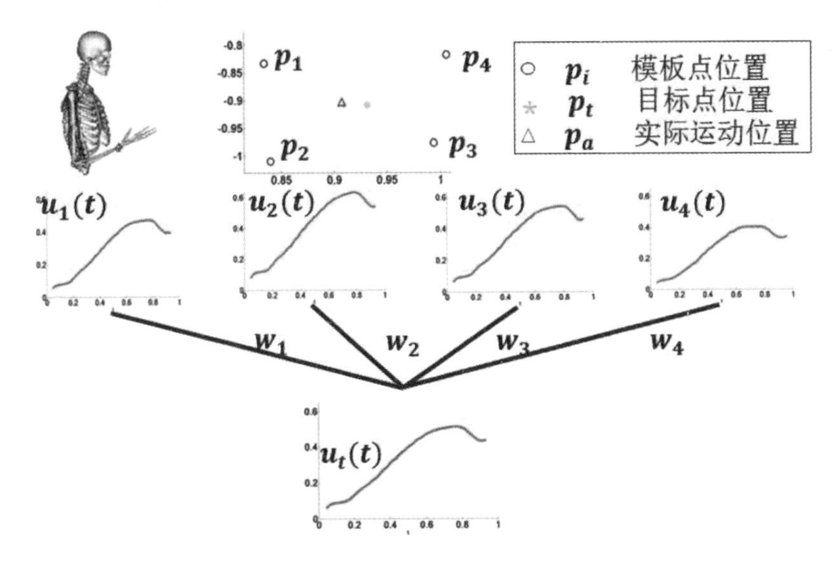

图3.2.1 基于习惯计划理论的脑启发式运动控制。选取一条肌肉的控制信号为例，目标点的控制信号可由周围模板点的控制信号通过加权组合而得到[23]

这种基于习惯计划理论的肌肉骨骼系统控制方法，能够通过已有运动模版点的控制信号计算新运动目标点的控制信号，具有快速反应能力和一定的泛化能力。但是，该方法的泛化能力仍具有局限性。首先，该方法可以泛化的新目标点的范围依赖于已经习得的运动目标点的分布范围。其次，运动泛化的精度也依赖于已习得运动目标点的数量，新运动目标点与已习得运动目标点的远近，以及运动模版的计算模型。

（2）基于时变肌肉协同激活机制的神经肌肉控制（该部分内容主要基于本章作者的工作[28]）

基于对生物体肌肉激活规律的研究，神经科学家提出了肌肉协同效应机制（muscle synergy）[29, 30]，并认为是肌肉控制的一种普遍策略。基于该机制，生物体往往以集群的方式协同地激活一群肌肉，而非单独控制某一条肌肉。基于这一神经控制策略，可以将高维的肌肉控制问题转化为相对低维的肌肉集群的控制，可以有效地降低肌肉控制的难度。其中，时变肌肉协同效应机制认为，肌肉群的协同激活模式是随时间变化的。根据激活模式的不同，可将时变肌肉协同效应大致分为阶段性肌肉协同效应（phasic muscle synergy）和强直性肌肉协同效应（tonic muscle synergy）[20]。其中，阶段性肌肉协同效应刻画了实现运动加速、减速的肌肉协同激活模式，强直性肌肉协同效应则刻画了保持生物体姿态和抵抗重力的肌肉协同激活模式。

受生物体的时变肌肉协同效应机制的启发，乔红团队提出了一种新的神经肌肉控制方法，以实现肌肉骨骼系统的仿人运动学习和运动泛化[28]，主要框架如图3.2.2所示。

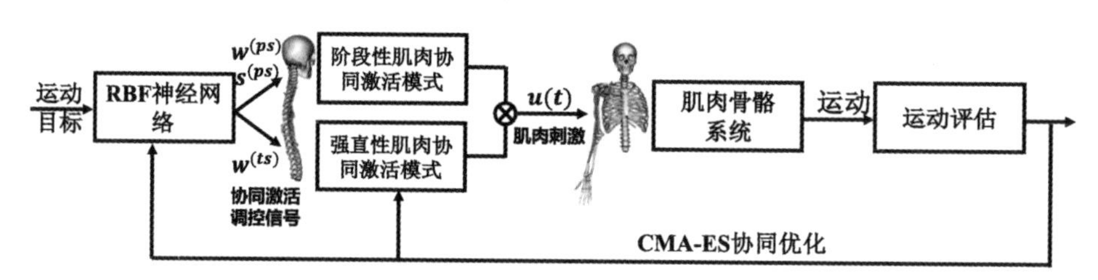

图3.2.2　自由运动的基于肌肉协同激活的神经–肌肉控制算法框架[28]

具体而言，此工作首先建立了一种新的肌肉协同效应的计算模型。然后，设计了一个径向基（RBF）神经网络[31]，该网络可根据运动目标，计算各肌肉协同效应的响应幅度和时间尺度平移。通过对不同肌肉协同效应的组合可以得到所有肌肉的控制信号。在运动学习过程中，此工作利用协方差矩阵自适应的演化计算方法（CMA-ES）[32]，实现对肌肉协同效应和RBF神经网络参数的同步优化。

- 建立肌肉协同效应的新计算模型

此项工作针对时变肌肉协同效应建立了新的计算模型，该计算模型分别对阶段性肌肉协同效应和强直性肌肉协同效应进行建模，以期更全面地描述肌肉在运动过程中的本质特征。

阶段性协同激活模式主要体现了实现运动加速、减速的肌肉激活变化，采用单峰的高斯函数进行刻画，如下：

$$g_{k,m}(t) = a_{k,m}e^{\left[-\frac{(t-\mu_{k,m})^2}{2\sigma_{k,m}^2}\right]}$$

其中，$g_{k,m}$是第k组阶段性肌肉协同效应中第m个肌肉的时变激活模式，$a_{k,m}$，$\mu_{k,m}$，$\sigma_{k,m}^2$，分别是高斯函数的幅值，均值，方差。

强直性协同激活模式主要体现了维持姿态、抵抗重力的肌肉激活变化，采用五次函数进行刻画，如下：

$$h_{k,m}(t)=p_{k,m}^{I}+\left(p_{k,m}^{F}-p_{k,m}^{I}\right)[6\left(\frac{t}{T}\right)^{5}-15\left(\frac{t}{T}\right)^{4}+10\left(\frac{t}{T}\right)^{3}]$$

其中$h_{k,m}$是第k组强直性肌肉协同效应中第m个肌肉的时变激活模式，$p_{k,m}^{I}$，$p_{k,m}^{F}$分别代表初始和最终激活值造词，T是运动持续时间。

如图3.2.3所示，可以根据运动目标调节阶段性肌肉协同效应和强直性肌肉协同效应的振幅和时间尺度，然后通过调节后的肌肉协同效应的组合来构建肌肉激活信号，具体如下：

$$u_{m}(t)=u_{m}^{ps}(t)+u_{m}^{ts}(t)$$

$$u_{m}^{ps}(t)=\sum_{k}^{K_{ps}}w_{k}\times g_{k,m}(t+s_{k})$$

$$=\sum_{k}^{K_{ps}}w_{k}\times a_{k,m}e^{[-\frac{(t-\mu_{k,m}+s_{k})^{2}}{2\sigma_{k,m}^{2}}]}$$

$$u_{m}^{ts}(t)=\sum_{k}^{K_{ps}}v_{k}\times g_{k,m}(t+s_{k})$$

u_{m}是第m个肌肉的肌肉激活信号，由u_{m}^{ps}和u_{m}^{ts}组成。u_{m}^{ps}和u_{m}^{ts}分别由阶段性肌肉协同效应和强直性肌肉协同组成。对于不同的运动目标，肌肉协同效应会受到$w\in\mathbf{R}^{Kps}$，$s\in\mathbf{R}^{Kps}$，$v\in\mathbf{R}^{Kts}$的调节。w将负责调节阶段性协同效应的幅度，s负责调节阶段性协同效应的时间平移，v负责调节强直性肌肉协同效应的幅度。K_{ps}和K_{ts}分别是阶段性肌肉协同效应和强直性肌肉协同效应的数量。肌肉协同效应的数量即是肌肉协同激活模式的数量，实现越复杂的任务的肌肉激活信号由越多的协同激活模式组合而成。此外，肌肉协同激活模式的设计考虑了每一块肌肉的特性。每一组肌肉协同激活模式中具有不同特性的肌肉都会表现出不同的$a_{k,m}$，$\mu_{k,m}$，$\sigma_{k,m}^{2}$，$p_{k,m}^{I}$，$p_{k,m}^{F}$激活曲线，并由不同的肌肉进行刻画。

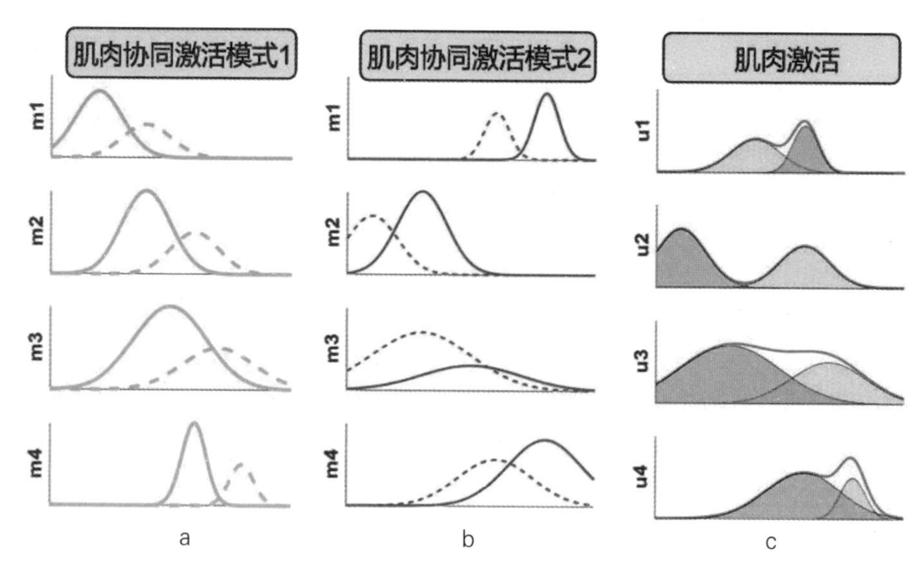

图3.2.3　利用肌肉协同激活模式构建肌肉激活信号。所有肌肉的共同激活被定义为肌肉协同作用。(a)和(b)中的实线分别形成肌肉协同和强直肌肉协同。如(a)和(b)中的虚线所示，肌肉协同作用可以根据幅度和时间尺度进行调整。在图(c)中，每个肌肉兴奋(橙色)是由调制相位肌肉协同(绿色)和强直肌肉协同(蓝色)的总和构成的[28]。

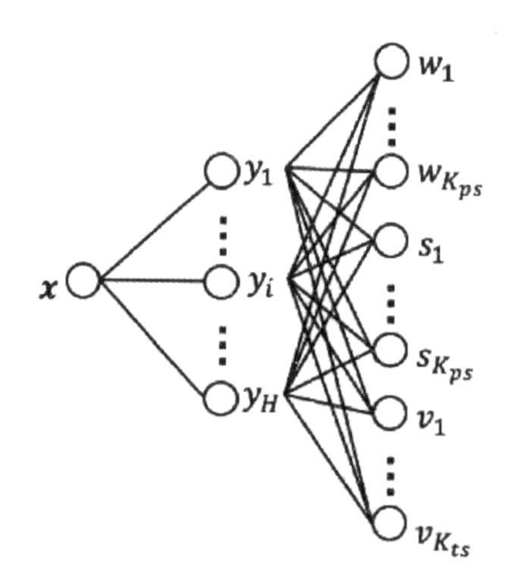

图3.2.4　RBF神经网络。该网络实现了从运动目标到肌肉协同效应调节信号的映射[28]

• 建立肌肉协同效应的神经调控网络

生物体将根据运动的方向和速度对肌肉协同效应的幅度和时间尺度进行调

节。为了模拟这种调节过程，此项工作设计了一个RBF神经网络[31]来构建从运动目标到肌肉协同效应调节的映射。如图3.2.4所示，神经网络的输入为运动目标，并输出对肌肉协同效应的幅值和时间尺度的调节值。在RBF神经网络中，存在若干高斯调谐神经元，每个神经元对应一个针对运动目标的感受野。运动目标首先由高斯调谐神经元进行位置编码，如下所示：

$$y_i(\boldsymbol{x}) = \frac{1}{(2\pi)^{2d}|\Sigma_i|^{\frac{1}{2}}} e^{[-\frac{1}{2}(\boldsymbol{x}-\boldsymbol{\mu}_i)^T \Sigma_i^{-1}(\boldsymbol{x}-\boldsymbol{\mu}_i)]},\ i = 1,\dots, H$$

其中，$\mathbf{x} \in \mathrm{R}^d$是运动目标的位置向量，$\mathbf{y}(\mathbf{x}) \in \mathrm{R}^H$是编码后的运动目标向量，$H$是高斯核的数量，$\mathrm{y}_i(\mathbf{x})$是第$i$个高斯神经元的输出，$d$是运动目标的维数。

然后，利用高斯神经元活动的线性组合来计算肌肉协同效应的幅度和时间尺度的调节值，如下：

$$\boldsymbol{z}=\boldsymbol{W}\boldsymbol{y}(\boldsymbol{x})$$

$$w_i = \frac{1}{1+e^{-z_i}},\ i = 1,\dots,K_{ps}$$

$$s_j = \alpha\frac{e^{z_i} - e^{-z_i}}{e^{z_i} + e^{-z_i}},\ j = 1,\dots,K_{ps};\ i = K_{ps}+1,\dots,2K_{ps}$$

$$v_l = \frac{1}{1+e^{-z_i}},\ l = 1,\dots,K_{ts};\ i = 2K_{ps}+1,\dots,2K_{ps}+K_{ts}$$

其中，$\mathbf{W} \in \mathbf{R}^{(2K_{ps}+K_{ts})\times H}$是隐藏层神经元和输出层神经元之间的权重矩阵，$\mathbf{z} \in \mathbf{R}^{(2K_{ps}+K_{ts})}$是输出层神经元的输入向量。$\mathbf{w} \in \mathbf{R}^{K_{ps}}$，$\mathbf{s} \in \mathbf{R}^{K_{ps}}$，$\mathbf{v} \in \mathbf{R}^{K_{ts}}$共同构成了输出层的输出，并分别为阶段性肌肉协同效应的幅度调节值，阶段性肌肉协同效应的时间尺度调节值，强直性肌肉协同效应的幅度调节值。α规定了阶段性肌肉协同激活的时间尺度调节的范围。

- 实现肌肉协同效应和神经调控的运动学习

为了学习能够完成特定任务的肌肉协同效应及其神经调控，此项工作采用了试错学习（trail-and-error learning）的方式，并利用CMA-ES[32]的方法针对肌肉协同效应模型和RBF神经网络中的参数进行更新。

在试错学习中，需要设计能够评价运动性能的评价函数，如下：

$$\mathcal{L}(\theta) = L_C + L_T + L_R(\mathbf{W},\mathbf{u})$$

其中，$\theta \in \mathbf{R}^{M\times(3K_{ps}+2K_{ts})+H\times(2K_{ps}+K_{ts})}$包含了与阶段性肌肉协同效应和强直性肌肉协同效应相关的所有参数，如$\mathbf{a} \in \mathbf{R}^{M\times K_{ps}}$，$\boldsymbol{\mu} \in \mathbf{R}^{M\times K_{ps}}$，$\boldsymbol{\sigma} \in \mathbf{R}^{M\times K_{ps}}$，$\mathbf{p}^{\mathrm{I}} \in \mathbf{R}^{M\times K_{ts}}$，$\mathbf{p}^{\mathrm{F}} \in \mathbf{R}^{M\times K_{ts}}$，以及RBF神经网络的权重矩阵$\mathbf{W} \in \mathbf{R}^{(2K_{ps}+K_{ts})\times H}$中的所有参数。$M$，$H$，$K_{ps}$，$K_{ts}$分别表示肌肉数量，RBF神经网络中高斯神经元的数量，阶段性肌肉协同效应的数量，强直性肌肉协同激活的数量。

评价函数中的第一项L_c用于衡量肌肉骨骼系统运动轨迹与期望轨迹之间的误差，被定义为运动轨迹的累积误差如下：

$$L_C = \eta_1 \int_{t_0}^{t_f} \boldsymbol{e}(t)^T \boldsymbol{e}(t) d_t$$

其中，$\mathbf{e}(t)$是瞬时误差，定义为$\mathbf{e}(t)=\mathbf{p}(t)-\mathbf{p}_d(t)$，$\mathbf{p}(t)\in \mathbf{R}^d$是肌肉骨骼系统末端点的瞬时位置。在无约束的点对点到达任务中，基于最小的加速度变化原则，人手期望的运动轨迹$\mathbf{p}d(t)\in \mathbf{R}^d$定义如下：

$$\boldsymbol{p}_d(t) = \boldsymbol{p}_d(t_0) + [\boldsymbol{p}_d(t_f) - \boldsymbol{p}_d(t_0)][6\left(\frac{t}{T}\right)^5 - 15\left(\frac{t}{T}\right)^4 + 10\left(\frac{t}{T}\right)^3]$$

其中，t_0，t_f分别是期望运动的初始时刻和终止时刻，$T=t_f - t_0$是运动的持续时间。

评价函数中的第二项L_T用于衡量肌肉骨骼系统能否达到期望目标点，并定义为运动的终点误差如下：

$$L_T = \eta_2[\boldsymbol{p}(t_f) - \boldsymbol{p}_d(t_f)]^T[\boldsymbol{p}(t_f) - \boldsymbol{p}_d(t_f)] + \eta_3 \dot{\boldsymbol{p}}(t_f)^T \dot{\boldsymbol{p}}(t_f)$$

其中，$\mathbf{p}(t_f)$和$\mathbf{p}(t_f)\in \mathbf{R}^d$分别为肌肉骨骼系统的终点位置和速度。

评价函数中的第三项L_R（$\mathbf{W}$，$\mathbf{u}$）用于提高运动学习的泛化性，其包含了与神经网络权重和肌肉激活值有关的正则化项如下：

$$L_R(\mathbf{W},\mathbf{u}) = \eta_4 ||\mathbf{W}||_F^2 + \eta_5 \int_{t_0}^{t_f} \mathbf{u}(t)^T \mathbf{u}(t) d_t$$

其中，$\|\mathbf{W}\|_F$是F的模，$\mathbf{u}(t)\in \mathbf{R}^M$是肌肉激活信号，$\eta_1$，$\eta_2$，$\eta_3$，$\eta_4$，$\eta_5$等系数用于平衡评价函数中各项所占的权重。

基于以上的评价函数L(θ)，此项工作采用试错的方式进行运动学习，并结合CMA-ES算法不断地更新待优化参数θ。基于CMA-ES算法，在每一次的迭代过程中，将从多元高斯分布中采样待优化参数θ，根据θ计算肌肉激活信号，并驱动肌肉骨骼系统产生运动。然后，根据目标函数衡量运动的效果对待优化参数θ进行评价，基于采样和评价的结果，将沿着令评价函数值下降的方向更新多元高斯分布。随着逐步迭代，多元高斯分布将逐渐接近评价函数的最优解，逐步优化参数，令肌肉骨骼系统逐步习得期望的运动任务。

• 算法的实现效果和分析

此项工作所提出的神经肌肉控制算法在仿真的复杂肌肉骨骼系统上得以验证，实现了有效的运动学习和运动泛化。实验结果还表明，所提出的神经肌肉控制方法以及新的时变肌肉协同效应的计算模型不仅能提高运动学习的速度和精度，而且还能提高运动泛化的性能。

在实验设置方面，本实验所使用的肌肉骨骼系统具有肩关节屈/伸和肘关节屈/伸两个自由度，九条肌肉，可以实现矢状平面上的运动，具体如图3.2.5所示。该肌肉骨骼系统模型的建立和仿真实验基于开源平台Open Sim[33]为了验证算法的有效性，本实验设置了一种点对点到达运动任务，要求肌肉骨骼系统的末端从圆的中心位置出发到达圆上的指定目标点，该实验任务常用于神经科学中的运动研究，具体如图3.2.6所示。

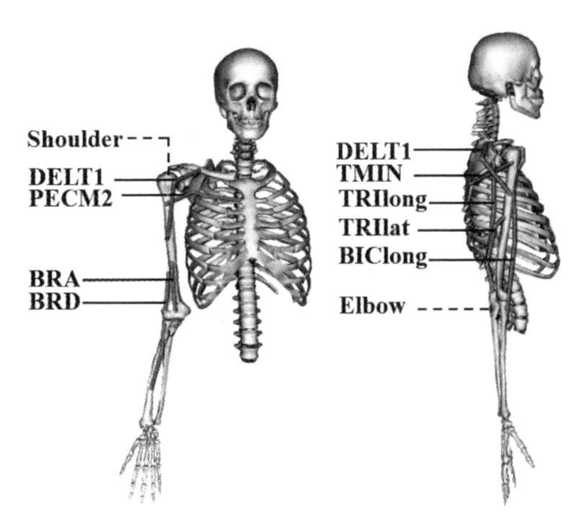

图3.2.5　肌肉骨骼系统模型[28]

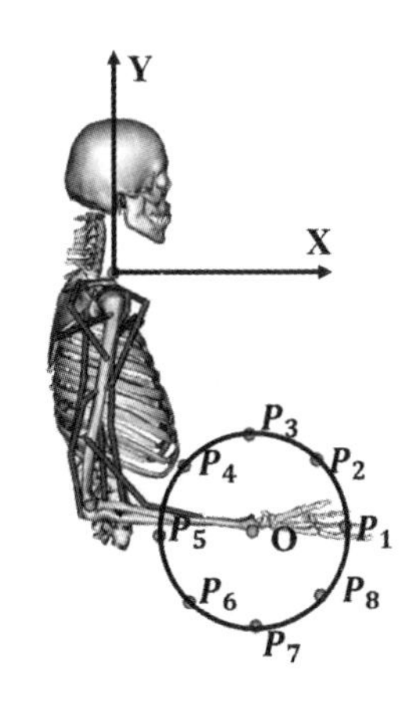

图3.2.6　实验任务设置[28]

在运动学习方面，根据所提出的神经肌肉控制方法，肌肉骨骼系统习得了从圆中心位置到圆上不同方向上的训练目标点。同时，从学习过程和运动精度两方面比较了不同肌肉协同效应计算模型所导致的运动学习效果。如图3.2.7所示，基于新的时变肌肉协同效应计算模型，运动学习的代价函数收敛速度更快，收敛值更低，肌肉骨骼系统在运动终点和运动轨迹上的误差也更小。因此，所提出的神经肌肉控制方法结合新的时变肌肉协同计算模型，可以有效地提高复杂肌肉骨骼系统的运动学习的速度和精度。

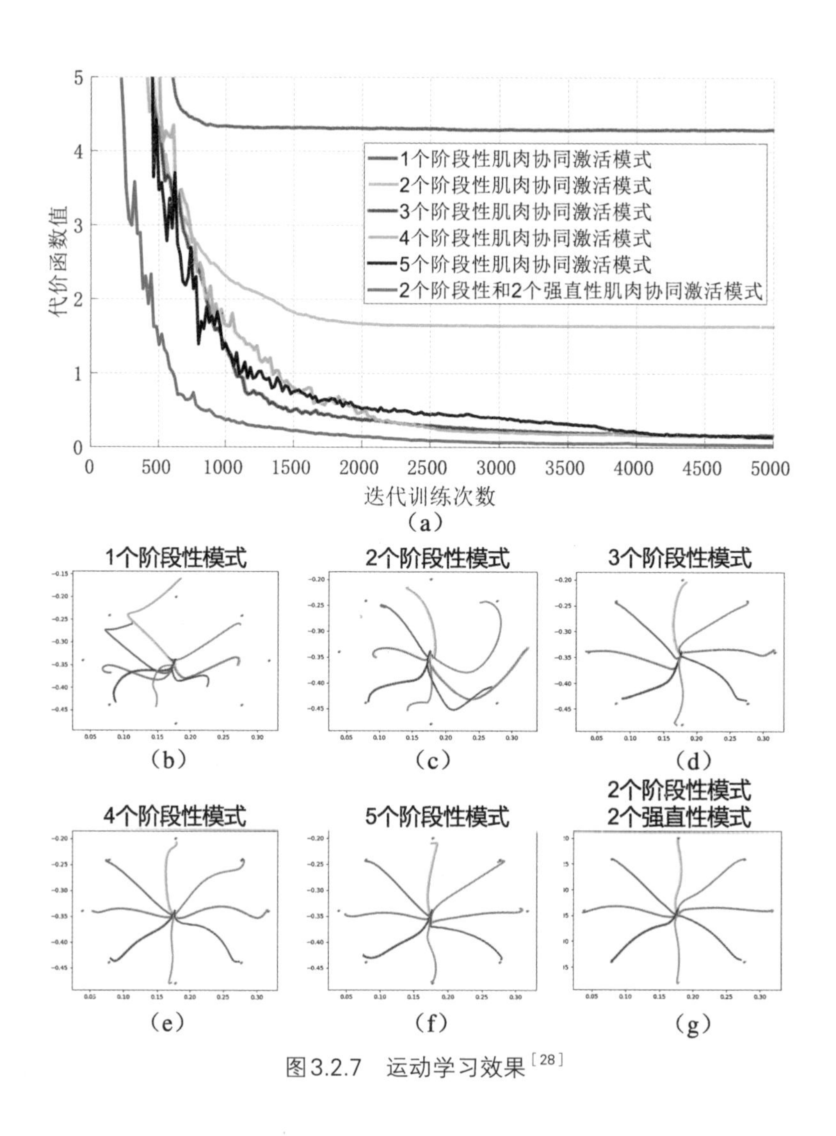

图3.2.7 运动学习效果[28]

在运动泛化方面，通过在同一个圆上设置100个未训练的目标点，实验还测试了算法的运动泛化能力。如图3.2.8所示，肌肉骨骼系统可以在各个方向上到达未训练的目标点。证明了基于该算法所习得的RBF神经网络和时变肌肉协同效应可以直接应用于新的目标点。与文献[21]中的工作相比，所提出的方法不需要针对新的运动目标点重新学习对肌肉协同效应的调节值。此外，基于时变肌肉协同作用的新计算模型，肌肉骨骼系统可以实现更低的运动泛化误差。因此，所提出的神经肌肉控制方法结合新的时变肌肉协同计算模型，可以有效地提高复杂肌肉骨骼系统的运动泛化能力。

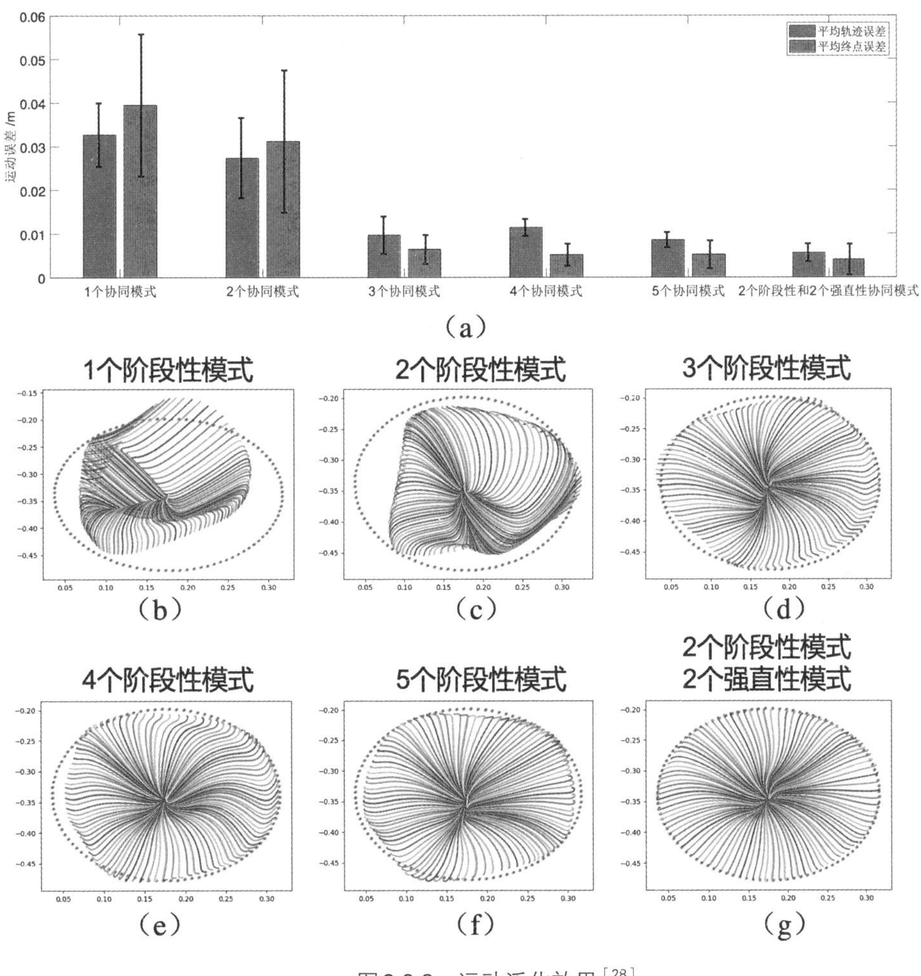

图3.2.8　运动泛化效果[28]

在生物合理性方面，实验还进一步分析了所习得的肌肉协同效应以及肌肉激活的特点。其中，阶段性肌肉协同效应开始和结束于零，用于实现运动的加速和减速。强直性肌肉协同效应的变化比较平缓，用以抵抗重力的变化力矩和稳定运动。由于所有肌肉激活信号都是基于相同的时变肌肉协同效应，在不同幅值和时间平移尺度的组合下得到，因此，不同运动目标下的肌肉激活变化应遵从相类似的模式。实验所观察到的肌肉激活确实显示出相近的变化模式，只是每个肌肉的激活幅度会随着不同的运动目标而逐渐变化。这种相近的激活模式可以提供在不同运动中的泛化能力，并证明了所提出的神经肌肉控制方法的有效性。

此外，肌肉激活信号是通过阶段性和强直性肌肉协同效应共同构建得到，其变化更加平缓，而且每一块肌肉都有部分激活是可能专门负责保持姿势和抵抗重力的。上述分析进一步说明了采用时变肌肉协同的新计算模型进行运动学习具有较高精度和较好稳定性的原因。

（3）基于时不变肌肉协同激活机制的肌肉骨骼系统仿人操作（该部分主要内容基于本章作者的工作[34]）

以上两种方法主要针对肌肉骨骼系统的自由运动控制。除此之外，乔红研究团队还针对肌肉骨骼系统的高精度、灵活、柔顺操作任务，提出了一种受生物体启发的控制方案[34]，如图3.2.9所示。在该控制方案中，研究人员引入了基于环境吸引区域的操作策略，用于在任务空间的运动规划。基于该操作策略，可有效降低操作任务对传感精度和本体控制精度的要求。同时，研究人员也是利用了肌肉协同激活机制[35, 36]，基于时不变的肌肉协同激活模式设计控制器，将高维肌肉刺激转化至低维空间进行控制。

- 环境吸引域

在某些情况下，操作任务所需的装配精度高于机器人的重复定位精度，因此仅通过位置控制无法实现所需精度的装配。为了利用相对低精度的传感器和控制实现高精度的操作，乔红研究团队提出了利用环境吸引域的操作策略[37, 38]。如图3.2.10所示，以碗豆系统为例，我们可以更直观地了解环境吸引域的概念。如果碗里有一颗豆子，无论豆子的初始位置在哪里，它都会在环境力的作用下运动至碗的底部。这种碗状约束区域也存在于圆轴圆孔的装配系统中，其中，轴和孔的三点接触状态就对应了碗豆系统的最低点。类似于碗豆系统的最低点，对于任一给定初始状态的轴，其与孔的三点接触状态是唯一

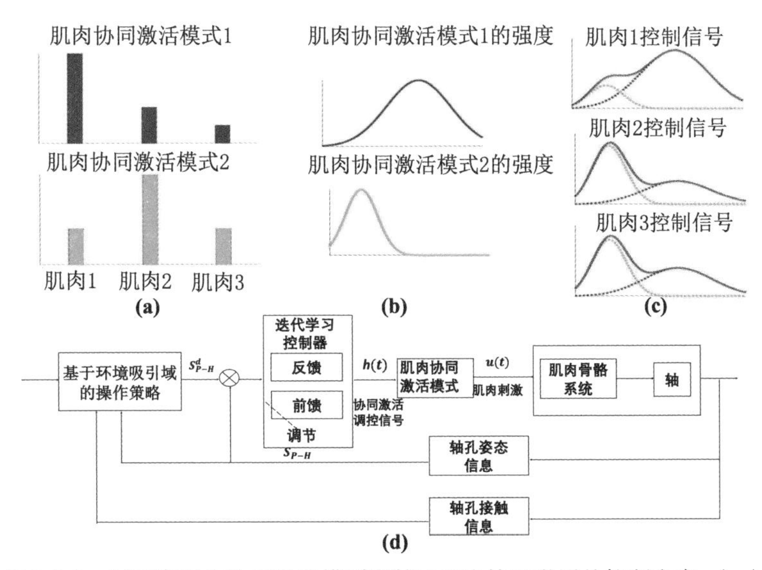

图3.2.9　时不变肌肉协同激活模型和基于肌肉协同激活的控制方案。(a)时不变肌肉协同激活模式。每个肌肉协同激活模式定义了一组共同激活的肌肉，并记录了这些肌肉的相对激活水平。(b)肌肉协同激活模式的时变强度。每个肌肉协同激活模式的绝对激活由相应的强度调节。(c)蓝色虚线代表了第一组肌肉协同激活模式在对应的时变强度调节下的激活情况。绿色虚线代表了第二组肌肉协同激活模式在时变强度调节下的激活情况。红色实线表示了由不同肌肉协同激活模式组合而成的全体肌肉的激活强度。(d)基于肌肉协同激活的控制方案。$h(t)$是低维的肌肉协同激活模式强度，可以认为是任务空间中运动的抽象意图。$u(t)$是高维的肌肉刺激信号。肌肉协同激活模式连接了抽象的运动意图和具体的肌肉刺激信号，构建了任务空间与肌肉空间的关系[34]

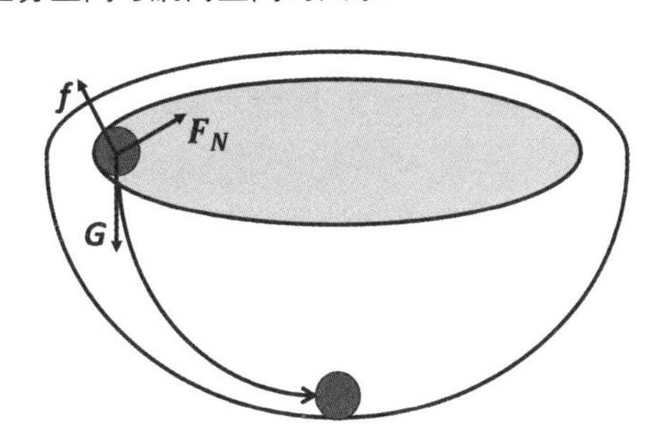

图3.2.10　碗豆系统。豆子最终会在重力G、摩擦力f和F_N支持力的作用下移动到碗的最低点[34]

的，因此可以通过环境约束消除位置误差。根据基于环境中吸引区域的策略，装配可以分为几个典型阶段，如图3.2.11所示，具体过程如下：

（1）在装配前，将轴放置于孔的上方，并令轴的最低点的投影落在孔内。

（2）在装配的第一阶段，对轴施加沿-z方向的下压力，令其向下移动，并保持轴沿x，y方向的位置（x，y）和姿态（θ_x，θ_y）不变，直到轴与孔接触。

（3）在装配的第二阶段，继续保持姿态（θ_x，θ_y）不变，对轴施加沿-z方向的压力，但放松对轴在x，y方向的位置（x，y）的控制，直到轴和孔达到有三个接触点的稳定状态。在该过程中，轴在沿-z方向的下压力和孔的作用力下，会在x，y方向上进行位置调整，并在环境约束下达到三点接触状态。在三点接触状态下，轴在x，y方向的位置（x，y）将不再发生改变，轴的底端中心点将与孔的中心点对齐，轴在x，y方向上的位置误差将得以消除。

（4）在装配的第三阶段，继续对轴施加沿-z方向的压力，在三点接触的情况下，缓慢地减小轴的角度偏差（θ_x，θ_y），当轴的姿态角小于阈值时，轴的底部将完全进入孔中。

（5）在装配的第四阶段，继续对轴施加沿-z方向的压力，轴将在环境的约束下缓慢与孔对齐并整体进入孔内。

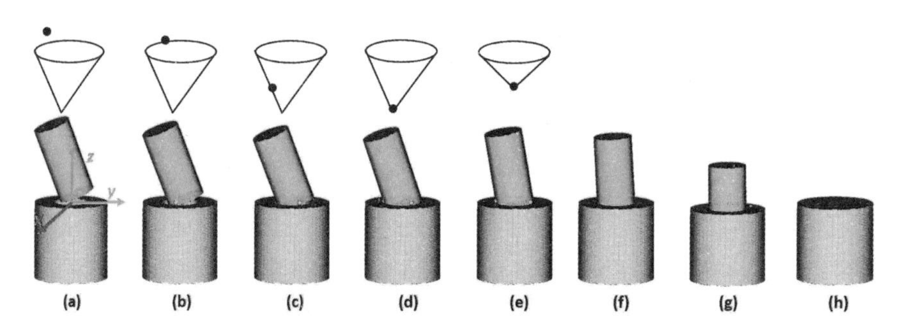

图3.2.11　装配过程中的典型阶段。（a）初始化阶段，（b）轴孔一点接触状态，（c）轴孔两点接触状态，（d）轴孔三点接触状态，（e）减小轴的姿态角，（f）轴底端完全进入孔内，（g）在环境约束下，轴的残余误差逐渐消除，（h）轴成功装入孔中。（a－e）中的圆锥体和圆点分别表示轴-孔系统的吸引域和构型空间中轴的状态[34]

• 时不变肌肉协同激活模式

根据环境吸域策略，对轴的调整主要集中在轴孔接触后，对轴的姿态的调整，而不需要对轴的位置进行主动调整。因此，为实现相应的肌肉控制，可针对轴的姿态调整运动，提取相应的肌肉协同激活模式。

根据肌肉协同假说，肌肉激活可以分解为时不变的肌肉协同激活模式和时变的协同激活强度。基于肌肉协同激活权重和强度的非负性假设，肌肉协同激活模式的提取可以表述为非负矩阵分解（NNMF）[39]问题：

$$\min f(W,H) = ||A - WH||_F^2$$

$$s.t. W,H \geq 0$$

其中$A \in R^{m \times n}$是肌肉激活矩阵，记录了肌肉骨骼系统对轴进行姿态调整的肌肉激活信息，该信息通过对肌肉骨骼系统运动的优化求解得到。$W \in R^{m \times l}$是肌肉协同激活模式矩阵，每一列表示了一种肌肉协同激活模式，每一个元素代表了该协同激活模式中每个肌肉的相对激活水平。$H \in R^{l \times n}$是协同激活强度矩阵，每一行记录了各协同激活模式的时变强度。$\|\cdot\|_F$是Frobenius范数，W，$H \geqslant 0$表示W和H中的所有元素都是非负的。基于W所包含的肌肉协同激活信息，可设计控制器，简化控制难度。

• 实验效果

基于环境吸引域的运动规划，以及基于肌肉协同激活机制的肌肉控制方法，本方法以轴孔装配任务为例，利用肌肉骨骼系统初步实现了高精度、高柔顺、高鲁棒的类人操作任务，该任务过程如图3.2.12所示，实验中肌肉骨骼系统模型的建立和仿真基于开源平台Open Sim[33]。其中，肌肉控制方法所能实现的控制精度远小于轴孔间隙所要求的精度，因此该任务是在利用本体柔顺性和环境约束的情况下，实现高于系统本体精度的操作任务。而且，实验发现，由于肌肉骨骼系统的肌肉存在大量冗余，当肌肉骨骼系统的部分肌肉（如一半肌肉）损坏时，所提出的肌肉控制方法仍能控制肌肉骨骼系统完成装配任务。

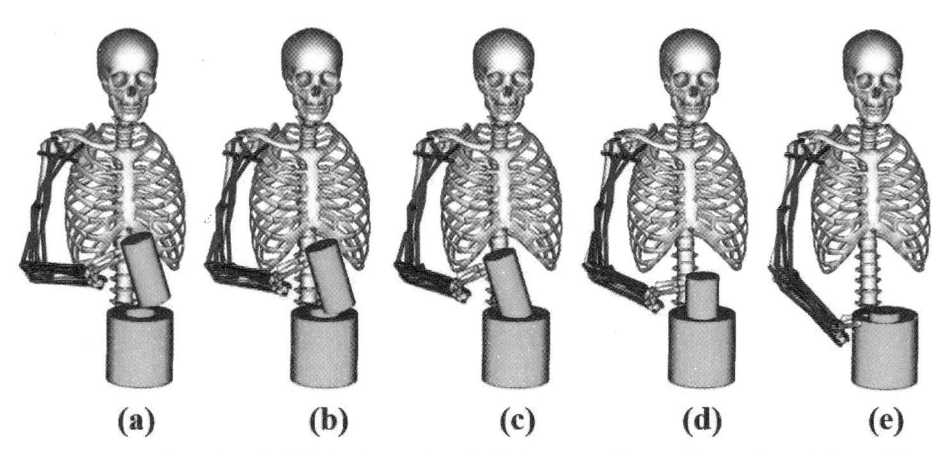

图3.2.12　肌肉骨骼系统的装配过程。（a–d）依次显示了第一、第二、第三和第四阶段开始时肌肉骨骼系统和轴的状态。（e）显示了肌肉骨骼系统和轴的末端状态[34]

参考文献

[1] Kutch J J, Valero-Cuevas F J. Muscle redundancy does not imply robustness to muscle dysfunction [J]. Journal of biomechanics, 2011, 44(7): 1264-1270.

[2] E. Burdet, R. Osu, D. W. Franklin, T. E. Milner, M. Kawato, The central nervous system stabilizes unstable dynamics by learning optimal impedance, Nature 414 (6862) (2001) 446–449.

[3] Y. Asano, K. Okada, M. Inaba, Design principles of a human mimetic humanoid: Humanoid platform to study human intelligence and internal body system, Science Robotics 2 (13) (2017) eaaq0899.

[4] S. Kurumaya, K. Suzumori, H. Nabae, S. Wakimoto, Musculoskeletal lower-limb robot driven by multifilament muscles, ROBOMECH Journal 3 (1) (2016) 18.

[5] M. Jantsch, S. Wittmeier, K. Dalamagkidis, A. Panos, F. Volkart, A. Knoll, Anthrob - a printed anthropomimetic robot, in: 2013 13th IEEE-RAS International Conference on Humanoid Robots (Humanoids), IEEE, 2013, pp. 342–347.

[6] J. N. Kerkman, A. Daffertshofer, L. L. Gollo, M. Breakspear, T. W. Boonstra, Network structure of the human musculoskeletal system shapes neural interactions on multiple time scales, Science Advances 4 (6) (2018) eaat0497.

[7] F. A. Mussa-Ivaldi, Modular features of motor control and learning, Current Opinion in Neurobiology 9 (6) (1999) 713–717.

[8] D. G. Thelen, Adjustment of muscle mechanics model parameters to simulate dynamic contractions in older adults, Journal of Biomechanical Engineering 125 (1) (2003) 70.

[9] M. Millard, T. Uchida, A. Seth, S. L. Delp, Flexing computational muscle: modeling and simulation of musculotendon dynamics, Journal of biomechanical engineering 135 (2) (2013) 021005.

[10] K. Tahara, S. Arimoto, M. Sekimoto, Z.-W. Luo, On control of reaching movements for musculo-skeletal redundant arm model, Applied Bionics and Biomechanics 6 (1) (2009) 11–26.

[11] K. Tahara, Y. Kuboyama, R. Kurazume, Iterative learning control for a musculoskeletal arm: Utilizing multiple space variables to improve the robustness, in: 2012 IEEE/RSJ International Conference on Intelligent Robots and Systems, IEEE, 2012, pp. 4620–4625.

[12] H. Dong, N. Figueroa, A. E. Saddik, Muscle force control of a kinematically redundant bionic arm with real-time parameter update, in: 2013 IEEE International Conference on Systems, Man, and Cybernetics, IEEE, 2013, pp. 1640–1647.

[13] M. H. B. E., R. Vatankhah, M. Broushaki, A. Alasty, Adaptive optimal multi-critic based neuro-fuzzy control of MIMO human musculoskeletal arm model, Neurocomputing 173 (2016) 1529–1537.

[14] L. Zhao, Q. Li, B. Liu, H. Cheng, Trajectory tracking control of a one degree of freedom manipulator based on a switched sliding mode controller with a novel extended state observer framework, IEEE Transactions on Systems, Man, and Cybernetics: Systems 49 (6) (2019) 1110–1118.

[15] D. G. Thelen, F. C. Anderson, S. L. Delp, Generating dynamic simulations of movement using computed muscle control, Journal of Biomechanics 36 (3) (2003) 321–328.

[16] D. Stanev, K. Moustakas, Simulation of constrained musculoskeletal systems in task space, IEEE Transactions on Biomedical Engineering 65 (2) (2017) 307–318.

[17] M. Nakada, T. Zhou, H. Chen, T. Weiss, D. Terzopoulos, Deep learning of biomimetic sensorimotor control for biomechanical human animation, ACM Transactions on Graphics 37 (4) (2018) 1–15.

[18] X. Huang, W. Wu, H. Qiao, Y. Ji, Brain-inspired motion learning in recurrent neural network with emotion modulation, IEEE Transactions on Cognitive and Developmental Systems 10 (4) (2018) 1153–1164.

[19] J. Huang, X. Tu, J. He, Design and evaluation of the RUPERT wearable upper extremity exoskeleton robot for clinical and in-home therapies, IEEE Transactions on Systems, Man, and Cybernetics: Systems 46 (7) (2016) 926–935.

[20] X. Zhao, Y. Chu, J. Han, Z. Zhang, SSVEP-based brain–computer interface controlled functional electrical stimulation system for upper extremity rehabilitation, IEEE Transactions on Systems, Man, and Cybernetics: Systems 46 (7) (2016) 947–956.

[21] E. Rckert, A. d'Avella, Learned parametrized dynamic movement primitives with shared synergies for controlling robotic and musculoskeletal systems, Frontiers in Computational Neuroscience 7 (2013) 138.

[22] H. Qiao, C. Li, P. Yin, W. Wu, Z.-Y. Liu, Human-inspired motion model of upper-limb with fast response and learning ability – a promising direction for robot system and control, Assembly Automation 36 (1) (2016) 97–107.

[23] Wu W, Qiao H, Chen J, et al. Biologically inspired model simulating visual pathways and cerebellum function in human-Achieving visuomotor coordination and high precision movement with learning ability [J] . arXiv preprint arXiv:1603.02351, 2016.

[24] I. O'Sullivan, E. Burdet, and J. Diedrichsen, " Dissociating variability and effort as determinants of coordination," PLoS computational biology, vol. 5, pp. 100-105, 2009.

[25] J. Diedrichsen, R. Shadmehr, and R. B. Ivry, " The coordination of movement: optimal

feedback control and beyond," Trends in cognitive sciences, vol. 14, pp. 31-39, 2010.

[26] S. H. Scott, " Optimal feedback control and the neural basis of volitional motor control," Nature Reviews Neuroscience, vol. 5, pp. 532-546, 2004.

[27] A. De Rugy, G. E. Loeb, and T. J. Carroll, " Muscle coordination is habitual rather than optimal," The Journal of Neuroscience, vol. 32, pp. 7384-7391, 2012.

[28] Chen J, Qiao H. Muscle-Synergies-Based Neuromuscular Control for Motion Learning and Generalization of a Musculoskeletal System [J]. IEEE Transactions on Systems, Man, and Cybernetics: Systems, 2020.

[29] d'Avella A, Saltiel P, Bizzi E. Combinations of muscle synergies in the construction of a natural motor behavior[J]. Nature Neuroscience, 2003, 6(3): 300-308.

[30] d'Avella A, Fernandez L, Portone A, et al. Modulation of phasic and tonic muscle synergies with reaching direction and speed [J]. Journal of Neurophysiology, 2008, 100(3): 1433-1454.

[31] Park J, Sandberg I W. Universal approximation using radial-basis-function networks [J]. Neural computation, 1991, 3(2): 246-257.

[32] Hansen N. The CMA evolution strategy: A tutorial[J]. arXiv preprint arXiv:1604.00772, 2016.

[33] Delp S L, Anderson F C, Arnold A S, et al. OpenSim: Open-source software to create and analyze dynamic simulations of movement [J]. IEEE Transactions on Biomedical Engineering, 2007, 54(11): 1940-1950.

[34] Chen J, Zhong S, Kang E, et al. Realizing human-like manipulation with a musculoskeletal system and biologically inspired control scheme [J]. Neurocomputing, 2019, 339: 116-129.

[35] Ting L H, Macpherson J M. A limited set of muscle synergies for force control during a postural task[J]. Journal of neurophysiology, 2005, 93(1): 609-613.

[36] Overduin S A, d'Avella A, Carmena J M, et al. Microstimulation activates a handful of muscle synergies [J]. Neuron, 2012, 76(6): 1071-1077.

[37] Qiao H, Wang M, Su J, et al. The concept of "attractive region in environment" and its application in high-precision tasks with low-precision systems [J]. IEEE/ASME Transactions on Mechatronics, 2014, 20(5): 2311-2327.

[38] Li R, Qiao H. Condition and strategy analysis for assembly based on attractive region in environment [J]. IEEE/ASME Transactions on Mechatronics, 2017, 22(5): 2218-2228.

[39] Wang Y X, Zhang Y J. Nonnegative matrix factorization: A comprehensive review [J]. IEEE Transactions on knowledge and data engineering, 2012, 25(6): 1336-1353.

第四章

类脑智能机器人的情绪模型及算法

4.1 情绪加工的神经机制

作者：罗　非
（中国科学院心理所）

情绪对于每个人来说都不陌生。俗话说，“喜怒哀乐，人之常情”，可见情绪是人生的常见现象。情绪不仅伴随各种人生事件，甚至在左右着我们的决策。尽管我们不喜欢对逝去的悲伤、对危险的恐惧、以及突如其来的愤怒这样的不良情绪，但如果完全没有情绪，我们的生活似乎就褪去了色彩，我们可能不会再有欢声和笑语，不会再有亲情和爱情，不会及时回避风险，不会产生面对敌人时战斗的勇气。正是因为有了丰富的情绪和情感，人类的生活才变得多姿多彩。

由于情绪与人生是如此的紧密相关，因而探索情绪对每个人而言都有非常重要的意义。情绪是怎么产生的？有没有可能把握、控制或者调节情绪？情绪对我们的重要功能，比如认知、决策和记忆会产生怎样的影响？这些问题都是心理学和认知神经科学领域研究的重点。

不仅如此，在人工智能飞速发展的今天，如果想让人工智能“像人一样”流畅地与人类交流，那么学会体验人类的情绪，并且适当地表达情绪，都是至关重要的。更重要的是，情绪是人类理性之外的另一种重要智能，它拥有自己的感受、判断与决策能力。学会情绪决策，对于机器获得与人相仿的智能而言是至关重要的。

在本节中，我们将首先介绍学界所了解的关于情绪的一般性知识，包括它的产生过程与调节机制，进而，我们将以痛觉为例，揭示伴随感觉过程同步产生情绪的神经机制，其后，我们将以共情现象为基础，介绍人与人之间的情感交流过程与机制。最后，我们将以抑郁为例，揭示心理病理状态下的情绪反应特征及其对感受和决策的影响。本节的日的，是从介绍情绪的心理与神经机制出发，为在机器智能领域引入情绪功能铺设开创性的基础。

4.1.1 情绪及其产生

（1）情绪的概念

尽管每个人好像都知道情绪，但要给情绪作一个通用定义却并不容易。这部分原因可能是因为，情绪本身是一个非理性的、起源于下意识过程的体验，不仅难以给出理性的定量描述，甚至连定性的描述都经常感到词不达意。比如，假如我们在愤怒时，被朋友问及“你究竟有多愤怒”，或者在爱恨交加时被问道“你到底感觉怎样”，就会体会到这一点。但显然，情绪是一种主观的体验，它的诱因可以是生理的、感觉的或者思维的，伴有或者不伴有外在的行为表达。不同的情绪，其性质也大相径庭。这也给情绪的定义带来了额外的困难。

作为参考，此处从海量资料中引述了两种关于情绪或情感的定义。其一，艾森克和基恩在《认知心理学》中提出：“‘情感’（affect）一词包含的意义非常广泛，表示各种不同的内心体验，如情绪（emotion）、心境（mood）和偏好（preference）等。相比，‘情绪’这一概念的含义虽然也可以很广泛，但它往往用来形容非常短暂但强烈的体验。最后，‘心境’或‘状态’（state）则用来描述强度低但更持久的体验。”[1]

其二，美国心理学会所给的官方情绪定义则是：“一种复杂的反应模式，包括体验、行为和生理因素，个体通过它来尝试处理具有重要个人意义的事务或事件。情绪的具体性质（如恐惧、羞耻）取决于事件的具体意义。例如，如果意义涉及威胁，就可能产生恐惧；如果意义涉及他人的不赞同，就可能产生羞耻。情绪通常包括情感，但与情感不同的是，情绪与外在世界具有公开或隐含的接触。”[2]

从这两条定义可见，专家们对于情绪和情感的认识也存在着广泛的分歧。从后文可以看出，不同学者对情绪和情感的不同定义，甚至左右着他们对情绪现象及其各种作用过程与机制的理解。因此，本章将遵循本节最开始对情绪现象所作的描述性介绍，并以此作为对情绪这个模糊现象的模糊性定义。

（2）情绪的分类

如前所述，可能存在许多不同的情绪体验。严格说来，每一次的情绪体验可能都有所不同。在中国儿童启蒙读物《三字经》中，提到“曰喜怒，曰哀惧。爱恶欲，七情具”，说明在中国古代，人们对情绪有这样七类的划分[3]。在中医学中则依照五行学说，把情绪分为“喜、怒、忧、悲、恐”的“五志”。当代西方研究者对于情绪也有相似的分类，认为基本情绪包括快乐、恐惧、愤怒、厌恶、悲伤和惊讶[4]。此外，还有爱、害羞、嫉妒、焦虑等复杂情绪。

从上述东西方对于情绪的划分中可以看出，基本情绪在不同文化背景中具有一定程度的普遍性。亦即人类的不同族群在面对类似情境时，会产生相似的情绪，甚至会表现为相似的面部表情[5]。在一些跨种族的研究中发现，人们能够在一定程度上正确识别其他种族的面部表情[6]。即使刚出生的婴儿也并不是只会哭泣，它们也会微笑[7]。这种面部表情的相似性可能是人们在情感上相互理解的基础之一。

尽管情绪在进化上产生很早——科学研究表明，原始的情绪反应如假死状态甚至可以在昆虫中见到。但跨物种的情绪识别却有相当的困难，甚至同为高等灵长类，人类想要识别其他猿类的情绪也非有相当的熟悉经验不可。这表明，情绪交流很可能存在相当程度的习得性成分。也就是说，我们的大部分复杂情绪反应，或者说至少是其识别与表达方式，都是在神经系统发育成熟后，从周围的同类那里学来的。我们从别人那里，学会了怎样认出某种特定的情绪，并进而模仿着去表达它。

情绪的这种习得性，对于在机器智能中应用情绪而言或许是个福音。既然人类个体的情绪是学来的，那么机器就同样有可能学会它——只要让机器像人一样，细致观察人类在面对各种情境时所做出的各种反应。由于机器学习的网络属性和可复制性，机器智能甚至有机会比人类更快、更好地学会使用情绪。重要的是，它需要知道去看什么。

（3）情绪的产生

情绪是怎么来的？自古以来，人们一直在思考着这个问题。哲学家和心理学家采用的是观察、内省和逻辑分析的方法。生理学家和神经科学家则更多地尝试用物理和化学的语言来论述这个问题。无论从哪个角度来看，情绪都是一系列因果关系的产物。这些因果链条所构成的网络，部分地植根于环境刺激，部分地立足于生理、生化和神经过程，甚至也有部分涉及心理过程。

如果使用计算的语言来考虑，可以把参与情绪生成的整个因果链条网视为计算系统。这个跨越物理世界、生理生化过程和心理过程等多个不同层面的网络结构，构成了一个前所未有的跨多层级计算系统。该系统将来自各个层级中输入来源的信息加以综合处理，其中可能包含多种线性的、非线性的甚至是随机或混沌的计算机制，最终形成作为情绪的生理、生化与行为反应，和作为情感的主观心理体验。

最初，人们认为情绪产生和表达的过程是：首先识别重要事件，如住宅起火，由此产生意识情绪体验—害怕，进而再触发外周结构如心脏、血管、肾上腺、汗腺等的控制信号。要言之，意识上的情绪引起躯体的自主反应。

19世纪末，美国心理学家威廉·詹姆斯提出了情绪的詹姆斯-兰格理论[9]。自视为哲学家，善于对心理活动进行观察和内省的詹姆斯在该理论中指出，情绪是对外周生理改变所产生的认知反应，亦即情绪的认知体验继发于其生理表现。换言之，情感状态，亦即情绪的意识体验，产生于皮层接受有关生理状态改变的信号之后。例如，当我们遭遇危险时，会出现一系列的生理反应，包括心率加快、血管收缩、肌肉紧张等，正是因为我们有了这些生理反应的改变，才能体会恐惧情绪，当这些生理反应消失的时候，恐惧情绪也随之消失。这一理论也被称为情绪的外周理论[3]。

到了20世纪初，随着情绪机制的动物研究的进展，生理学家沃尔特·坎农通过在切除大脑皮层的猫身上，观察到了对于轻触的类似愤怒的反射式反应，并因而提出了坎农-巴德理论[10]。该理论提出情绪是由丘脑和下丘脑产生的，来自外界的刺激会让皮层解除对丘脑的抑制，从而产生情绪。这一理论让人们意识到情绪有可能是在中枢产生的，至少是在失去了大脑皮层的猫科动物上似乎如此。

心理学家和生理学家关于情绪产生机制的争论反复持续了一个世纪，其间心理学家沙赫特[11]、达马西奥[12]和阿诺德[13]，以及生理学家帕佩兹[14]等人都做出了重要贡献。随着各方面证据的不断积累，以及神经科学研究技术的发展，人们逐渐认识到，情绪的产生过程，在生理层面牵涉大脑多个部位组成的神经网络和机体多个内分泌器官组成的内分泌网络，在心理层面则涉及对各种模糊信号的下意识内隐评价或计算，这些计算结果在下意识水平即可发动生理反应和行为倾向，并同时在意识水平构造出相应的情感及其认知解释。

近年来，随着数据分析水平的不断提高，研究者可以运算更大规模的数据，同时分析多个脑区的神经活动并且探索脑区之间神经活动的关联。这些新增的算力所得到的发现，证明了情绪不仅与生理反应相关联，还与所处的社会环境紧密关联。这就进一步证明了情绪计算方式的习得性，以及超个体跨多层级计算网络对情绪计算过程的参与。

4.1.2 情绪调节

（1）情绪的可调节性

情绪可以调节吗？如果说答案为是，但我们每个人都经历过那种怒不可遏、脱口而出的情形；而如果说答案为否，我们却又都或多或少地有过让自己的内心情绪悄然平复的经历。情绪和我们究竟是什么关系？我们能左右它吗？

如果我们了解前面所述的跨层面情绪网络计算体系，就会懂得情绪的产生是这个庞然大物的网络计算的结果；人类个体在意识水平上的理性思维仅仅是参与这个计算体系的若干层面中的一个，尽管有可能对它施加影响，却远远还达不到左右情绪计算过程的地步。这不是因为理性思维仅仅是其中一部分，还因为我们作为个体，对整个情绪计算过程了解太少。换言之，我们仅仅能觉察显露于意识表面的这一小部分过程。就好像尽管我们在理论上知道气象是由大气与地球物理过程产生的，但由于我们所能监测的部分太少，因此至今人类还无法掌控气象，没办法保证风调雨顺。同样地，以人类个体目前对情绪过程的觉察水准，我们还没办法保证情绪在自己的掌控之中。

然而，既然在理论上有可能做到，那么随着个体对情绪过程了解的增加，对情绪的影响能力也会不断增加。我们距离中流砥柱、挽狂澜于既倒的目标也就会越来越近。但这个过程是纯粹个体的，它依赖于个体的心理成长。

（2）情绪调节的途径

自我的情绪调节，无论对心理还是大脑而言都是一种保护措施。如果个体长期处于负性情绪之中，无论对脑还是心理都会产生负面影响。这是因为在进化过程中，生命受到反复打击就会收敛自身的活动，这是一种自我保护以适应环境的方式。因此，让脑和心理暴露在超过环境实际的负面情绪中，是导致适应不良的重要因素。

分心是普通人常用的调节方式[15]，例如，当个体感觉到悲伤的时候，往往会选择作其他事情来让自己忘记悲伤。关云长在“刮骨疗毒”时和别人下棋，也是类似的分心策略。但这种“顾左右而言他”的效应通常是有限的。这是因为，情绪在进化上代表着对事件重要性的判断，因此人类的注意力很容易聚焦在具有强烈情绪色彩的事件上。在情绪强烈的情形下，除非个体对自己的注意力有高度的掌控，否则分心策略就会失灵。

认知重评是另一种重要情绪调节方式[16]。这是个体在思维上主动对事件做出不同的解释，以缓解负面情绪的做法。例如，在看恐怖电影时为了克服恐惧，往往会提醒自己这只是在演戏。对于思维灵活、不钻牛角尖的人来说，这种路径常能取得意想不到的效果。但这种“精神胜利法”需要动员认知过程，因此会造成大脑的计算负荷增加。在内心比较平静、算力充裕时还好；如果在心中已乱、算力捉襟见肘时，再动员大量算力去作认知重评，就可能顾此失彼。

第三种情绪调节所依靠的是信心。这就是所谓的“安慰剂效应”[17]。当我们有曾经成功地调节了情绪的体验时，对情绪的可调节就建立了信心。这种信心会随着反复的成功调节体验而加强。有趣的是，不仅人类，动物也能够建立安慰剂效应[18]。研究表明，曾经成功地对抗过疼痛的小鼠，就会有更强的信心去摆脱束缚，或者从大水中逃生[19]。但人类有一个独特的倾向：归因[20]。人类习惯于给自己的成功找一个原因。有的人倾向于归因到自己，于是变得自大；有的人倾向于归因给外力，于是变得迷信；也有的人倾向于归因于某种方法或理论，于是变得僵化教条。如果坚持观察而不急于作结论，才有可能实际提升调节能力。

坚持不作结论地观察，也就是目前国际心理学界流行的“正念”[21]。当观察养成习惯，努力调节情绪养成习惯，就会越来越多地认识到情绪调节的具体机会，从而更好地调节情绪。进一步，会导致大脑回路和心理过程向着合理感受环境、适度地发挥情绪作用的方向演化，从而产生情绪稳定性。这也就是人们所说的“喜怒不形于色”“泰山崩于前而不惊”。此时，情绪调节已经超越了意识水平的思维认知，而是深入到情绪计算系统的更多层面之中。同时，由于情绪功能如实地反映环境情境，能够大大地提高个体的情绪智力，亦即所谓的“情商”。此时，个体的情绪感受能力也变得更为细致和准确，从而让个体变得更为睿智，能够更好地适应所在的环境。

4.1.3　情绪对认知的调节

不仅认知可以调节情绪，反过来，情绪也会影响认知。

认知是非常高级的心理功能，它比其他心理功能更接近于心理本身。因此，认知所包含的范围非常广泛。不仅感知、注意、学习、记忆以及决策等意识水平的心理过程涉及认知加工，甚至意识之下的各种过程也以各种方式影响着认知。情绪就属于这类的影响因素。

在不同的情绪状态下，我们对事物的理解就可能不同。例如，在心情低落的状态下，可能会食不知味，甚至无心作事；而心情愉悦时，则更能够感受到鸟语花香。当然，认知也时刻影响着情绪。这种影响不仅包括前述的认知对于情绪的调节，还体现在对事物的理解会影响个体的情绪状态。例如，赞美之词会让我们高兴，但经仔细思考发现那其实是讽刺时，就会感到羞愤。因此，情绪和认知之间的交互作用普遍存在，彼此都深深地卷入对方的计算过程之中。

（1）情绪对决策的调控

决策是对信息加以分析和计算的结果。理性的决策过程是对事实加以线性的、逻辑的计算分析，综合评估其好坏利弊，最终做出决策。然而，正如前文所说，人类除了拥有理性思维，还拥有情感功能。而情感则是非意识、非线性、非逻辑的计算分析过程。因此，我们最终产生的情感，实际上是情绪智力对情境做出的评估结果，它本身同样是一个决策体系，并且是与理性决策平行的体系。

另一方面，由于认知和情绪两者都深深地卷入对方的计算过程，因此情绪决策和理性决策必然有非常密切的关系。情绪强烈影响着决策。詹妮弗·S·勒纳等研究者在2015年的综述中总结道，“情绪可以有力地、可预测地、普遍地影响着决策”[22]。并且，由于情绪决策过程的非意识、非线性、非理性特征，当情绪卷入认知决策时，也会让认知决策的结果变得非理性，并且其不合理性还很难被察觉。这种在情绪角度改变决策的效应，在日常生活中常用于广告植入。这种效应如果被正面加以利用，会增加教育的效果；但若被居心不良者加以利用，就可能用来操纵他人的情感和行为，产生恶果。这就是所谓“感召”和“诱惑”。

不仅情绪会影响决策，决策的结果也会让个体产生情绪，进而指导未来的决策。奖励和惩罚的强化作用是情绪与认知两大决策体系之间比较容易理解的一种相互作用。当大脑腹内侧前额皮质功能受损时，惩罚所带来的策略调整功能就会遭到削弱。此时个体会不断重复风险程度更高的策略意图获取高回报，这就是所谓赌徒心理[23]。其余如药物滥用、网络成瘾以及其他成瘾行为，也是由于类似的原因所致。

（2）情绪对学习、记忆的影响

学习和记忆是有趣的心理现象。受到神经科学的启发，人们认识到学习是在各种事件之间建立联系的过程。这种过程如果发生在意识水平，并且可以被语言描述出来，就称为陈述性记忆。如果虽然在意识中却难以描述，就称为非陈述性记忆。前者如对自己曾经的经历的回忆；后者如对某种技能操作的掌握。更多的学习过程则发生在意识水平之下，此时就会出现尽管调节实际上已经发生，却并没有被意识到的情形。比如幼年学会走路的经历。

记忆可以形成，也可以修改。但有研究者认为，所谓修改的记忆，只是在原有记忆之上叠加了新的记忆，并没有消除此前的记忆[24]。例如，如果一个人害怕蛇，后来经过各种心理训练，学会了蛇并不可怕。实际上发生的，是在脑内“蛇可怕”这个记忆上，叠加了“现在它不可怕了”的新记忆。相当于用一个对冲的算法抵消了早先算法的作用。从这个角度来说，随着记忆的增加，脑内计算的繁复性也会不断增加，导致大脑运算效率的下降。人到中年以后思维能力的减退，或许是这种算法不断叠加，占用算力过多的结果。

作为一种非理性的计算过程，情绪对记忆的影响是多方面的。首先，情绪本身也会被记住，并且与相伴随的情境联系在一起。这个性质使具有情绪色彩的事件更加容易被记忆。其次，由于情绪对注意力有强烈的牵制，当带有强烈情绪色彩的事件出现时，其他事件的学习可能会受到影响，因为学习所需要的必要的注意力被情绪事件转移了。这就导致了情绪与学习关系的“倒U形曲线”[26]，即适度的情绪色彩加强学习，但过于强烈的情绪则反过来削弱学习。这两个特征也可以从情绪这种与理性既相互平行又相互交叠的两个计算体系之间的相互作用来理解。

4.1.4 疼痛的感觉与情绪计算

尽管国际疼痛研究会认为，“疼痛是一种与实际或者潜在的组织损伤相关或类似的不愉快的感觉与情绪体验”[27]，但实际上，疼痛是一种情绪。或者更严格地说，它是一种以情绪为主要特征的心理现象。所谓的疼痛感觉，只是指为导致疼痛的刺激作定位指示的那部分信息，它实际上是刺激诱发的、伴随疼痛情绪的普通躯体感觉。疼痛需要这部分定位信息，是因为导致疼痛的刺激通常有可能引起伤害，因此需要尽快定位以便加以回避或处理。

疼痛的这种特征，导致它在中枢神经系统存在同步进行的定位感觉计算和情绪计算。关于这种并行计算可能性的假设在20世纪末被提出[28]，但直接在神经细胞放电水平证实这一假设的，则是作者实验室所做的系列工作。此部分将着重介绍这些工作。

（1）感觉与情绪的平行计算

为了解脑怎样处理痛觉信息，作者从美国引进了清醒大鼠单个神经细胞多通道同步记录技术。该技术使研究者得以在动物脑内多个部位同时埋置电极，并在动物清醒且自由活动时，记录许多单个神经细胞的活动。具体地说，研究者们在动物感觉和情绪计算网络中，分别在丘脑和皮层水平记录放电活动。

在2003年最早的论文中[29]，研究者报告了感觉网络和情绪网络计算活动的不同特征。感觉网络神经细胞的活动快速而短暂，这与感觉计算的时效性相符；情绪网络活动则缓慢而持久，反映出疼痛所带来的不愉快情绪的持续性。同时，该工作还发现，情绪网络中存在超前的预测性反应，即在刺激刚刚启动，还没有达到引起疼痛的程度时，已经开始出现计算活动。这种具有预测能力的情绪计算，可能是情绪网络计算的一个重要特征。

在此后的研究中，作者的团队证实这种计算的分布式神经网络特征[30]。即感觉辨别信号存在于脑内多个部位神经细胞的群体活动之中，对感觉强度的辨识从大量神经细胞的平均放电水平可以最好地反映出来。同时，这些信息还分布在具有一定持续性的时间范围中。在感觉计算网络中，这个时间范围较窄，而在情绪计算网络中，这个范围则较持久。

这种分布式神经网络计算的特征，也先后在多种其他感觉研究，包括对不同频率电刺激的神经计算研究中得到了证实[31]。这一系列发现也证实了20世纪唐纳德·O·海布的猜想[32]，即大脑可能运用神经细胞群组成临时网络来表征事件。海布还提出，如果事件反复出现，那么神经可塑性会让这种临时网络变成永久网络，从而产生学习与记忆的效果。这个猜想也被神经可塑性研究所证实[33]。

（2）认知对情绪计算的调节

• 下行信息的意义

在最初的数据中，作者的团队已经注意到，在接受疼痛刺激时，皮层水平的神经细胞活动常常比丘脑的活动更早。在2004–2008年间，本团队研究者们所发表的一系列对神经细胞个体之间的互动和群体之间的信息流动分析结果[34–37]，都证明在痛觉发生时，由皮层指向丘脑的信号活动迅速增加，而相反方向的活动却反而减少。本团队在这些研究中先后尝试使用不同性质的疼痛刺激，结果均一致地证实了这个现象。

如果我们考虑到皮层通常与意识水平的认知活动有密切关系，而皮层下结构则更多地代表着无意识的计算过程，那么这些发现实际上证明了心理学家沙赫特[11]和达马西奥[12]的观点，即情绪是大脑主动组合模糊信息所构造出来的结果。换句话说，当足以引起情绪的疼痛刺激发生时，大脑皮层主动地发出信息进入皮层下结构，推动情绪计算产生结果，并进而做出相应的反应。

作为这一解释的证据，研究者发现当疼痛刺激的持续时间从数秒延长到数十分钟时，伴随着从皮层指向丘脑的信号大量增加这一现象，同时还出现了从情绪网络指向感觉网络的信号大量增加[34]。这个发现证明了皮层主动传出大量信息是为了获取情绪网络计算结果的假设。另一方面，它也支持我们在前文中关于痛觉的看法，即痛觉从本质上是对情绪的感受。

• 当情绪变得持久

俗话说："久病床前无孝子"。尽管平时疼痛具有保护性，可以提醒人们回避伤害，但如果伤害已经发生并且持续很久，此时的"慢性"疼痛就变成一种折磨。人们对持久的折磨，在认知态度上会产生根本性的改变。人们会把它视为洪水猛兽，却又感觉自己对它无可奈何，仿佛丧失了与它抗争的勇气。

作者团队对急性、慢性疼痛所作的比较研究证明了这种差异[38]。如果抑制皮层的活动，那么个体对急性疼痛刺激的反应也会被抑制。这表明，在刚刚遇到疼痛刺激时，皮层的主动活动旨在放大这些情绪感受，以便获得更加清晰的情绪计算结果。反之，在慢性疼痛的情形之下，只有兴奋皮层才会抑制疼痛反应。似乎在久经折磨之后，皮层唯一想做的就是不要接受与疼痛相关的情绪计算结果，但它已经筋疲力尽，已经无力阻止这些结果的进入。这个现象也被后续研究所证实。

这种慢性疼痛对情感计算方式的影响是深远的。作者团队在后来的研究中发现[39]，曾经经历过慢性疼痛的个体，即使在痊愈之后，对此后的疼痛或与疼痛相关的线索也都会表现出不仅更为强烈，而且经久不衰的反应。这表明，慢性疼痛经历彻底地改变了个体情绪计算系统的算法。这让他们更加畏惧痛苦，并且很可能更容易被未来的痛苦所折磨。

• 注意与情绪计算

所谓皮层的认知活动主动地索取情绪计算信息，听起来似乎很玄。但在心理学上，刚好有这样一种认知活动，那就是注意。

我们的认知仿佛是光，注意则是把光引向特定方向的机制。因此，我们更

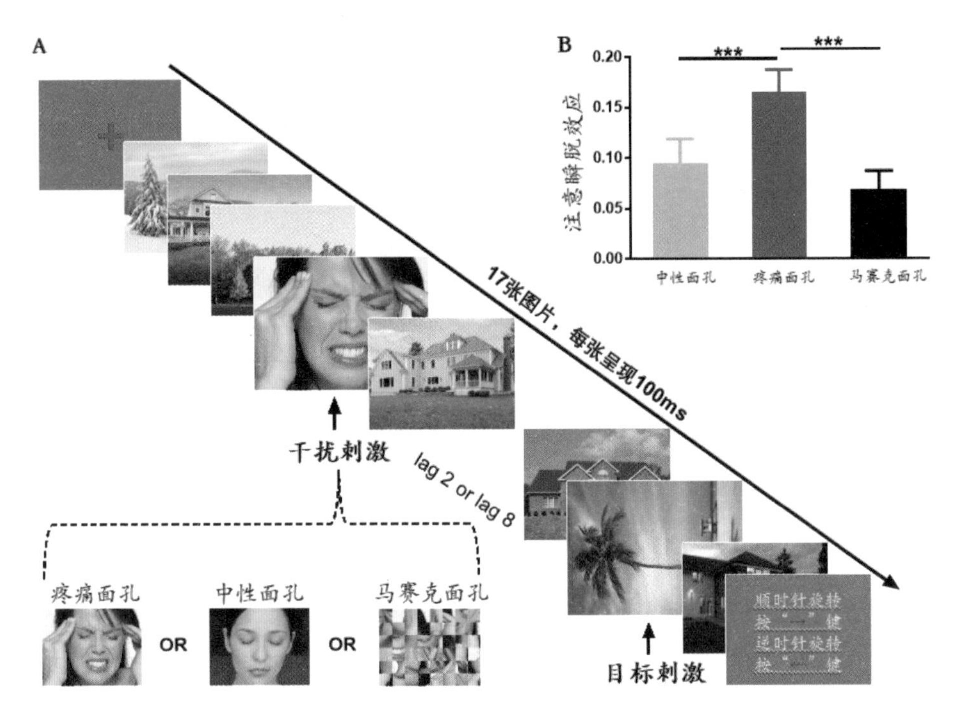

图4.1.1　A. 一个快速呈现视觉序列范式（RSVP）试次的例子。每个试次都由被试者按空格键开始，灰色屏幕中央呈现一个红色“+”作为注视点，100–300 ms后呈现RSVP。每个RSVP试次都由17张图片组成，其中包括一个干扰刺激、一个目标刺激和15个填充刺激，目标刺激呈现在干扰刺激后的第2（lag 2）或第8（lag 8）的位置上。每张图片在屏幕上呈现100 ms，图片之间无间隔。一个RSVP呈现完毕后让被试者对目标刺激的旋转方向做出反应，逆时针旋转按“←”键，顺时针旋转按“→”键。被试者做出反应1000 ms后提示他/她可以按键开始下一个试次。B. 疼痛面孔诱发的注意瞬脱效应显著大于中性面孔和马赛克面孔，注意瞬脱效应是指对lag8目标刺激判断的准确率减去lag2目标刺激的准确率，***$p < 0.001$。图片来源（Zheng C, Wang J*, Luo F*（2015）Painful faces-induced attentional blink modulated by top-down and bottom-up mechanisms. Frontiers in Psychology, 16:695. doi: 10.3389/fpsyg.2015.00695. 有修改）

容易觉察处在注意范围内的事物；而当事物处于我们集中起来的注意之外时，则往往被视而不见。因此，俗话有所谓“灯下黑”的说法，也表明注意的这种引导认知的属性。可以说，注意是认知活动的先导。

具有情绪色彩的事物，更容易引起注意。作者团队的系列研究表明[40–44]，疼痛相关的事物和情境，都具有吸引注意的特征。在心理学中，这种现象称为注意偏向。人们倾向于快速关注可能引起疼痛的东西。但反过来，如果这个疼痛预示过于强烈，或者个体对疼痛非常畏惧，那么这个短暂的注意之后就会有回避产生。就好像特别怕蛇的人，看到蛇之后会吓得捂住自己的眼睛。

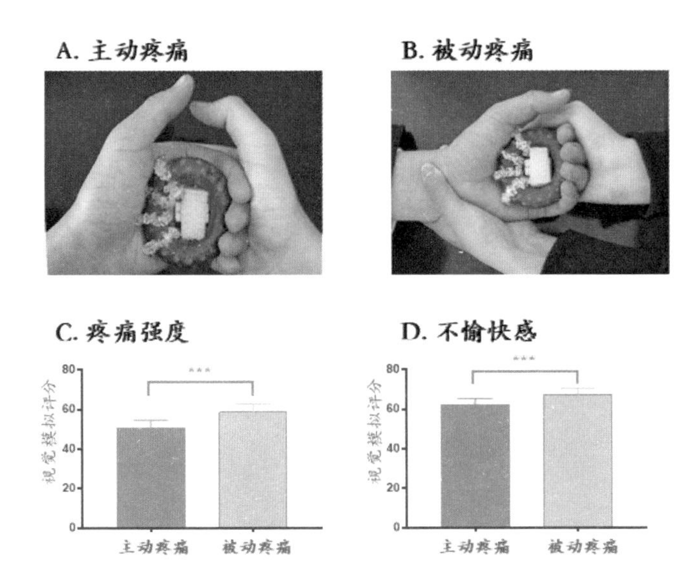

图4.1.2　主动疼痛与被动疼痛的疼痛强度及不愉快感。A. 主动挤压诱发疼痛，被试者用右手挤压左手握着的圆环。B. 被动挤压诱发疼痛，主试者挤压被试者的手。圆环上的多棱水晶珠用于诱发疼痛感受。C. 主动疼痛的视觉模拟评分显著低于被动疼痛；D. 主动挤压产生的不愉快感也显著低于被动疼痛。***P<0.001，主动疼痛与被动疼痛相比较。图片来源（Wang Y, Wang JY*, Luo F*（2011）Why self-induced pain feels less painful than externally generated pain: distinct brain activation patterns in self- and externally generated pain. PLoS ONE, 6（8）: e23536. doi: 10.1371/journal.pone.0023536.）

最近作者团队的一项在人类中进行的电生理研究发现（尚未发表的结果），在极为短暂的疼痛相关刺激之后，情绪皮层会在20毫秒之内产生一个短暂的快速响应，并随后出现延续约100毫秒的注意偏向。这个发现证实我们对皮层主动活动的解释，并揭示所谓获取情绪计算的主动认知活动，其实是注意的重新定向。

相关的研究还表明，这种注意的重新定向很可能具有积极的意义。本团队的电生理研究表明[36]，对疼痛有所预期本身可以改变痛觉情绪网络的算法，表现为情绪网络内部以及情绪网络指向感觉网络的信息流动均大量增加，其效果类似于注意重新定向之后的情形。作者团队在人类被试所作的行为学和脑成像研究也证明[45]，如果疼痛刺激的发起是由个体主动操作的，那么不仅能减轻主观的痛觉情绪体验，而且同时还彻底改变了情绪网络的算法。因此，从某种意义上说，如果能够适当地运用注意，有可能对痛觉情绪算法发挥主动的影响，从而实现情绪的调节。

4.1.5 共情

传统的情绪研究往往只关注单个个体层面的生理、心理加工过程，但实际上，情绪反应一旦产生往往会超越个体，对周围的人产生影响。比如，当有人很开心时，身边的朋友往往也能分享到他的喜悦；而当他伤心时，其他人则会变得比较低沉。这种个体间共享的社会性情绪体验，即为共情。

在日常生活中，如果身边有人情绪比较淡漠，我们往往会开玩笑地说这个人像机器人。也就是说，在人们的普遍认知中，人工智能只具备线性的、理性的智力，而不具备非线性的情绪智力。一旦人工智能具有类人的情绪反应，那么人们更可能视其为同类，这样的人工智能也将能更成功地融入人类社会。这种特征将在伴侣机器人、人工智能管家、人工智能客服等领域具备广阔的应用前景。具备情绪智力并不意味着要求人工智能对所有的刺激产生情绪反应，相反，只需要其能够对与其互动的人类的情绪产生恰当的情绪反应，即共情。当前的人工智能已经发展到能对人类的情绪具备一定的解码和应对能力，但是这距人类的共情能力还相去甚远，特别是在反应的灵活性方面。下面我们将简要介绍人类共情，结合本实验室的研究着重介绍共情的自动快速加工通路及其调节，以期对人工智能发展提供借鉴。

（1）共情及其神经基础

• 共情的概念及分类

尽管有着漫长的研究历史，但目前学界对于什么是共情并没有达成共识，曾有学者表示“共情的定义大概和其研究者一样多”[46]。在一篇综述中Cuff等人总结出了43种不同的共情定义[47]，恰好支持了这种略显夸张的说法。总的来说，这些定义大都认可在最基本的层面上共情通常涉及两个个体之间的情绪互动，分别称为客体（object）和主体（subject）。客体是指原发的情绪体验者，即经历情绪或状态改变的那个个体；主体是指继发的情绪体验者，或通过共情来感知或理解客体情绪，进而发生状态改变的那个个体。因此，共情可以简单地理解为：感知客体情绪状态引起了主体情绪状态的改变。

像其他社会心理现象一样，共情也可以用双加工（dual process）模型来解释，包括认知共情和情感共情两个维度[48]。认知维度是主体通过人们普遍具备的心理理论（theory of mind）能力来推断和理解客体的情绪，是有意识的、控制的、自上而下的，但此时并不一定共享客体的情绪；与之相对，情感维度则是主体通过情绪模仿（emotional mimicry）能力来分享和匹配客体的情绪状态，是无意识的、自动的、自下而上的。传统人工智能更关注认知维度，即使它能够对人们的情绪做出一定反应，也往往是通过对互动对象传达的情绪线索（如语言、声调、表情、姿态甚至自主神经反应等）进行解码来实现的，即类似于认知共情的方式进行情绪互动。但在实际互动过程中，情感共情可能占据更主要的地位：一方面，情绪模仿往往是种自动的反应，即我们看到他人的情绪后就能立即产生一个相似的情绪，因而比较快速、准确；另一方面，有研究表明，人们偏爱与自己相似的个体，因而被模仿可以增强共情主客体之间的情感联系[49]。从这些意义上来说，未来人工智能发展应该考虑基于自动快速情绪模仿的情绪共情能力。

- 共情的神经基础

共情是如何产生的呢？研究表明，共情的产生依赖于“共享表征”脑区的激活。所谓“共享表征”是指人们加工自身情绪与加工他人情绪时激活相同的神经环路[50]。研究者使用疼痛、味觉、触觉、基本情绪以及更高级的社会性情绪如社会排斥和尴尬等，结合脑影像学发现，在共情发生时，人们所产生的替代性体验依赖于特定的、能产生这种体验（如情绪、痛觉和触觉）的神经系统，该系统在自身体验以及观察他人体验时有重叠的激活[51，52]。

疼痛共情研究领域发现，当直接感知疼痛场景时（例如看到他人的疼痛表情，或者看到他人被针扎或电击），除了共享表征脑区，主体的镜像神经元系统（Mirror Neuron system）也会激活[53]，说明主体通过模仿通路进行快速、自动的共情；在缺乏直接感知的情况下（例如通过想象，或通过抽象线索感知他人遭受伤害），除了共享表征脑区外，心理理论相关的脑网络会激活，说明客体的情绪状态可以通过构建他人潜在心理表征的方式进行推断[54]。这些脑影像学的发现支持了共情存在自动的、无意识的情绪模仿，以及主动的、有意识的心理理论两种计算通路。

（2）自动共情加工及其调节

- 共情的自动加工

日常生活中充斥着形形色色的共情现象：别人打哈欠时我们也会跟着打哈欠，别人的笑往往也能引起我们产生笑容，看到他人遭遇不幸时我们会不自觉地皱眉。直观上，这些共情反应是自动产生的，即不需要意识或认知努力。与这种直观印象一致的是，大多数研究者也认为共情是自动的。早在1903年Lipps首先将einf ü hlung一词赋予心理学意义上的共情内涵时[55]，他就认为人们感知他人情绪状态时能够“迅速地、同时地”分享和理解这种状态。Preston和de Waal在其著名的感知-动作模型（Perception–Action Model，PAM）中提出：感知他人的状态会自动激活个体对于该状态的表征；除非受到抑制，否则会进一步触发相关的躯体反应和自主神经反应[56]。

对于共情的自动性，作者团队首先在现象学层面证实了以表情模仿者为核心的情绪模仿在疼痛共情自动加工的作用[57]。在一项研究中，我们让被试者观看他人前臂接受针刺的视频；同时同步记录其面部肌电活动，以观察其面部表情变化。我们发现，无论是单独观看接受针刺的前臂、接受针刺时的疼痛表情，还是观看完整的场景，被试者的皱眉肌（corrugator supercilii）都会放电；并且，在观看完整场景时，还伴随着颧大肌（zygomaticus major）放电活动。皱眉肌的作用是使眉头皱起，它一般与悲伤、愤怒、厌恶等负性情绪相关；颧大肌的作

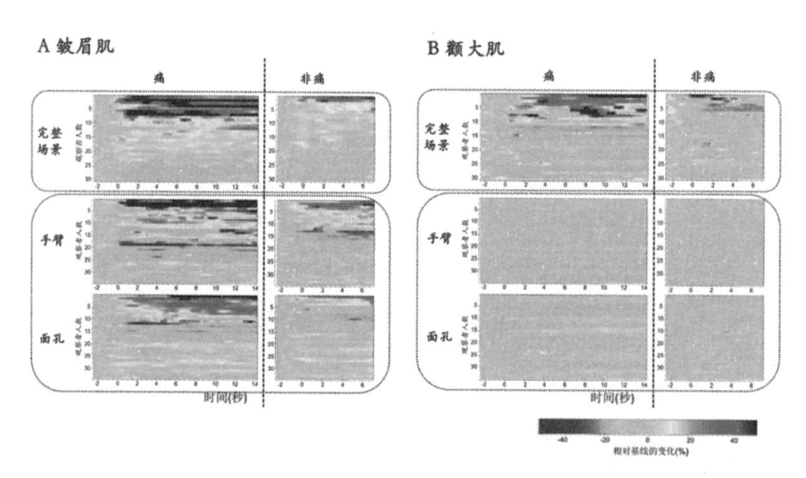

图4.1.3　二种视频刺激诱发的皱眉肌（A）和颧大肌（B）肌电信号的时间分布模式。原始信号已通过标准化转换为相对于基线的变化百分比，每一行代表一个被试者的标准化肌电活动。A. 皱眉肌的活动对完整场景和局部视频的反应呈现不同的模式。完整场景视频刺激只引起兴奋性反应，而仅手臂或面部的视频则产生兴奋性和抑制性的皱眉肌活动。且完整场景视频的皱眉肌活动相对于手臂或面孔的视频更长更连续。（b）在观看对完整场景视频时，颧大肌表现出显著的激活和抑制活动。然而，观看手臂或面部视频时，颧大肌的活动既没有激活，也没有抑制。图片来源（Sun YB, Wang YZ, Wang JY, Luo F（2015）Emotional mimicry signals pain empathy as evidenced by facial electromyography. Scientific Reports, 5: 16988. doi: 10.1038/srep16988.）

用是向斜上方牵拉嘴角，一般认为在笑时出现。因而，除了疼痛表情之外，一般情绪表情不会同时涉及两者。因此，这一结果说明被试者观看他人的疼痛场景时产生了一个相似的疼痛表情，即情绪模仿。在后续的研究中（尚未发表结果），我们使用物理干扰（用弹力绷带包裹住被试者的表情肌）、药物干扰（注射肉毒杆菌毒素使表情肌去神经支配）或者选取表情肌活动异常的被试者（面肌痉挛患者）等方法发现，当被试者不能进行正常的表情模仿时，他们的共情也受到严重影响。这些结果说明，自动化的情绪模仿不仅可以表明主体正在对客体进行共情，而且它本身还可以作为一种共情的通路，对于人们的共情能力至关重要。

• 共情的自动调节

共情虽然可以是并且通常是自动发生的，但这并不意味着总是如此。这不仅体现在部分神经–心理疾病如自闭症、精神病等患者无法对他人进行自动共情，也体现在主体能够动用认知能力主动地、自上而下地对共情反应进行调节，最重要的是，还体现在自动的共情反应也会受到各种情境性因素的影响而不同。比如，当人们去医院探视患者，面对很多同样受疾病折磨的患者，人们往往只会对其亲友共情，而对于陌生人的痛苦较少共情甚至视而不见。也就是说，共情的自动反应是差异化的，往往只对重要的、严重的、与自身关系密切的客体情绪产生共情，而忽略了那些不重要的、微弱的、与自身关系疏远的客体的情绪。共情反应是如何实现这种自动调节呢？作者团队提出在共情加工的过程中存在一种自动筛查机制（screening mechanism）[58]。通过这种机制，主体可以将有限的资源分配给特定的客体，而忽略其他客体的情绪。

为了证实并在时间上定位该筛查机制，我们使用高时间分辨率的脑电事件相关电位技术记录了被试者在观看三种类型的疼痛图片——疼痛表情、针扎前臂和针扎脸但是没有表情——时的神经活动。其中，疼痛表情和针扎前臂都是日常生活中常见的疼痛场景，而针扎脸则不太常见，并且针扎脸时没有产生表情是与常识相悖的，因而被试者会把前两者判断为真痛，而把后者判断为假痛。结果发现，在图片呈现后的200~300ms间的N2和P3成分能够对真痛和假痛图片做出区分。N2成分能够反映选择性注意，且对于情绪刺激较为敏感；P3成分则与注意资源的分配有着密切关联。因此，这一结果证实大脑中存在一个注意筛查机制，使得只有真实的、强烈的、具有生存意义的情绪线索才能进入下一步的加工之中，而虚假的、微弱的、生存意义不太明显的情绪线索则会被筛除掉，以节省宝贵的物质、时间和认知资源。

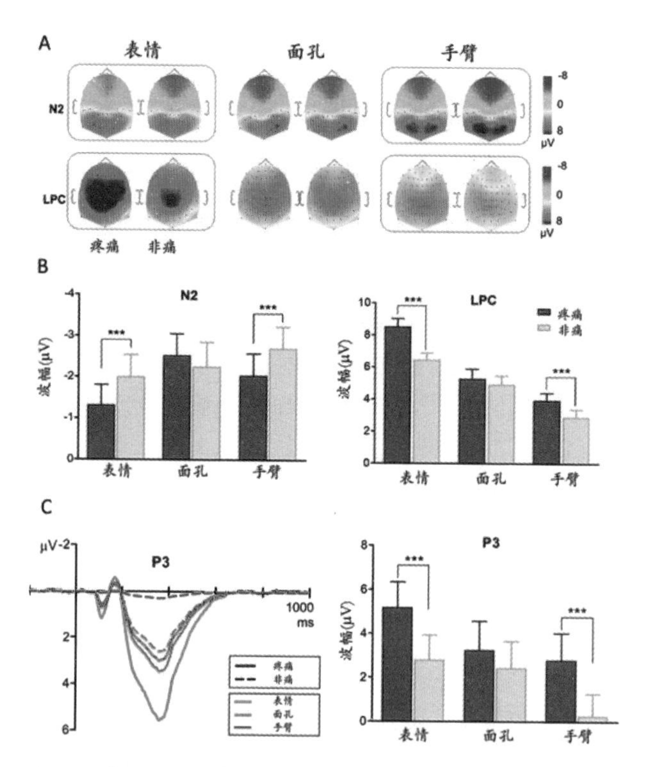

图4.1.4 A. N2和LPC成分的头皮地形图，分别为每个实验条件绘制（从左到右：疼痛表情、中性表情、针尖触碰面部、棉棒触碰面部、针刺手臂、棉棒触碰手臂）；B. ERP的波幅比较。在观看表情图片和手臂图片时，N2成分和LPC成分的ERP波幅在疼痛条件与非痛条件之间有显著差异；C. 通过主成分分析将LPC成分分为P3子成分和LPP子成分，结果发现P3子成分的波幅在疼痛表情和中性表情之间有显著差异，在针刺手臂与棉棒触碰手臂之间也有显著差异，却不能区分针尖触碰面部与棉棒触碰面部。图片来源（Sun YB, Lin XX, Ye W, Wang N, Wang JY, Luo F（2017）A screening mechanism differentiating true from false pain during empathy. Scientific Report, 7: 11492. doi: 10.1038/s41598-017-11963-x）

更为重要的一点是，这种筛查是自动发生的，即不需要有意识的认知努力，那些虚假的情绪线索就能被屏蔽在进一步共情加工之外。这对于人工智能的发展具有重要的启示意义：首先，共情应该是以互动对象为中心的，而不应该对出现在感知范围内的所有人做出一视同仁的反应；其次，共情应该是情境化的，根据具体的场景因地、因时而异，不能对于同样的情绪都输出相同的反应。

4.1.6 情绪决策与模糊性加工

请读者想象这样一个场景：一位推销员试图向潜在客户推销产品，他应当选择在客户心情愉悦时开口，还是在客户心情欠佳时开口？相信大多数读者都会选择前者。我们之所以会做出这样的选择，是因为我们知道人们对信息的评估和决策会在一定程度上受到情绪的影响。过去人们常常将这种受情绪影响的非理性认知加工视作“冲动、不可靠”的代名词，但是近年来有越来越多的证据显示这种成见并不总是正确[22]。

从演化适应的角度来看，情绪对人的影响可以被视作一个连续谱，一端是有助于机体适应环境的适应功能（例如正常的悲伤情绪），另一端则是阻碍机体正常运转的功能失调（例如抑郁症）。对于身心健康的正常人而言，当我们面对具有模糊性的信息时，情绪往往能促使我们做出有利选择，从而帮助我们应对和适应复杂、不确定、多变的环境。另一方面，在某些异常或病理性的情况下，面对模糊性信息做出的情绪决策则会造成不良的后果，从而引发或加剧心理疾病[59]。由于在真实世界中，错综复杂的情景信息往往具有一定的模糊性，因而神经系统也进化出了利用模糊信息进行情绪计算的能力，这也让计算的模糊性成为情绪计算的重要特征。

虽然人们早已意识到情绪决策与模糊性加工的这种双面性，也有许多研究探索了异常的情绪决策与模糊性加工在心理疾病病因学中扮演的角色，但却很少有人探索情绪决策与模糊性加工是如何从适应性功能转变为适应不良的心理病理因素的。在本节中，我们将首先介绍什么是模糊性加工，情绪决策何时发挥适应功能、何时产生适应不良影响，最后介绍我们对情绪决策和模糊性加工如何从适应功能转变为功能失调进行的初步探索。

（1）模糊性加工与认知-情绪偏向

当某个事物的部分信息缺失，我们对该事物的知觉或解释可以存在多种可能性，这种特性被称为模糊性。在我们的日常生活中充斥着带有模糊性的信息：你在酒吧里看到一位有魅力的异性对你微笑，对方既有可能是在对你表示欣赏和邀请，也有可能是在嘲笑你的衣着打扮；当你初次与网友见面，对方说“你和我想象得完全不一样”，对方既有可能是在表达惊喜，也有可能是在表达失望；当你的心跳突然加速，既有可能是因为紧张、兴奋，也有可能是因为生理疾病。情绪会影响我们对模糊性信息的知觉和解释，例如处于抑郁心境的个体常常将中性或模棱两可的信息解读为消极的含义，将微笑感受为嘲讽或将他人的无心之言解读为批评或贬损。类似的，处于焦虑或紧张情绪的个体常常将中性的躯体感觉解读为疾病症状，或是将中性的外界刺激解读为危险的信号（即成语中说的“草木皆兵”“风声鹤唳”）。

上述这种情绪引起的对模糊性信息的加工偏向被称为“认知–情绪偏向”[60]，而认知–情绪偏向又会进一步影响我们继发的想法、情绪和行为。如果倾向于将他人的微笑解读为欣赏和邀请，你可能会感到欣悦、自信，并主动上前攀谈；相反，如果倾向于将微笑解读为嘲讽或轻蔑，你可能会感到沮丧、敌意，并回避与人交往。如果机器智能获得了这种模糊情绪计算的能力，它就有可能判断所面临的人类个体是否以及究竟具有何种偏向，从而准确地处理这种模糊情境中的情绪信息，并设法从中做出情绪判断，以更好地与人类互动。

情绪状态至少能通过两种潜在机制影响我们对模糊性信息的加工，一是通过激活特定的认知模式间接影响信息加工，情绪本身作为一种信息来源直接影响信息加工[1]。间接影响的一个例子是戈登·鲍尔的语义网络理论，根据该理论，情绪和其他信息都以语义节点的形式存储在语义网络中，当我们处在某种情绪中，与该种情绪相邻的信息节点也会被部分激活（即“情绪启动效应”），从而使得与该情绪相关的信息更容易被提取，这一现象被称为“心境一致性”效应[61]。例如，一个悲伤的人在看到“我在仪式上哭了”这句话时，更可能回想起参加葬礼等悲伤的记忆，从而将中性词“仪式”解释为葬礼；而一个心情愉快的人则更可能回想起快乐的记忆（如参加婚礼），从而将“仪式”理解为婚礼。

直接影响的例子则包括约瑟夫·福佳斯提出的情感注入模型[62]，该模型指出情绪本身就可以作为一种信息参与我们对模糊性信息的加工。例如，当我们刚刚遭遇危险，因而感到紧张焦虑，这时我们可能会将一些中性的环境线索也看作危险的信号，因为紧张、焦虑等情绪本身就是一种信号，提示我们环境中存在危险。再比如，在进行道德判断时，我们对某种行为的直觉厌恶往往会使我们倾向于将该行为判断为不道德的，而在使用某些方法削弱厌恶情绪之后（例如服用抑制呕吐的药物），这种判断偏向往往也就消失了。

- 认知–情绪偏向的适应意义

从演化适应的角度来看，情绪的一个重要功能是整合机体与环境的当前状态，从而帮助机体精细调节能量分配过程[63]。许多心理学家注意到负性情绪常常是在机体面临或遭遇内稳态失衡时出现的，能够帮助机体预测和避免应激，或是根据机体和环境的状态寻找最合适的恢复稳态平衡的策略，从而帮助机体有效地实现稳态应变。相反，积极情绪常常在机体重新或即将恢复内稳态平衡时出现。例如，我们身处危险的环境会感到恐惧，因为我们的机体“知道”在这个环境中可能会遭受伤害，恐惧使机体处于随时准备应付威胁的状态，从而避免可能的内稳态失衡。

认知–情绪偏向可能是情绪实现其适应功能的机制之一。以抑郁和低落心境为例，心理学家发现除了社会心理因素以外，有许多生理因素也会引起抑郁和心境低落的反应，包括疾病、（长期）饥荒、冬季光照减少等。这些生理因素不仅会引起情绪和行为上的反应，也会影响个体的认知，使个体对模糊性和不确定的事件产生消极的认知–情绪偏向，如低估从环境中获得食物等资源的可能性、对获得性伴侣的机会不敏感等。生物学家伦道夫・内斯和心理学家保罗・安德鲁等人都认为这些认知上的改变可能是个体在资源缺乏的恶劣环境中的一种适应性反应，能够帮助个体有效分配有限的精力和能量，减少不必要的能量损耗、优先应对威胁生存的问题[64、65]。

有趣的是，心理学家不仅在人类中观察到抑郁和低落心境引起的消极认知–情绪偏向，也在许多其他物种中观察到类似现象，包括低级的昆虫、较高级的大型哺乳动物和非人灵长类。研究者发现，近期经历应激或是生活在恶劣环境中的实验动物对于奖赏和惩罚相关的模糊线索会倾向于做出消极的行为反应（即放弃潜在奖赏以避免潜在惩罚）。这些现象说明认知–情绪偏向可能是一种具有跨物种保守性的情绪决策机制，并且具有一定的适应功能。

在现代社会中，饥荒等自然因素的威胁相对减少，但复杂多变的人际问题成为新的应激源，认知–情绪偏向在应对这些心理应激时可能也具有一定的适应作用。例如，保罗・巴德科克提出的社交风险理论认为抑郁心境下的认知–情绪偏向有可能帮助个体减少社交风险[67]。一个因遭受失恋打击而处于抑郁心境的人可能对人际拒绝的信号更加敏感，这种社交敏感性的变化或许有助于个体减少社会应激。研究显示，处于抑郁心境的个体能够从强度较低的模糊表情中探测到消极表情，说明抑郁情绪确实会导致对社会性模糊信息的认知–情绪偏向。

- 认知–情绪偏向的病理性影响

除了正常情绪以外，更受心理学研究关注的是焦虑、抑郁等心理疾病中的认知–情绪偏向。大多数心理学家都认同异常的情绪决策和模糊性加工是诱发、维持和恶化心理疾病的重要因素。仍然以抑郁为例，在认知层面上，抑郁症患者对自我、情绪以及与社会交往相关的模糊信息表现出一系列消极、负面的信息加工偏向，例如倾向于对自身相关的模糊线索做出消极解释、对他人行为做出敌意归因、将中性或模棱两可的表情感知为愤怒或悲伤，等等。由于我们日常生活中大多数信息都具有模糊性的，持久、缺乏弹性的消极认知-情绪偏向很可能会使抑郁患者过度关注这些信息的负面含义，进而影响他们的情绪和行为。

亚伦·贝克提出的抑郁认知模型是最具影响力的抑郁心理学理论之一，该理论认为抑郁患者的认知-情绪偏向衍生于他们对自我、世界以及未来的固有的消极信念，这些信念可能源于童年早期的负性经历，构成了抑郁患者过滤信息的认知有色眼镜——“图式”[68]。由于图式可以独立于消极情绪稳定存在，抑郁患者即使在情绪症状缓解后仍然可能稳定地表现出消极认知-情绪偏向，这使得抑郁症具有高度复发风险。

消极认知-情绪偏向是如何导致抑郁症状的维持和加剧的呢？最近的一些综述指出消极认知-情绪偏向会诱发和加剧与多种抑郁相关的病理性认知，包括消极自动化思维、消极记忆偏向以及闯入性意象，这些因素都有可能导致疾病状态的维持。因此，当机器智能学会判断人类个体的情绪偏向，它不仅能更好地与该个体互动，甚至还能通过自己的反馈，给该人类个体以适当的调节，以缓和其情绪计算中的偏向。

（2）从适应到失调：模糊性加工的病理性改变

那么，在什么情况下消极认知-情绪偏向会从适应机制转变为功能失调呢？过往的研究并没有回答这一重要问题。最近，作者团队初步探索了这一问题[69]。

为了了解与抑郁相关的消极认知-情绪偏向是如何发生病理性改变的，我们在同一个研究中对比了短暂、正常的悲伤情绪和亚临床抑郁症状下的模糊性加工。在这项研究中，贝克抑郁量表（BDI-II）评分大于等于14分的被试者被划分为亚临床抑郁组，小于14分的被试者随机分为悲伤情绪诱导组和中性情绪诱导组。此研究中，被试者需要执行一种判断偏差任务（The judgement bias task, JBT）。任务中会呈现五个逐渐上升的音调，其中最高音调和最低音调作为参考音调，分别与金钱奖励和惩罚相关联，被称为奖励音调和惩罚音调，在被试者判断之后会在屏幕上给出反馈，因此是明确的信息。而两种音调之间的三个音调标记为接近奖赏音调、中间音调和接近惩罚音调，在判断之后都不给

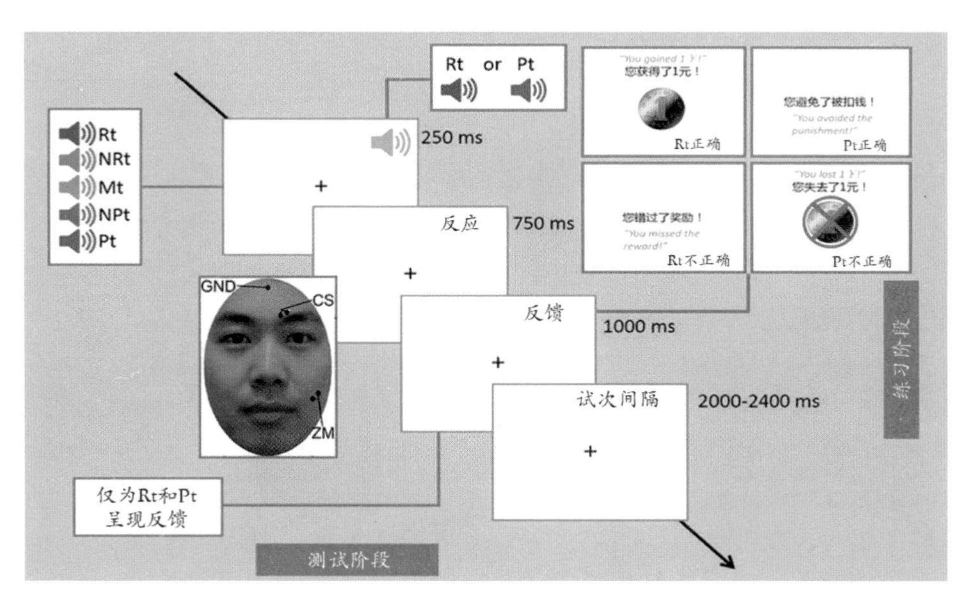

图4.1.5　判断偏向任务（judgement bias test, JBT）示意图。在练习阶段，被试者首先学习对奖赏线索和惩罚线索做出不同的反应。在测试阶段，额外加入三个模糊线索，以探测被试者对模糊线索的判断偏向。同时利用面部肌电记录被试者的颧肌和皱眉肌活动，作为被试者对线索的愉快/不愉快反应的客观指标。Rt: 奖赏音; NRt: 近似奖赏音; Mt: 中间音; NPt: 近似惩罚音; Pt: 惩罚音。图片来源（Lin XX, Sun YB, Wang YZ, Fan L, Wang X, Wang N, Luo F, Wang JY（2019）Ambiguity Processing Bias Induced by Depressed Mood Is Associated with Diminished Pleasantness. Sci Rep, 9（1）:18726. doi: 10.1038/s41598-019-55277-6）

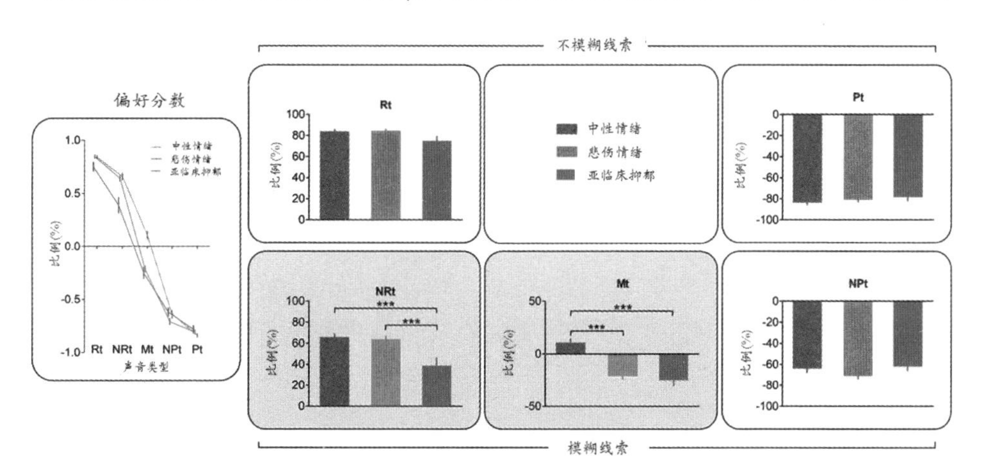

图4.1.6　三组对不同模糊程度的线索的判断偏向。偏好分数（Preference Score），正值代表偏向将声音判断为奖赏线索，负值代表偏向将声音判断为惩罚线索。Rt: 奖赏音; NRt: 近似奖赏音; Mt: 中间音; NPt: 近似惩罚音; Pt: 惩罚音。*** $p < 0.001$. 图片来源（Lin XX, Sun YB, Wang YZ, Fan L, Wang X, Wang N, Luo F, Wang JY（2019）Ambiguity Processing Bias Induced by Depressed Mood Is Associated with Diminished Pleasantness. Sci Rep, 9（1）:18726. doi: 10.1038/s41598-019-55277-6）

予反馈，因此是模糊信息。

较为重要的结果就是发现短暂的因为视频诱导出的悲伤情绪也能够产生消极的认知情绪偏向，表现为悲伤组与亚临床抑郁组一样，会把完全模糊的线索“中间音调”判断为惩罚。但是，相对来说，长期处于负性情绪状态的亚临床抑郁组，其消极的认知情绪偏向更为严重，不仅将完全模糊线索判断为惩罚，还会将不完全模糊的“接近奖励音调”判断为惩罚。这些结果验证研究者的假说，即主观感受会影响个体对于模糊信息的判断。

我们还记录了被试者执行判断偏差任务过程中皱眉肌和颧大肌的肌电信号，结果发现，被试者在对于奖励音调进行判断时，其颧大肌的活动最强，这提示被试者产生了愉悦情绪，且中性情绪诱导组的被试者在颧大肌活动显著高于悲伤情绪组和亚临床抑郁组，这一结果提示当个体处于短暂悲伤或者长期抑郁状态时，其对于奖赏的愉悦度是显著降低的。此现象与快感缺失这一抑郁患者常见的症状有相似之处。

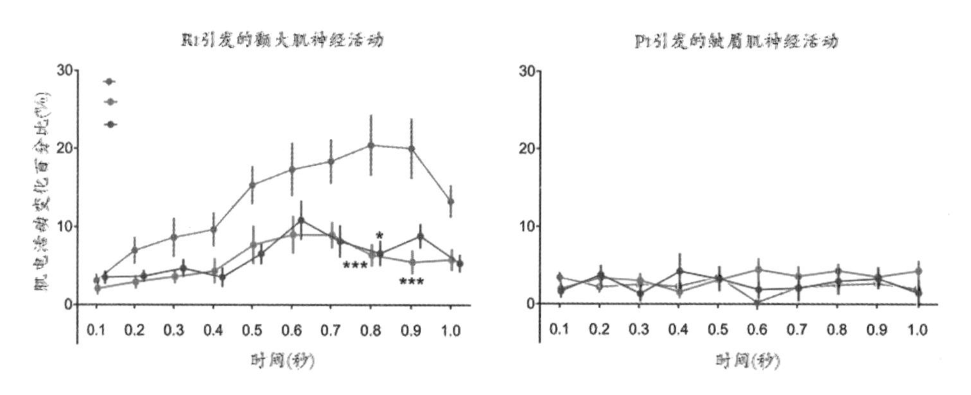

图4.1.7　三组被试者对声音线索的面部肌电反应。左图：对奖赏线索的颧大肌（愉快）反应；右图：对惩罚线索的皱眉肌（不愉快）反应。图片来源（Lin XX, Sun YB, Wang YZ, Fan L, Wang X, Wang N, Luo F, Wang JY（2019）Ambiguity Processing Bias Induced by Depressed Mood Is Associated with Diminished Pleasantness. Sci Rep, 9（1）:18726. doi: 10.1038/s41598-019-55277-6）有修改

上述发现表明，正常的悲伤情绪只会影响个体对完全中性的模糊线索的行为决策：由于缺乏客观信息，被试者对完全中性的模糊线索的判断只能依赖于主观的情绪感受，此时情绪本身作为一种信息影响行为决策，符合情感注入模型的预测。这种短暂悲伤情绪引起的消极认知–情绪偏向很可能是具有适应功能的，因为悲伤情绪是一种提示我们注意损失和匮乏的信号，当我们所处的环

境缺乏资源、付出努力难以成功时，悲伤情绪引起的消极认知–情绪偏向能够抑制我们的奖赏趋近行为，从而减少不必要的精力损耗。相比之下，带有病理性质的抑郁症状不仅影响了中性模糊线索的判断，也影响了个体对具有积极色彩的模糊线索的判断，说明抑郁个体在能够依赖客观信息进行决策时仍然更多地依赖主观感受，忽视获得奖赏的机会。

这种消极认知–情绪偏向的泛化可能是其发生病理性转变的开端：当认知–情绪偏向逐渐泛化，抑郁个体对主观感受的依赖超过了客观的奖赏线索，就有可能最终形成快感缺失等抑郁症状。

一旦了解情绪判断中模糊计算的普遍性，以及其中的偏向对个体的重要意义，今后的机器智能应当设计成善于了解所面对的人类个体的偏向，一方面形成良好的互动，另一方面则可以在潜移默化中修正这些偏向。这相当于拥有了一台“善解人意”的“黑颜知己”。这种意义上的人工智能，将给该领域乃至人类生活本身带来翻天覆地的变化。

参考文献

[1] 艾森克，基恩. 认知心理学（第五版）[M]. 上海：华东师范大学出版社，2009.

[2] APA. Available from: https://dictionary.apa.org/emotion.

[3] 黄希庭，郑涌. 心理学导论（第三版）[M]. 北京：人民教育出版社，2015.

[4] Ekman P, Friesen WV. Constants across cultures in the face and emotion. J Pers Soc Psychol, 1971, 17: 124-129.

[5] Ekman P. What Scientists Who Study Emotion Agree About. Perspect Psychol Sci, 2016, 11: 31-34.

[6] Crivelli C, Jarillo S, Russell JA, et al. Reading emotions from faces in two indigenous societies. J Exp Psychol Gen, 2016, 145: 830-843.

[7] Camras LA, Shutter, J.M. Emotional Facial Expressions in Infancy. Emotion Review, 2010, 2: 120-129.

[8] Kiyotake H, Matsumoto H, Nakayama S, et al. Gain of long tonic immobility behavioral

trait causes the red flour beetle to reduce anti-stress capacity. J Insect Physiol, 2014, 60: 92-97.

[9] James W. What is an emotion? Mind, 9: 188-205.

[10] Cannon WB. The James-Lange theory of emotions: A critical examination and an alternative theory. The American Journal of Psychology, 39: 106-124.

[11] Schachter S, Singer JE. Cognitive, social, and physiological determinants of emotional state. Psychol Rev, 1962, 69: 379-399.

[12] Damasio AR, Grabowski TJ, Bechara A, et al. Subcortical and cortical brain activity during the feeling of self-generated emotions. Nat Neurosci, 2000, 3: 1049-1056.

[13] Arnold MB, An excitatory theory of emotion, in Feelings and emotions; The Mooseheart Symposium, M.L. Reymert, Editor. 1950, McGraw-Hill: New York p. 11–33.

[14] Papez JW. A proposed mechanism of emotion. Archives of Neurology & Psychiatry, 1937, 38: 725–743.

[15] Kanske P, Heissler J, Schonfelder S, et al. How to regulate emotion? Neural networks for reappraisal and distraction. Cereb Cortex, 2011, 21: 1379-1388.

[16] Wolgast M, Lundh LG, Viborg G. Cognitive reappraisal and acceptance: an experimental comparison of two emotion regulation strategies. Behav Res Ther, 2011, 49: 858-866.

[17] Zhang W, Guo J, Zhang J, et al. Neural mechanism of placebo effects and cognitive reappraisal in emotion regulation. Prog Neuropsychopharmacol Biol Psychiatry, 2013, 40: 364-373.

[18] Herrnstein RJ. Placebo effect in the rat. Science, 1962, 138: 677-678.

[19] Guo JY, Yuan XY, Sui F, et al. Placebo analgesia affects the behavioral despair tests and hormonal secretions in mice. Psychopharmacology (Berl), 2011, 217: 83-90.

[20] Mezulis AH, Abramson LY, Hyde JS, et al. Is there a universal positivity bias in attributions? A meta-analytic review of individual, developmental, and cultural differences in the self-serving attributional bias. Psychol Bull, 2004, 130: 711-747.

[21] Cooper D, Yap, K., Batalha, L. Mindfulness-based interventions and their effects on emotional clarity: A systematic review and meta-analysis. Journal of Affective Disorders, 2018, 235: 265-276.

[22] Lerner JS, Li Y, Valdesolo P, et al. Emotion and decision making. Annu Rev Psychol, 2015, 66: 799-823.

[23] Bechara A, Tranel D, Damasio H. Characterization of the decision-making deficit of patients with ventromedial prefrontal cortex lesions. Brain, 2000, 123 (Pt 11): 2189-2202.

[24] Anderson MC, Neely, J.H., Interference and inhibition in memory retrieval, in Memory. Handbook of perception and cognition, E.L. Bjork, Bjork, R.A. , Editor. 1996, Academic

Press: San Diego, CA. p. 237-313.

[25] Tyng CM, Amin HU, Saad MNM, et al. The Influences of Emotion on Learning and Memory. Front Psychol, 2017, 8: 1454.

[26] Diamond DM, Campbell AM, Park CR, et al. The temporal dynamics model of emotional memory processing: a synthesis on the neurobiological basis of stress-induced amnesia, flashbulb and traumatic memories, and the Yerkes-Dodson law. Neural Plast, 2007, 2007: 60803.

[27] IASP. Available from: https://www.iasp-pain.org/resources/terminology/#pain.

[28] Treede RD, Kenshalo DR, Gracely RH, et al. The cortical representation of pain. Pain, 1999, 79: 105-111.

[29] Wang JY, Luo F, Chang JY, et al. Parallel pain processing in freely moving rats revealed by distributed neuron recording. Brain Res, 2003, 992: 263-271.

[30] Wang JY, Chang JY, Woodward DJ, et al. Temporal strategy for discriminating noxious from non-noxious electrical stimuli by cortical and thalamic neural ensembles in rats. Neurosci Lett, 2008, 435: 163-168.

[31] Yang H, Chang JY, Woodward DJ, et al. Coding of peripheral electrical stimulation frequency in thalamocortical pathways. Exp Neurol, 2005, 196: 138-152.

[32] Brown RE. Donald O. Hebb and the Organization of Behavior: 17 years in the writing. Mol Brain, 2020, 13: 55.

[33] Cooper SJ. Donald O. Hebb's synapse and learning rule: a history and commentary. Neurosci Biobehav Rev, 2005, 28: 851-874.

[34] Huang J, Chang JY, Woodward DJ, et al. Dynamic neuronal responses in cortical and thalamic areas during different phases of formalin test in rats. Exp Neurol, 2006, 200: 124-134.

[35] Wang JY, Chang JY, Woodward DJ, et al. Corticofugal influences on thalamic neurons during nociceptive transmission in awake rats. Synapse, 2007, 61: 335-342.

[36] Wang JY, Zhang HT, Chang JY, et al. Anticipation of pain enhances the nociceptive transmission and functional connectivity within pain network in rats. Mol Pain, 2008, 4: 34.

[37] Wang JY, Zhang HT, Han JS, et al. Differential modulation of nociceptive neural responses in medial and lateral pain pathways by peripheral electrical stimulation: a multichannel recording study. Brain Res, 2004, 1014: 197-208.

[38] Wang N, Wang JY, Luo F. Corticofugal outputs facilitate acute, but inhibit chronic pain in rats. Pain, 2009, 142: 108-115.

[39] Li SG, Wang JY, Luo F. Adult-age inflammatory pain experience enhances long-term pain

vigilance in rats. PLoS One, 2012, 7: e36767.

[40] Zheng C, Wang JY, Luo F. Painful faces-induced attentional blink modulated by top-down and bottom-up mechanisms. Front Psychol, 2015, 6: 695.

[41] Sun ZK, Wang JY, Luo F. Experimental pain induces attentional bias that is modified by enhanced motivation: An eye tracking study. Eur J Pain, 2016, 20: 1266-1277.

[42] He CH, Yu F, Jiang ZC, et al. Fearful thinking predicts hypervigilance towards pain-related stimuli in patients with chronic pain. Psych J, 2014, 3: 189-200.

[43] Gong W, Li J, Luo F. Time Course of Attention Interruption After Transient Pain Stimulation. J Pain, 2020, 21: 1247-1256.

[44] Gong W, Fan L, Luo F. Does experimentally induced pain affect attention? A meta-analytical review. J Pain Res, 2019, 12: 585-595.

[45] Wang Y, Wang JY, Luo F. Why self-induced pain feels less painful than externally generated pain: distinct brain activation patterns in self- and externally generated pain. PLoS One, 2011, 6: e23536.

[46] de Vignemont F, Singer T. The empathic brain: how, when and why? Trends Cogn Sci, 2006, 10: 435-441.

[47] Cuff BMP, Brown, S. J., Taylor, L., Howat, D. J. . Empathy: A Review of the Concept. Emotion Review, 2016, 8: 144-153.

[48] Shamay-Tsoory SG. The neural bases for empathy. Neuroscientist, 2011, 17: 18-24.

[49] Stel M, Vonk R. Mimicry in social interaction: benefits for mimickers, mimickees, and their interaction. Br J Psychol, 2010, 101: 311-323.

[50] Singer T, Lamm C. The social neuroscience of empathy. Ann N Y Acad Sci, 2009, 1156: 81-96.

[51] Jackson PL, Brunet E, Meltzoff AN, et al. Empathy examined through the neural mechanisms involved in imagining how I feel versus how you feel pain. Neuropsychologia, 2006, 44: 752-761.

[52] 孙亚斌，王锦琰，罗非. 共情中的具身模拟现象与神经机制［J］. 中国临床心理学杂志, 2014, 22:: 53-57.

[53] Cheng Y, Yang CY, Lin CP, et al. The perception of pain in others suppresses somatosensory oscillations: a magnetoencephalography study. Neuroimage, 2008, 40: 1833-1840.

[54] Walter H. Social Cognitive Neuroscience of Empathy: Concepts, Circuits, and Genes. Emotion Review, 2012, 4: 9-17.

[55] Ganczarek J, Hunefeldt T, Olivetti Belardinelli M. From "Einfuhlung" to empathy: exploring the relationship between aesthetic and interpersonal experience. Cogn Process,

2018, 19: 141-145.

[56] Preston SD, de Waal FB. Empathy: Its ultimate and proximate bases. Behav Brain Sci, 2002, 25: 1-20; discussion 20-71.

[57] Sun YB, Wang YZ, Wang JY, et al. Emotional mimicry signals pain empathy as evidenced by facial electromyography. Sci Rep, 2015, 5: 16988.

[58] Sun YB, Lin XX, Ye W, et al. A Screening Mechanism Differentiating True from False Pain during Empathy. Sci Rep, 2017, 7: 11492.

[59] 郭秀艳，实验心理学.[M].北京：人民教育出版社，2004.

[60] Hales CA, Stuart SA, Anderson MH, et al. Modelling cognitive affective biases in major depressive disorder using rodents. Br J Pharmacol, 2014, 171: 4524-4538.

[61] Bower GH. Mood and memory. Am Psychol, 1981, 36: 129-148.

[62] Forgas JP. Mood and judgment: the affect infusion model (AIM). Psychol Bull, 1995, 117: 39-66.

[63] Barrett LF. The theory of constructed emotion: an active inference account of interoception and categorization. Soc Cogn Affect Neurosci, 2017, 12: 1-23.

[64] Durisko Z, Mulsant BH, Andrews PW. An adaptationist perspective on the etiology of depression. J Affect Disord, 2015, 172: 315-323.

[65] Keller MC, Nesse RM. Is low mood an adaptation? Evidence for subtypes with symptoms that match precipitants. J Affect Disord, 2005, 86: 27-35.

[66] Enkel T, Gholizadeh D, von Bohlen Und Halbach O, et al. Ambiguous-cue interpretation is biased under stress- and depression-like states in rats. Neuropsychopharmacology, 2010, 35: 1008-1015.

[67] Badcock PB, Davey CG, Whittle S, et al. The Depressed Brain: An Evolutionary Systems Theory. Trends Cogn Sci, 2017, 21: 182-194.

[68] Beck AT, Depression. Clinical, Experimental and Theoretical Aspects. 1967, New York: Hoeber.

[69] Lin XX, Sun YB, Wang YZ, et al. Ambiguity Processing Bias Induced by Depressed Mood Is Associated with Diminished Pleasantness. Sci Rep, 2019, 9: 18726.

4.2 引入情绪调控的类脑智能机器人决策方法

作者：黄 销 乔 红
（中国科学院自动化研究所）

情绪与生物感知、认知、决策和其他高级功能有不可分割的关系，对动物生存具有重要的意义。一种观点认为，情绪是动物经漫长演化而产生的生物反应，一些情绪对动物决策模式的触发和切换起到重要的调节作用。比如，恐惧能够促使大脑在信息有限的情况下快速做出一系列逃跑或防御等本能快速反应，趋利避害，提高生存概率。焦虑或压力等情绪能够促使理性决策行为偏向于一系列感性或习惯性的行为。另一种观点认为，情绪是在长期历史经验中所形成的对不同选择的主观评价，该评价能够调控不同决策过程。同时也是影响动机产生的关键因素，这种内部动机能够驱动人或动物产生一系列目标导向的行为。最近国内外对情绪的研究在急速增长，特别是在一些新的交叉学科领域，如心理学、认知神经科学、计算机科学和机器人学等。国内外诸多机构期望使用机器学习和人工智能的方法去开发一些可模拟情感行为的系统，这些系统能够自动完成情绪驱动下的高级认知决策功能，可用在服务业、医疗和游戏行业等诸多领域。

4.2.1 情绪调控运动决策的研究现状

在过去几十年中，情绪化决策的研究主要集中在情绪与决策的神经机制、情绪与决策的心理学计算理论等。在人工智能领域，大多数方法针对的是单纯的情感计算（情绪感知与识别以及情绪表达等）或机器人的运动决策问题，而关于构建情绪调控下的机器人决策系统方面的研究仍处于初级阶段。对机器人而言，如何根据过往经验和当前感知信息生成合适的情绪响应信号，并快速精确地整合到机器人的认知与运动决策系统，进一步调控机器人的行为，是实现机器人高级智能所面临的一个巨大的挑战。

关于情绪调控决策的研究，一方面工作着重于对生物神经信号加工过程进行建模仿真，采用神经动力学方法对情绪的产生与调控、情绪与认知的交互等神经计算过程进行模拟。最具代表性的是 Stephen Grossberg 和及其学生

Daniel S Levine教授。Grossberg 教授是计算神经科学、连接主义认知科学和神经形态技术领域的创始人。他于二十世纪七八十年代就提出了生物启发式神经网络来模拟条件与非条件刺激实验，之后发展出一系列认知–情绪交互的神经网络计算模型[1-5]。Daniel S. Levine 综述了一系列情绪参与认知和决策过程的神经网络建模方法及发展历史[1]，包括情绪与注意力交互的计算模型、风险决策的计算理论以及情绪影响长期社会性决策的计算方法（如竞争与合作）。其中，许多方法是基于Grossberg教授所提的神经网络模型。如Grossberg等人[5]早期提出一种门限偶极子模型，这是一个两通道竞争性网络，能够很好模拟动机生成以及强化学习过程，同时与神经科学中情绪加工过程有许多类似之处，早在提出之初就被用来模拟个体风险决策过程。之后Leven 和 Levine[6]扩展了这一模型，将其应用于多目标决策任务当中。Taylor等将情绪相关脑区功能引入 CODAM 注意力调控模型[7]，模拟了情绪–注意交互过程。还有学者就情绪对社会行为所形成的影响[8,9]以及情感障碍[10]等开展了相关研究。

另一方面工作则主要从功能角度出发，融合心理学及认知神经科学的研究，建立情绪调控决策的数学模型，用于提高智能体的学习和决策能力。Moerland等最近调研了情绪在仿真智能体和机器人强化学习过程中的研究[11]，回顾了多种用于提高智能体学习效率的情感建模方法，并从情绪诱发、情绪类型、情绪功能以及测试场景等四方面对比了这些评估方法。具体来说，情绪诱发被分为四类：内稳态与外部动机、效价与内部动机、奖惩评价和硬编码过程。外部动机主要来源于内稳态动力学，该动力学反映了有机体内部环境的动态平衡状态，如“能量”“血糖”和“含水量”[12]等。例如，当资源消耗增加的时候，会产生补充能量的动机，或者口渴将会导致寻找水源的动机[13, 14]等等。内部动机一般是基于效价理论，不同的效价维度对应于不同的情绪。效价维度通常是一些心理学概念，如新奇度、效价、控制力、动机值[15]以及好奇心/惊奇度[16]。另外，情绪诱发也被视为一种值评估或奖惩过程。一部分工作建议正性和负性情绪能够直接通过值函数进行编码[17, 18]，或者能够通过计算奖惩序列的时序变化来获得[19,20]。而也有些工作根据多巴胺与情绪的关系，将正性与负性情绪与正性与负性时间差分误差联系在一起[21,22]。硬编码过程是将视觉感觉输入直接映射到情绪响应输出，并进一步调控行为[23, 24]。

情绪能够通过修正奖惩、修正状态、元参数学习和动作选择等方式调节决策过程[11]。奖惩修正，也被称为奖励重塑，形式上通常是将外部奖励信号与内部的情绪性奖励信号进行叠加来调节学习过程。基于情绪的内部奖励信号一般与内稳态变量[25]或效价变量[26]相关。最近，这方面研究已经成为一个新的热点，许多工作发现这种内部奖励能够有效提高智能体在动态未知环境中的探索和学习能力。例如：一些研究采用智能体自我建模误差来表征交互过程中好奇心的变化，并用该变量来修正原始奖励信号，该方法能够提高智能体在奖励非常稀疏的外部环境中的探索和学习能力[27]。同样，另一些研究引入信息理论方法（熵或散度等）来衡量好奇心或惊奇度的变化情况，这些方法即使在奖励稀疏的环境当中也能够表现出良好的探索和利用性能[38-30]。还有直接利用对状态-动作对的访问次数来生成好奇度，该方法能够使得智能体在奖励稀疏环境保持高效的决策性能[31, 32]。文献[33]一种基于情景记忆的新模型，它通过计算可达程度，产生于好奇心类似的强化学习奖励，推动智能体在奖励稀疏的环境中探索。

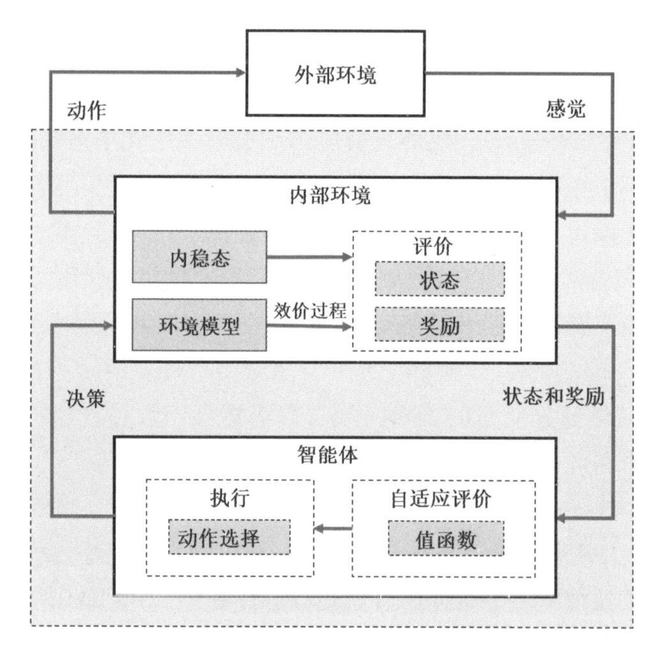

图4.2.1　动机驱动的强化学习框架，参考文献[11]

除了奖励重塑功能以外，一些工作将情绪作为状态空间的一部分来影响决策。例如，文献[34]将恐惧情绪作为状态的一部分，在特定情况下自适应地调控决策行为，避免危险情况。文献[35, 36]将情绪状态纳入强化学习框架中，提高智能体在社会决策的性能。另外，一系列神经科学的研究表明，情绪的变化本质是由多种神经递质联合调控而产生的[37]，而不同神经递质的释放会直接影响学习和决策过程的一些参数变化，因此，情绪的另一种功能是通过调节学习和决策过程的元参数来影响决策行为[38,39]。例如，文献[39]提出多巴胺与时间差分误差、5-羟色胺与折扣因子、去甲肾上腺素与动作选择以及乙酰胆碱与学习率之间相应的对应关系。启发于此，文献[40, 41]设计新的方法将快乐、愤怒和害怕等情绪与上述学习参数对应起来。最后，也有一些研究将情绪与智能体的动作选择环节直接联系起来，主要用来平衡智能体的探索和利用过程。例如，文献[39, 42]提出直接利用不同情绪维度来调节Boltzmann动作选择的温度系数。

除了将情绪引入到强化学习计算框架中，许多其他机器学习算法也会引入情绪机制来提高决策性能。例如，Tsankova 将情绪干预机制引入人工免疫网络中，在导航任务中对动作选择进行调节[42]。作者构建的人工杏仁核先对感知信号进行处理产生一个挫折信号，该信号又被转换为一组权重对动作进行控制，仿真结果表明引入情绪机制能够明显地提升决策成功率。Parisi 等[43]在演化神经网络当中增加了一个特定的情绪神经环路来控制机器人的行为，使得情绪化机器人能够制订更好的动机性策略，在环境中获得很高的适应性。情绪也被引入Beyasian 网络框架中，对两个人交流过程中的情感控制进行建模[44]。通过学习不同身份人物的最优的行为，该情感控制理论允许系统生成情感化的交互过程。自由能原则最近被提出来，作为一种集感知、学习与行动于一体的统一Bayesian 理论，重点考虑了情绪在这一过程中的作用。自由能原则的宗旨是排除惊奇/新颖度，减小生物系统的复杂度，如我们本身维持我们内环境的稳态[45]。在该理论中，智能体能够通过最小化自由能来推断策略，以至于他们不仅能够以最高期望效益到达目标状态，而且还能够以最小的不确定性来预测环境变化。当最小化惊奇度的时候，会遍历更多不同的目标状态，这自然会导致一些行为概念的产生，如探索新事物或满足好奇心[46]。另外，基于此框架，情绪化的效价被认为是自由能变化的负变化率[47]。一些基本的情绪动力学，如高兴、不高兴、希望和害怕等也能够用自由能的一阶和二阶微分的联合调控来解释。

4.2.2 情绪调控机器人基于模型与无模型融合的决策方法（该部分内容主要基于本章作者的工作[79]）

人类通常可分为目标导向行为和习惯性行为，而这两种行为通常被纳入基于模型和无模型决策系统中。基于模型的决策需要首先构建一个环境模型对未来变化进行推理预测，根据不同策略下所评估的回报来选择最佳策略，此过程可解释为动态规划过程[48]。这种决策方式能够综合环境多方面信息，决策结果较为准确，但决策速度相对较慢（慢通道）。无模型决策过程则学习去评估一个长期的效价，在与环境不断的交互中形成一种较为固定的状态–动作映射[49]。相比于基于模型决策，这种决策方式拥有更快的决策速度，但是需要大量的实际训练（快通道）。这两种决策过程的协同工作对动物的生存有着重要意义。

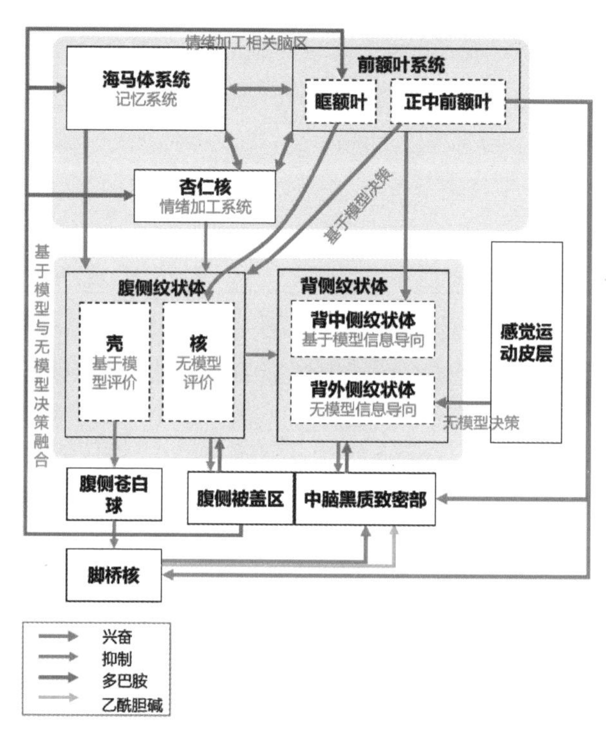

图4.2.2　基于模型与无模型决策的神经环路，参考文献[79]

大量神经科学研究表明，大脑纹状体区域在整合目标导向行为和习惯性行为中发挥着重要作用。目前一致的结果认为纹状体区域可从功能角度分为三个区域：背外侧纹状体（DLS）、背中侧纹状体（DMS）和腹侧纹状体（VS）。在一系列行为的神经计算过程中，各个区域明显扮演着不同的角色。例如，DLS主要负责无模型学习和习惯性行为的表达，DMS主要与基于模型学习和目标导向行为的表达有关，而VS区则主要参与这两个过程中的效价计算，在强化学习中可能扮演着值函数的功能[50]。另外，VS这种值计算功能主要分为两个方面：VS的核能够在巴甫洛夫条件学习中控制奖励值的影响，将输出结果直接与不同的刺激对应起来[50,51]，VS的壳则能够在巴甫洛夫技能迁移学习中控制奖励函数的影响，该过程可利用已经学习到的经验来推断新的动作[50,51]。

除了纹状体，这两通路决策的神经计算过程与大脑中其他的脑区密切相关，包括灵长类动物中的眶额叶皮层（OFC）、中脑前额叶皮层（mPFC）以及大脑奖励环路中的脑区，如腹侧被盖区（VTA）和中脑黑质致密部（SNc）等。在决策的过程中，对结果的评价来源于几个方面，其中一个是理性的评价，一个是情绪性的效价[52]。OFC能够集成刺激-奖励和语境-奖励信息（来自于杏仁核或前额叶等）计算出期望的奖励信息，这些信息被进一步投射至下游结构，例如VS、VTA和脚桥核（PPn）等[53~55]。同样，mPFC在情绪性决策中也扮演着重要的角色，其中一个重要的功能是参与对选择的主观评价。这些评价信息能够进一步被整合到其他脑区，如纹状体、VTA和SN。纹状体和VTA是动机和奖励系统的重要组成部分，通常与动机/奖惩认知，以及强化学习有重要关系。这些脑区的神经元不仅能够将奖励信息编码到运动活动中，同时还能够在学习过程中改变与奖励有关的活动。

情绪对这两个决策过程具有重要的调控作用。在图4.2.2中，杏仁核、前额叶皮层以及海马体等一些脑区是情绪加工的中枢。这些脑区都直接投射至纹状体区域。一些研究表明压力或焦虑等情绪能够改变前额叶皮层和纹状体这两个脑区对决策的贡献，而这两个脑区与基于模型决策和无模型决策密切相关。当压力增大时，动物目标导向的行为会减少，而趋向于更多习惯性行为[56,57]。文献[58,59]认为状态和奖励预测的不确定性能够直接仲裁基于模型和无模型决策系统，通常这种不确定性情绪表现为压力、焦虑或不自信等，而杏仁核在生成这种不确定性情绪中扮演重要角色。

因此，本节关注关键问题是：如何能够有效融合基于模型（慢通道）与无模型（快通道）决策过程，并构建两种决策相互切换准则，提高学习效率，平衡决策的精度和速度。

(1) 一种基于模型与无模型融合的决策方法

启发于大脑两通路决策的神经环路，特别是在纹状体对两通路决策的整合计算过程，本文提出一种新的决策框架，将基于模型的决策过程和无模型的运动决策过程统一成一个策略优化问题，仅仅通过调节规划时间就能实现两个过程的平滑过渡。如下图4.2.3所示。

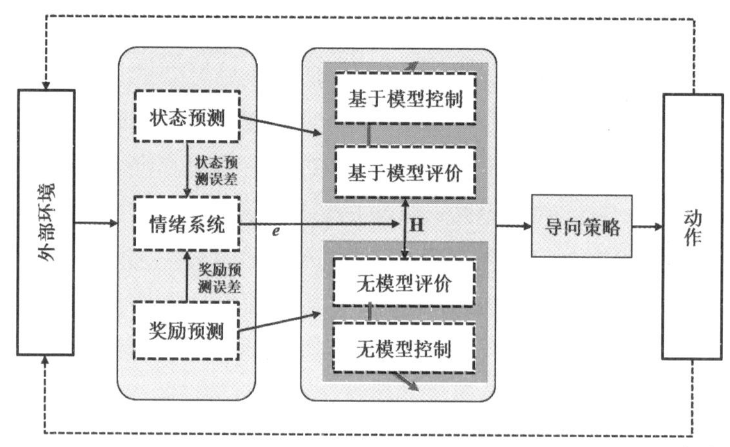

图4.2.3　情绪调控基于模型与无模型决策计算框架，参考文献[79]

我们采用模型预测控制（Model Predictive Control，MPC）思想和动态规划算法建模基于模型控制过程，采用确定性策略梯度算法建模无模型学习过程。具体而言，针对无模型学习，首先模拟VS区的值计算过程，构建一个全局状态–动作值函数网络 $Q^{\pi}(x_t,u_t)$。

$$Q^{\pi}(x_t,u_t)=r(x_t,u_t)+\gamma V^{\pi}(x_{t+1})$$

其中，状态值函数$V^{\pi}(x_{t+1})=\sum_{k=t}^{\infty}\gamma^{k-t}r(x_k,u_k)$，$\gamma$是折扣因子。学习和决策的目标是选择一个策略能够最大化值函数，使得

$$V^{*}(x_t)=\max_{\pi}\sum_{k=t}^{\infty}\gamma^{k-t}r(x_k,\pi(x_k))$$

对应最优的状态–动作值函数为：

$$Q^{*}(x_t,u_t)=r(x_t,u_t)+\gamma V^{*}(x_{t+1})$$

无模型决策的期望回报可定义为：

$$\mathbb{E}_{p(x_1),\pi(u_t|x_t)_{t\geq 1},p(x_{t+1}|x_t,u_t)_{t\geq 1}}\left[\sum_{t=1}^{\infty}\gamma^{t-1}r(x_t,u_t)\right]=\mathbb{E}_{p^{\chi}(x),\pi(u|x)}[Q^{\pi}(x,u)]$$

其中$\boldsymbol{x}$代表由真实动力学系统和策略$\boldsymbol{\pi}(\boldsymbol{u}|\boldsymbol{x})$所生成的状态分布。假设无模型策略由策略网络（参数为$\boldsymbol{\theta}$）产生，值函数由评价网络（参数为$\boldsymbol{\varphi}$）计算。对于无模型学习过程，我们旨在学到最优的参数$\boldsymbol{\theta}$来最大化值函数$\boldsymbol{Q}$，形式如下：

$$\theta^{*}=arg\max_{\theta}\mathbb{E}_{p^{\chi}(x),\pi_{\theta}(u|x)}[Q^{\pi}(x,u)]$$

确定性策略梯度算法假设策略在连续控制任务当中是确定的，策略参数可以融合值函数的一阶梯度信息进行更新。

$$\theta\leftarrow\theta+\eta_{\pi}\mathbb{E}_{p^{\chi}(x)}\left[\nabla_{\theta}\pi_{\theta}(x)\nabla_{u}Q(x,u)|_{u=\pi_{\theta}(x)}\right]$$

其中$\boldsymbol{\eta_{\pi}}$是策略网络的学习率。

对于评价网络的参数$\boldsymbol{\varphi}$，可以通过如下方式进行更新。

$$\varphi\leftarrow\varphi-\eta_{Q}\nabla_{\varphi}\mathbb{E}_{p^{\chi}(x),\pi_{\theta}(u|x),p(x'|x,u)}\left[(Q_{\varphi}(x,u)-y)^{2}\right]$$

其中$\boldsymbol{\eta_{Q}}$是评价网络的学习率，期望值$\boldsymbol{y=r(x,u)+\gamma\mathbb{E}_{\pi_{\theta}(u'|x')}[Q_{\varphi'}(x',u')]}$是目标评价网络，其参数通过滑动滤波方式进行更新$\boldsymbol{\varphi'\leftarrow\tau\varphi+(1-\tau)\varphi'}$。这种目标评价网络有利于提高学习的稳定性。

本节重点构建一种新的基于模型学习过程。MPC是一种典型的基于模型的控制方法，其局部最优策略$\boldsymbol{\hat{\pi}(u|x)}$可基于所学模型的预测及动态优化技术获得。此类问题的优化目标是：

$$\max_{\hat{\pi}}\mathbb{E}_{p^{\upsilon}(x),\hat{\pi}(u|x)}\left[\sum_{t=0}^{H-1}\gamma^{t}r(x_t,u_t)+\gamma^{H}r_f(x_H)\right]$$

$$s.t.\quad x_{t+1}\sim\mathcal{F}(x_t,u_t)$$

其中，v代表状态分布，源于习得的动力学$\boldsymbol{\mathcal{F}}$和局部最优的策略$\boldsymbol{\hat{\pi}}$。短期的折扣回报是滑动奖励r与终端奖励r_f之和，奖励通常被定义为二次型函数。

$$r(x_t,u_t) = \left(x_t - x_t^g\right)^T Q\left(x_t - x_t^g\right) + u_t^T R u_t$$

其中，x_t^g是目标状态。对于连续马尔可夫过程，通常可以采用iLQR或DDP方法以闭环的形式优化出一个局部策略$\widehat{\pi}$:$u_{0:H-1}$[12]，其中局部动力学模型可采用神经网络动力学模型$\mathcal{F}$的一阶或二阶信息进行估计。本节为了联系基于模型和无模型决策过程，我们将MPC问题当中的终端奖励r_f替换为一个局部最优的值函数$V(x_H)$，该值函数可以通过优化对应的全局状态-动作值函数$Q(x_H,\cdot)$来获得。假设贪婪策略$\widehat{\pi}$是确定性策略，那么有$V(x_H) = Q(x_H,\widehat{\pi}(x_H))$。形式上，这个最优化问题能够表示为如下形式：

$$\max_{\widehat{\pi}} \mathbb{E}_{p^{\upsilon}(x),\widehat{\pi}(u|x)}\left[\sum_{t=0}^{H-1} \gamma^t r(x_t,u_t) + \gamma^H Q(x_H,\widehat{\pi}(x_H))\right]$$

$$s.t. \quad x_{t+1} \sim \mathcal{F}(x_t,u_t)$$

$$d(\widehat{\pi}(u|x),\pi_\theta(u|x)) \le \epsilon$$

其中，$d(\cdot\,,\cdot)$可以用来测量两个策略之间的接近程度，ϵ代表距离。

终端贪婪策略 $\widehat{\pi}(x_H)$ 在传统动态规划算法当中没有被考虑，该值通常需要最大化Q 函数来获得。由于这里的Q 函数是用连续动作空间中的评价网络来表示，因此很难对动作进行全局搜索得到一个全局最优的Q 值。本节提出，这个贪婪的终端策略可以在前面所求的无模型策略引导下进行搜索。具体而言，这个终端值函数可以通过求解如下的最优化问题来获得：

$$\max_{\widehat{\pi}} \mathbb{E}_{p^{\nu}(x_H),\widehat{\pi}(u|x_H)}[Q(x_H,u)]$$

$$\text{s.t.}\ \ \mathbb{E}_{p^{\nu}(x_H)}[KL(\widehat{\pi}(u|x_H)||\pi_\theta(u|x_H))] \le \epsilon$$

$$\mathbb{E}_{p^{\nu}(x_H)}[H(\widehat{\pi}(u|x_H))] \ge \kappa$$

$$\mathbb{E}_{p^{\nu}(x_H),\widehat{\pi}(u|x_H)} = 1$$

其中，$p^{\nu}(x_H)$是终端状态分布，服从策略$\widehat{\pi}(u|x_H)$和所学的动力学系统。$\pi_\theta(u|x_H)$是导向策略，由无模型策略网络产生。Kullback-Leibler散度约束用于限制策略更新过程中的信息损失，使得贪婪策略在无模型策略附近被搜索，所获得的策略优于无模型策略。第二项信息熵约束能够使得新策略产生一定的探索行为，对调控探索和利用过程很重要。该优化问题可通过Lagrangian乘子法求得闭环形式的解为：

$$\widehat{\pi}(u|x_H) \propto \pi_\theta(u|x_H)^{\eta^*/(\eta^*+\omega^*)} exp\left[\frac{Q(x_H,u)}{\eta^*+\omega^*}\right]$$

其中，$\eta^* \geq 0$，$\omega^* \geq 0$是KL约束和熵约束的最优对偶变量，这些对偶变量可以通过最小化下面的对偶函数来获得：

$$g(\eta,\omega) = \eta\epsilon - \omega\kappa + (\eta+\omega)\mathbb{E}_{p^{\nu}(x_H)}\left[\log\int \pi_\theta(u|x_H)^{\frac{\eta}{\eta+\omega}}\exp\left(\frac{Q(x_H,u)}{\eta+\omega}\right)du\right]$$

当贪婪的终端动作$\widehat{u}_H \sim \widehat{\pi}(u|x_H)$被得到后，终端值函数能够通过下列方式求得：

$$V(x_H) = Q(x_H,\widehat{u}_H)$$

$$V^x(x_H) = \nabla_x Q(x,\widehat{u}_H)|_{x=x_H}$$

$$V^{xx}(x_H) = \nabla_{xx} Q(x,\widehat{u}_H)|_{x=x_H}$$

然后，采用传统的iLQR算法进一步优化动作序列$u_{0:H}^0$。此外，本节建议初始的动作序列采用无模型策略所获得的动作序列进行初始化$u_{0:H}^0 \sim \pi_\theta(u|x_{0:H})$，而非传统方法采用任意采样进行初始化，这样有助于在传统无模型方法基础上快速迭代出一个有效的动作序列。

另外，我们假设动力学模型$\mathcal{F}(x_t,u_t)$是概率的，能够表征状态的不确定性。那么下一个状态能够表达成当前状态和动作的条件分布。我们采用一个前向概率神经网络集群来建模这种不确定动力学，而非计算成本较高的高斯回归模型。假设共有N个并行概率神经网络，每个网络编码一个高斯分布来捕获偶然不确定性，定义为$f_{\phi_n}(x_{t+1}|x_t,u_t) = \mathcal{N}\left(\mu_{\phi_n}(x_t,u_t),\Sigma_{\phi_n}(x_t,u_t)\right)$。偶然不确定性是一种系统随机不确定性，它通常是由系统内部噪声造成的。在训练期间，我们最小化每

个子网络输出的负似然损失的均值，定义如下：

$$\mathcal{L}=\frac{1}{N}\sum_{n=1}^{N}\left[\left(\mu_{\phi_n}(x_t,u_t)-y\right)^T\Sigma_{\phi_n}^{-1}\left(\mu_{\phi_n}(x_t,u_t)-y\right)+\log det\Sigma_{\phi_n}(x_t,u_t)\right]$$

其中y代表真实的下一个状态$\boldsymbol{x_{t+1}}$。$\boldsymbol{\mu_{\phi_n}(\cdot)}$和$\boldsymbol{\Sigma_{\phi_n}(\cdot)}$，是下一个状态的均值的协方差，由概率神经网络计算而得。

单个子网络能够成功建模偶然不确定性，但是不能建模认知不确定性（动态系统的主观不确定性）。这种不确定性可通过分析多个网络的集群活动来进行估计。由于经验数据有限，不同子网络能够输出下一个状态不同的预测值。我们从当前的状态分布$\boldsymbol{p(x_t)}$采样M的粒子，把它们平均分配到每个子网络来预测下一个状态的分布。假设下一个状态的均值和协方差分别为$\boldsymbol{\bar{\mu}}$和$\boldsymbol{\bar{\Sigma}=diag(\bar{\sigma}^2)}$，计算方式如下：

$$\bar{\mu}(x_t,u_t)=\frac{1}{N}\sum_{n=1}^{N}\left[\frac{1}{M}\sum_{m=1}^{M}\mu_{\phi_n}\left(x_{t+1}^m|x_t^m,u_t^m\right)\right]$$

$$\bar{\sigma}^2(x_t,u_t)=\frac{1}{N}\sum_{n=1}^{N}\left\{\frac{1}{M}\sum_{m=1}^{M}\left[\mu_{\phi_n}^2\left(x_{t+1}^m|x_t^m,u_t^m\right)+\sigma_{\phi_n}^2\left(x_{t+1}^m|x_t^m,u_t^m\right)\right]\right\}-\bar{\mu}^2(x_t,u_t)$$

下一个状态的预测值可通过采样获得：$\boldsymbol{\tilde{x}_{t+1}\sim\mathcal{N}(\bar{\mu}(x_t,u_t),\bar{\Sigma}(x_t,u_t))}$。

文献[79]进一步分析了值函数估计误差对基于模型策略的影响，分析了基于模型策略有利于加速值函数的收敛，并证明模型估计误差对值函数估计的影响是有界的。

（2）脑启发式情绪加工模型

启发于情绪对两个决策过程的神经调控机制，本节模拟杏仁核信息加工过程，建立脑启发式情绪加工计算模型。给模型能够根据状态和奖励预测误差生成情绪响应信号，对规划时间进行动态调节，实现两种决策过程的动态调度和分配。

杏仁核是人类情绪加工的信息处理中枢。解剖学上，杏仁核主要包含四个亚区：外侧杏仁核（lateral amygdala，LA）、基底杏仁核（basal amygdala，

BA）、中央杏仁核（central amygdala，CeM）和插入细胞集群（intercalated（ITC）cell clusters，ITC）。这四个亚区各自有不同的特点，并在情绪加工中扮演不同的角色。LA区在一开始就会接收到一些条件和非条件刺激，然后将信号投射至BA区和腹侧ITC区，BA区神经元则主要给ITC区和CeM区神经元发送兴奋性信号，而ITC区主要负责抑制CeM区输出信号。与此同时，杏仁核也接收来自前额叶皮层的自上而下的调控信号，在啮齿类动物中，位于PFC区的IL细胞能够通过发送兴奋性信号到ITC区细胞来调节情绪反应。基于杏仁核情绪加工的神经环路，建立如下情绪加工神经网络模型，该模型反映了情绪–认知交互过程。

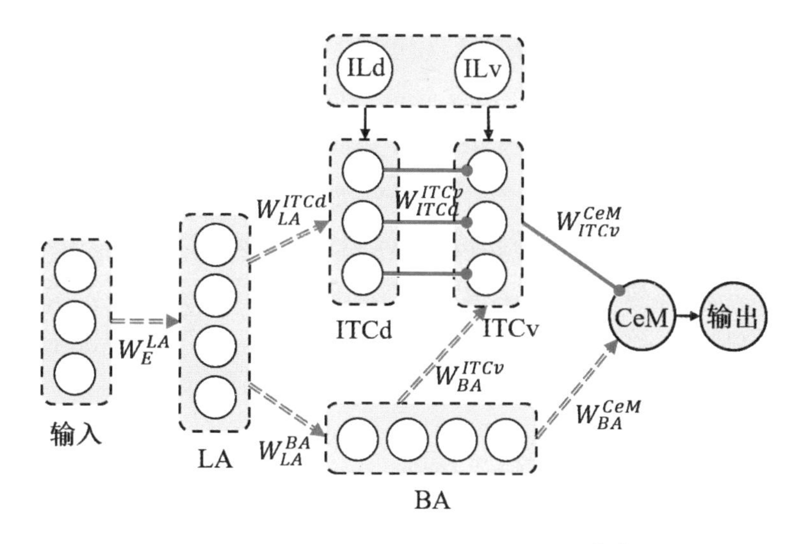

图4.2.4　情绪加工网络结构，参考文献[79]

在此模型中，每个神经元服从如下shunting短期记忆动力学方程：

$$\tau_x \frac{dx_i}{dt} = -Ax_i + (B - x_i)S_i^+ - (C + x_i)S_i^-$$

其中，每个神经元的激活值满足$[-C, B]$，S_i^+和S_i^-分别对应于兴奋和抑制性的输入，A是衰减率，τ_x是神经激活的时间常数。下表是每个子神经网络的兴奋和抑制输入信息。其中，N代表神经元个数，$\sum(\cdot) = \sum_{k=1}^{N}(\cdot)$，$[\cdot]^+$

是一个线性整流函数。

表4.2.1 情绪加工网络兴奋和抑制性输入

神经元	兴奋项 S^+	抑制项 S^-
x_i^{LA}	$f_L \sum W_{E_k}^{LA_i} E_k$	0
x_i^{BA}	$\sum W_{LA_k}^{BA_i} [x_k^{LA}]^+$	0
x_i^{ITCd}	$\sum W_{LA_k}^{ITCd_i} [x_k^{LA}]^+ + E_{ILd}$	0
x_i^{ITCv}	$\sum W_{BA_k}^{ITCv_i} [x_k^{BA}]^+ + E_{ILv}$	$W_{ITCd_i}^{ITCv_i} [x_i^{ITCd}]^+$
x^{CeM}	$\sum W_{BA_k}^{CeM} [x_k^{BA}]^+$	$f_C \sum W_{ITCv_k}^{CeM} [x_k^{ITCv}]^+$

我们提出一种基于Oja准则的学习方法来训练这种神经网络，在权重调整中融合了自主遗忘和强化学习，能够成功模拟经典恐惧学习实验。对于权重更新方式，这里分两种情况来讨论。

情况1. 当每一步都进行权重更新的时候，学习准则为：

$$\Delta W_t = \frac{\Delta t}{\tau_W}\left(-DW_t + R_t\left[x_t^{post}\right]^+\left(\left[x_t^{pre}\right]^+\right)^T - R_t^2 W_t\right)$$

其中，D是自动衰减率，$-DW_t$ 驱动主动遗忘过程，Δt是仿真步长，τ_W 是积分时间常数。

情况2. 如果奖励信号非常稀疏，且奖励只在每一幕学习后获得，那么，权重可以通过如下方式更新：

$$\Delta W_n = \frac{\Delta t}{\tau_W T}\left(-DW_n + (R_n - \overline{R}_n)\sum_{t=1}^{T}\left[x_t^{post}\right]^+\left(\left[x_t^{pre}\right]^+\right)^T - (R_n - \overline{R}_n)^2 W_n\right)$$

其中，$\overline{R}_n$ 代表第n次学习中的平均奖励基准。一种简单估计此基准的方法是通过对实际奖励进行滑动滤波。

$$\overline{R}_n = (1-\alpha)\overline{R}_{n-1} + \alpha R_n$$

本文中，不确定性情绪响应主要来自于三方面因素：状态预测误差（SPE）、奖励预测误差（RPE）和学习周期内的强化信号（ERS）。我们假设SPE作为神经网络的输入，直接反映智能体理解环境的精度，定义如下：

$$SPE = KL(p(\hat{x})||p(x))$$

预测状态和实际状态都服从高斯分布$x \sim \mathcal{N}(\mu_x, \Sigma_x)$、$\hat{x} \sim \mathcal{N}(\hat{\mu}_x, \hat{\Sigma}_x)$，SPE值经过sigmoid函数激活后作为情绪加工网络的输入。

RPE通常对应在动物学习理论中的多巴胺神经元，它通常能够触发一系列与奖励相关的情绪性反应。这一项与值网络估计未来折扣因子的性能密切相关，建议自上而下输入到ITC神经元。定义如下：

$$RPE = \left[Q(x,u) - \left(r(x,u) + \gamma Q'(x', \pi_\theta(x'))\right)\right]^2$$

RPE信号经过sigmoid函数激活输入到E_{ILv}。

除了上述两种即时奖励信号，一些长期的反馈也能够使得情绪状态产生偏差，ERS在每次执行结束时反馈到网络中对网络权重进行修改，修改准则参考情况2方法。该值定义为：

$$EPS = \sum_{t=1}^{T} r_t$$

最后，CeM节点的激活代表着情绪响应的强度，该强度隐含着长期基于模型策略的不确定性。如果SPE很大，而RPE很小，那么长期规划的不确定性会增加，在此情况下需要更多的短时决策。相反，如果SPE很小，而RPE很大，那么反映无模型策略不准确，需要鼓励更多基于模型的决策。这里，规划时间定义如下：

$$H = max(0, < H_{max} - ke >)$$

其中，e是不确定性情绪响应强度，k是增益系数，< · >是四舍五入函数。

（3）实验结果

为了验证算法的有效性，我们将新算法整合到简单的倒立摆的摆杆实验，该实验不仅能够验证算法的可行性，同时还能够反映新算法的诸多特点。

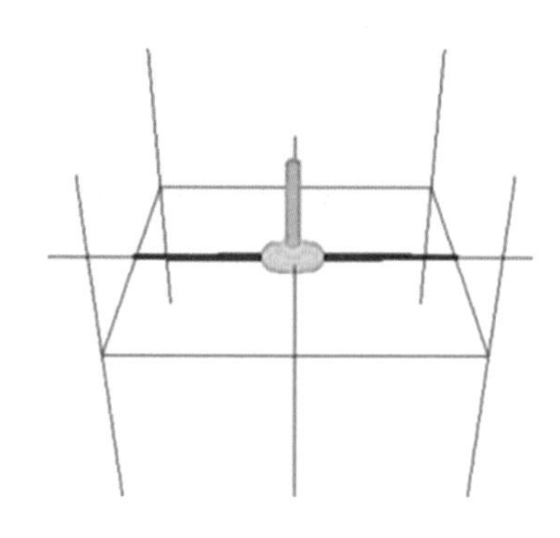

图4.2.5　倒立摆的实验场景，参考文献[79]

在这个任务当中，小车滑块在滑杆上［-1，1］区间内自由滑动，旨在将杆以最小的能量摆起。状态输入量总共有五个维度$\left[x,v,\dot{\theta},\cos\theta,\sin\theta\right]$，分别代表小车的位置和速度、摆杆的摆角和角速度。控制指令是一个连续的变量$u\in(-1,1)$，代表运动执行器的输入。在与环境交互的过程中，智能体首先根据感知状态和动作序列学习概率转移动力学模型。我们采用一个包含五个概率神经网络的集成网络来预测下一个状态，每个子网络每次输入20个粒子，这些粒子服从当前状态的概率分布$p(x)$，表征偶然不确定性。另外，每个子网络是一个两层感知器模型，每层有200个神经元。在所有的仿真中，Actor网络包含两层神经元，每层有128个节点，权重的学习率η_{π}=0.0001。Critic网络与Actor网络的结构相同，但学习率η_{Q}=0.001更大。实验中目标状态$x^{g}=[0,0,0,1,0]$，指的是目标摆角为零。奖励函数中，Q矩阵除了$Q(4,4)=1$，其他元素都为零，$R=[0.01]$。权重更新采用Adam算法。

为了比较不同算法的性能，我们设置了六组实验。第一组使用的是传统iLQR控制算法，第二至五组实验采用的是H-步基于模型控制算法，规划时间分别为0、2、4和6。当H=0时，控制器对应于GAC算法。我们采用PyTorch中的自动微分函数来计算学习的动力学模型对状态和动作的梯度。在优化过程中，KL约束参数设定为$\epsilon = 1 \times 10^{-4}$，策略熵的下界$\kappa = 0.05$，采用$L\text{–}BFGS\text{–}B$最优化方法计算对偶变量$\eta^*$和$\omega^*$，最后一组实验是集成基于模型与无模型控制，用情绪模型来调节规划时间。其中，情绪网络的参数为：$N = 20, A = 20, B = 2, C = 0$，神经积分时间常数$\tau_x$=0.1。另外，突触权重对网络性能有重要影响，假设在情绪网络中，越靠近输出节点，权重的衰减速率越快。具体而言，我们设定$\tau_W = 0.4$，D_E^{LA}=0.01，$D_{LA}^{BA} = 0.01$，$D_{LA}^{ITCd} = 0.8$，$D_{BA}^{ITCv} = 0.8$，$D_{BA}^{CeM} = 1.2$，$D_{ITCv}^{CeM} = 1.2$，f_L =5，$f_C = 10$。训练期间，突触W_{LA}^{BA}、W_{LA}^{ITCd}和W_{BA}^{CeM}接收一个正性的强化信号$dR^+ = R - \overline{R}$。而假设W_{BA}^{ITCv}和W_{ITCv}^{CeM}接收一个互补的负性强化信号$dR^- = - dR^+$。

在实验中，整个学习过程持续50次试验，每次包含200个时间步数。对于iLQR算法，规划时间步数设为25，实验中发现更短的时间步数将使得该算法的性能快速下降。我们采用10次重复学习过程来评估算法的性能。六组实验的累积奖励曲线如图4.2.6和4.2.7所示。

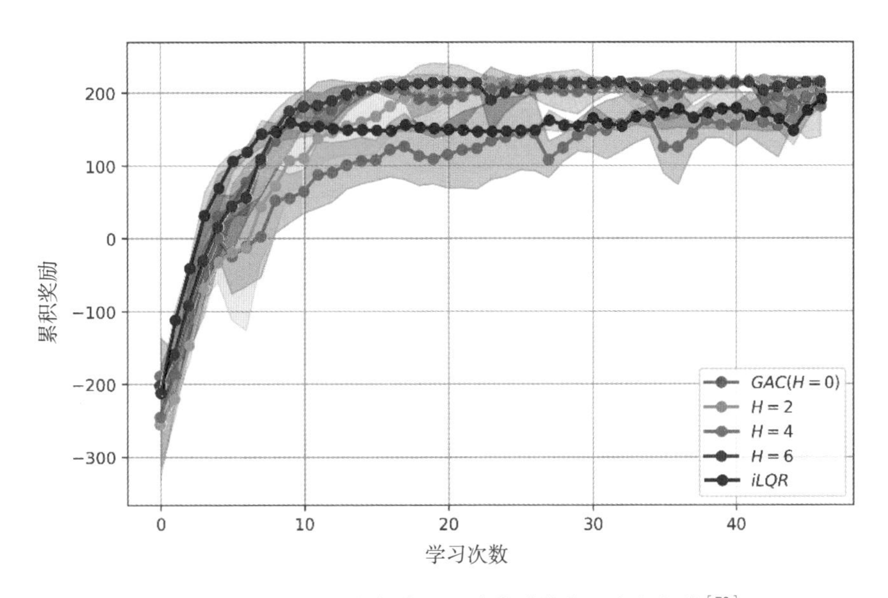

图4.2.6　六组实验累计奖励曲线，参考文献[79]

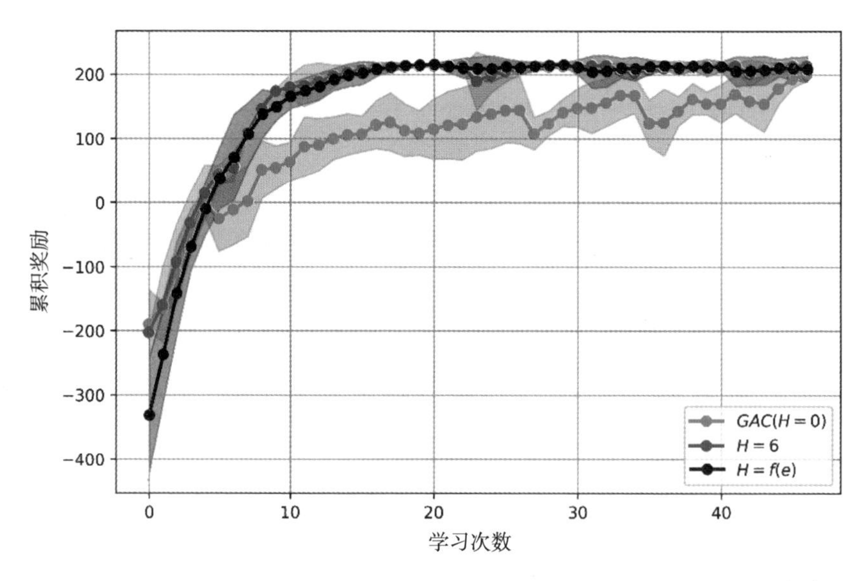

图4.2.7　无模型、基于模型和情绪调控决策的累积奖励，参考文献[79]

我们可以明显看出，在早期学习阶段，iLQR拥有最高的数据利用效率，这得益于采用确定的奖励函数进行回报估计，误差仅仅是由模型的不准确性造成的。然而，由于所估计的回报仅仅是短期的，使得该算法在学习后期通常收敛到一个次优解。本文所提方法旨在最大化长期的折扣回报，以至于新算法都能够收敛到最优解。但是，不同的规划时间对学习效率具有重要影响。理论上来讲，当预测的环境动力学模型是准确的话，规划时间越长，学习效率就会越高。但是实际上，随着规划时间的增加，预测的环境动力学模型的精度会随之减小。因此，只能说在一定范围内，较长的规划时间能够提高学习效率。当基于模型的控制策略会转化为无模型策略，该算法的学习效率较低。

我们进一步比较基于模型、无模型和情绪调控三种算法的性能，它们的累积奖励曲线如图4.2.7所示。可以看出，情绪调控的两通路决策融合算法能够在短时间内获得较大的累积奖励，其累积奖励变化曲线与6–步基于模型决策的奖励变化曲线接近。但引入情绪调控的决策算法能够根据长期基于模型规划策略的不确定性自适应地调控规划时间，有效缩短决策时间。第6、26、46次试验的情绪响应变化曲线如图4.2.8所示。

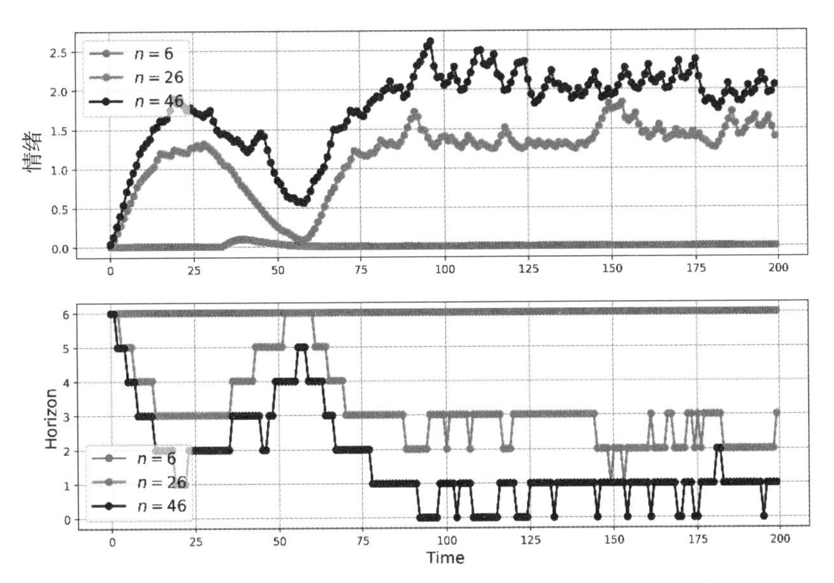

图4.2.8　情绪响应和对应的规划时间变化曲线，参考文献[79]

在每次试验中，如果状态预测误差（SPE）较大，而奖励预测误差（RPE）较小，不确定性相关的情绪响应强度就会增加，以至于智能体更偏向于采用短期的基于模型规划或无模型策略，决策速度会较快。与之相反，如果SPE较小而RPE较大，情绪响应强度就会减小，智能体趋向于采用更多的长期规划来产生更精确的控制。另外，随着学习次数的增多，智能体的短期规划或无模型决策的确定性逐渐增加，这是由于累积奖励对情绪加工网络权重不断地正性强化所造成的。在早期阶段，随着环境知识的不断积累，SPE相对于RPE较小，智能体趋向于采用更多长时程基于模型规划。而到学习的后期，智能体趋向于更多短期规划或无模型习惯性控制。这个过程与人类技能学习过程相一致。这个过程的演变，在本文中的原因是：平均奖励基准代表着一种期望的奖励，该奖励是基于过去历史经验计算出来的。如果当前的即时奖励好于这个基准，那么突触将会得到强化，反之亦然。这种突触的改变慢慢调节着不确定性情绪响应幅度，对于加速决策速度具有重要的作用。

4.2.3　基于内部好奇与动机驱动的移动机器人自主决策方法（该部分内容主要基于本章作者的工作[80]）

在真实环境当中，外部奖励通常是非常稀疏的。这对于传统学习方法来讲，大部分时间接收到的奖励是零，这种情况很容易使得传统算法快速收敛，到局部解进而影响智能体进一步探索。因此，外部奖励非常稀疏的环境给一般的学习方法带来巨大挑战。人类情绪在调控决策的过程中具有重要的作用，一种流行的观点认为：情绪性反应能够实时被整合到主观评价的计算过程当中[60]，使得外部稀疏奖励被重塑为一种稠密的内部奖励，进而驱动决策行为。人类决策过程可分为基于模型和无模型决策，这两个过程在大脑中同时存在，协同工作。上一章节主要探索了情绪对这两种决策的切换过程。而情绪对决策影响的另一重要过程是：情绪能够改变智能体对当前刺激的主观评价，影响奖励值。

从神经科学的角度来看，这种主观评价主要来自两种交互的结果。其一是认知—情绪交互，从眶额叶皮层（OFC）到杏仁核的神经元投射形成了一条重要的关于情绪学习与表达的自上而下认知控制通路[61]，这条通路上一章节也有所描述。这一节，我们主要关注第二个交互：情绪—记忆交互。最近一系列神经科学研究发现，情绪加工与记忆之间有着密切的关系。一方面，情绪性反应能够影响记忆的存储过程。例如，较高的情绪唤醒度能够更好地巩固记忆信息的形成、维持和恢复[62]。在显著性信息加工的过程中，杏仁核对海马体产生直接的影响[63]。另一方面，记忆信息对情绪加工过程也起着重要的作用。例如，在情绪性学习和表达过程中，海马体能够给基底杏仁核发送一些情景刺激信息[64~66]。文献[67]指出：在导航任务中，人类海马体与新颖性探测以及情景记忆有着密切的关系，新的对象能够引起海马体活动加强，而海马体与杏仁核之间存在直接投射。因此，在遇到新的对象时，杏仁核的活动也会加强，在探测新颖性过程中起到重要作用[68]。文献[69,70]则表明，动机性状态能够激活特定区域的海马体细胞，而奖励性的动机状态与杏仁核有着密切联系，能够

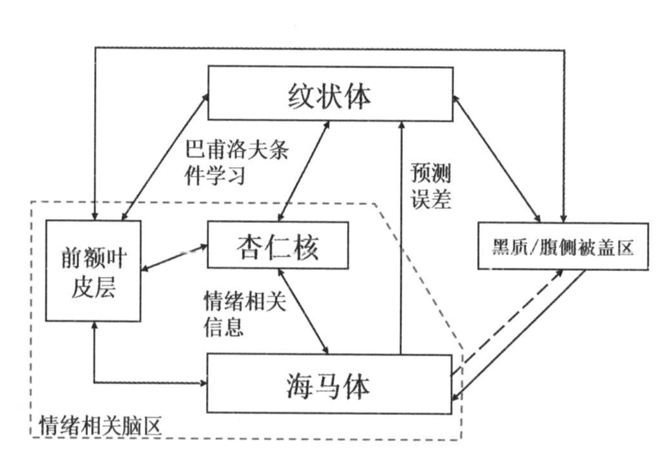

图4.2.9　情绪调控决策的神经环路，参考文献[80]

驱动动物完成一系列目标导向的任务。

启发于上述的神经机制，本节旨在研究：如何通过合理构建内部情绪性奖励模型，驱动基于模型和无模型融合的决策系统，提高智能体在奖励非常稀疏环境当中的学习效率。

（1）杏仁核-海马体情绪加工网络模型

在情绪相关的脑区当中，杏仁核扮演着情绪加工和情绪学习的核心角色。但在情绪生成和调节过程中，有两个重要的交互过程。一个是情绪-认知交互过程，另一个是情绪-记忆交互。对于前者，在啮齿类动物中位于前额叶的IL区或灵长类动物的眶额叶皮层（OFC）对杏仁核有直接的神经元投射，这个环路主要对情绪性学习和表达过程实现自上而下的认知调控。本节主要关注第二条情绪-记忆交互环路。一系列神经科学研究表明情绪加工与记忆之间存在密切联系。一方面，情绪反应能够影响记忆的存储过程，例如，较高的情绪唤醒度能够促进记忆巩固和维持，并能加快情绪性记忆信息的恢复[71]。另一方面，记忆信息能够影响情绪的加工过程。例如，文献[72]发现在空间导航任务中，对物体的新奇度和对环境的新奇度分别与海马体的不同亚区紧密关联，而部分海马体的投射会扩展到杏仁核区，以至于当新物体出现时，杏仁核的激活就会增加。另外，海马体可以根据过去的记忆记录一些动机性的状态，这些动机性的状态可能编码一些目标，从而使得动物形成更多目标导向的行为[73]。

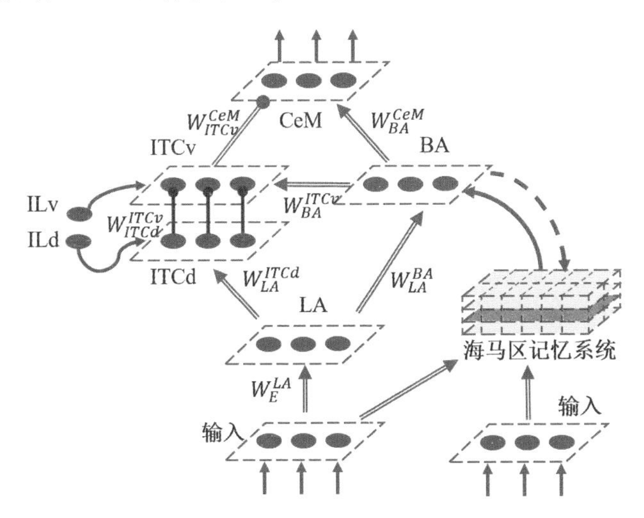

图4.2.10　情绪加工计算网络结构，参考文献[80]

基于上述神经机制，我们建立如下情绪加工计算模型。神经网络主体模拟杏仁核四个亚区的兴奋与抑制性连接关系。在杏仁核亚区当中，ITCv和ITCd区接受来自前额叶皮层的ILv和ILd区的自上而下的调控信号，BA区除了加工内部的信息之外，还接受来自海马体系统的记忆信息。在此模型中，每个神经元服从如下shunting短期记忆动力学方程：

$$\tau_x \frac{dx_i}{dt} = -Ax_i + (B - x_i)S_i^+ - (C + x_i)S_i^-$$

其中，每个神经元的激活值处于范围$[-C,B]$，S_i^+和S_i^-分别对应于兴奋和抑制性的输入，A是衰减率，τ_x是神经激活的时间常数。下表是每个子神经网络的兴奋和抑制输入信息。其中，N代表神经元个数，$\sum(\cdot) = \sum_{k=1}^{N}(\cdot)$，$[\cdot]^+$是一个线性整流函数。

表4.2.1　情绪加工网路兴奋与抑制性输入

神经元	兴奋项 S^+	抑制项 S^-
x_i^{LA}	$f_L \sum W_E^{LA_i} E$	0
x_i^{BA}	$\sum W_{LA_k}^{BA_i}[x_k^{LA}]^+ + E_{Hip}$	0
x_i^{ITCd}	$\sum W_{LA_k}^{ITCd_i}[x_k^{LA}]^+ + E_{ILd}$	0
x_i^{ITCv}	$\sum W_{BA_k}^{ITCv_i}[x_k^{BA}]^+ + E_{ILv}$	$W_{ITCd_i}^{ITCv_i}[x_i^{ITCd}]^+$
x^{CeM}	$\sum W_{BA_k}^{CeM}[x_k^{BA}]^+$	$f_C \sum W_{ITCv_k}^{CeM}[x_k^{ITCv}]^+$

该模型融合三方面内部情绪信息，包括对外部刺激的效价、当前状态的新奇度以及对目标状态的动机。效价反映奖励是正性的还是负性的，这种内部状态与外部刺激直接相关，因此，我们建议情绪加工网络的输入为$E = r$。新奇度是另一个主要维度之一，它反映的是对当前感知状态的熟悉程度，通常能够吸引智能体注意环境中发生重要改变的地方，该维度与情景记忆密切相关。动机性则是反映当前状态相对于目标状态或意图的重要程度，其中目标状态通常

被记录在记忆系统当中。

情景记忆模块能够生成当前状态的熟悉度信息以及与目标状态的差异程度信息，该信息与情绪加工网络交互生成好奇心和动机相关的情绪性响应。启发于情景记忆的相关研究，我们使用一个简单的记忆模块$M=(K, R)$来存储状态压缩量和即时奖励。K是一个动态变尺寸向量集合，其中每个向量$h_i = \phi(x_i)$是当前外部状态的一个低维表征。与文献[74]类似，我们定义一个映射函数$\phi(x_i) = Wx_i$，其中W是一个高斯随机矩阵。根据Johnson-Lindenstrauss引理，这种随机映射能够保留原始空间的相对距离[75]。R是一个动态的变尺寸向量集合，其中每个向量对应即时的外部奖励信号r_i。为了进行有效的表格查找，这里采用KD-Tree来构建记忆单元。两种记忆信息被传输到情绪加工网络。第一种与新奇度相关的信息定义如下：

$$E_n(h_t) = -\sum_{t=0}^{H} \frac{p}{\sum_i^p k(h_t,h_i)}$$

其中$hi{:}p$代表与当前隐含状态h_t最近的前p个邻居状态。对于无模型控制，H=0，h_0是当前观测量x_t的隐含状态表征。对于基于模型控制，$h_{1:H}$通过编码预测状态轨迹$x_{t+1:t+H} \sim \mathcal{F}(x_t,\pi_\theta(x_t))$求得。$k(x,y)$是向量$x$与$y$之间的核函数，定义如下：

$$k(h,h_i) = \frac{1}{\|h - h_i\|_2^2 + \epsilon_h}$$

第二种是与动机相关的信息，其中最关键的是确定潜在的动机性状态（目标状态）。本文假设每个目标状态都对应一个很大的奖励。如果最大的即时奖励被发现，其所对应的隐含状态将被填加到目标列表当中。动机相关信息定义如下：

$$E_m(h) = exp\left[-\frac{\min_i d(h,h_i)}{2}\right], \quad i \in \mathcal{J}$$

其中$d(h,h_i) = \|x - y\|_2^2$是向量x与y之间的距离，$\mathcal{J}$是一个索引集合，对应于候选目标当中前q个最大的即时奖励所对应的隐含状态。动机性信息主要依赖于当前隐含状态h和相近状态集群$h_i, i \in \mathcal{J}$之间的距离。

（2）一种情绪驱动的基于模型的机器人决策控制方法

该方法利用环境概率预测模型对未来短期的状态变化进行预测，并引入情绪加工模块形成内部奖励来调节决策结果。

情绪相关脑区，包括杏仁核、前额叶和海马系统等，能够把情绪性的响应直接传递到腹侧纹状体区（功能见4.2.2中描述）。这种情绪性响应可能被整合到值计算过程当中，影响纹状体在决策中的值编码过程。即使外界没有反馈信号，情绪也能够通过影响人对环境的主观评价来改变决策过程。

为了提高学习效率，本章节采用基于模型的决策来生成输出策略。具体而言，本系统集成了无模型离线学习和基于模型在线控制两个过程。在无模型离线学习阶段，首先模拟腹侧纹状体区，根据过去的历史信息训练一个全局值函数Q（参数为φ），目标函数为：

$$\max_{\varphi} \mathbb{E}_{p^{\chi}(x),\pi_{\theta}(u|x),p(x^{'}|x,u)}\left[(Q_{\varphi}(x,u)-Y)^{2}\right]$$

其中χ代表源于真实系统的状态分布，Y是期望的值$Y=r(x,u)+\gamma\mathbb{E}_{\pi_{\theta}(u^{'}|x^{'})}\left[Q_{\varphi^{'}}(x^{'},u^{'})\right]$，$x'$和$u'$分别代表下一个状态和动作。$Q_{\varphi^{'}}(x^{'},u^{'})$是目标评价网络，其参数通过滑动滤波方式进行更新$\varphi^{'}\leftarrow\tau\varphi+(1-\tau)\varphi^{'}$。这种目标评价网络有利于提高学习的稳定性。与此同时，通过最大化状态–动作值函数，我们训练获得一个无模型引导策略π_{θ}（参数为θ）。该参数能够通过下列方式求得：

$$\theta^{*}=arg\max_{\theta}\mathbb{E}_{p^{\chi}(x),\pi_{\theta}(u|x)}[Q(x,u)]$$

我们使用确定性策略搜索[76]方法来更新策略网络的参数，其中值函数的一阶信息被用来更新策略参数：

$$\theta\leftarrow\theta+\eta_{\pi}\mathbb{E}_{p^{\chi}(x)}\left[\nabla_{\theta}\pi_{\theta}(x)\nabla_{u}Q(x,u)|_{u=\pi_{\theta}(x)}\right]$$

其中η_{π}是策略网络的学习率。

本节主要提出另一主要部分——基于模型的在线控制。由于没有人工定义的可导的外部奖励，本节的奖励源于内部情绪模块所产生的情绪响应，是不可导的。基于4.2.2中的决策方法，本节主要解决当奖励函数不可导的情况下，如何在无模型策略的引导下优化得到基于模型的策略。

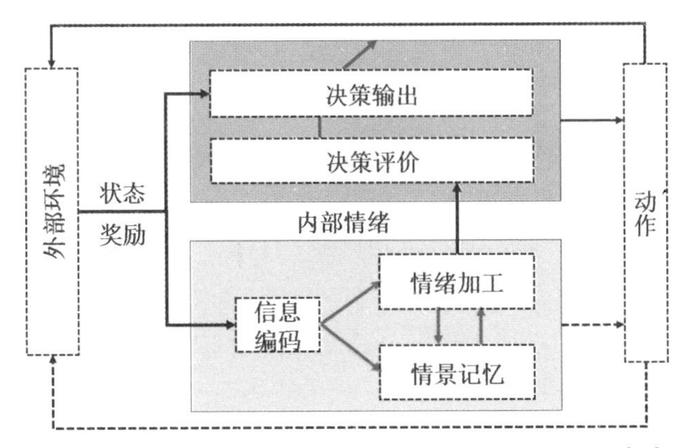

图4.2.11　情绪驱动决策的计算模型框架，参考文献[80]

定义该过程的优化目标如下：

$$\max_{\hat{\pi}} \mathbb{E}_{p^{\nu}(x),\hat{\pi}(u|x)}\left[\sum_{t=0}^{H-1}\gamma^t e(x_t,u_t)+\gamma^H Q(x_H,\hat{\pi}(x_H))\right]$$

$$s.t.\quad x_{t+1}\sim\mathcal{F}(x_t,u_t)$$

$$d(\hat{\pi}(u|x)\ \pi_\theta(u|x))\le\epsilon$$

其中，$p^{\nu}(x)$代表的是根据非参数化贪婪策略 $\hat{\pi}(u|x)$ 和学习到的环境动力学所推演出的状态轨迹分布，$e(x_t,u_t)$ 代表由情绪加工模块产生的内部情绪响应，$d(\cdot|\cdot)$ 可以用来测量两个策略之间的接近程度，ϵ 代表距离。

在这个优化问题当中，一个局部最优的状态-动作值函数 $Q(x_H,\hat{\pi}(x_H))$ 代替了传统终端奖励函数。由于学习到的值函数能够估计出一个无穷的折扣回报，而非传统方法中短期的折扣回报，这通常能够获得更优的解。然而，局部最优的终端策略 $\hat{\pi}(x_H)$ 事先是不知道的，因此我们搜索这一策略通过在无模型策略附近寻找最大化状态-动作值函数 $Q(x_H,u)$ 的局部策略。

$$\max_{\hat{\pi}} \mathbb{E}_{p^{\nu}(x_H),\hat{\pi}(u|x_H)}[Q(x_H,u)]$$

$$\text{s.t.}\ \ \mathbb{E}_{p^{\nu}(x_H)}[KL(\hat{\pi}(u|x_H)||\pi_\theta(u|x_H))]\le\epsilon$$

$$\mathbb{E}_{p^{\nu}(x_H),\hat{\pi}(u|x_H)}=1$$

该优化过程与Guide Actor-Critic（GAC）[77]中的优化是相似的，但是熵约束被省略掉了。因为熵约束主要用来控制无模型策略的探索和利用的平衡，而本文这种平衡关系主要由多步规划中基于采样的策略搜索过程来控制。我们能够获得最优解的闭环形式是：

$$\widehat{\pi}(u|x_H) \propto \pi_\theta(u|x_H) exp\left[\frac{Q(x_H,u)}{\eta^*}\right]$$

其中，$\eta^* \geq 0$是KL约束的最优对偶变量，这些对偶变量可以通过最小化下面的凸对偶函数来获得：

$$g(\eta) = \eta\epsilon + \eta\mathbb{E}_{p^\nu(x_H)}\left[\log\int \pi_\theta(u|x_H)\exp\left(\frac{Q(x_H,u)}{\eta}\right) du\right]$$

这个最优解能够利用标准的优化算法求得，例如BFGS算法。如果通过采样求得贪婪的终端动作$\widehat{u}_H \sim \widehat{\pi}(x_H)$，我们就能获得局部最优的终端值$Q(x_H,\widehat{u})$。然后进一步优化基于模型的目标函数。然而，由内部情绪模块产生的情绪性奖励信号是不可导的，不能通过传统差分动态规划（DDP）求得近似解。本文通过采样的方式对目标函数进行优化，该方式简单且易于并行处理。但是传统的方法一般采用均匀采样方式进行搜索，这种方式一般需要大量的样本才能提高估计的精度，同时，如果动作维度较高，这种方式优化效率较低。我们提出在无模型策略的引导下，采用基于KL散度约束的方式进行采样。这种方式能够加快策略搜索的速度，提高策略精度。具体而言，我们评估轨迹$p^\nu(x)\widehat{\pi}(u|x)$在一个有限样本集合中$x_{t:t+H}^i$和$u_{t:t+H}^i$，其中$i = 1...N$，$N$是样本数量。其中KL约束能够被解耦为两项，分别对均值和协方差进行约束。

$$\mathbb{E}_{p^\nu(x)}[KL(\widehat{\pi}(u|x)||\pi_\theta(u|x))] = C_\mu + C_\Sigma \leq \epsilon$$

其中，

$$C_\Sigma = \frac{1}{2}\mathbb{E}_{p^\nu(x)}\left[tr(\Sigma^{-1}\Sigma_\theta) - n + \log\left(\frac{|\Sigma|}{\Sigma_\theta}\right)\right] \leq \epsilon_\Sigma$$

$$C_\mu = \frac{1}{2}\mathbb{E}_{p^\nu(x)}[(\mu - \mu_\theta)^T\Sigma^{-1}(\mu - \mu_\theta)] \leq \epsilon_\mu$$

n代表控制量u的维度。

本章节假设采样均值等于无模型引导策略，仅仅协方差项进行约束。假设无模型协方差和基于模型策略的协方差分别被定义为 $\Sigma_\theta = \sigma_\theta^2 I$ 和 $\Sigma = \sigma^2 I$。则协方差约束能够被重写为：

$$C_\Sigma = \frac{1}{2}\mathbb{E}_{p^{\mathrm{v}}(x_H)}\left[n\frac{\sigma_\theta^2}{\sigma^2} - n + n\log\left(\frac{\sigma^2}{\sigma_\theta^2}\right)\right] \le \epsilon_\Sigma$$

令 $k = \frac{\sigma^2}{\sigma_\theta^2}$，我们能够推断出k需要满足如下条件：

$$0 < k < e^{1+\ 2\epsilon_\Sigma/n}$$

（3）实验结果

我们将新算法整合到两个仿真系统的控制框架当中。第一个实验是静态导航实验，给实验用以评估情绪驱动学习的有效性。第二个实验是随机目标搜索实验，该实验用来评估智能体的探索能力，实验的细节描述如下。

• 静态导航实验

我们选择Turtlebot-3机器人作为移动平台，在V-REP中进行仿真。实验场景是$4.5m \times 5m$大小的用墙围起来的一个方形空间。移动机器人从起点（0，0）出发，到达终点（3.5，3.5）。在每个时间步中，用于决策的传感器状态总共有18维信息，$x_t = (d_t, p_t, \theta_t, v_{t-1})$，分别表示激光传感器中获取13维稀疏的距离信息、小车的位置和方位信息，以及车轮上一时刻的转速。输出动作是左右车轮该时刻的转速，定义为 $u_t = (v_l, v_r)$ 。假设环境中有两种奖励分布模式：“稀疏”和“非常稀疏”。在“稀疏”模式中，如果机器人碰到障碍物，它获取的奖励是-5，如果机器人到达目的地，它将获取的奖励是+5，其他时刻奖励保持为0。在“非常稀疏”的模式中，只有当机器人到达目的地才能获得奖励+5，其他时刻的奖励都为0。这个模式相对来说难度更大，因为大部分时间，机器人没有接收到有用的反馈信息。

为了比较不同方法的性能，我们设置了四组实验。第一组是标准的无模型学习方法，采用的是DDPG算法，动作空间增加Ornstein-Uhlenbeck噪声用于探索[76]。第二组是情绪驱动的无模型学习方法，其中算法本体是DDPG，但

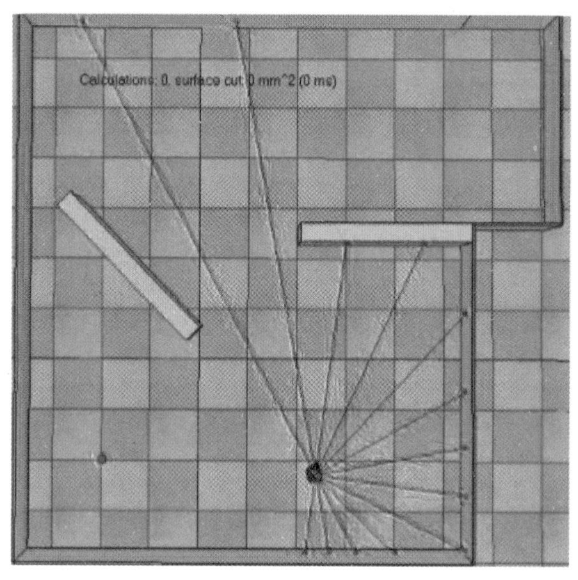

图4.2.12 静态导航实验场景，参考文献[80]

奖励信号来自于情绪加工模块。第三组实验是情绪驱动的基于模型学习方法，其中，我们在无模型策略的引导下，使用一个学习到的环境动力学模型对决策结果进行预测，进一步使用采样的方式对输出策略进行动态优化。我们也与标准的好奇心驱动的ICM方法[78]进行了对比，该方法也是用来解决在奖励比较稀疏的环境中进行决策的问题。但由于ICM方法是基于A3C框架，解决的是离散决策问题，不适用于本文的连续决策过程。因此，本文只借鉴ICM方法中奖励修正部分，采用同样的自监督预测过程来修正外部奖励信号。

在仿真过程中，Actor网络是一个两层感知器，每层有128个神经元，采用Adam算法进行权重更新，学习率是$\boldsymbol{\eta_{\pi}} = 1 \times 10^{-4}$。Critic网络与Actor网络有同样的结构，但其学习率设为$\boldsymbol{\eta_{Q}} = 1 \times 10^{-3}$。算法中折扣因子$\boldsymbol{\gamma} = 0.99$。对于基于模型学习方法，智能体在与环境交互的过程中需要学习一个概率转移动力学模型，该模型可以根据上一时刻的状态和动作预测下一时刻的状态。我们采用一个包含五个子网络的概率神经网络集群，每个子网络包含三层神经元，每层有128个神经元。在每次预测中，先从状态分布$\boldsymbol{p(x)}$中采样20个粒子送到每个子网络中，这个方法能够捕获状态的偶然不确定性。在算法的随机打靶采样过程中，同样设定一次采样20个粒子，设定规划时间为4步。KL约束系数设为$\epsilon = 1 \times 10^{-4}$。情绪加工模块的参数为$N = 20, A = 50, B = 10, C = 0, \tau = 0.08$，所有突触随机初始化0到0.1之间，输入信号是环境中的外部奖励信号。记忆模块的p和q分别设为5和20，输入到情绪加工网络的记忆信号为$E_{Hip} = 0.02E_n + 0.2E_m$。

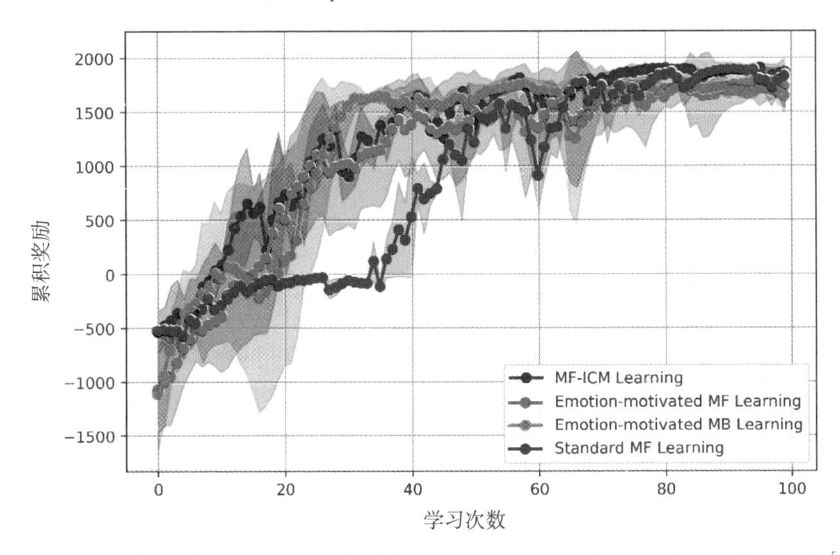

图4.2.13　四种智能体在静态导航环境中的累积奖励曲线（稀疏版本），参考文献[80]

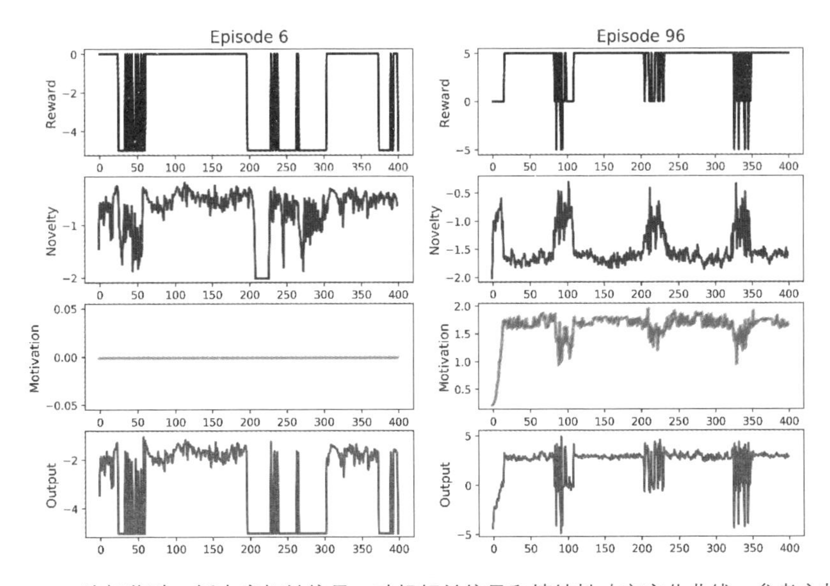

图4.2.14　外部奖励、新奇度相关信号、动机相关信号和情绪性响应变化曲线，参考文献[80]

在V-REP中，每一步的仿真时间设为0.1s，一个学习周期总共包含100次试验，每次试验总共包含400步。我们统计了10次重复学习过程，各组实验的累积奖励变化曲线如图4.2.13所示。可以看出，相比于标准无模型学习方法，情绪驱动的方法能够以更高的学习效率完成这个静态导航任务。图4.2.14显示了训练开始和结束阶段的外部奖励、新奇度相关信号、动机相关信号和情绪性响应。在学习的早期阶段，新奇度相关的情绪响应能够提高智能体探索未知区域的概率，这能够促使智能体快速发现目标。如果发现了目标，其情景记忆信息将被以一个很高的奖励权重存储下来。进而，动机相关的情绪响应开始出现，促使智能体更多地访问潜在目标，这会加速值函数的收敛。在奖励非常稀疏的情况下，标准的无模型学习方法通常探索效率很低，以至于学习效率受到限制。另外，我们发现情绪驱动无模型和基于模型的学习方法在这个任务中性能相近。这可能由于"稀疏"模式相对于普通的DDPG算法来说比较简单，因为障碍物的负反馈也能够提供一些启发式信息，能够在某种程度约束探测的范围。另外，ICM方法也能够高效地完成这个任务，其原因是：自监督的内部奖励能够促使机器人去探索更多不确定的地方，加速固定目标的搜索。训练之后，三个智能体的运动轨迹如图4.2.15所示。

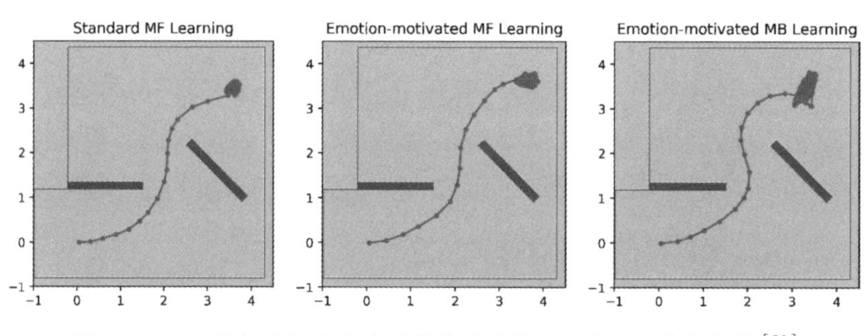

图4.2.15　三种智能体在静态导航实验中的运动轨迹，参考文献[80]

在"非常稀疏"模式的任务中，标准无模型学习不能完成这个任务。这种智能体很容易陷入局部解，由于没有奖励反馈，机器人通常在一个地方反复游荡。作为对比，情绪驱动的学习方法能够更好地处理这种情况，情绪驱动的无模型与基于模型的学习算法都能够成功到达目标点。但基于模型的方法相比于无模型方法的学习效率更高，能够加速值函数的收敛。然而我们也发现，基于模型控制的累积奖励比无模型方法稍微低一点，这是由于基于模型智能体通常在与新奇度相关的情绪奖励的驱动下拥有较高的探索能力，这会导致它在目标位置来回移动。而无模型方法很容易待在目标位置。另一方面，模型预测误差也是削弱基于模型策略性能的一个原因。另外，ICM方法也非常擅长完成这种奖励非常稀疏的任务。只有当机器人到达目标点的时候才接收到一个大的正性奖励+5，其他时间内，内部好奇性奖励将鼓励机器人积极探索环境，保证了良好的探索性能。

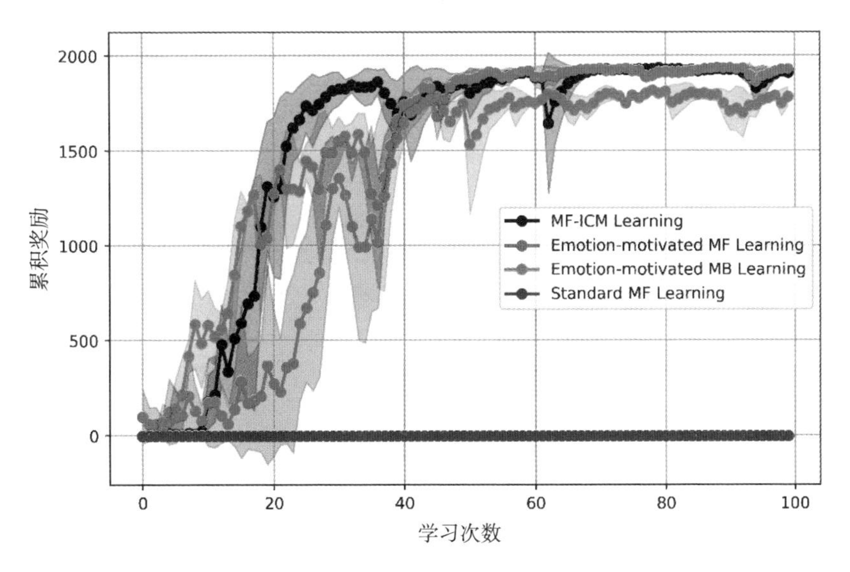

图4.2.16.　四种智能体在静态导航环境中的累积奖励曲线（非常稀疏版本），参考文献[80]

• 动态搜索实验

这个实验旨在评估机器人在动态目标搜索任务中的探索和泛化能力。移动机器人同样从起点（0，0）出发，寻找环境中的稀疏目标点，每当找到一个目标，机器人获得一个+5的奖励，剩余时间奖励都为0。当到达一个目标点时，目标点的位置进行一次更新，会随机出现在三个可能的位置（0.5，3.5）（2.0，3.5）（3.5，3.5），如图4.2.17所示。在400个时间步内，智能体要尽可能多地搜寻目标点。这样的动态环境极大地增加了标准无模型方法学习的困难度。主要体现在两个方面：首先，稀疏的奖励和随机出现的目标直接导致值函数难以收敛；其次，学习到的值函数通常会增加机器人局部探索的概率，从而限制其全局搜索过程。

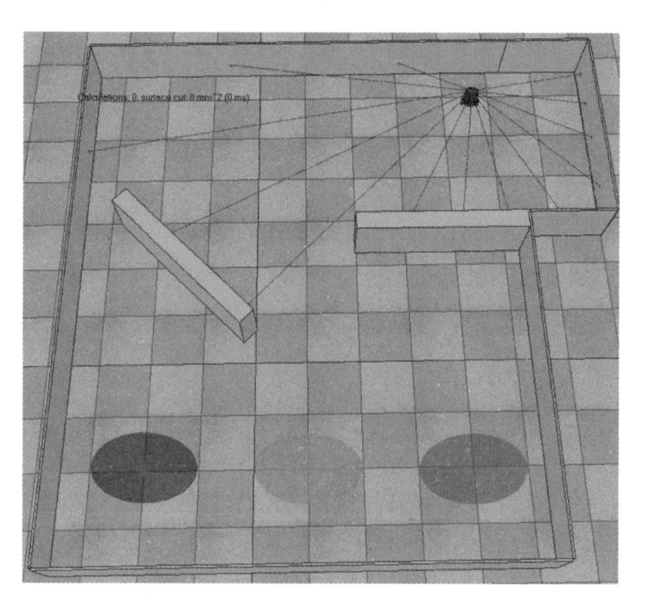

图4.2.17　动态搜索实验场景，参考文献[80]

实验当中，大部分超参数和上一个实验是相同的。我们进行了10次重复实验，每次实验包含100次学习过程。图4.2.18反映了整个学习过程，情绪驱动的学习方法明显优于普通的学习方法，在动态环境中展现出更高的探索和学习能力。具体而言，在刚开始目标还没有被发现的时候，与新奇度相关的情绪

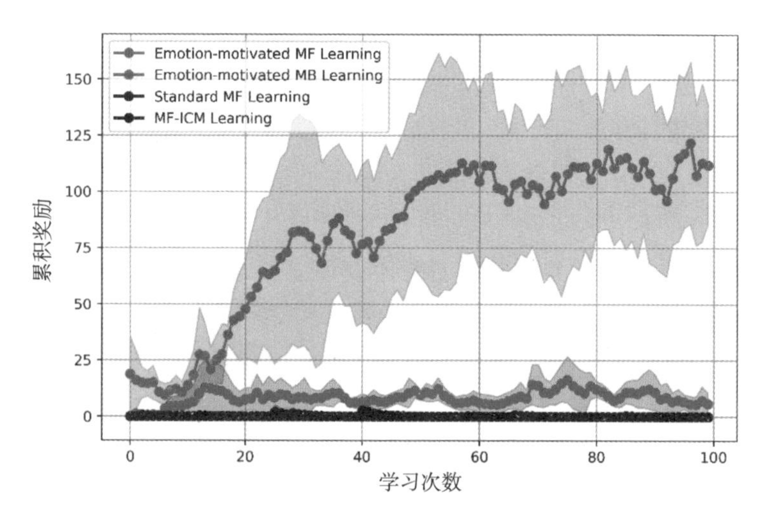

图4.2.18　四种智能体在动态搜索实验中的累积奖励曲线，参考文献[80]

响应（例如好奇心）能够驱动智能体探索更多新的地方。如果出现一个奖励很高的感知状态，对应的情景记忆将被存储为潜在的目标记忆信息。基于此，与动机相关的记忆信息将被发送到情绪加工模块，该模块进一步整合外部奖励信息和记忆信息生成与动机相关的情绪响应。之后，这种情绪响应能够驱动智能体产生更多目标导向的行为。但是如果目标突然消失，与新奇度相关的情绪响应将会促使智能体探索更多其他地方。我们也能发现，ICM方法没能完成这个任务，这反映了该方法的性能对外部奖励的变化比较敏感。可能是因为这种方法缺乏预测目标并调节内部动机的能力。

同时，在这个实验环境当中，基于模型的方法比无模型的表现更好。对值函数收敛来说，探索有用的状态空间是至关重要的。无模型学习方法每一步直接根据状态产生一个探索性的策略，这通常导致在相近的两个观测状态之间，机器人会不断地反复徘徊，致使学习速度下降。而基于模型智能体能够在想象的状态空间中评估情绪性奖励，在无模型策略和环境动力学模型的引导下探索和选择更好的策略。这种情况下，智能体通常能够更加快速有意图地探索未知的状态空间。三种机器人的运动轨迹如图4.2.19所示。

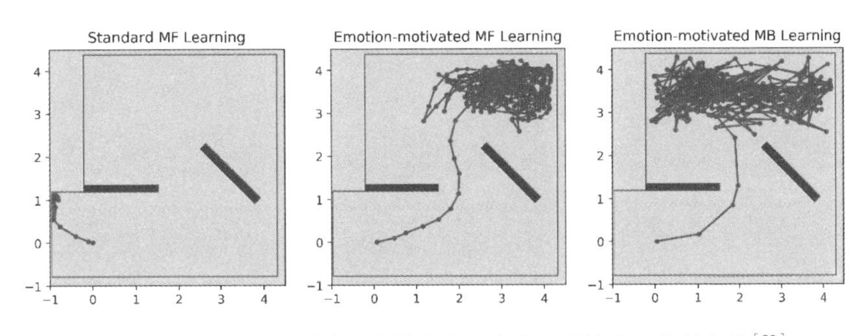

图4.2.19　三种智能体在动态搜索实验中的运动轨迹，参考文献[80]

另外，我们探究了不同的规划时间步长对性能的影响，分别选择H=2，4，10三组实验进行对比，图4.2.20是训练曲线。可见，规划时间步数H对机器人探索和学习性能有重要影响。当H较小时，决策速度会非常快，但探索和学习性能受到限制。如果H相对较大，智能体能够获得一个较高的探索性能，并具有较快的学习速度。这是因为在一定范围内，想象轨迹空间越大，得到的策略越精确。但是如果H太大，模型预测误差也将随之出现，这可能会降低决策的精度。

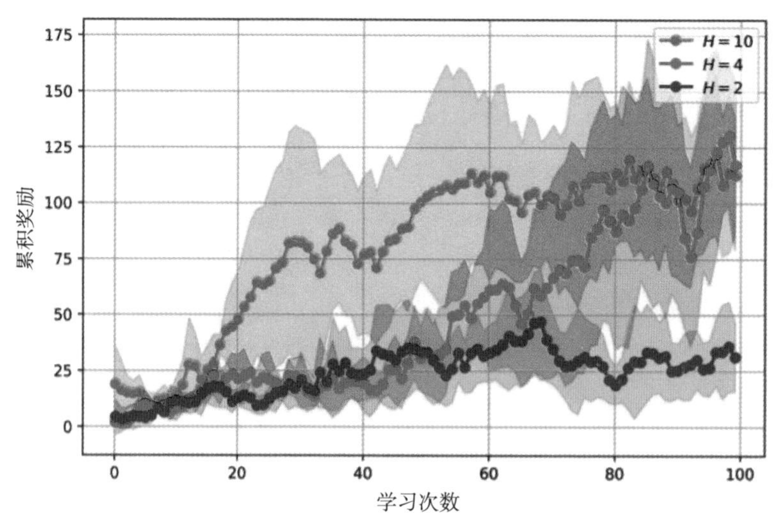

图4.2.20 三种不同规划时间的智能体在动态搜索实验中的累积奖励曲线，参考文献[80]

参考文献

[1] Levine D S. Neural network modeling of emotion [J]. Physics of life reviews, 2007, 4(1): 37-63.

[2] Grossberg S. On the dynamics of operant conditioning [J]. Journal of Theoretical Biology, 1971, 33(2):225-255.

[3] Grossberg S. A Neural Model of Attention, Reinforcement and Discrimination Learning[J]. International Review of Neurobiology, 1975, 18:263.

[4] Grossberg S. A neural theory of punishment and avoidance, II: quantitative theory [J]. Mathematical Biosciences, 1972, 15(1):39-67.

[5] Grossberg, Stephen, and W. E. Gutowski. "Neural Dynamics of Decision Making Under Risk." Psychological Review 94.3(1987):300.

[6] Leven S J, Levine D S. Multiattribute decision making in context: A dynamic neural network methodology [J]. Cognitive Science, 2010, 20(2):271-299.

[7] Taylor J G, Fragopanagos N F. The interaction of attention and emotion [J]. Neural

Networks the Official Journal of the International Neural Network Society, 2005, 69(16):1977-1983.
[8] Eisler R, Levine D S. Nurture, Nature, and Caring: We Are Not Prisoners of Our Genes[J]. Brain & Mind, 2002, 3(1):9-52.
[9] Levine D S. Modeling the Evolution of Decision Rules in the Human Brain [C] //IEEE International Joint Conference on Neural Network Proceedings. IEEE, 2006:625-631.
[10] Aakerlund L, Hemmingsen R. Neural networks as models of psychopathology. [J]. Biological Psychiatry, 1998, 43(7):471-482.
[11] Moerland T M, Broekens J, Jonker C M. Emotion in reinforcement learning agents and robots: a survey [J]. Machine Learning, 2018, 107(2): 443-480.
[12] Keramati M, Gutkin B S. A reinforcement learning theory for homeostatic regulation [C] //Advances in neural information processing systems. 2011: 82-90.
[13] Gadanho, S. C. and Hallam, J. (2001). Robot learning driven by emotions [J]. Adaptive Behavior 9, 42–64.
[14] Singh, S., Lewis, R. L., Barto, A. G., and Sorg, J. (2010). Intrinsically motivated reinforcement learning: An evolutionary perspective [J]. IEEE Transactions on Autonomous Mental Development 2, 70–82.
[15] Sequeira, P., Melo, F. S., and Paiva, A. (2014). Learning by appraising: an emotion-based approach to intrinsic reward design. Adaptive Behavior 22, 330–349.
[16] Houthooft, R., Chen, X., Duan, Y., Schulman, J., Turck, F. D., and Abbeel, P. (2016). Curiosity-driven exploration in deep reinforcement learning via bayesian neural networks.
[17] Matsuda, A., Misawa, H., & Horio, K. (2011). Decision making based on reinforcement learning and emotion learning for social behavior. In 2011 IEEE international conference on fuzzy systems (FUZZ) (pp. 2714– 2719). IEEE.
[18] Salichs, M. A., & Malfaz, M. (2012). A new approach to modeling emotions and their use on a decision-making system for artificial agents. IEEE Transactions on Affective Computing, 3(1), 56–68.
[19] Broekens, J., Kosters, W. A., & Verbeek, F. J. (2007a). Affect, anticipation, and adaptation: Affect-controlled selection of anticipatory simulation in artificial adaptive agents. Adaptive Behavior, 15(4), 397–422.
[20] Shi, X., Wang, Z., & Zhang, Q. (2012). Artificial emotion model based on neuromodulators and Q-learning. In W. Deng (Ed.), Future Control and Automation: Proceedings of the 2nd International Conference on Future Control and Automation (ICFCA 2012) (Vol. 1, pp. 293–299). Berlin, Heidelberg: Springer.
[21] Moerland, T. M., Broekens, J., & Jonker, C. M. (2016). Fear and hope emerge from

anticipation in model-based reinforcement learning. In Proceedings of the international joint conference on artificial intelligence (IJCAI) (pp. 848–854).

[22] Jacobs, E., Broekens, J., & Jonker, C. M. (2014). Emergent dynamics of joy, distress, hope and fear in reinforcement learning agents. In Adaptive learning agents workshop at AAMAS2014.

[23] Ficocelli, M., Terao, J., & Nejat, G. (2016). Promoting interactions between humans and robots using robotic emotional behavior. IEEE Transactions on Cybernetics, 46(12), 2911–2923.

[24] Ayesh, A. (2004). Emotionally motivated reinforcement learning based controller. In 2004 IEEE international conference on systems, man and cybernetics (Vol. 1, pp. 874–878). IEEE.

[25] Cos, I., Hayes, G. M., and Gillies, A. (2013). Hedonic value: enhancing adaptation for motivated agents. Adaptive Behavior - Animals, Animats, Software Agents, Robots, Adaptive Systems 21, 465–483.

[26] Sequeira, P., Melo, F. S., and Paiva, A. (2014). Learning by appraising: an emotion-based approach to intrinsic reward design. Adaptive Behavior 22, 330–349.

[27] Pathak D, Agrawal P, Efros A A, et al. Curiosity-driven Exploration by Self-supervised Prediction [J]. 2017:488-489.

[28] Achiam J, Sastry S. Surprise-Based Intrinsic Motivation for Deep Reinforcement Learning [J]. 2017.

[29] Mikhail F, Jürgen L, Marijn S, et al. Curiosity driven reinforcement learning for motion planning on humanoids [J]. Frontiers in Neurorobotics, 2013, 7:25.

[30] Still S. An information-theoretic approach to curiosity-driven reinforcement learning [J]. Theory in Biosciences, 2012, 131(3):139-148.

[31] Tang H, Houthooft R, Foote D, et al. #Exploration: A Study of Count-Based Exploration for Deep Reinforcement Learning [J]. 2016.

[32] Xu Z X, Chen X L, Cao L, et al. A study of count-based exploration and bonus for reinforcement learning [C] // IEEE, International Conference on Cloud Computing and Big Data Analysis. IEEE, 2017:425-429.

[33] N. Savinov, A. Raichuk, R. Marinier, D. Vincent, M. Pollefeys, T. Lillicrap, and S. Gelly, "Episodic curiosity through reachability," arXiv preprint arXiv:1810.02274, 2018.

[34] Castro-González, Á., Malfaz, M., & Salichs, M. A. (2013). An autonomous social robot in fear. IEEE Transactions on Autonomous Mental Development, 5(2), 135–151.

[35] Matsuda, A., Misawa, H., & Horio, K. (2011). Decision making based on reinforcement learning and emotion learning for social behavior. In 2011 IEEE international conference

on fuzzy systems (FUZZ) (pp. 2714–2719). IEEE.

[36] Obayashi, M., Takuno, T., Kuremoto, T., & Kobayashi, K. (2012). An emotional model embedded reinforcement learning system. In 2012 IEEE international conference on systems, man, and cybernetics (SMC) (pp. 1058–1063). IEEE.

[37] H. Lövheim, "A new three-dimensional model for emotions and monoamine neurotransmitters," Med. Hypotheses, vol. 78, no. 2, pp. 341–348, Feb. 2012.

[38] Doya, K. (2000). Metalearning, neuromodulation, and emotion. In Affective minds (p. 101).

[39] K. Doya, "Metalearning and neuromodulation," Neural Netw., vol. 15, nos. 4–6, pp. 495–506, Jun. 2002.

[40] Broekens, J., Kosters, W. A., & Verbeek, F. J. (2007a). Affect, anticipation, and adaptation: Affect-controlled selection of anticipatory simulation in artificial adaptive agents. Adaptive Behavior, 15(4), 397–422.

[41] Broekens, J., Bosse, T., & Marsella, S. C. (2013). Challenges in computational modeling of affective processes. IEEE Transactions on Affective Computing, 4(3), 242–245.

[42] Tsankova, D. D. (2009). Emotional intervention on an action selection mechanism based on artifcial immune networks for navigation of autonomous agents. Adaptive Behavior 17, 135–152.

[43] Parisi, D. and Petrosino, G. (2010). Robots that have emotions (Sage Publications, Inc.).

[44] Hoey, J., Schroder, T., and Alhothali, A. (2013). Bayesian affect control theory. In Affective Computing and Intelligent Interaction. 166–172.

[45] Friston, K. (2010). The free-energy principle: A unified brain theory? Nature Reviews Neuroscience 11,236 127.

[46] Philipp, S., Thomas, F., J, D. R., and Karl, F. (2013). Exploration, novelty, surprise, and free energy minimization. Front Psychol. 4, 710.

[47] Mateus Joffily,G.C.(2013). Emotional valence and the free-energy principle. PLoS computational biology.

[48] Ledoux, J. (2003). The emotional brain, fear, and the amygdala. Cellular & Molecular Neurobiology 23, 727–738.

[49] Maren, S. (1999). Long-term potentiation in the amygdala: a mechanism for emotional learning and memory. Trends in Neurosciences 22, 561.

[50] M. Khamassi and M. D. Humphries, "Integrating cortico-limbic-basal ganglia architectures for learning model-based and model-free navigation strategies," Front. Behav. Neurosci., vol. 6, p. 79, Nov. 2012.

[51] H. H. Yin, S. B. Ostlund, and B. W. Balleine, "Reward-guided learning beyond dopamine in the nucleus accumbens: The integrative functions of cortico-basal ganglia networks,"

Eur. J. Neurosci., vol. 28, no. 8, pp. 1437–1448, 2008.

[52] M. Verweij, T. J. Senior, D. J. F. Domínguez, and R. Turner, "Emotion, rationality, and decision-making: How to link affective and social neuroscience with social theory," Front. Neurosci., vol. 9, p. 332, Sep. 2015.

[53] S. S. Cho et al., "Investing in the future: Stimulation of the medial prefrontal cortex reduces discounting of delayed rewards," Neuropsychopharmacology, vol. 40, no. 3, pp. 546–553, 2014.

[54] J. W. Kable and P. W. Glimcher, "The neural correlates of subjective value during intertemporal choice," Nat. Neurosci., vol. 10, no. 12, pp. 1625–1633, 2007.

[55] K. Okada, K. Toyama, Y. Inoue, T. Isa, and Y. Kobayashi, "Different pedunculopontine tegmental neurons signal predicted and actual task rewards," J. Neurosci., vol. 29, no. 15, pp. 4858–4870, 2009.

[56] Panksepp, J. (1999). The brain and emotion. Science News 1, 263–326.

[57] Koenigs, M., Young, L., Adolphs, R., Tranel, D., Cushman, F., Hauser, M., et al. (2007). Damage to the prefrontal cortex increases utilitarian moral judgements. Nature 446, 908.

[58] Phelps, E. A., Lempert, K. M., and Sokol-Hessner, P. (2014). Emotion and decision making: multiple modulatory neural circuits. Annual Review of Neuroscience 37, 263.

[59] Delgado, M. R., Nearing, K. I., Ledoux, J. E., and Phelps, E. A. (2008). Neural circuitry underlying the regulation of conditioned fear and its relation to extinction. Neuron 59, 829–838.

[60] Rudebeck, P. H., Mitz, A. R., Chacko, R. V., and Murray, E. A. (2013). Effects of amygdala lesions on reward-value coding in orbital and medial prefrontal cortex. Neuron 80, 1519.

[61] Y. J. John, D. Bullock, B. Zikopoulos, and H. Barbas, "Anatomy and computational modeling of networks underlying cognitive-emotional interaction," Frontiers in human neuroscience, vol. 7, p. 101, 2013.

[62] T. Sharot and E. A. Phelps, "How arousal modulates memory: Disentangling the effects of attention and retention," Cognitive, Affective, & Behavioral Neuroscience, vol. 4, no. 3, pp. 294–306, 2004.

[63] J. Zheng, K. L. Anderson, S. L. Leal, A. Shestyuk, G. Gulsen, L. Mnatsakanyan, S. Vadera, F. P. Hsu, M. A. Yassa, R. T. Knight et al., "Amygdala-hippocampal dynamics during salient information processing," Nature communications, vol. 8, p. 14413, 2017.

[64] K. S. LaBar and R. Cabeza, "Cognitive neuroscience of emotional memory," Nature Reviews Neuroscience, vol. 7, no. 1, p. 54, 2006.

[65] R. Kaplan, A. J. Horner, P. A. Bandettini, C. F. Doeller, and N. Burgess, "Human

hippocampal processing of environmental novelty during spatial navigation," Hippocampus, vol. 24, no. 7, pp. 740–750, 2014.

[66] J. A. Hobin, J. Ji, and S. Maren, "Ventral hippocampal muscimol disrupts context-specific fear memory retrieval after extinction in rats," Hippocampus, vol. 16, no. 2, pp. 174–182, 2006.

[67] R. Kaplan, A. J. Horner, P. A. Bandettini, C. F. Doeller, and N. Burgess, "Human hippocampal processing of environmental novelty during spatial navigation," Hippocampus, vol. 24, no. 7, pp. 740–750, 2014.

[68] Blackford J U , Buckholtz J W , Avery S N , et al. A unique role for the human amygdala in novelty detection [J] . Neuroimage, 2010, 50(3):1188-1193.

[69] P. J. Kennedy and M. L. Shapiro, "Motivational states activate distinct hippocampal representations to guide goal-directed behaviors," Proceedings of the National Academy of Sciences of the United States of America, vol. 106, no. 26, pp. 10805–10810, 2009.

[70] Miendlarzewska E A , Bavelier D , Schwartz S . Influence of reward motivation on human declarative memory [J] . Neuroscience & Biobehavioral Reviews, 2015, 61:156-176.

[71] T. Sharot and E. A. Phelps, "How arousal modulates memory: Disentangling the effects of attention and retention," Cognitive, Affective, & Behavioral Neuroscience, vol. 4, no. 3, pp. 294–306, 2004.

[72] R. Kaplan, A. J. Horner, P. A. Bandettini, C. F. Doeller, and N. Burgess, "Human hippocampal processing of environmental novelty during spatial navigation," Hippocampus, vol. 24, no. 7, pp. 740–750, 2014.

[73] P. J. Kennedy and M. L. Shapiro, "Motivational states activate distinct hippocampal representations to guide goal-directed behaviors," Proceedings of the National Academy of Sciences of the United States of America, vol. 106, no. 26, pp. 10805–10810, 2009.

[74] C. Blundell, B. Uria, A. Pritzel, Y. Li, A. Ruderman, J. Z. Leibo, J. Rae, D. Wierstra, and D. Hassabis, "Model-free episodic control," arXiv preprint arXiv:1606.04460, 2016.

[75] Z. Lin, T. Zhao, G. Yang, and L. Zhang, "Episodic memory deep q networks," arXiv preprint arXiv:1805.07603, 2018.

[76] T. P. Lillicrap, J. J. Hunt, A. Pritzel, N. Heess, T. Erez, Y. Tassa, D. Silver, and D. Wierstra, "Continuous control with deep reinforcement learning," in 4th International Conference on Learning Representations (ICLR 2016), 2016.

[77] V. Tangkaratt, A. Abdolmaleki, and M. Sugiyama, "Guide actor-critic for continuous control," arXiv preprint arXiv:1705.07606, 2017.

[78] D. Pathak, P. Agrawal, A. A. Efros, and T. Darrell, "Curiosity-driven exploration by self-supervised prediction," in Proceedings of the IEEE Conference on Computer Vision and Pattern Recognition Workshops, 2017, pp. 16–17.

[79] X Huang, W Wu, H Qiao. "Connecting Model-Based and Model-Free Control With Emotion Modulation in Learning Systems," IEEE Transactions on Systems, Man, and Cybernetics: Systems, 2019.

[80] X Huang, W Wu, H Qiao. "Computational modeling of Emotion-motivated Decisions for Continuous Control of Mobile Robots," IEEE Transactions on Cognitive and Developmental Systems, 2020.

第五章 类脑智能机器人的融合模型及算法

5.1 大脑协同编码与自驱动神经调控研究

作者：董文秀　詹　阳
（中国科学院深圳先进技术研究院）

5.1.1 引言

大脑包括处理运动、视觉、情感、记忆、决策等信息的多个脑区，脑区与脑区之间存在着广泛的突触连接，所以脑区之间存在着密切的信息交流。它们彼此协同合作进行信息加工以实现某种高级认知功能，例如，前运动皮层（Anterior Lateral Motor Cortex，ALM）和丘脑（Thalamus）之间相互信息交换有利于短时记忆的维持[1]，前额叶（Prefrontal Cortex，PFC）与海马（Hippocampus，HPC）相互信息交换有利于情景记忆的维持和社会交往[2]，后顶叶皮层和视觉皮层的协同合作有利于空间记忆的维持和决策[3]，等等。如果某个脑区出现病变或损伤，该脑区与其他脑区之间协同性也会出现病变，从而诱发很多精神疾病，例如，PFC出现损伤或导致情绪失控、注意力不集中，HPC出现损伤会导致新的长期记忆无法形成，后顶叶皮层出现损伤会出现幻肢、空间识别能力下降。

以往的研究发现，PFC与HPC在多种任务中起着关键作用[4-6]。PFC和HPC在解剖结构上相连并且在行为过程中两者可以交换多种信息。在决策和记忆编码提取的过程中，PFC和HPC之间的发生同步性增强[2, 7]。在行为学实验中，若PFC或者HPC出现损伤，小鼠表现为记忆和决策能力下降、实验的成功率降低、社会交往时间减少，等等[7]。尽管PFC和HPC分别参与社会行为，PFC和HPC的同步性在社会行为中的作用尚未得到广泛研究。

除了脑区之间的信息交流之外，大脑与外接电子学器件的交互技术——脑机接口也是研究的热点。1973年，美国加利福尼亚大学洛杉矶分校教授Jacques Vidal首次提出了脑机接口（Brain-computer Interface，BCI）的概念[8]。2014年巴西世界杯开幕式上，高位截瘫的青年Juliano Pinto在脑机接口与人工外骨骼技术的帮助下开出了一球，向全世界成功展示了脑机接口这一前沿技术。美国的Braingate团队一直致力于开发提取和处理运动皮层信号的脑机接口设备，用于帮助颈脊髓损伤或脑干中风的病人恢复运动[9]。2020年1月，浙江大学与浙江大学医学院附属第二医院神经外科合作完成国内第一例植入式脑机接口临床研究，病人可以利用大脑运动皮层信号精准控制外部机械臂与机械手。除了提取人的运动皮层信息的脑机接口技术，替代人感觉系统的脑机接口技术——电子器件也相继研发出来[10]。电子器件的研发对于实现人机融合的人工智能，以及对人造皮肤等生物医学应用至关重要。柔性电子器件技术发展的基础是柔性电子学器件。2010年，鲍哲南课题组开发了一种高灵敏度柔性电容式压力传感器，极大地推动了电子器件技术的发展[11, 12]。柔性电子学器件既可以用于可穿戴电子设备，又可以用于检测环境变化或身体活动，还可以进一步发展为代替视觉、嗅觉、听觉和味觉的电子学设备。目前，柔性电子学设备已经在脑机接口、人工智能和低成本临床治疗中得到应用。

（1）前额叶与海马体的同步性

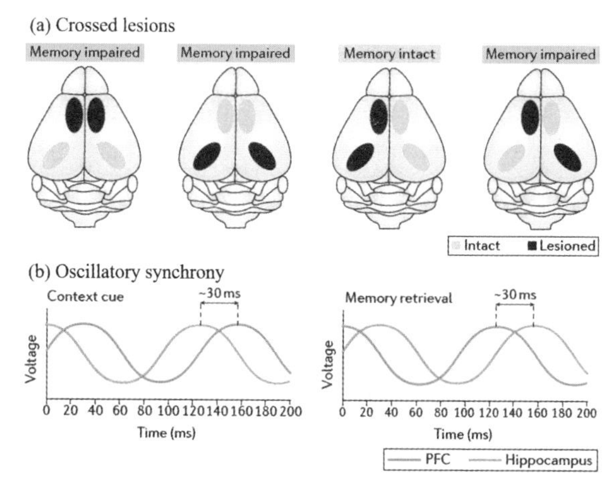

图5.1.1　（a）PFC和HPC损伤导致不同情景记忆任务的失败。一个半球的单侧损伤没有影响，这表明在非损伤半球，PFC和HPC之间完整的单侧通路足以支持记忆。交叉损伤（即一个半球的PFC和另一个半球的HPC损伤）损害记忆。（b）PFC和HPC之间Theta振荡的同步性。在提示呈现和记忆延迟期间，HPC中的Theta振荡先于PFC中的Theta振荡；在记忆恢复过程中，PFC中的Theta振荡先于HPC中的Theta振荡引用[2]参考文献[2]

- 多种认知任务中PFC与HPC的同步性

HPC作为一个参与形成、存储和提取多种记忆模式的脑区在解剖结构上与PFC相连，PFC被认为和HPC交换多种信息。PFC在工作记忆、决策功能、以目标为导向的行为和与注意力相关的选择行为中起到重要作用。理论认为，在需要PFC功能的任务过程中，HPC可以激活PFC。例如，HPC可以编码一个特殊的环境位置，而这个环境位置和目标行为相关。当这个特殊位置出现时，HPC可以提取这个环境记忆，并且与PFC进行交流去实现这个目标行为。PFC和HPC的同步性被认为有助于两个脑区之间的信息传递。在空间迷宫测试中，PFC和HPC之间的同步性有选择性的增强。在焦虑环境下和条件恐惧行为下，HPC和PFC的同步关系也发生改变。脑损伤实验为HPC和PFC之间的存在同步性提供更加直接的证据。在情景记忆实验中，小鼠的双侧PFC内侧皮质或HPC损伤，又或者交叉损伤（即一个半球的PFC和另一个半球的HPC损伤）都会损害记忆（图5.1.1a）。然而，同时损伤一个脑半球的HPC和PFC，小鼠依然具有与损伤前相当的记忆能力。这个结果说明两个脑区及其之间的连接参与空间记忆的形成与提取。不仅如此，HPC和PFC之间的Theta波存在同步性[2, 13]。在提示呈现和记忆延迟期间，HPC的Theta振荡先于PFC的Theta振荡（图5.1.2b）。相反，在记忆恢复过程中，PFC中的Theta振荡先于HPC中的Theta振荡。同步中携带的双向信息流的时间差大约30毫秒，这相当于一个Theta周期的长度[13]。

作为复杂的认知功能，社会行为需要加工处理与社会线索相关的信息，并整合工作记忆、决策等其他认知过程。之前的研究表明，HPC和PFC分别在社会行为中的关键作用：PFC参与介导社会交往和社会等级[14]；HPC在社会交往记忆形成中起到关键作用[15]。HPC和PFC可以单独参与社会行为，但是这两个脑区是否可以同时参与社会行为尚不清楚。社会行为缺陷是孤独症患者的主要症状之一。改变PFC的兴奋性和抑制性细胞的平衡可以影响社会行为：提高兴奋性对抑制性的比例可以降低社会行为[16]；改变PFC脑区中的突触传输强度以及丘脑到PFC的突触强度影响社会等级：双向增强或者减弱突触传输可以提高或者降低社会等级[14]；HPC的CA2区域在社会记忆中起到作用：当CA2区域被抑制时，小鼠的社会交往记忆发生改变导致小鼠无法记得社会伙伴。除此之外，最近的研究表明中脑腹侧背盖区以及中脑腹侧背盖区到伏隔核的投射参与社会行为[17]，背侧中缝核在社会孤立过程中起到作用[18]。

以鼠类为模型进行HPC和PFC同步性研究集中在空间记忆方面。行为任务可以采用与空间记忆相关的T 形迷宫，或者其他需要探索和工作记忆提取的空间环境。采用体内电生理手段，在HPC和PFC同时植入记录电极，分析两个脑区电信号（包括神经元放电Spike 和场电位信号Local field potential）之间的关联和同步性。同步性分析包括互相关（Cross-correlation）、相干函数

（Coherence）和锁相分析（Phase-locking）等。在空间探索中，PFC的神经元发放会同步在HPC的Theta频段的相位上。在空间记忆提取的探索位置，HPC和PFC的神经元之间的同步性比在非空间记忆相关的位置更强，而且之间的相干函数也得到加强。在Theta频段HPC-PFC同步振荡增加的同时，PFC的神经元也重新组织其发放相位，产生同步的神经元集群[2]。因此HPC和PFC之间的同步性可以为记忆编码和神经网络的调整提供一个关键机制。

• HPC与PFC的同步异常存在于精神疾病

近些年，越来越多的研究显示HPC与PFC的环路连接缺陷与神经系统疾病相关。在孤独症和精神分裂症患者中存在前后脑区包括PFC和HPC之间的功能性连接的异常。这些研究的依据是基于脑连接减弱理论。该理论认为孤独症或者精神分裂症患者的行为表现是由于大脑前部区域和后部区域之间直接或非直接的信息交流受限，并且指出异常的脑区连接会影响需要不同脑区协调运作才能实现的认知功能和任务。比如在语言理解和社会交互的过程中，fMRI（Functional Magnetic Resonance Imaging, 功能性磁共振）研究表明前后脑区之间出现了广泛的和协调的大脑活动。当出现僵化或者单一行为时，该理论认为PFC区域无法对后部脑区进行决策控制。

目前关于人脑功能性连接的研究主要采用大脑影像技术（fMRI或者PET）和脑电记录（EEG）。通过分析BOLD（Blood Oxygen Level Dependent，基于血氧浓度）信号的相关性或者EEG信号之间的网络关系，可以刻画不同脑区之间的功能性连接。在孤独症患者中发现广泛的前后脑区之间的功能性连接减弱以及PFC与HPC的网络连接异常[19]；在精神分裂症患者中，存在PFC和颞叶皮层之间的功能性连接减弱以及PFC与HPC功能性连接异常[20, 21]。

在一个精神分裂的转基因模型Df（16）A小鼠（模拟人22号染色体22q11.2 microdeletion）中，模型小鼠需要更长时间的训练才可以学会空间记忆任务，并且在这些小鼠中伴随着HPC和PFC之间的同步性下降。在采用十字交叉迷宫和矿场试验中，在焦虑环境下PFC和HPC之间的场电位Theta频段功率相关性增强，而且在一种焦虑水平增加的5-羟色胺受体（5HT1A）敲除小鼠中，也发现PFC-HPC Theta频段功率相关性的增加[5]。PFC中的神经元可以编码焦虑测试中的焦虑环境，并且这些与焦虑相关的神经元有选择性地同步到HPC的Theta频段的相位上。最近的一项采用光遗传技术的研究表明，当抑制HPC到PFC的突触投射时空间记忆的编码阶段受到影响，尽管记忆维持和提取阶段没有受到影响[6]。因此，在精神疾病的模型中包括精神分裂症和焦虑障碍，PFC和HPC之间的同步性发生改变并与病变行为密切相关。采用光遗传手段阻碍神经环路和脑区突触投射连接，可以研究PFC和HPC之间的同步关系及其在特定行为中的作用。

（2）自驱动电子器件

人类大脑中神经网络是以神经电脉冲的形式进行信息的交流、处理和整合。通过植入式电极、fMRI等技术可以从大脑内部把信息提取出来，并将其输入外界信息处理系统进行处理，以代替大脑的处理过程，再把处理结果反馈给大脑[22]。这就是脑机接口技术的总体技术框架，其信息处理过程如图5.1.2所示。脑机接口技术大致分为两大类：侵入式和非侵入式。侵入式脑机接口需要通过手术在大脑中植入电极或芯片。通过植入电极，可以记录局部场电位和神经元的活动。侵入式脑机接口的优点是获取大脑信号的质量好、时间和空间解析度高，但缺点是需要进行深度手术，存在较高的风险。非侵入式脑机接口无须手术，直接从大脑外部采集大脑信号。常用的非侵入式信号有脑电波、功能近红外光谱和fMRI等。

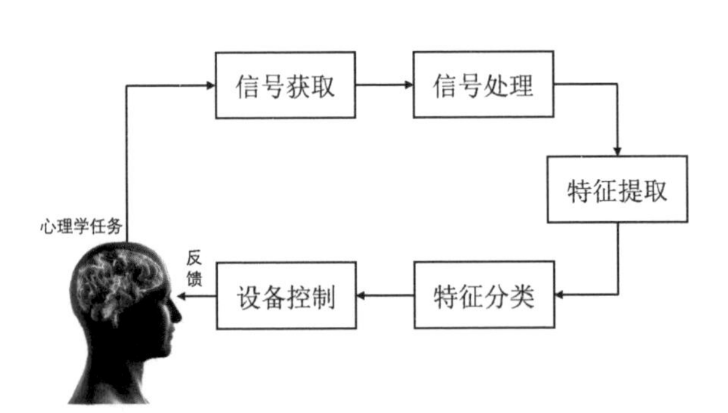

图5.1.2　脑机接口技术信息处理的基本流程

人类的感觉（触觉、听觉、嗅觉、味觉和视觉）加工过程同样可以被人工感觉替代系统所代替。这个系统可以建立多模式的脑机相互作用，并帮助感觉障碍患者恢复其感知某些缺陷感觉的能力。人工感觉替代系统可以像一个真实的人体感觉组织一样工作，它可以检测刺激的不同方面，分析感知数据，向大脑发送仿生电信号参与感知，并驱动身体运动反馈。多样的柔性电子器件感知装置是感觉替代系统连接人体的一个重要步骤。在实际应用中，设计感官替代系统（如新兴的电子器件）主要有两种方法。首先是一体化系统，包括传感器、信息处理和信号传输设备，通常需要外部电源或电池；二是分别进行刺激检测、数据分析和信息模拟，可以使用小型器件，传感部分功耗低。从能源消耗的角度来看，微型传感替代系统的一个关键因素是灵活、低成本和高效率的供电单元。

电子器件在未来的人工感觉器官和人工智能领域有潜在的应用。最近，一种新型的可植入多功能硅电子传感器被开发出来，用于在体连续监测小鼠脑内的颅内压和温度[23]；Tee.等人报道了一种电子皮肤有机数字机械感受器，用于将压力刺激转换成频率电信号并发送到大脑中枢围神经[24]。以上方法需要电源或电池。最近，一种基于摩擦电纳米发电机（TENG）的新型自供电系统被开发出来，该系统通过收集微小的机械能并转换成电能为功能器件供电，可作为实现新型感知电子器件的一个候选方案[25, 26]。

电子器件在未来的低成本临床医学和慢性疾病治疗中可能有潜在的应用。闭环系统设备提供关键生理参数的连续测量，并为特定行为向神经或身体发送合适的信号。许多研究小组已经开发出闭环系统。Mickle等人开发了一种治疗膀胱过度活动症的潜在方法，用一种微型植入装置，该装置具有能够感知和控制大鼠的膀胱功能[27]。如果膀胱功能异常，设备可以向基站发送无线信号。当LED亮起，膀胱内光介导的感觉神经元被抑制，从而影响膀胱功能。Ouyang等人报道了一种有效的心脏治疗闭环系统，在该系统中，基于完全植入共生起搏器——摩擦电纳米发电机实现能量收集、储存以及心脏起搏的功能[28]。除了疾病治疗的强大功能和实用性外，闭环系统还可以建立多模式脑电接口，用于记录和调节神经活动。作为一种潜在的应用，闭环系统可以帮助感觉障碍患者恢复感觉能力，并自发地采取下一步的行为。例如，涉及嗅觉替代的闭环系统可以在反恐任务中检测爆炸物或毒物[29]。

5.1.2　前额叶和海马体之间的同步性研究

本课题组研究了社会行为中PFC和HPC的同步性关系。在趋化因子受体（*Cx3cr1*）敲除小鼠中研究了小鼠的社交行为变化以及PFC与HPC之间的同步关系。趋化因子受体*Cx3cr1*敲除小鼠在发育阶段脑中的小胶质细胞数量短暂减少从而导致突出修剪功能减弱[30]，因此在出生后第二周和第三周的小鼠中存在不成熟的突触连接。我们研究了野生型小鼠（Wild-type, WT）和一种发育过程中突触修剪发生问题的转基因小鼠（趋化因子受体*Cx3cr1*敲除小鼠，KO）的PFC和HPC之间的关联性。未成年和成年的*Cx3cr1*敲除小鼠的社交行为发生缺陷，与野生型（Wild-type, WT）对照组小鼠相比，*Cx3cr1*敲除小鼠（knockout，KO）在社会交往测试实验中总的社会交往时间减少。为了量化PFC和HPC之间关联强度，我们测量了这两个脑区的局部场电位（Local Field Potentials，LFPs）。在社会交往探索实验中，记录了小鼠PFC和左、右背侧HPC（left-HPC、right-HPC）的LFP，并进一步研究了它们之间的相关性。

三箱社交实验是常用的测试小鼠社交能力的方法（图5.1.3a）。小鼠先在三箱装置中适应5分钟，然后让其与社交对象小鼠进行社交测试10分钟。实验结果发现，在社会交往行为中，PFC和HPC之间存在关联性。LFP信号记录结果显示，在80 Hz的频率范围内，WT型小鼠和KO型小鼠的PFC、left-HPC和right-HPC的LFP信号的功率谱之间并没有明显的差异（图5.1.3b，c，d）。然而，从相干函数结果看到，KO型小鼠的PFC和HPC之间的相干谱的数值明显低于WT型小鼠的相干谱（图5.1.3e，g），说明与WT型小鼠相比，KO型小鼠的PFC和HPC之间的功能连接性显著降低。另外，在Theta频段（4 – 12 Hz）和Beta频段（15 – 25 Hz），WT型小鼠和KO型小鼠的左右HPC之间的相干谱的数值没有明显的差异（图5.1.3f，h），说明在Theta和Beta频段，WT型小鼠和KO型小鼠的左右HPC之间的功能连接没有明显差异。然而，在Gamma频段（26 – 70 Hz），KO型小鼠的左右HPC之间的相干函数的数值明显低于WT型小鼠的相干谱（图5.1.3f，h），说明与WT型小鼠相比，在Gamma频段KO型小鼠的左右HPC之间的功能连接性有降低的趋势。

利用fMRI试验方法，进一步研究了静息态下WT型小鼠和KO型小鼠不同脑区的功能连接。通过fMRI的BOLD信号的同步性分析，我们可以看出，PFC和HPC之间存在关联性，并且KO型小鼠的PFC和HPC之间的关联程度明显弱于WT型小鼠（图5.1.4a，b）。fMRI结果与上文中电生理记录的LFP的实验结果一致。在全脑范围的fMRI的功能性连接分析表明，PFC-HPC同步的基因型差异表现在HPC腹背轴上的梯度，这种梯度的差异在腹侧HPC中更加显著。此外，全脑BOLD信号同步性分析显示敲除小鼠的功能连接普遍存在缺陷。尤其是，与野生型幼鼠相比，基因敲除小鼠的PFC与包括HPC、伏隔核和杏仁核在内的几种大脑结构之间的功能连接性降低（图5.1.4d–g）。这些发现表明，KO型小鼠存在广泛的功能性连接减弱。

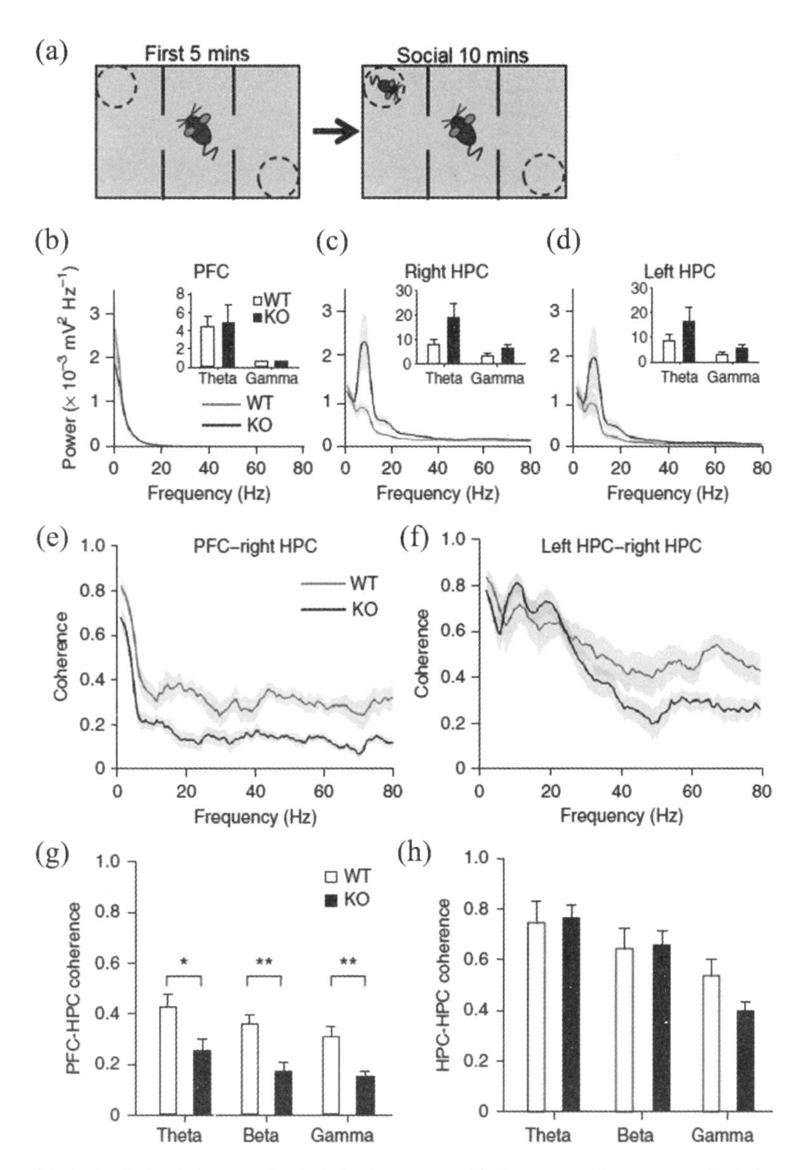

图5.1.3 社交行为实验中，野生型小鼠（WT）和趋化因子受体Cx3cr1 敲除小鼠（KO）场电位（LEPs）功能连接对比图。（a）社交行为学实验。小鼠先在三箱装置中适应5分钟，再让小鼠与刺激鼠社交10分钟。（b–d）分别为内侧PFC、右背侧HPC和左背侧HPC的LEPs的平均功率谱。插图是Theta波（4 – 12 Hz）、Beta波（15 – 25 Hz）和Gamma波（26 – 70 Hz）的平均功率。在左、右背侧HPC中我们记录到，KO型小鼠的Gamma波的平均功率明显高于WT型小鼠，这不是因为来自于个体基因的差异。（e）和（f）分别是内侧PFC与右背侧HPC、左背侧与右背侧HPC之间LEPs信号的关联强度。（g）和（h）分别是侧PFC与右背侧HPC、左侧与右侧HPC之间Theta波、Beta波和Gamma波LEPs信号的关联强度引用文献[4]

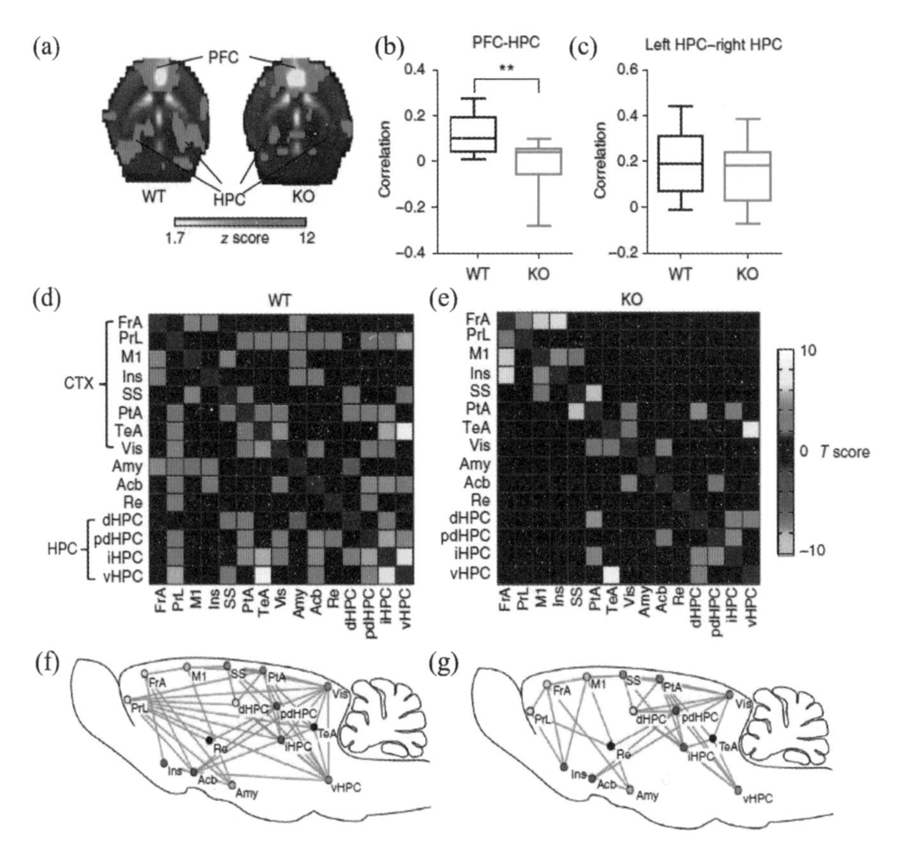

图5.1.4　野生鼠（WT）和趋化因子受体*Cx3cr1*敲除小鼠（KO）的fMRI功能连接对比图。（a）脑横截面图显示的是平均体元，其fMRI-BOLD信号与PFC显著相关。（b）和（c）在KO和WT幼鼠中，PFC-HPC和左侧HPC-右侧HPC的PFC相关性（利用BOLD同步法测量）。（d，e）基于全脑的fMRI-BOLD信号分析的相关矩阵（f，g）WT和KO小鼠不同脑区之间的功能性连接示意图引用文献[4]

5.1.3　前额叶和海马体之间的信息流向

以上的电生理和功能核磁共振的研究结果均表明，特定任务中，PFC和HPC之间的同步性发生增强。然而，对于这些振荡的方向性以及它们之间的信息流向还不清楚。因此，本文作者采用Granger因果关系（Granger Causality）对小鼠的PFC与HPC之间的定向信息流向进行了评估。Granger因果关系是一种数学工具，可以用来量化系统中两个变量之间的振荡驱动关系。

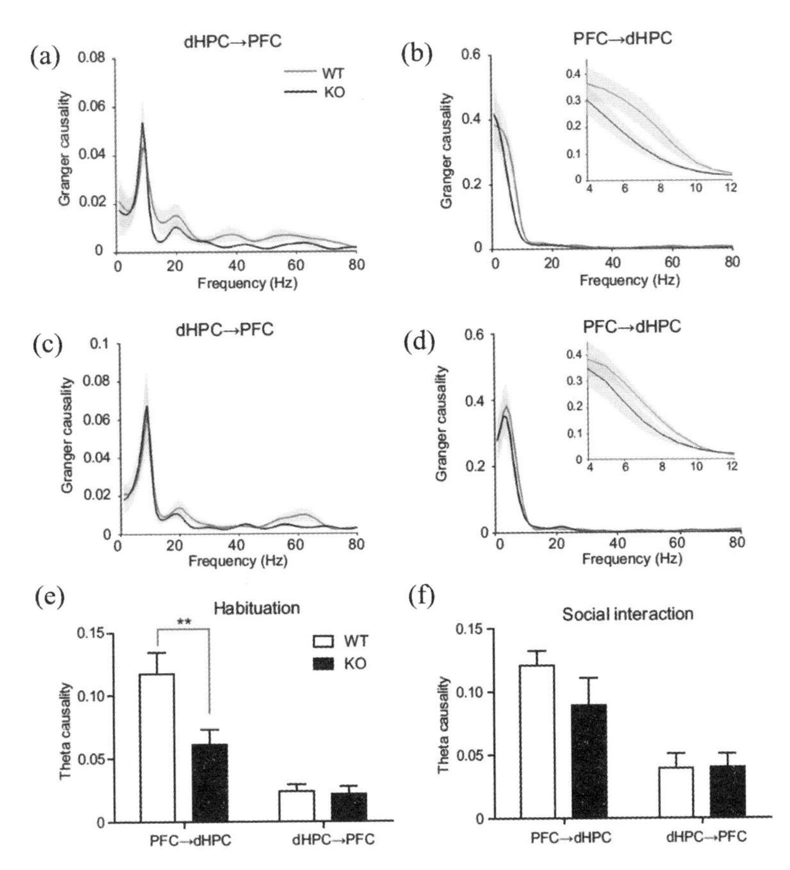

图5.1.5　dHPC和PFC之间的因果关系。(a)和(b)Cx3cr1基因敲除小鼠及其野生型同窝仔在dHPC→PFC(a)和PFC→dHPC(b)两个方向上dHPC和PFC之间的平均格兰杰因果关系。插图，放大Theta范围。Theta(4－12 Hz)PFC→dHPC因果关系的平均因数高于dHPC→PFC因果关系。(c)和(d)社会互动中的平均格兰杰因果关系。(e)和(f)在习惯(e)和社交互动(f)阶段都存在Theta带因果关系。野生型小鼠表现出较高的PFC→HPC Theta因果关系引用文献[31]

我们首先分析了在社交行为中WT型和KO型小鼠的PFC和背侧HPC(dorsal HPC, dHPC)之间的因果关系。我们量化了两种基因型的小鼠在适应期间(图5.1.5a,b)和社交互动期间(图5.1.5c,d)PFC和dHPC之间的因果关系。结果显示，无论是WT型小鼠还是KO型小鼠，dHPC→PFC和PFC→dHPC两个方向都有明显的Theta频段活性，并在适应期间(图5.1.5e)和社会交往期间(图5.1.5f),PFC→dHPC的Theta频段因果关系均高于dHPC→PFC的因果关系。表明在整个实验过程中，PFC对dHPC有着较强的驱动关系，振荡驱动主要来自PFC。进一步，我们比较了WT型小鼠和KO型小鼠中PFC→dHPC的因果关系的差异。与WT型小鼠相比,KO型小鼠表现出较小的Theta频段因果关系（图5.1.5b，e）。同样，在社交互动阶段，与WT型小鼠相比，KO型小鼠显示出较小的PFC→dHPC因果关系（图5.1.7e，g）。而dHPC到PFC方向的因果方向在WT型和KO型小鼠之间没有区别。该结果说明，在KO型小鼠中，信息流向的异常发生在PFC到dHPC方向，而非dHPC 到PFC方向。为了进一步研究信息流向与小鼠社交行为之间的关联，我们计算了WT型小鼠和KO型小鼠与社交刺激鼠社交所花费的时间与Theta频段 PFC→dHPC因果关系之间的相关性。我们发现PFC→dHPC与社交时间存在相关性，即PFC到dHPC驱动关系强的小鼠的社会交往时间更长。这些数据表明PFC到dHPC的驱动强度影响社会交往时间。

我们也研究了旷场探索实验中PFC与HPC之间的驱动关系。旷场实验常常用于检测啮齿类动物的运动功能和情绪焦虑。我们把开放环境分为外围墙壁和中心区域（行为分析的两个主要组成部分）。小鼠在外围墙壁区域和中心区域的行为轨迹如图5.1.6a所示。通常用小鼠在中心区域探索的时间来衡量小鼠的焦虑程度，一般说来，小鼠在中心区域探索的时间越长表示其焦虑程度越低。为了衡量小鼠在不同区域时大脑内部的信息流向，我们分别计算了墙壁区域和中心区域的腹侧HPC（ventral HPC, vHPC）和PFC之间LFP的Granger因果关系（图5.1.6b，c）。结果表明，vHPC→PFC的因果关系在中心区域高于外围墙壁区域（图5.1.6b）。除了在低频范围（1–5 Hz），PFC→vHPC的因果关系在中心区域也高于外围墙壁区域。在Theta（4–12Hz）频段范围内，vHPC→PFC的因果关系在中心区域时比墙壁区域的高（图5.1.6d）；而PFC→vHPC的因果关系在中心区域时与外围墙壁区域没有显著的差异（图5.1.6d）。根据功率谱，无论是在vHPC和PFC中，Theta频段的功率在墙壁区域与在中心区域的功率都是没有差异的（图5.1.6e）。这说明，较高的vHPC→PFC因果关系与功率变化无关。以上结果表明，Theta频段vHPC到PFC的驱动关系在焦虑程度高的区域中更强，可能通过vHPC和PFC之间的驱动关系来调节焦虑行为。

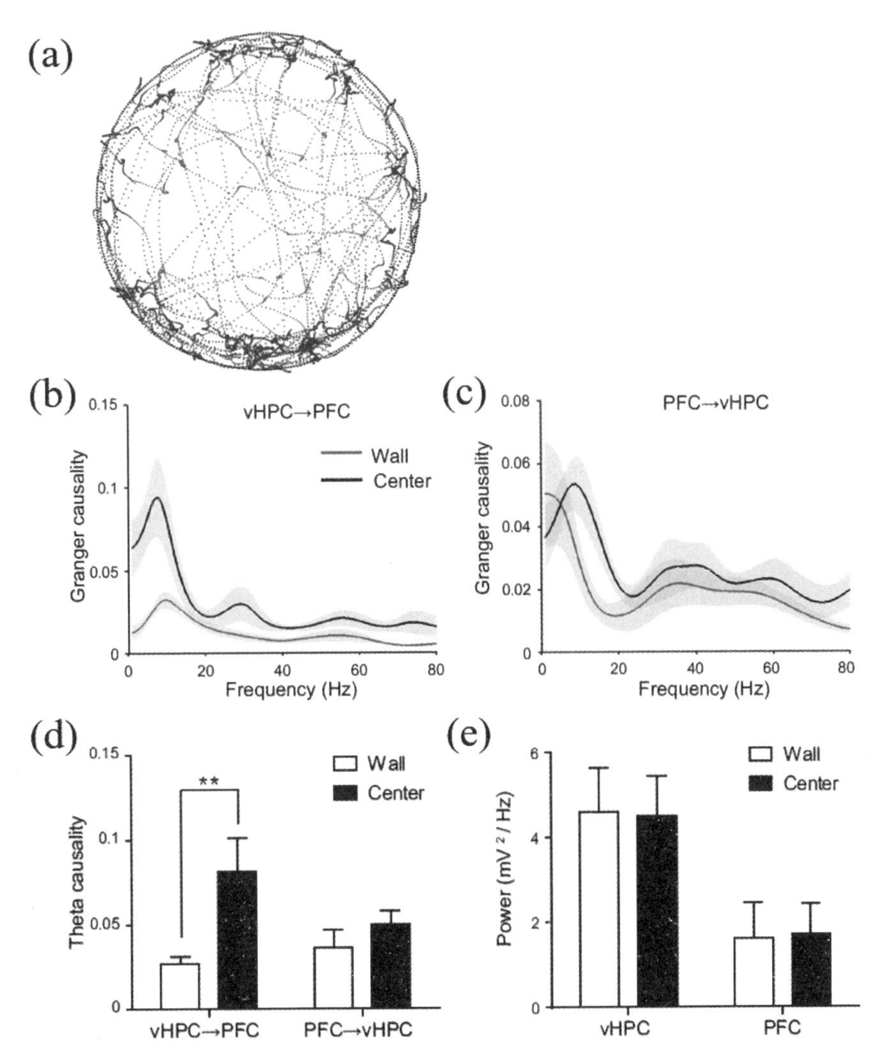

图5.1.6　开放环境探索实验中vHPC和PFC之间的因果关系。(a)开放环境探索实验中具有代表性的小鼠的行为轨迹。中心(红色)区域、外围墙壁区域(蓝色)和墙壁(黑色)。(b)以及(c)的平均Granger因果关系vHPC→PFC和PFC→vHPC指示。(d)Theta波(4－12 Hz)在墙壁和中心区域的因果关系。vHPC→PFC的因果关系在中心区高于墙壁区域。(e)中心和墙壁区域的vHPC和PFC的Theta波功率。vHPC和PFC功率在两个区域均无差异引用文献[31]

5.1.4 自驱动柔性电子器件

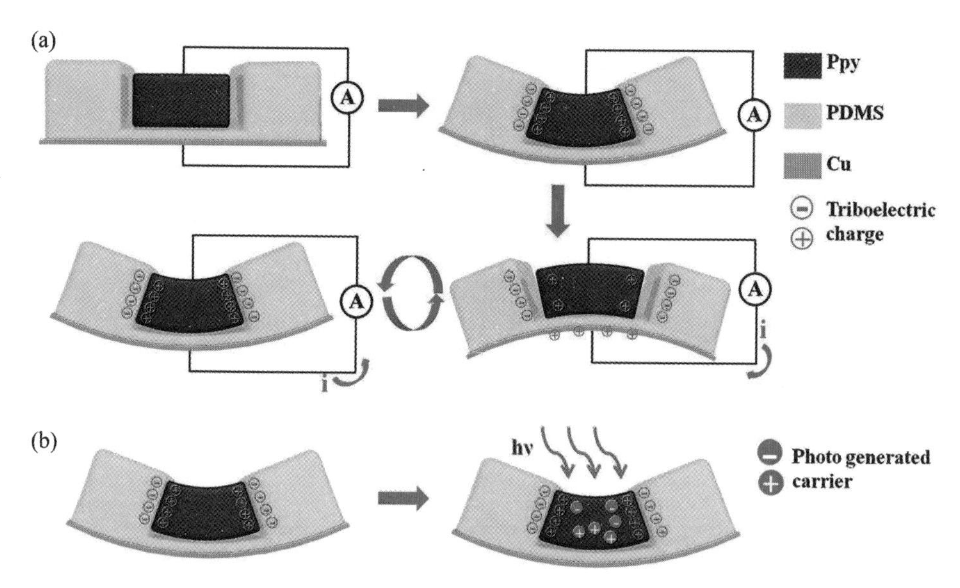

图5.1.7 自驱动柔性电子器件的工作机理。(a)PDMS与Ppy之间的摩擦带电过程。(b)摩擦带电与光电探测耦合过程引用文献[33]

自驱动柔性电子器件是一种能量自主的电子学器件，它可以从周围环境收集足够的能量为传感器和电子组件供电，并存储多余的能量以备将来使用[32]。自驱动柔性电子器件产生电能的原因是摩擦起电和静电效应[33, 34]，其工作机制如图5.1.7所示。在初始状态下，电子器件没有受到外加变形的影响，并且由于没有电荷转移而无法输出摩擦电信号（图5.1.7a）。在电子器件受到向内变形的作用时，Ppy和PDMS相互接触。Ppy的电子可以通过摩擦起电效应转移到PDMS膜上，在Ppy表面形成正电荷积累，在PDMS表面形成负电荷积累。两个表面上的极性相反的摩擦电荷可以驱动电子在外电路中流动，产生摩擦电信号输出。若施加的变形被取消（或反向弯曲），Ppy和PDMS相互分离，它们表面的静电荷形成强偶极矩，在Ppy和铜电极之间形成一个电位差。由于Ppy具有比铜电极更高的电位，电子开始通过外电路从铜电极流向Ppy，从而中和铜电极中的负摩擦电荷，产生反向摩擦电信号。当Ppy与PDMS再次接触时，Ppy与铜电极之间的电位差减小，电子从Ppy回流到底层电极，再次产生摩擦电信号。因此，当设备前后弯曲时，可以在外部电路中观察到交流输出信号。图

5.1.7b显示了电子器件的摩擦电与光电检测耦合过程。光一旦照射到Ppy上，在Ppy层内会产生大量的电子-空穴对。光生载流子可以产生空间电荷限制导电，抑制Ppy与PDMS之间的摩擦带电效应，从而降低输出的摩擦电流。这种现象类似于半导体中光辐照诱导的导电性增强可以降低摩擦起电效应。这种能量自主的电子学器件不仅可以模拟生物的感觉，还可以参与到行为-摩擦电-大脑-行为的闭环回路中。

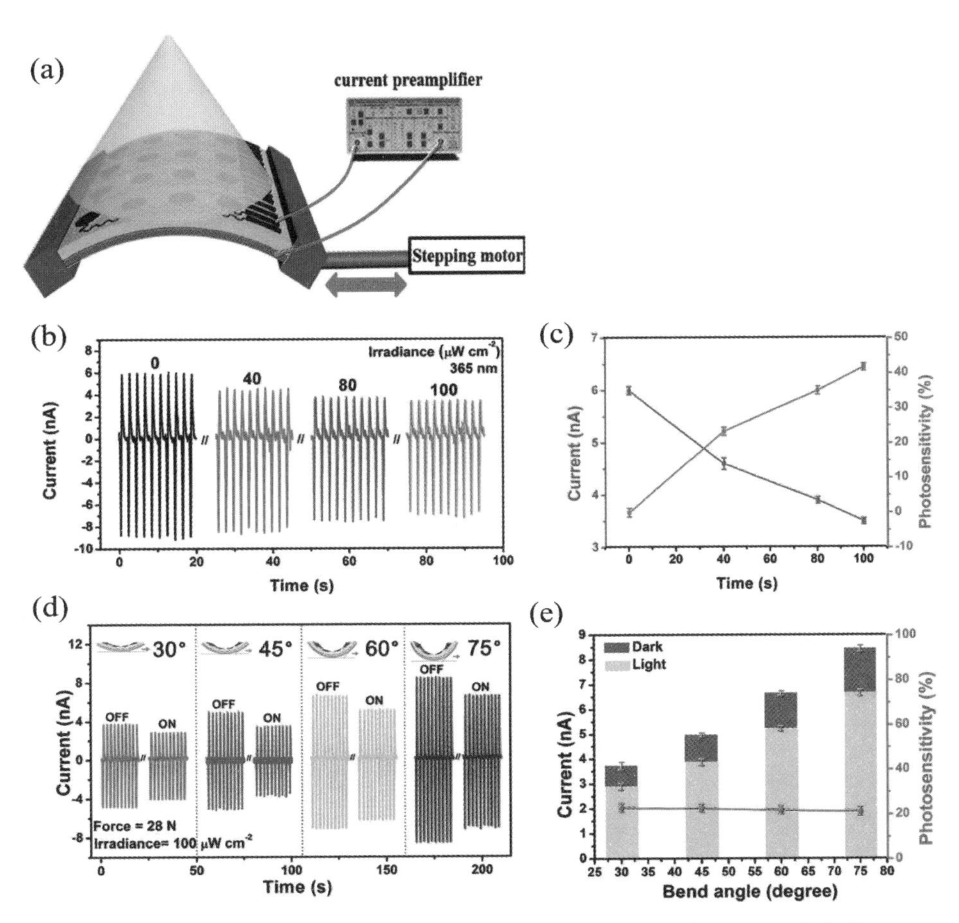

图5.1.8 （a）电子器件性能测试的实验示意图。（b）和（c）波长365 nm的光照下，光照强度与自驱动电子器件的摩擦电流和光敏性的关系。（d）相同光照强度，不同弯曲角度（30°、45°、60°、75°）下自供电视觉电子器件的摩擦光电检测性能。（e）摩擦电流、光敏性和弯曲角度之间的关系引用文献[33]

基于上述工作原理，我们设计了一款柔性自驱动视觉电子器件，该器件可以通过外力有效地将机械振动转换成摩擦电脉。在光照下，电子器件的一个传感器单元输出的摩擦电流测试示意图如图5.1.8a所示。装置的一端固定，另一端连接到步进电机（Stepping Motor）。步进电机由单片机控制力的大小、弯曲角度和频率。采用低噪声电流前置放大器测量输出电流。我们首先评估了电子器件的光响应和恢复时间，发现在电子器件暴露于光照后的75s内，电流振幅减小到最小值。一旦照明被切断，电流振幅在大约100秒内恢复到原始值。这种相对较长的响应/恢复时间可归因于Ppy中电子–空穴对的缓慢产生/恢复过程。在未来的研究中需要加速响应/恢复过程，例如引入钙钛矿复合材料。除了相应和恢复时间外，在实际应用中，灵活性和稳定性是自供电视觉电子器件的重要特征。我们测试了电子器件的输出电流、感光度和光照强度之间的关系。电子器件的感光度可以简单地定义为：

$$S = \frac{|I_d - I_i|}{I_d} \times 100\%$$

其中I_d和I_i分别表示黑暗和光照下的摩擦电流输出。将马达的作用力固定在28 N，光源的波长调到365 nm，改变光照强度，我们发现电子器件的输出电流随着光照强度的增加而减小（图5.1.8b，c）。与输出电流不同的是，电子器件的感光度随着光照强度的增加而增加。我们又测试了电子器件的输出电流、感光度与电子器件的弯曲角度之间的关系。在黑暗中，电子器件的输出电流随着弯曲角度的增加而增大（图5.1.8d，e）；打开光源（波长为405nm，强度为100 μW·cm−2），电子器件输出的电流减小，电流大小依然随着弯曲角度的增大而增加。同时，我们也计算了不同弯曲角度下的感光度，发现在不同弯曲角度下，电子器件的感光度差异不大。

作为传感器，这种有着摩擦起电效应和光电效应的电子器件有着非常广泛的应用。首先，这种自驱动的电子器件可以佩戴在人体上，检测紫外线照射，因为它很容易被眨眼等轻微的身体运动所驱动[33]。将视觉电子器件粘贴在人的眼角上，测试有无紫外线照射时眨眼驱动的输出电流如图5.1.9a所示。在无紫外线照射时，眨眼驱动的输出电流约为2.6 nA。当UV照明打开时，输出电流减小到约0.8 nA。稳定的摩擦电流输出和明显的光敏性证明自驱动视觉皮肤可以与人体结合进行视觉扩展应用。

这种自驱动电子器件在模仿听觉上也有应用的潜力。在电子器件附近装上一个扬声器用于读取不同的单词。当声压作用到电子器件时，电子器件会发生弯曲，电子器件所有的摩擦电单元都会输出显示一个短脉冲信号[33]。根据信号的形状，或许可以分辨听到的单词。电子器件“听到”单词“Hello”时，电子器件的摩擦电单元往外输出一个简单的谐振信号（图5.1.9b）；然而，“听到”一个很长的短语时，摩擦电单元输出的信号是一个复杂的非谐信号。

这种自驱动电子器件在模仿视觉上同样具有潜力，如图5.1.9c，紫外光源经过掩膜版将图案投射到电子器件像素阵列（8×8），并且在图案化的UV照明下独立地测量每个像素的摩擦光电检测性能[33]。像素在不同的紫外线照射

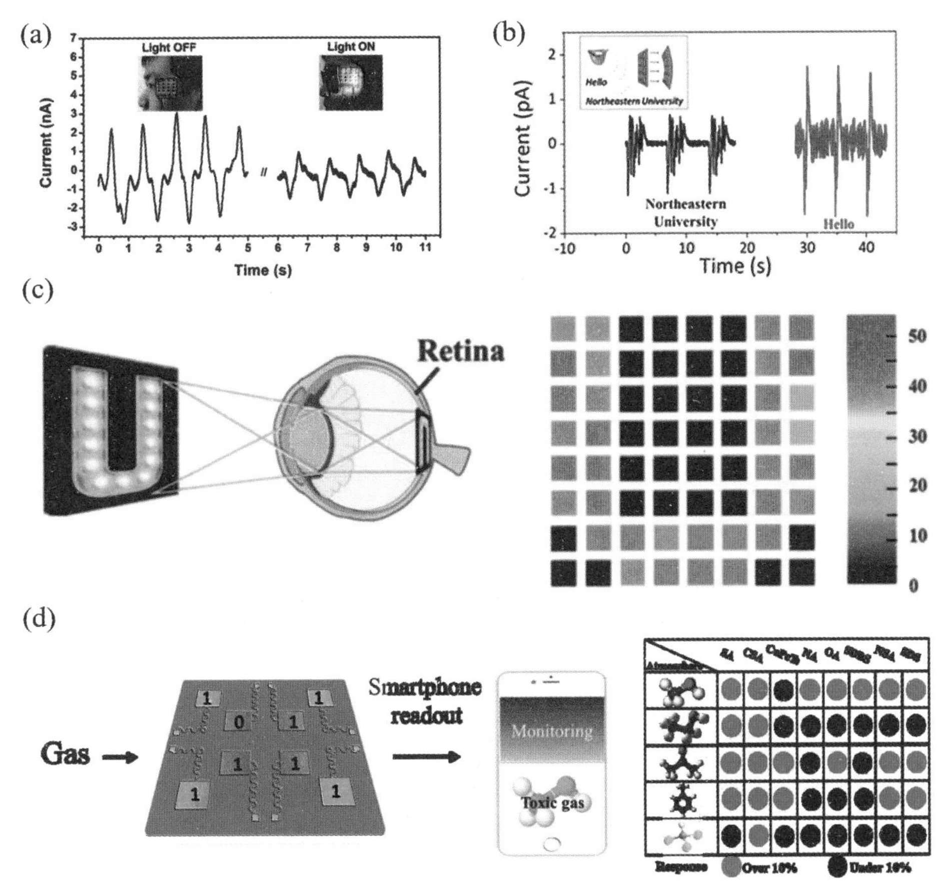

图5.1.9（a）在无光和有光照射下，眨眼驱动的电子器件的输出电流。护目镜用于保护测试仪免受紫外线照射。（b）声音驱动电子器件的输出电流。（c）视网膜的成像过程和电子器件上测得的测绘矩阵图（8×8像素阵列）。（d）摩擦电信号充当特定代码识别化学气体引用文献[33，34，35]

下具有不同的光敏性。根据像素的光敏性分布，可以形成对比度图，这种对比度图与目标图像一致。更复杂视觉图像的识别可以通过增加电子器件中的像素来实现。

通过结构设计，柔性电子器件还可以用来探测多种化学气体（图5.1.9d）。柔性电子器件有8个独立摩擦电单元，在每一个摩擦电单元的Ppy经过8种不同的处理工艺{掺杂不同的掺杂剂或表面活性剂[35]：硫酸（SA）、硝酸（NA）、草酸（OA）、樟脑磺酸（CSA）、萘磺酸（NSA）、十二烷基硫酸钠（SDS）、十二烷基苯磺酸钠（SDBS）和铜酞菁四磺酸四钠盐（CuPcTs）}，形成8种Ppy衍生物。每一个摩擦电单元感知同一种气体分子的输出电流的大小不同，从而形成对不同气体分子的编码。

自驱动电子器件也可以作为神经电刺激的实验装置，参与大脑信息处理的过程。我们将自行研制的视觉电子器件直接连接到小鼠大脑，演示了其实际应用（图5.1.10a）。通过植入电极，把电子器件与小鼠的大脑连接在一起，植入

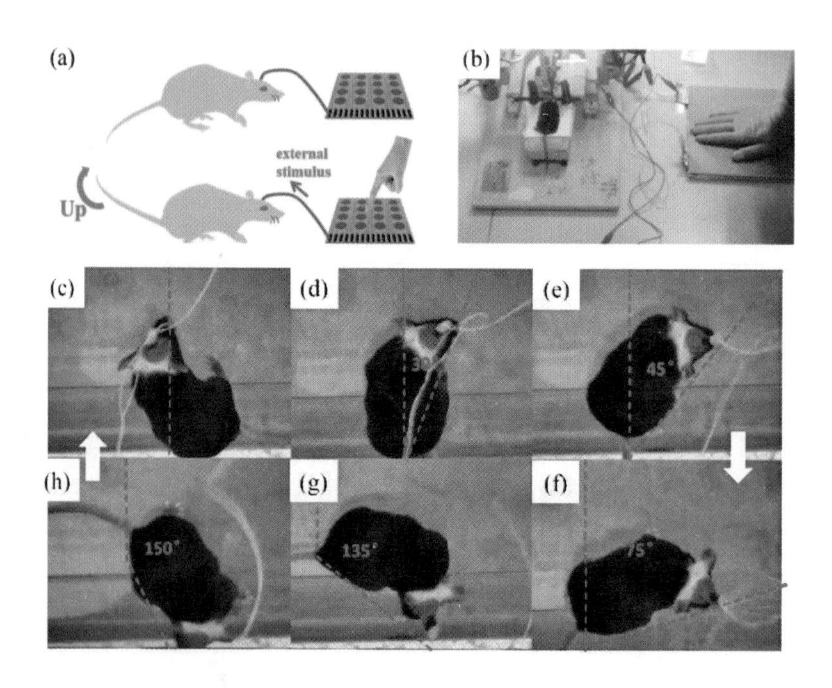

图5.1.10　自驱动电子器件能将摩擦光电探测信号传输到小鼠脑内，参与小鼠的感知，驱动小鼠的活动。（a）自驱动电子器件与小鼠大脑互动连接的示意图。（b）小鼠大脑植入电极与实验测试的实验装置。（c–h）电子器件将摩擦电信号传输到大脑后的小鼠运动引用文献[33，34，35]

电极和实验测试装置如图5.1.10b。这样，由于外部的环境刺激（运动、声音、光强、气体等等），电子器件会产生电脉冲信号。通过植入电极，电脉冲信号会输入到大脑中与刺激相关区域（运动、听觉、视觉、嗅觉、听觉等等）。这时候，小鼠大脑内部会感知到外界刺激，并进一步进行信息处理，把处理结果反馈给身体的肌肉，控制身体运动，从而形成行为-摩擦电-大脑-行为的闭环系统。

为了验证这种闭环系统的有效应，我们以小鼠的嗅觉为例做了演示实验。小鼠可以通过嗅觉线索判断周围环境是否安全。嗅觉信息，例如来自掠食者或安全物种的气味，可能会诱使小鼠逃跑或接近。我们将电极植入到参与运动调节的初级体感皮质区域中。一种假设是，从设备输入到主要体感区域的信号可以视为携带环境气味信息的传入输入。大脑分析该信息并做出行为反应，然后该行为又可以重新操作该设备。因此，形成行为-摩擦电-脑-行为的闭环。五个电子器件并连提供电脉冲。当用手轻拍时，该装置能够产生足够的摩擦电流以刺激神经中枢。我们通过左主体感皮层上的电极刺激研究小鼠的行为运动。在自由移动期间，大脑中的电刺激会诱导身体向右转，从而可以模拟逃离有害气味。图5.1.10c－h显示了运动行为的过程。轻按一次设备后，小鼠将向右旋转30°角。多次拍打设备时，小鼠会向右转较大角度。因此，电信号已经成功地参与了神经信号的传输，导致小鼠做出与逃逸有关的行为。行为运动可以使设备进一步驱动以便继续工作。在当前阶段，小鼠本身的行为动作的力量不足以驱动设备继续工作，在大型动物中可能更容易操作。这个演示实验展示了自驱动电子器件在医学领域有潜在的应用——用于重建或增强感觉障碍患者的感觉能力。

5.1.5　总结

以KO型（*Cx3cr1* 敲除）小鼠为模式生物的研究发现，异常的神经传递导致PFC和HPC场电位信号之间的相干函数减低，小鼠脑内部功能性、连接普遍存在缺陷，以及Theta频段PFC对HPC的驱动关系减弱，从而影响了小鼠的宏观行为，导致小鼠出现社交行为障碍。脑区之间的同步性、关联性变化在其他任务（包括工作记忆和决策等任务）也发挥作用。脑区同步性可以有效地组织神经集群放电，并且在不同任务阶段和记忆编码中神经元放电与场电位的振荡节律存在锁相关系。因此，脑区之间的神经同步可能为认知任务中的特定功能神经编码和脑区之间的神经信息传递提供一个机制。未来可以结合神经环路调控工具例如光遗传学或者药物遗传学方法，特异性调控脑区中的特定类型神经元，研究例如快速放电中间神经元在神经同步中的作用。也可以特异性地调控脑区之间的单向投射，结合相关性或者因果关系方法，研究单一方向投射关闭或者激活对神经同步的影响。采用神经网络模型手段，通过和实验观测数据结合，分析多层次神经网络中的节点特征和节点之间的信息传递，也可以为脑区同步关系和神经编码分析提供有力工具。脑区同步关系异常在精神疾病动物模型中存在，研究脑区同步机制和对同步性异常进行干预也对未来精神疾病治疗提供一种思路。

除了研究大脑各区域的协同机制外，大脑与外接电子学设备之间的协同工作也是前沿的科学课题。我们开发了可以和大脑交互的基于Ppy/PDMS单元矩阵的新型自驱动柔性电子学器件。该电子器件可以传感外界环境刺激（力学、声学、光学、化学气体等等），并向大脑内部输入传感电信号，参与大脑内部的信息处理过程。这种新型的自驱动感知装置可以提高传统复杂视觉、听觉、感觉等替代系统的灵活性，参与到行为-摩擦电-大脑-行为的闭环系统中，为各种脑机交互应用开辟新的研究方向。

参考文献

[1] Guo Z. V., Inagaki H. K., Daie K., et al. Maintenance of persistent activity in a frontal thalamocortical loop. Nature. 2017;545(7653):181–186.

[2] Eichenbaum H. Prefrontal–hippocampal interactions in episodic memory. Nature Reviews Neuroscience. 2017;18(9):547–558.

[3] Harvey C. D., Coen P., Tank D. W. Choice-specific sequences in parietal cortex during a virtual-navigation decision task. Nature. 2012;484(7392):62–68.

[4] Zhan Y., Paolicelli R. C., Sforazzini F., et al. Deficient neuron-microglia signaling results in impaired functional brain connectivity and social behavior. Nature Neuroscience. 2014;17(3):400–406.

[5] Adhikari A., Topiwala M. A., Gordon J. A. Synchronized Activity between the Ventral Hippocampus and the Medial Prefrontal Cortex during Anxiety. Neuron. 2010;65(2):257–269.

[6] Adhikari A., Topiwala Mihir A., Gordon Joshua A. Single Units in the Medial Prefrontal Cortex with Anxiety-Related Firing Patterns Are Preferentially Influenced by Ventral Hippocampal Activity. Neuron. 2011;71(5):898–910.

[7] Sigurdsson T., Stark K. L., Karayiorgou M., et al. Impaired hippocampal–prefrontal synchrony in a genetic mouse model of schizophrenia. Nature. 2010;464(7289):763–767.

[8] Vidal J. J. Toward Direct Brain-Computer Communication. Annual Review of Biophysics and Bioengineering. 1973;2(1):157–180.

[9] Eichenlaub J.-B., Jarosiewicz B., Saab J., et al. Replay of Learned Neural Firing Sequences during Rest in Human Motor Cortex. Cell Reports. 2020;31(5):107581.

[10] Boland J. J. Within touch of artificial skin. Nature Materials. 2010;9(10):790–792.

[11] Mannsfeld S. C. B., Tee B. C. K., Stoltenberg R. M., et al. Highly sensitive flexible pressure sensors with microstructured rubber dielectric layers. Nature Materials. 2010;9(10):859–864.

[12] Mannsfeld S. C., Tee B. C., Stoltenberg R. M., et al. Highly sensitive flexible pressure sensors with microstructured rubber dielectric layers. Nature materials. 2010;9(10):859–864.

[13] Place R., Farovik A., Brockmann M., et al. Bidirectional prefrontal-hippocampal interactions support context-guided memory. Nature Neuroscience. 2016;19(8):992–994.

[14] Wang F., Zhu J., Zhu H., et al. Bidirectional Control of Social Hierarchy by Synaptic Efficacy in Medial Prefrontal Cortex. Science. 2011;334(6056):693.

[15] Hitti F. L., Siegelbaum S. A. The hippocampal CA2 region is essential for social memory. Nature. 2014;508(7494):88–92.

[16] Yizhar O., Fenno L. E., Prigge M., et al. Neocortical excitation/inhibition balance in information processing and social dysfunction. Nature. 2011;477(7363):171–178.

[17] Gunaydin L. A., Grosenick L., Finkelstein J. C., et al. Natural neural projection dynamics underlying social behavior. Cell. 2014;157(7):1535–1551.

[18] Matthews G. A., Nieh E. H., Vander Weele C. M., et al. Dorsal Raphe Dopamine Neurons Represent the Experience of Social Isolation. Cell. 2016;164(4):617–631.

[19] Monk C. S., Peltier S. J., Wiggins J. L., et al. Abnormalities of intrinsic functional connectivity in autism spectrum disorders. Neuroimage. 2009;47(2):764–772.

[20] Lawrie S. M., Buechel C., Whalley H. C., et al. Reduced frontotemporal functional connectivity in schizophrenia associated with auditory hallucinations. Biological Psychiatry. 2002;51(12):1008–1011.

[21] Meyer-Lindenberg A. S., Olsen R. K., Kohn P. D., et al. Regionally Specific Disturbance

of Dorsolateral Prefrontal–Hippocampal Functional Connectivity in Schizophrenia. Archives of General Psychiatry. 2005;62(4):379–386.

[22] Kipke D. R., Vetter R. J., Williams J. C., et al. Silicon-substrate intracortical microelectrode arrays for long-term recording of neuronal spike activity in cerebral cortex. IEEE Transactions on Neural Systems and Rehabilitation Engineering. 2003;11(2):151–155.

[23] Kang S.-K., Murphy R. K. J., Hwang S.-W., et al. Bioresorbable silicon electronic sensors for the brain. Nature. 2016;530(7588):71–76.

[24] Tee B. C.-K., Chortos A., Berndt A., et al. A skin-inspired organic digital mechanoreceptor. Science. 2015;350(6258):313–316.

[25] Zhong J., Zhong Q., Fan F., et al. Finger typing driven triboelectric nanogenerator and its use for instantaneously lighting up LEDs. Nano Energy. 2013;2(4):491–497.

[26] Li W., Torres D., Díaz R., et al. Nanogenerator-based dual-functional and self-powered thin patch loudspeaker or microphone for flexible electronics. Nat Commun. 2017;8:15310–.

[27] Mickle A. D., Won S. M., Noh K. N., et al. A wireless closed-loop system for optogenetic peripheral neuromodulation. Nature. 2019;565(7739):361–365.

[28] Ouyang H., Liu Z., Li N., et al. Symbiotic cardiac pacemaker. Nat Commun. 2019;10(1):1821.

[29] Kulaga H. M., Leitch C. C., Eichers E. R., et al. Loss of BBS proteins causes anosmia in humans and defects in olfactory cilia structure and function in the mouse. Nature Genetics. 2004;36(9):994–998.

[30] Paolicelli R. C., Bolasco G., Pagani F., et al. Synaptic Pruning by Microglia Is Necessary for Normal Brain Development. Science. 2011;333(6048):1456–1458.

[31] Zhan Y. Theta frequency prefronal-hippocampal driving relation ship during free exploration irvmice. Neuroscience. 2015;300:544–565.

[32] García Núñez C., Manjakkal L., Dahiya R. Energy autonomous electronic skin. npj Flexible Electronics. 2019;3(1):1.

[33] Dai Y., Fu Y., Zeng H., et al. A Self-Powered Brain-Linked Vision Electronic-Skin Based on Triboelectric-Photodetecing Pixel-Addressable Matrix for Visual-Image Recognition and Behavior Intervention. Advanced Functional Materials. 2018;28(20):1800275.

[34] Fu Y., Zhang M., Dai Y., et al. A self-powered brain multi-perception receptor for sensory-substitution application. Nano Energy. 2018;44:43–52.

[35] Zhong T., Zhang M., Fu Y., et al. An artificial triboelectricity-brain-behavior closed loop for intelligent olfactory substitution. Nano Energy. 2019;63:103884.

5.2　脑启发式视觉–决策–运动融合算法

作者：吴　伟　乔　红
（中国科学院自动化研究所）

前面一部分我们回顾了动物大脑皮层多脑区协同融合的神经机制，主要是前额叶和海马体之间的信息交互和融合，从整体功能上看，动物通过对外界环境的感知和认知，筛选自己感兴趣的目标，进行智能的决策，控制躯体进行有效、灵活的运动。这套高效、节能的神经系统是经过动物上百万年的不断进化得来的，而科学家为了提高现有机器人、无人机、无人驾驶汽车等系统的性能，向自然界中的动物学习并无不妥。在前面几章我们讨论了动物的视觉、运动控制和情绪调控方面的神经机制以及针对这几方面研究人员搭建的类脑计算模型，通过对这些部分机制的研究以及模型的搭建，研究人员尝试将这几部分进行有机的结合和功能的融合，实现视觉–决策–运动的统一融合模型和算法，并应用于机器人等领域的改进。

但是，由于生物实验的影响因素繁杂、实验设计困难以及相关神经环路的嵌套，针对这几个功能有效融合的神经机制探索并没有取得系统的研究成果，同时，由于大脑涉及这些功能的脑区连接复杂，同样的功能可以由不同的脑区协同完成（如图5.2.1所示），对于数学建模具有极大的难度，因此针对“认知–决策–调控–

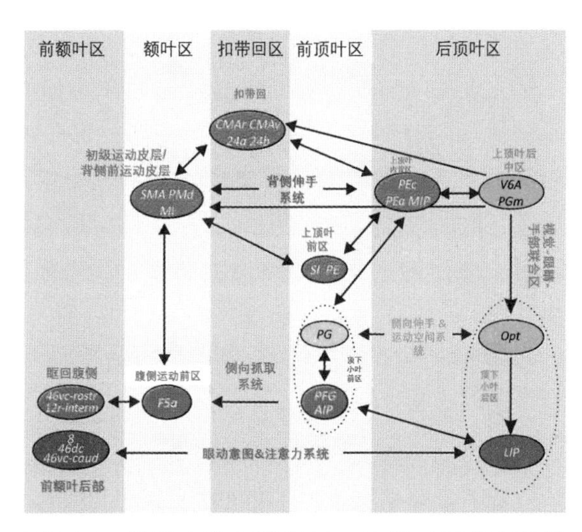

图5.2.1　猕猴大脑中视觉认知–决策–运动控制的神经环路及连接。图中主要展现大脑顶叶和额叶对于视觉引导下的信息交换通路，参与了视觉意图、注意力、伸手、抓取等过程，而这个过程对于大脑中的腹侧和背侧通路又有不同的核团及皮层参与（详细内容见[1]）

运动”的融合类脑计算模型并没有真正完全将这几方面连接起来，而是从一些局部神经环路入手，将一些神经科学中的典型范式或者是能移植到机器人研究方面的任务进行研究（如眼动头动协调、手眼协调等）。另外，由于神经生物学对于不同脑区信息交互的编解码方式和传递内容方面的研究成果有限，很多脑区间的信息传输并不能用数学公式进行表达，因此对于融合类脑计算模型的研究往往集中于单个环路机制以及环路之间的连接，也就是将不同功能的环路仿照大脑进行整体环路的构建，通过人为设定的信息传输方式共同完成特定的任务。

本章也将分别从“眼-头协调运动”“手眼协调抓取”和“多坐标系动力学系统控制的协调”等方面对相关研究工作和提出的数学模型进行讨论，希望可以为后续的融合类脑模型研究提供一些思路和借鉴。

5.2.1 “眼-头”协调运动

在灵长类动物中，视网膜上面有着空间分布不均的视细胞，这些细胞对应不同的视觉敏锐度，视网膜中央窝中分布的视细胞最多，其感受到的视觉信息也是最丰富的。因为视网膜中央窝的视角有限，因此灵长类动物会通过转动中央窝的注视点来追踪感兴趣的目标。当动物头部可以自由运动的时候，这个功能是通过头部和眼球的协调运动实现的，因此头部运动的控制被视为眼动运动系统的一部分[2,3,4,5,6,7,8]。研究结果表明，在注视点发生改变时，如果把头部的运动幅度考虑在内的话，眼动的运动是可以通过头部的运动和期待的视觉运动进行联合预测[9,10,11]。因此，在头部可以自由运动时，眼动和头动很可能是通过不同的反馈神经环路控制的，而这些环路在运动过程中是可以交互信息的[6,8,9,10,11,12]。

研究人员进一步观察发现，当注视点的目标在眼动可以达到的最大范围内时（大约50度），视觉注视点的移动通常是由一个快速的眼动和一个慢速的同方向的头动所组成，可以简单表示为：注视点（世界坐标系）= 视网膜中央窝的位置（世界坐标系）= 视网膜中央窝的位置（头部坐标系）+ 头部的位置（世界坐标系），实验表明，注视点、眼睛和头部的运动时间和运动幅度具有一定的规律，可参见图5.2.2。

在上面的表达式中，我们可以看出，注意点发生改变时需要进行不同坐标系的转换。原则上，这些坐标系的转换需要将视网膜坐标系转换为头部坐

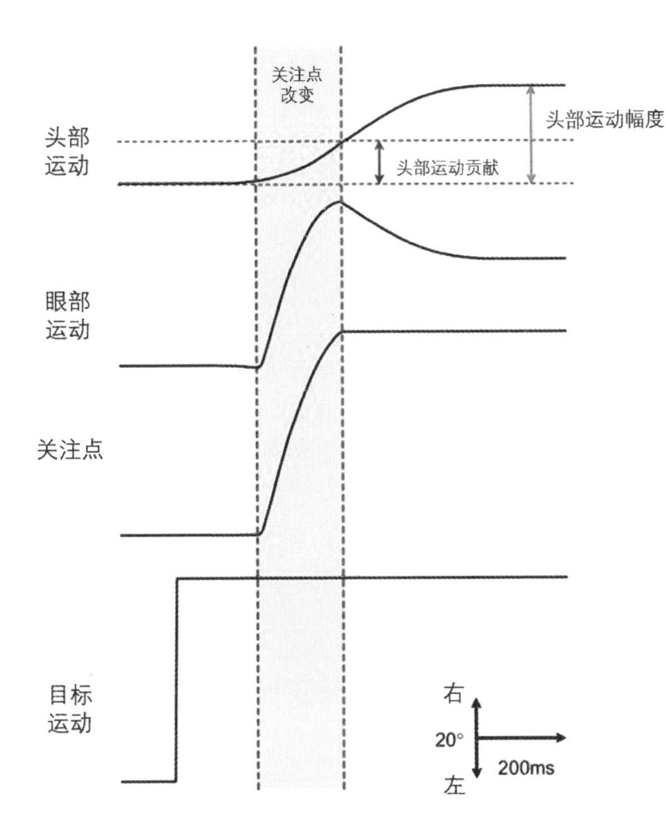

图5.2.2　注视点改变时眼睛和头部的运动时间和运动幅度示意图。从这张图可以看出，眼睛的运动包含一个快速眼动和一个耳前庭驱动的随头动产生的眼动组成，而头部的运动在快速眼动过程中变化比较缓慢，主要的运动是在注视点改变之后发生（详见[2]）

标系，并最终转换为肌肉运动系统的坐标系，这部分的建模我们会在第三部分进行详细讨论。在眼动与头动的联合研究中，科研人员提出了不同的假说，例如眼中心假说（oculocentric hypothesis）[4]、注视点反馈假说（gaze-feedback hypothesis）[6]和独立眼动假说（independent gaze model）[12]。根据我们前面阐述的眼动和头动的相互关系可以看出，独立眼动假说比较符合神经生物学的研究结果，同时该假说可以比较方便地建立理论模型，并应用于机器人系统。

独立眼动模型的流程图如图5.2.3所示，以眼睛作为中心点的注视点误差信号（图中的mg）可以被转换为头部运动误差信号（图中的mh），并加上一个当前眼睛位置的感知副本（efference copy）（图中的e），这样头动误差mh可以通过头部和颈部系统进行修正。因为眼睛运动具有位置和幅度限制，在头动误差影响到眼睛的期望位置（图中的ed）前，误差信号经过了饱和修正，这样便可确保头动误差经过修正后可以表示为眼睛在头部的位置。然后，将眼睛的

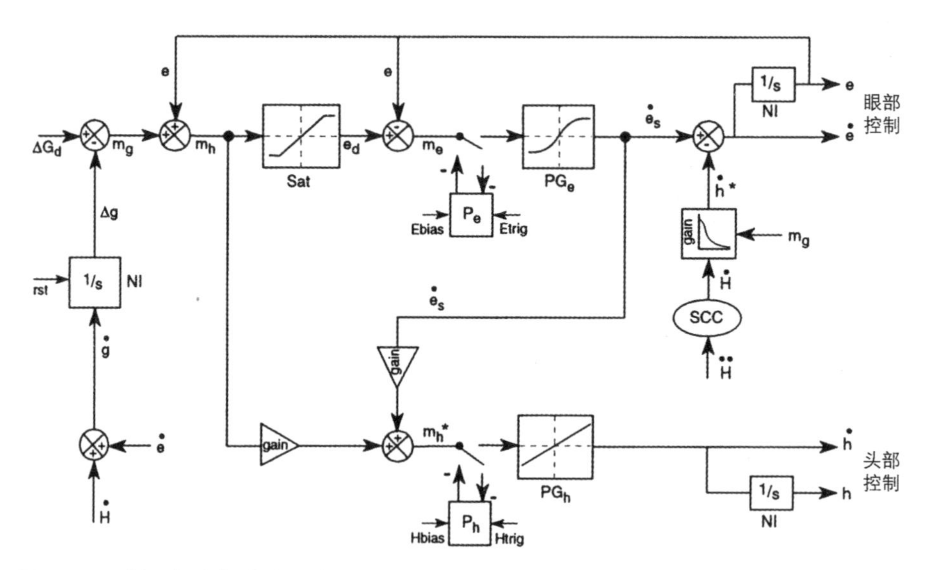

图5.2.3 注视点改变时的眼动-头动独立控制模型示意图。在二维空间中，注视点的运动是基于当前注视点位置进行反馈控制的，图中部分简写代表的意义如下：△Gd代表期望注视点位置，△g当前注视点位置，*e*代表眼动速度，*h*代表头动速度，*H*代表估计的头动速度，*h** 代表动态注意点误差信号（mg）对估计头动速度的调控，详细描述可以参见[8]

期望位置与当前位置进行对比，计算出眼睛误差信号（图中的me），进而用这个信号控制模型进行眼睛的运动。在这样的设定下，眼睛和头部的运动系统在功能上进行了一定的分离，进而可以针对眼睛和头部各自的坐标系分别进行轨迹控制[8]。同时，注视点独立运动模型对眼动和头动具有不同的选通机制，用以分别控制眼睛和头部的初始运动（图中的Pe和Ph）。这些选通机制的引入主要是基于人在转换注视点时可以根据自身意愿来控制头动或者不动，从生物实验研究中发现，这些不同的选通机制在眼睛头部独立运动[13]、声音驱动的视觉运动时具有重要的作用[8]。

根据独立眼动模型提出来的运动控制策略，Paolo Dario等人将其应用于仿人机器人的眼动头动联合控制[14]，他们搭建了（如图5.2.4（A））的系统，这套眼动头动机器人系统共有7个自由度，眼部有3个自由度（J4–J6），头部有4个自由度（J0–J3）。因为头动运动落后于眼动，所以在控制这两部分运动时，可以通过设定头动和眼动的误差信号与启动时间，实现对于机器人注视点转变的仿人运动，如图5.2.4（B）中展示的，机器人眼睛和头部的运动方式与图5.2.2中人的眼动头动的启动时间吻合，角速度曲线吻合，同时

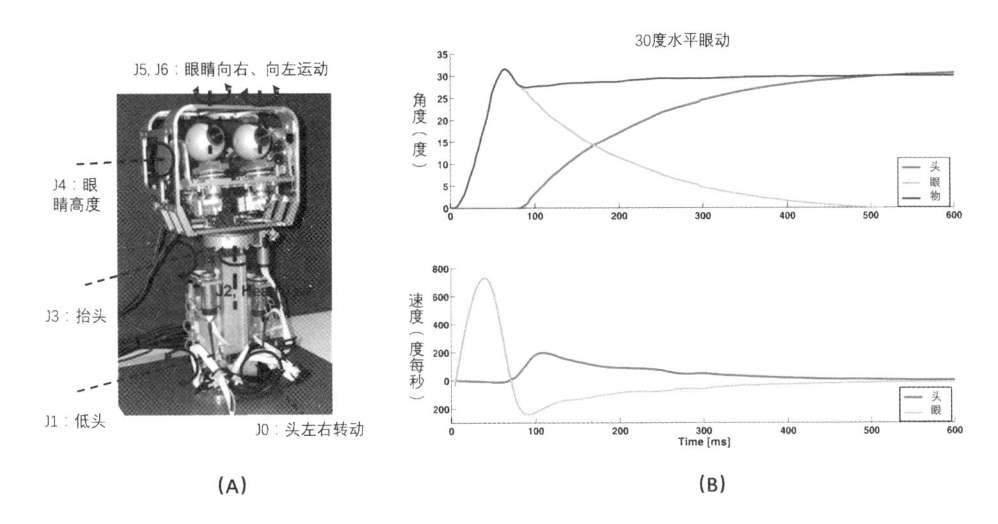

图5.2.4　仿人机器人头动眼动平台及运动参数曲线。（A）根据人的眼部和头部自由度搭建的仿人机器人头动眼动运动硬件平台；（B）机器人运动平台在实现30度角注视点转换时，机器人的眼睛、头部和注视点的运动曲线，上图展示的是三者的位置变化，下图展示的是眼部和头部的运动角速度曲线[14]。

控制具有稳定性。

5.2.2　手眼协调抓取

依靠头动和眼动的协同配合，人可以针对感兴趣的目标进行快速、准确地关注点迁移，随后根据视觉预测和视觉反馈，人可以进行后续的动作控制。研究表明，基于视觉预测的控制在人的运动控制中占了很大比例[15,16]，因为视觉传感和信息处理需要时间，仅仅依靠视觉反馈控制往往不能实现快速、协同运动[17,18,19]。最能反映人的手眼协同的任务就是抓取和操作，视觉信息和运动控制会高效、精准地进行结合，实现高精度、高柔顺的运动。抓取和操作对于机器人而言也是非常重要的，从20世纪80年代开始，科研人员就已经开始对机器人的手部控制进行研究，因为抓取涉及一系列复杂的视觉–运动协调过程，研究任务大部分偏重于机器人的手部运动到达一个特定的位置[20,21,22]。针对机器人抓取的研究主要是基于人抓取过程以及视觉–运动协调控制的知识进行的，人的抓取可以分为力量抓取和精准抓取两大类，在抓取时人手的相应构型也有相应的研究成果[23,24,25,26]。但对于人抓取中采取的策略仍然在神经生物学上存在争议，主要有以下两个主要的假说：

I. 经验主义假说：这个假说认为在抓取过程中人的手会预先形成抓取的构型，物体的几何形状会被传感信息获得并反馈给决策系统，从而进行建模和后续相应的操作[27,28,29]。

II. 运动合成假说：这个假说主要是基于数学模型提出，即认为运动过程中精准的传感信息、手和被抓物体的模型均可以准确得到[26]，这样通过数学建模和分析，抓取控制可以相应设计出来，但整体控制一般需要很大的计算资源[30,31,32]。

下面分别对这两种假说产生的不同的抓取策略进行详细描述：

(1) 经验主义假说

在机器人相关研究中，当视觉信息庞杂，需要更多时间进行处理时，预测控制往往可以提高视觉-运动系统的表现。东京大学在四自由度的多指机器人手上对运动物体抓取进行研究，他们应用预测控制方法在每一步计算球在空间的实时位置，然后产生手的相应运动轨迹来完成高速抓取[33]。因为需要在每一步对未来时刻球的位置和轨迹进行预测，该系统需要对视觉信息进行高效处理（整个控制环路时间小于1毫秒）。这种针对运动物体的快速抓取和拦截也有其他研究组进行类似的研究[34,35]。但是在这些研究中，环境对于抓取或拦截运动物体的影响并未被考虑在内，而仅仅是在实验室环境下对于视觉获取的图片进行分析，同时这些研究严重依赖于视觉信息的处理速度。因此，对于复杂的可以互动的环境而言，这些方案在目标物体判断、检测、几何形状识别方面具有非常大的难度。

人在进行快速运动物体抓取或拦截过程中，往往是对于目标物体具有初步认知的，尤其是其形状、颜色、材质等特性，在抓取过程中，这些特质可以引导人们快速进行目标识别，从而准确判断物体位置并规划后续抓取方案。另外，在确定抓取方案后，大脑运动皮层会将运动指令信号下传至小脑、纹状体和脊髓，其中小脑会对大脑运动皮层的运动指令进行评估和分析，根据小脑的内部模型（internal model）判断该运动指令是否可以完成运动任务，如果有误差会进行信号调节后传输给脊髓控制肌肉进行运动。针对这些神经科学研究成果，科研人员提出了基于模型的视觉-运动协调策略[36,37]。在视觉处理阶段，目标物体的位置和朝向通过一个神经网络进行预测，对于相关物体的特征也会被分别提取出来，将这些特征投射到当前处理的图片中进行筛选，通过形状、边界等判断出目标物体。这种物体的特征估计可以被称为预期感知（expected perception）[38,39,40]，这种感知是通过当前的运动指令进行判断的，而预测结果会与传感信息得到的结果进行对比，从而减少视觉处理的计算量和时间。运动控制部分则是通过经验主义假说搭建了神经模糊控制网络（neuro-fuzzy network）用来模拟小脑中的内部模型，通过该网络可以预测抓取和拦截任务的位置及触觉反馈。这个神经模糊控制网络在机器人中是可以通过学习得的，经过与现实世界的直接训练，机器人可以应用这个内部模型预测抓取物体前的传感信息。

在此基础上，研究人员根据人在抓取过程中的特点进一步优化物体抓取的视觉-运动融合模型，具体的方案如图5.2.5所示[16]。在这个模型中，手部的预构型和位置参数是综合视觉信息、内部模型以及自身情况计算得到。同时，本体感觉反馈是通过手部成功接触物体后的触觉和躯体感觉进行估计的。当手真正抓住目标物体时，预测的感觉信号与真实传感反馈会进行对比，如果两者不相符（例如错误估计物体表面特性），系统会产生补偿性的运动信号（通过经验学习得到），同时对于目标物体的内部模型会被更新，用以后续与物体的互动。

为了测试并验证这样的视觉-运动协调方案，研究人员搭建了一个仿人机器人平台，该机器人包括力觉传感器、臂、手以及双目视觉的头部。在这样的

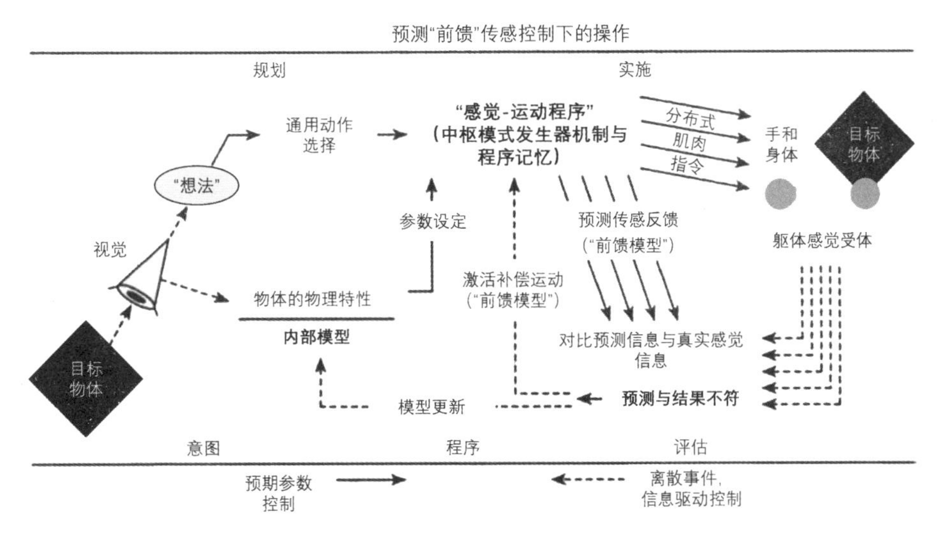

图5.2.5　人操作物体时的视觉-运动协调模型示意图。根据目标物体的视觉信号特点，从一系列日常运动程序中选择并激活与任务相关的神经视觉-运动程序，通过内部模型估计，视觉-运动程序动态详细规定了躯体感知输入的预测值。当预测信号和真实传感反馈不符时，手部的触觉传感信息会更新目标物体的模型[16]

系统中，视觉和触觉传感信息被用来控制手和臂的位置以及手指的运动，主要包含三个模块：视觉模块、预构型模块和触觉预测模块（如图5.2.6所示）。其中，视觉模块是通过机器人头部的双目视觉采集图像，为其他模块提供目标物体的几何特征和相关信息（如物体形状、尺寸、位置、朝向等）；预构型模块主要依据视觉模块提供的目标物体几何形状，设定手和臂的构型用以后续抓取物体；触觉预测模块则是接收视觉模块提供的物体集合形状信息以及预构型模块提供的手和臂的构型信息，并根据这些信息提供物体接触时的触觉反馈。这种触觉反馈是通过多次训练机器人成功抓取物体后的内部模型进行估计的。

在训练过程中，系统会通过抓取位于不同位置的不同种类的物体，逐步学习如何合理地运用手的构型进行预设，并产生合理的触觉反馈信号。基于这些大量抓取的实验数据，各个模块的输入和输出信号会被记录下来，进而可以合理调整视觉信息、手和臂的构型信息、以及传感信息之间的相互关系。这也是对应图5.2.5中人建立内部模型的主要过程。这样的系统具备以下三个好处：第一，机器人系统并不会仅仅依靠视觉信息产生运动指令实现抓取，而是将视觉信息和物体抓到时的触觉信息进行综合考虑；第二，对于目标物体并不用建立模型，系统会自动将视觉传感信息与正确抓取时手和臂的位置信息进行关联。也就是说，在学

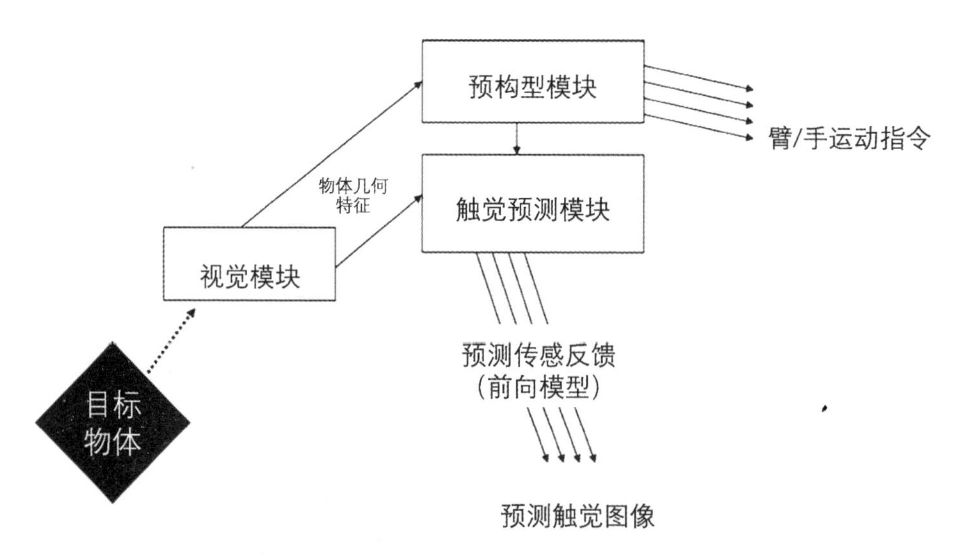

图5.2.6 机器人视觉-运动协调仿人抓取方案图。视觉模块可以获取目标物体视觉信息，并将物体的几何信息传给预构型模块和触觉信息预测模块；预构型模块为手和臂提供运动指令，用来控制臂的最终位置和手的姿态，以保证稳定抓取，而这些运动指令同时会输入触觉信息预测模块；触觉信息预测模块可以提供抓取前的触觉图像[42]

习过程中，当机器人可以成功抓取目标物体后，视觉信息和运动信息会进行自主学习进行关联。如果要进行后续的精细操作，内部模型则需要针对物体的特性进行考虑（例如考虑物体的重量，以确保可以平滑抬起）[41]；第三，手和臂的运动指令产生并不需要针对视觉坐标系和运动坐标系进行理论计算，因为这样的对应关系在训练过程中已经包含在预构型形成部分中。也就是说，机器人可以自主学会如何将二维视觉信息有效地转换为三维的运动系统信息。第二个和第三个特点均与人在学习抓取物体以及手眼协调时具有同样的特质。

基于经验主义的抓取预构型假说和相应的方案设计，研究人员在机器人视觉–运动协调抓取任务中对球体、瓶子和卡带进行了相应的抓取实验，实验图片和结果可以参见图5.2.7。从结果可以看出，通过模仿人的抓取策略，建立

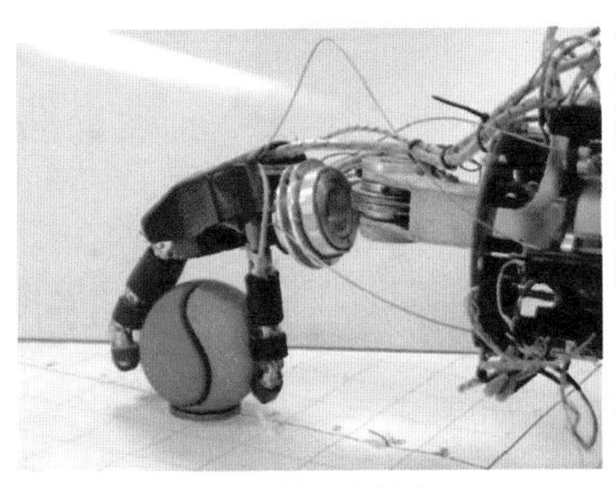

(a) 从上方抓球

(b) 从侧方抓直立的瓶子

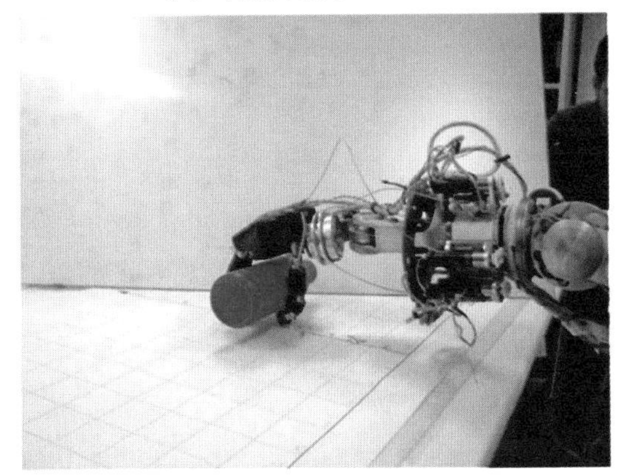

(C) 从上方抓平放的瓶子

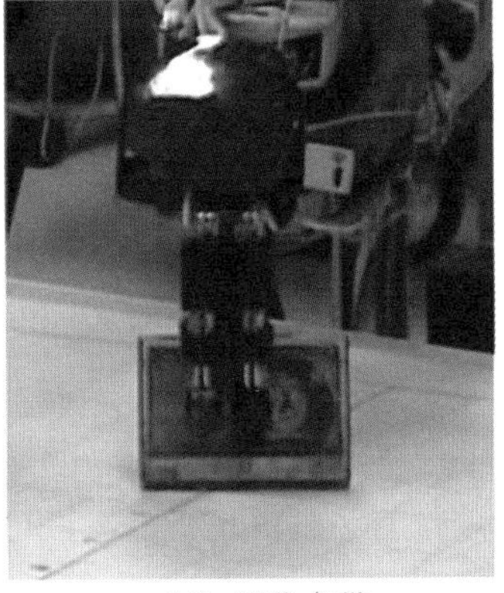

(d) 捏住卡带

图5.2.7　不同抓取任务以及训练和测试过程中抓取成功率结果。(a)–(d)分别是多指手对于球、竖立瓶子、平放瓶子以及卡带的抓取演示图（详细结果见[42]）

内部模型以及合理设定手和臂的预构型，多指机器人系统可以成功抓取不同形状、不同位置的多种物体。同时，系统可以准确预测触觉反馈，预测反馈与真实反馈的差别很小。

（2）运动合成假说

神经科学研究表明，视觉信息处理主要通过两个通路进行，一条是腹侧通路，主要用于物体类别检测和识别；另一条是背侧通路，主要是处理与动作相关的视觉信息[43]。这两条通路各自独立但又互相作用，共同帮助人在复杂环境中完成抓取等行为。在抓取过程中，背侧通路主要作用是针对抓取行为进行规划和实施，因此其信息处理内容与任务紧密相关。在运动合成假说（synthesis）中，任务完成由目标物体视觉分析与抓取策略搜索相互配合实现的。例如在合成抓取中，抓取方案的确定需要针对目标物体进行多分辨率分析，即通过对目标物体视觉特征与抓取目的综合分析，找出其中关键特征用于后续抓取策略的确定。

在传统机器人抓取任务中，目标物体往往被限定在一个二维平面进行抓取[44]，这样的简化很多时候会导致信息的缺失以及实用性下降。当考虑目标物体的三维信息进行抓取时，三维目标物体的信息很多是预先给出或者是线下存储的[45,46]；有些研究中抓取轴的选取是根据目标物体的八叉树重建（octree-based reconstrcution）计算出来的[47]；有些研究是根据经验主义对合成抓取的可能策略进行筛选以确保快速抓取[48]；还有一些研究是将目标物体的原始形状近似为圆柱体、正方体、圆锥体等，从而对抓取的初始位置和姿态进行设计[49]。

在很多基于视觉信息进行抓取的任务中，往往是针对单张二维视觉图像进行合成抓取设计，然后通过三维重建验证其合理性[50]，而针对视觉信息进行三维重建仍然是一件比较复杂的任务。尽管在很多任务中，物体特征在多张图片中可以找到相应的对应关系，但这并不一定能确保这种对应关系一直存在，例如物体有一个光滑的表面，这样的特征对应就会存在问题[51]。一般来说，物体的三维重建是依据物体表面特征进行[52]或根据其容积特征进行[53]，但是将物体的三维重建与抓取任务的合理结合仍然需要进一步研究。

在一些研究中三维目标物体是预先给定的，这样对于后续的合成抓取会有很大的帮助。例如，可以将物体的三维模型分解为基础的结构信息，然后利用这些信息来设计抓取策略，进而在整个物体上验证抓取的有效性[49,54]；或者利用目标物体三维信息估计其位置与朝向，分析机器人与物体的相对关系，从而通过触觉反馈进行抓取[55]。在这些工作中，合成抓取需要依赖于机器人手部的力或触觉反馈完成任务[56,57]。

为了改进视觉和运动融合抓取的性能，很多研究人员将视觉双通路的机制及腹背侧相互作用引入模型，希望借助不同视觉信息处理机制加快三维目标模型的识别与特征提取。但是因为机器人系统无法真正模拟生物的视觉神经处理通路，尤其是大脑中存在很多的平行处理环路，其信息传输和编解码的模拟具有极大的困难。因此，为了将神经机制引入计算模型和机器人系统，一些简化的视觉模型被提出。因为前面我们已经谈到了视觉处理的神经计算模型，这里谈的主要是和运动融合的视觉简化模型，其中心思想是为了加快信息处理速度并为运动提供有效的抓取信息。下面针对其中一种简化模型进行讨论，该模型被称为FBA（filter-based architecture）[58]，主要分为以下几个模块：

- 视觉传感模块：即系统的传感输入，用来模拟人的主要感知皮层；
- 视觉执行模块：这部分用来模拟初级运动皮层，实现对系统后续的硬件部分发出运动指令；
- 视觉筛选模块：这部分用于处理视觉传感输入的信号，并发送结果给视觉执行部分，主要是针对视觉特征提取和控制规则进行设定，在大脑中一般是多个皮层参与这个功能（如前额叶、顶叶、联合皮层等），但由于这些皮层连接和信息交换并不完全清楚，所以用一个模块进行替代；
- 数据集：这部分代表着各个模块接收和处理的数据，是大脑中数据信息的简化。

这几个模块相互连接，在执行任务时同时激活使得系统可以顺利完成任务，数据集则是作为内部、去中心化信息在不同模块中传递。这样的简化模型结构适合将神经科学和机器人应用进行结合，一方面，这样的结构模仿了大脑的功能及不同数据处理的通路，保证了灵活性和模块性；另一方面，数据处理的严谨和规范表示可以将功能进行抽象，从而进一步应用于真实系统中。

将FBA模型真正应用于基于神经科学的视觉引导的抓取模型建立时，很多部分需要细化，同时将不同视觉传感模块、通路与运动模块仿照大脑进行模拟。具体的细化模型可以参见图5.2.9，其中视觉部分包含了视觉皮层的腹侧和背侧通路，在背侧通路中主要处理抓取相关的视觉信息，为后面生成并评估抓取姿态提供依据；而偏于感知细节的视觉信息主要是由腹侧通路进行处理，针对物体的抽象特征（如颜色、整体形状等）会被提取和储存，为运动皮层的基于过去经验进行抓取选择提供帮助。

从实用观点来看，将FBA模型应用于机器人设置主要是为了模仿大脑的视觉双通路模型，这样针对物体的视觉信息可以通过不同通路区分为不同类型（抓取相关特征、物体其他抽象特征）。背侧通路处理视觉信息时，视觉信息会在线提取特征并进行分析，通过与腹侧通路中过去存储的知识进行结合，得到针对物体抓取的合理方式。两条通路在信息处理中互相影响，腹侧通路有助于帮助背侧通路进行动作选择，背侧通路针对空间视觉信息的处理又可以帮助腹侧通路进行物体识别和分类。

除了区分这两条视觉通路以外，这样的模型模拟了感知皮层和联合皮层的循环连接（recurrent connection）。一方面，视觉皮层V1、V2和背侧联合皮层（主要是CIP、AIP和MT区）的连接保证了视觉信息的逐渐丰富，从基础的视觉特征（点或边界特征）到物体不同表面或形状进行有效关联；另一方面，这样的循环连接为物体的表征提供了更加详细的细节，这对于背侧通路合理选择目标物体或目标特征提供了有效手段。

根据基于图5.2.8的神经通路模型，假设被抓物体未知时，这样需要视觉系统与运动系统协调融合才可以完成任务，而不是简单的匹配筛选。因此，首先更应该关注于背侧视觉通路，因为这部分视觉信息与物体的抓取特征密切相关，同时对于视觉探索和寻找可能的抓取目标具有重要的意义。然后，研究人员将腹侧通路对于抓取的贡献引入，因为过去抓取物体的经验被存储于这部分脑区，当需要调取相关记忆时，抓取方式的分析和选择会从该脑区

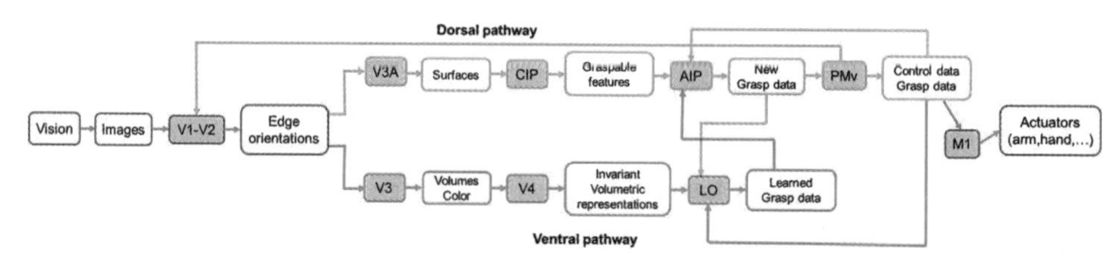

图5.2.8　基于FBA结构搭建的视觉引导下抓取的类脑模型。其中部分简写意思如下：V1–V4：视皮层，CIP：顶叶内尾部区（caudal intraparietal area），AIP：顶叶内前部区（anterior intraparietal area），LO：枕外侧区（lateral - occipital area），PMv：腹前运动皮层（ventral premotor area），M1：初级运动皮层（primary motor cortex）。绿色连接代表背侧通路，红色连接代表腹侧通路，根据文章[58]重新绘制

提取相关信息。识别抓取物体时，首先考虑的是物体的形状、纹理和颜色，然后根据这些特征物体被分类为过去抓取成功过的某种类型物体，进而物体的重量分布、表面粗糙程度等信息会被估计出来，用于抓取时进行合理规划。这里需要注意的是，物体的识别并不是一个是非选择题，而是针对视觉提取信息的可靠性进行分析。当信息不可靠时，背侧视觉通路在线进行分析，从而起到更多的作用。除了针对已经抓取成功物体特性的记忆外，物体的识别可以将过去的抓取策略和动作进行有效相关，这样的联合记忆可以将视觉信息作为物体抓取规划的基础。

根据上面讨论的内容，研究人员将在线视觉–运动融合作为目标任务，也就是通过在线的视觉探索寻找目标物体，然后进行有效抓取。这里的视觉探索是依据抓取规划进行的，而不是单纯的图像分类和识别。因此，在这个任务中，不同的抓取规划和分析需要进行分析和评估。图5.2.9（A）展示了测试模型算法的机器人平台[58]，该平台由机械臂、三指机械手和固定在机械手旁边的摄像头组成。抓取目标选择为可以被该三指手抓取的合理的尺寸、形状和纹理的物体，这样可以确保物体的轮廓能够被视觉摄像头捕获，图5.2.9（B）展

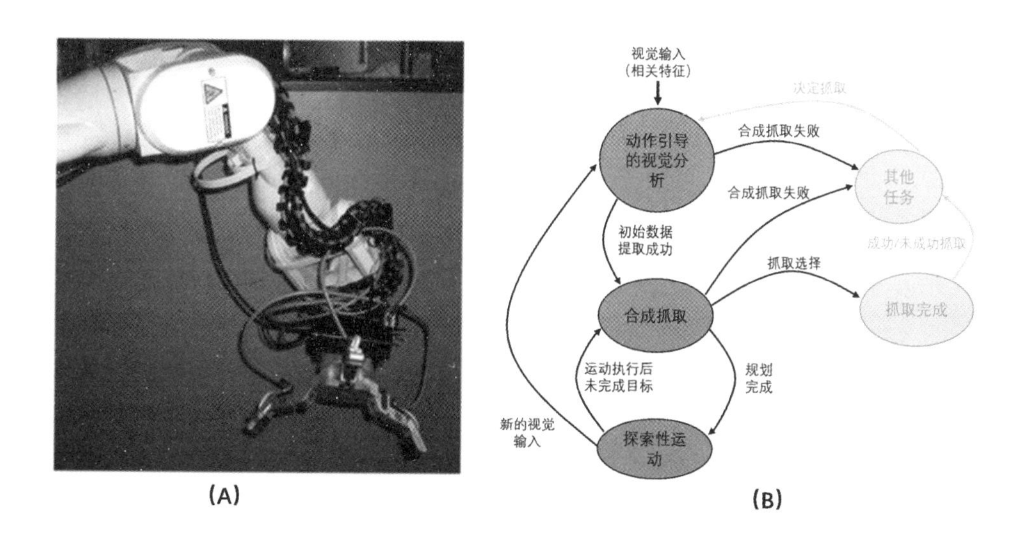

图5.2.9　视觉引导抓取的机器人平台以及相关任务流程。（A）机器人平台展示，包括机械臂、三指灵巧手以及固定在手旁边的摄像头；（B）视觉引导的抓取任务流程。（根据文章[58]重新绘制）

示了视觉引导抓取的任务流程图，主要包含以下几个部分：

- 动作导向的视觉分析：将视觉传感得到的信息进行分析，以用于抓取规划和目标搜寻；
- 合成抓取：这是任务中最重要的环节，经过视觉信息采集和分析，机器人实现对目标物体的真实抓取。如果抓取相关信息缺失，会进一步搜寻新的目标或信息；
- 搜索运动：在这个阶段，系统会进行一些探索性的运动，主要是为了提取目标物体更多的信息，从而为抓取规划作准备。

这几个部分循环嵌套，直到系统成功进行抓取或者是抓取失败。无论是哪种情况，合成抓取部分位置比较灵活，可以根据需要前后调整。

由于任务的复杂性和篇幅限制，下面主要针对合成抓取部分进行展开讨论。在视觉识别和探索以后，这部分主要进行抓取的规划并实现。具体来说，机器人根据视觉传感信息，有效提取目标物体数据并规划机械臂和手指应该处于的位置，然后针对合成抓取成功率和可靠性进行评估，进而控制机械臂和手指进行相应运动以完成抓取。如果提供的信息不足以完成运动规划和评估，那么机械臂会带动摄像头在目标物体附近进行探索性运动，这种探索性运动是基于已有目标物体的特征进行的，通过这种探索可以采集并存储更多的视觉信息并为后续的规划作准备，因此这些信息主要是对目标物体区域进行收集的，而不是针对目标物体本身的性质[59]。

从图5.2.9可以看出，视觉部分主要模拟大脑的V3、V3A以及顶叶联合皮层，这些皮层对于抓取特征的提取具有十分重要的作用。在模型实现时，通过对物体进行粗略的三维重建来估计合成抓取的可能抓取区域，这一步是通过八叉树重建来完成的，这样做的好处是可以控制重建物体的细节精度[60]。当基于八叉树的、粗略的物体重建完成以后，针对物体可能抓取区域会进行更精致的细节建模。提取的视觉信息如果足够保证完成抓取的规划和评估，那么抓取的可靠性会通过一系列试验来测试是否满足从经验得来的评定标准[61]。其中一些评定标准是基于手部动力学设定的，但在视觉引导抓取这项任务中，研究人员希望可以更多地应用视觉信息，因此在评估可靠性时应用到的标准仅仅与被抓区域的形状、大小和配置有关[61]。更确切地说，在评估抓取稳定性时，被抓区域的对称性、曲率和抓取特征决定的安全界限是主要的评定标准。潜在的被抓区域会通过这些标准进行评估，如果候选区域达到可靠性的阈值，那么探索性的运动就可以停止了。

在这样的设定下，机器人可以有效地利用视觉传感器提供的信息，引导机械臂带动手部进行准确抓取。从这样的理论框架可以看出，当把大脑中视觉-运动融合功能引入机器人时，抓取和视觉认知不仅仅是分离的两个部分，而是在执行特定任务时进行了有效融合，并形成环路相互促进，用来保证任务的顺利进行。众所周知，仅仅依靠视觉信息是很难在现实世界中进行高效、快速抓取的，而将大脑中的顶叶皮层（主要是顶叶内部前区）对于物体特征的交叉知觉分析引入以后，触觉、视觉和运动信息可以有效融合，对于抓取的灵活性和稳定性具有极大改善。因此，这几部分的融合和信息传递模型将大大改善手眼协调抓取的性能，也是以后应该着重研究的方向。

（3）多坐标系动力学系统控制的协调

根据上面两个部分的讨论，我们粗略回顾了人通过视觉控制手臂和手指完成抓取任务的过程，针对手动和眼动的协调以及视觉和运动的协调进行了讨论。在这个过程中我们只是简单地提到了如何将视觉信息转化为对于抓取有用的信息，做出准确决策并引导手部运动。但其中一个很重要的点并没有进行深入讨论，那就是大脑是如何通过视网膜捕捉到图像的，将其坐标系合理转化为头部坐标系，又是如何通过决策和运动规划将头部坐标系进一步转化为臂和手的运动坐标系的。在本部分中，我们针对这种多坐标系动力学系统协调进行一定的探讨，分析一下多坐标系协调的神经机制以及相应的类脑模型。

从20世纪80年代开始，很多科研人员对人大脑内部的多坐标系转换和协调机制（尤其是人在规划抓取动作时的多坐标系转换与协调），做出了深入的研究。一些研究者认为，人在进行伸手动作（reaching）时，运动规划是在体外空间进行的，也就是说，运动规划是在以身体为中心的笛卡尔坐标系中进行的，两点之间的运动轨迹为一条直线[62,63,64]，而另外一些研究者则发现，人的伸手运动轨迹与运动方向有直接关系，很可能是基于关节角度的内部约束进行的[65,66]。Desmurget等人通过人的生理学实验研究发现，当人的手臂进行自由运动时（此时只有运动起点和终点位置被限定，轨迹并未进行规定），运动轨迹并非是直线，其曲率与目标位置和运动方向相关，因此人在手臂进行直线运动时，其运动控制机制与自由运动时不一样[67]。这些生物实验研究结果表明，伸手（reaching）运动的规划不仅仅是在单一坐标系下进行的，而是在不同的坐标系下共同做出的运动规划和控制[67,68,69]，尤其是当这个运动是由视觉和运动系统共同完成时，其坐标系是一个混合的坐标系[70]。

从传统意义上看，伸手过程被视为由两个阶段构成：运动规划和运动执行。运动规划给出手的运动的轨迹，然后通过执行阶段对这个轨迹进行跟踪，这样的阶段划分与机器人运动规划和执行可以很好地对应上。但是这样的划分被一些研究者质疑，他们根据研究提出运动控制的动态系统方法[71,72,73]，这个方法的中心思想是不进行显式的路径规划，而是通过动力学系统自主地从一系列可能轨迹中进行挑选，因此在运动执行时并不会有偏好的运动，系统会根据动态规律从一点运动到另一点，最终抵达运动目标点。在这样的框架下，运动的目标点被视为机械臂的吸引子（attractor），而这种吸引子理论也在青蛙的生物学实验中得到了证实[74]。针对这种动态系统方法，很多研究人员进行了深入研究，想找到背后潜在的自然规律。一些相关的理论假说也被提了出来，例如平衡点假说[71]、λ 模型[75]、随机优化反馈控制定律[73]和VITE（Vector Integration To Endpoint）模型[76]。

因为篇幅有限，我们下面仅对VITE模型进行一定的探讨和分析，下面主要引用文献[76]对该模型进行阐述，该模型可以更好地和人的认知理论、类脑机制进行结合。VITE模型主要描述的是神经信号对于一对主缩肌（agonist muscle）和对抗肌（antagonist muscle）的控制动力学，受这一对肌肉控制肢体的目标位置$\boldsymbol{T}$是已知的，而真实的肢体位置记为$\boldsymbol{P}(t)$。该模型假设存在一群特殊神经元，可以针对差分向量（difference vector）进行编码，这些神经元的放电活动记为$\boldsymbol{V}$，肢体的运动执行信号由$\boldsymbol{G}(t)$给出。这样，VITE针对单根肌肉的运动学方程可以如下表述：

$$\dot{\mathbf{V}} = \alpha(-\mathbf{V} + \mathbf{T} - \mathbf{P}), \quad \dot{\mathbf{P}} = G \cdot [\mathbf{V}]^{+},$$

其中，α 是一个正的常数，$[\cdot]^{+}$代表着一个非负值函数（如果内部变量为负数则置为0）。将这样的动力学方程应用于一对肌肉（主缩肌和对抗肌）上时，动力学方程可以如下表示：

$$\ddot{\mathbf{r}} = \alpha(-\dot{\mathbf{r}} + \beta(\mathbf{r}_{\mathbf{T}} - \mathbf{r})),$$

在这个方程中，代表着在主缩肌和对抗肌协同作用下肢体的位置，$\mathbf{r}_{\mathrm{T}}$代表着肢体的目标位置，α 和 β 是在区间［0，1］之间的常量。这样的表述形式对应了弹簧–阻尼系统，而这套系统对应的稳定吸引子是$\mathbf{r}_{\mathrm{T}}$，也就是说系统从初始点出发，可以平滑地运动到目标点并停止在那里。

从上面的数学表述可以看出，VITE模型是基于神经机制建立的，可以应用神经生物学实验数据进行测试；同时，在应用多块肌肉协同驱动手臂进行运动的时候，这个模型可以针对当前手臂位置、目标位置、运动向量、差分向量以及控制差分向量的门控信号进行积分，通过不断地修正运动向量，控制手臂从当前位置移动到目标位置。在计算当前位置与目标位置的差分向量时，原则上模型并不需要计算各个关节应该处于的具体位置，只需要通过获取轨迹生成器工作时的向量坐标，对机械臂采取实时几何约束就可以完成每个关节的驱动。但是这种几何约束可能会给VITE模型的差分向量计算带来额外的误差，在某些极端情况下，这样的几何约束并不能保证根据差分向量计算出的运动信号可以控制机械臂进行合理运动。因此，如果想比较准确和简便地应用VITE模型对机械臂进行控制的话，可以将VITE模型的动力学系统控制与多坐标系控制进行结合。具体来说，可以在不同的空间中设计两个基于VITE的局部控制器，第一个局部控制器应用于关节角度空间（或手臂的构型空间），第二个局部控制器应用于末端执行器位置空间（或者是世界笛卡尔坐标系），每一个局部控制器都可以通过上面的动力学方程进行描述。这样的设计保证了局部控制器可以分别对关节角度和末端执行器进行位置控制。

需要注意的是，这两个局部控制器控制的变量并不是独立的，因为手臂的构型会影响机器人手部的位置。因此，必须在两个局部控制器之间添加一致性约束（coherence constraints），这样可以保证第一个动力学系统控制的关节角度和第二个控制的位置有较好的对应关系[79]。也就是说，整体运动在这个时候会由两个冗余的运动合成。这两个冗余的运动会通过一致性约束关联起来，用以保证两个运动不会产生对立行为。这两个运动控制器的耦合可以通过他们之间的相互影响来进行调节，这样可以将一个控制器信号平滑的转移到另一个上面，而不会产生突变或拐点，从而可以更加灵活地设计手部位置的控制策略，这样可以避免出现关节卡死的情况。

通过这样的控制器设计，可以将神经生物学的控制机制和机器人的控制进行比较好的结合，机器手的运动与人伸手的运动具有很多相同的特质，例如VITE模型对于速度-准确度间的取舍关系、速度和距离的比例性以及多坐标系联合控制等。另外，初始姿态和最终姿态的相关性也在模型中得以体现，这也是人伸手动作中的一个典型特征[77,78]。这样的相互协作的控制器可以保证机器人进行鲁棒、稳定、多样的运动控制，同时可以将不同坐标系进行有效的协调，有可能为机器人眼 – 臂 – 手多坐标系协调控制提供新的思路。

参考文献

[1] Caminiti R, Borra E, Visco-Comandini F, Battaglia-Mayer A, Averbeck BB, Luppino G. Computational Architecture of the Parieto-Frontal Network Underlying Cognitive-Motor Control in Monkeys. eNeuro. 2017;4(1). doi:10.1523/ENEURO.0306-16.2017.

[2] Proudlock, F. A., Gottlob, I. Physiology and pathology of eye–head coordination. Progress in Retinal and Eye Research. 2007, 26(5), 486–515.

[3] Barnes, G. R. Vestibulo-ocular function during co-ordinated head and eye movements to acquire visual targets. The Journal of Physiology. 1979, 287, 127–147.

[4] Bizzi, E., Kalil, R. E., Tagliasco, V. Eye–head coordination in monkeys: evidence for centrally patterned organization. Science. 1971, 173, 452–454.

[5] Bizzi, E., Kalil, R. E., Morasso, P. Two modes of active eyehead coordination in monkeys. Brain Research. 1972, 40, 45–48.

[6] Guitton, D., Volle, M. Gaze control in humans: eye–head coordination during orienting movements to targets within and beyond the oculomotor range. Journal of Neurophysiology. 1987, 58, 496–508.

[7] Guitton, D. Control of eye–head coordination during orienting gaze shifts. Trends in Neurosciences. 1992, 15, 174–179.

[8] Goossens, H. H., Van Opstal, A. J. Human eye–head coordination in two dimensions under different sensorimotor conditions. Experimental Brain Research. 1997, 114, 542–560.

[9] Phillips, J. O., Ling, L., Fuchs, A. F., Seibold, C., Plorde, J. J. Rapid horizontal gaze movement in the monkey. Journal of Neurophysiology. 1995, 73, 1632–1652.

[10] Freedman, E. G., Sparks, D. L. Eye–head coordination during head-unrestrained gaze shifts in rhesus monkeys. Journal of Neurophysiology. 1997, 77, 2328–2348.

[11] Freedman, E. G., Sparks, D. L. Coordination of the eyes and head: movement kinematics. Experimental Brain Research. 2000, 131, 22–32.

[12] Tweed, D., Glenn, B., Vilis, T. Eye–head coordination during large gaze shifts. Journal of Neurophysiology. 1995, 73, 766–779.

[13] Ron, S., Berthoz, A. Coupled and dissociated modes of eyehead coordination in humans to flashed visual targets. Amsterdam: Elsevier.1991.

[14] Maini, E. S. , Manfredi, L. , Laschi, C. , & Dario, P. Bioinspired velocity control of fast gaze shifts on a robotic anthropomorphic head. Autonomous Robots. 2008, 25(1-2), 37-58.

[15] Berthoz, A. (1997). Le Sens Du Mouvement. Paris: O. Jacob.

[16] Johansson, R. S. (1998). Sensory input and control of grip. In M. Glickstein (Ed.), Sensory guidance of movements (pp. 45–59). Chichester: Wiley.

[17] Kawato, M. (1999). Internal models for motor control and trajectory planning. Current Opinion in Neurobiology, 9, 718–727. Elsevier Science.

[18] Miall, R. C., Weir, D. J., Wolpert, D. M., Stein, J. F. (1993). Is the cerebellum a smith predictor? Journal of Motor Behaviour, 25, 203–216.

[19] Wolpert, D. M., Miall, R. C., Kawato, M. (1998). Internal models in the cerebellum. Trends in Cognitive Sciences, 2(9), 338–347.

[20] Venkataraman, S. T., Iberall, T. (Eds.). (1990). Dextrous robot hands. New York: Springer.

[21] Mason, M., Salisbury, K. (1985). Robot hands and the mechanics of manipulation. Cambridge: MIT Press.

[22] Bicchi, A., & Kumar, V. (2000). Robotic grasping and contact: A review. In Proceedings of the conference on robotics and automation, San Francisco (pp. 348–353).

[23] Napier, J. R. (1956). The prehensile movements of the human hand. Journal of Bone and Joint Surgery, 36B(4), 902–913.

[24] Cutkosky, M. R., Howe, R. D. (1990). Human grasp choice and robotic grasp analysis. In S. T. Venkataraman & T. Iberall (Eds.), Dextrous robot hands (pp. 5–31). New York: Springer.

[25] Arbib, M. A., Iberall, T. M. L. D. (1985). Coordinated control programs for movements of the hand. In A.W. Goodwin & I. Darian- Smith (Eds.), Hand function and the neocortex (pp. 111–129). Berlin: Springer.

[26] Iberall, T., & MacKenzie, C. L. (1990). Opposition space and human prehension. In S. T. Venkataraman & T. Iberall (Eds.), Dextrous robot hands (pp. 32–54). New York: Springer.

[27] Fearing, R. S. (1990). Tactile sensing for shape interpretation. In S. T. Venkataraman & T. Iberall (Eds.), Dextrous robot hands (pp. 209–238). New York: Springer.

[28] Klatzky, R. L., & Lederman, S. J. (1990). Intelligent exploration by the human hand. In S. Venkataraman & T. Iberall (Eds.), Dextrous hands for robots (pp. 66–81). New York: Springer.

[29] Charlebois, M., Gupta, K., & Payandeh, S. (1999). Shape description of curved surfaces from contact sensing using surface normals. International Journal of Robotics Research,

18(8), 779–787.

[30] Bekey, G. A., & Tomovic, R. (1990). Biologically based robot control. In Proceedings of the annual international conference of the IEEE engineering in medicine and biology society (Vol. 12, pp. 1938– 1939).

[31] Bekey, G. A., Liu, H., Tomovic, R., & Karplus, W. J. (1993). Knowledge-based control of grasping in robot hands using heuristics from human motor skills. IEEE Transactions on Robotics and Automation, 9, 709–722.

[32] Narasimhan, S., Spiegel, D. M., & Hollerbach, J. M. (1990). Condor: A computational architecture for robots. In S. T. Venkataraman & T. Iberall (Eds.), Dextrous robot hands (pp. 117–135). New York: Springer.

[33] Namiki, A., & Ishikawa, M. (2003). Robotic catching using a direct mapping from visual information to motor command. In Proceedings of the IEEE international conference on robotics and automation (pp. 2400–2405).

[34] Koivo, A. J. (1991). Real-time vision feedback for servoing robotic manipulator with self-tuning controller. IEEE Transactions on Systems, Man, and Cybernetics, 21(1), 134–142.

[35] Hong, W., & Slotine, J. J. E. (1995). Experiments in hand-eye coordination using active vision. In Proceedings of the fourth international symposium on experimental robotics, Stanford, CA.

[36] Kragic, D., & Christensen, H. I. (2002). Model based techniques for robotic servoing and grasping. In Proceedings of the 2002 IEEE/RSJ international conference on intelligent robots and systems, EPFL, Lausanne, Switzerland (pp 299–304).

[37] Wunsch, P., Winkler, S., & Hirzinger, G. (1997). Real-time pose estimation of 3-d objects from camera images using neural networks. In Proceedings of the 1997 IEEE international conference on robotics and automation (pp. 3232–3237).

[38] Datteri, E., Teti, G., Laschi, C., Tamburrini, G., Dario, P., & Guglielmelli, E. (2003a). Expected perception: An anticipation based perception-action scheme in robots. In IROS 2003, 2003 IEEE/RSJ international conference on intelligent robots and systems, Las Vegas, Nevada (pp. 934–939).

[39] Datteri, E., Teti, G., Laschi, C., Tamburrini, G., Dario, P., & Guglielmelli, E. (2003b). Expected perception in robots: A biologically driven perception-action scheme. In Proceedings of ICAR 2003, 11th international conference on advanced robotics (Vol. 3, pp. 1405–1410).

[40] Datteri, E., Asuni, G., Teti, G., Laschi, C., & Guglielmelli, E. (2004). Experimental analysis of the conditions of applicability of a robot sensorimotor coordination scheme based on expected perception. In Proceedings of 2004 IEEE/RSJ international conference

on intelligent robots and systems (IROS), Sendai, Japan (Vol. 2, pp. 1311–1316).

[41] Johansson, R. S., & Westling, G. (1987). Signals in tactile afferents from the fingers eliciting adaptive motor responses during precision grip. Experimental Brain Research, 66, 141–154.

[42] Laschi, C., Asuni, G., Guglielmelli, E. et al. A bio-inspired predictive sensory-motor coordination scheme for robot reaching and preshaping. Auton Robot 25, 85–101 (2008). https://doi.org/10.1007/s10514-007-9065-4

[43] Goodale, M. A., & Milner, A. D. (1992). Separate visual pathways for perception and action. Trends in Neurosciences, 15(1), 20–25.

[44] Ponce, J., Stam, D., & Faverjon, B. (1993). On computing forceclosure grasps of curved two dimensional objects. The International Journal of Robotics Research, 12(3), 263–273.

[45] Lopez-Damian, E., Sidobore, D., & Alami, R. (2005). Grasp planning for non-convex objects. In Proceedings of the 36th international symposium on robotics, Tokyo, Japan, November 2005.

[46] Arimoto, S., Yoshida, M., & Bae, J.-H. (2006). Stable "blind grasping" of a 3D object under non-holonomic constraints. In Proceedings IEEE international conference on robotics and automation (pp. 2124–2130), Orlando, FL, USA, May 2006.

[47] Michel, C., Perdereau, V., & Drouin, M. (2005). Extraction of the natural grasping axis from arbitrary 3D envelopes provided by voxel coloring. In Proceedings of the 36th international symposium on robotics, Tokyo, Japan, November 2005.

[48] Borst, C., Fischer, M., & Hirzingerm, G. (1999). A fast and robust grasp planner for arbitrary 3D objects. In Proceedings IEEE international conference on robotics and automation (pp. 1890–1896), Detroit, MI, USA, May 1999.

[49] Miller, A. T., Knoop, S., Christensen, H. I., & Allen, P. K. (2003). Automatic grasp planning using shape primitives. In Proceedings IEEE international conference on robotics and automation (pp. 1824–1829), Taipei, Taiwan, September 2003.

[50] Hauck, A., Rüttinger, J., Sorg, M., & Färber, G. (1999). Visual determination of 3D grasping points on unknown objects with a binocular camera system. In Proceedings IEEE/RSJ international conference on intelligent robots and systems (pp. 272–278), Korea: Kyongju.

[51] Zeng, G., Paris, S., Lhuillier,M., & Quan, L. (2003). Study of volumetric methods for face reconstruction. In IEEE intelligent automation conference.

[52] Chaumette, F., Boukir, S., Bouthemy, P., & Juvin, D. (1996). Structure from controlled motion. IEEE Transactions on Pattern Analysis and Machine Intelligence, 18(5), 492–504.

[53] Mendonça, P. R. S., Wong, K.-Y. K., & Cipolla, R. (2001). Epipolar geometry from

profiles under circular motion. IEEE Transactions on Pattern Analysis and Machine Intelligence, 23(6), 604–616.

[54] Goldfeder, C., Allen, P., Pelossof, R., & Lackner, C. (2007). Grasp planning via decomposition trees. In Proceedings IEEE international conference on robotics and automation (pp. 4679–4684), Rome, Italy, April 2007.

[55] Kragić, D., Crinier, S., Brunn, D., & Christensen, H.I., (2003). Vision and tactile sensing for real world tasks. In Proceedings IEEE international conference on robotics and automation (pp. 1545–1550), Taipei, Taiwan, September 2003.

[56] Platt, R., Fagg, A. H., & Grupen, R. A. (2002). Nullspace composition of control laws for grasping. In Proceedings IEEE/RSJ international conference on intelligent robots and systems (pp. 1717– 1723), Lausanne, Switzerland, October 2002.

[57] Natale, L., & Torres-Jara, E. (2006). A sensitive approach to grasping. In Proceedings sixth international conference on epigenetic robotics, Paris, France, September 2006.

[58] Recatalá, G., Chinellato, E., del Pobil, Á.P. et al. Biologically-inspired 3D grasp synthesis based on visual exploration. Auton Robot 25, 59–70 (2008). https://doi.org/10.1007/s10514-008-9086-7.

[59] Recatalá, G., Chinellato, E., del Pobil, A.P.,Mezouar, Y.,& Martinet, P. (2006a). 3D grasp synthesis based on a visual cortex model. In Proceedings of the first IEEE/RAS-EMBS international conference on biomedical robotics and biomechatronics, Pisa, Italy, February 2006.

[60] Yerry, M. A., & Shepard, M. S. (1983). A modified quadtree approach to finite element mesh generation. IEEE Computer Graphics and Applications, 3(1), 39–46.

[61] Chinellato, E., Morales, A., Fisher, R. B., & del Pobil, A. P. (2005). Visual features for characterizing robot grasp quality. IEEE Transactions on Systems, Man and Cybernetics, Part C, 35(1), 30–41.

[62] Morasso, P. (1981). Spatial control of arm movements. Experimental Brain Research, 42, 223–227.

[63] Abend, W., Bizzi, E., & Morasso, P. (1982). Human arm trajectory formation. Brain, 105, 331–348.

[64] Flash, T., & Hogan, N. (1985). The coordination of arm movements: An experimentally confirmed mathematical model. The Journal of Neuroscience, 5(7), 1688–1703.

[65] Atkeson, C. G., & Hollerbach, J. M. (1985). Kinematic features of unrestrained vertical arm movements. The Journal of Neuroscience, 5(9), 2318–2330.

[66] Lacquaniti, F., Soechting, J. F., & Terzuolo, S. A. (1986). Path constraints on point-to-point arm movements in three-dimensional space. Neuroscience, 17(2), 313–324.

[67] Desmurget, M., Jordan, M., Prablanc, C., & Jeannerod, M. Constrained and unconstrained movements involve different control strategies. Journal of Neurophysiology, 77, 1644–1650.

[68] Desmurget,M., Pélisson, D., Rosseti, Y., & Prablanc, C. From eye to hand: Planning goal-directed movements. Neuroscience and Biobehavioural Reviews, 22(6), 761–788.

[69] Paillard, J. (Ed.). (1991). Brain and space. London: Oxford University Press. Chaps. from Arbib, Berthoz and Paillard.

[70] Carrozzo, M., & Lacquaniti, F. (1994). A hybrid frame of reference for visuo-manual coordination. Neuroreport, 5, 453–456.

[71] Bizzi, E., Accornero, N., Chapple, W., & Hogan, N. (1984). Posture control and trajectory formation during arm movement. The Journal of Neuroscience, 4, 2738–2744.

[72] Kelso, J. A. S. (1995). Dynamic patterns: The self-organization of brain and behavior. Cambridge: MIT Press.

[73] Todorov, E., & Jordan, M. I. (2002). Optimal feedback control as a theory of motor coordination. Nature Neuroscience, 5(11), 1226–1235.

[74] Giszter, S. F., Mussa-Ivaldi, F. A., & Bizzi, E. (1993). Convergent force fields organized in the frog’s spinal cord. The Journal of Neuroscience, 13(2), 467–491.

[75] Feldman, A. G., & Levin, M. F. (1995). The origin and use of positional frames of reference in motor control. Behavioral Brain Sciences, 18, 723–806.

[76] Bullock, D., & Grossberg, S. (1988). Neural dynamics of planned arm movements: Emergent invariants and speed-accuracy properties during trajectory formation. Psychological Review, 95(1), 49–90.

[77] Soechting, J. F., Buneo, C.A., & Flanders, M. (1995). Moving effortlessly in three dimensions: Does Donder’ s law apply to arm movement? Journal of Neuroscience, 15(9), 6271–6280.

[78] Desmurget, M., Gréa, H., & Prablanc, C. Final posture of the upper limb depends on the initial position of the hand during prehension movements. Experimental Brain Research, 119, 411–516.

[79] Hersch, M., Billard, A.G. Reaching with multi-referential dynamical systems. Auton Robot 25, 71–83 (2008). https://doi.org/10.1007/s10514-007-9070-7.

第六章 类脑智能芯片

作者：鲁华祥　金　敏
（中国科学院半导体研究所）

类脑智能芯片从硬件角度实现类脑智能计算，它模拟人脑机制进行设计，相比于传统芯片，在功耗和学习能力上具有更大优势，是新一代计算机和智能产业的关键智能性技术。本章首先介绍一下类脑智能芯片概况，接着具体介绍一款类脑架构神经网络芯片CASSANN-X，最后再介绍两个基于CASSANN-X芯片的应用。

6.1　类脑智能芯片概况

6.1.1　类脑智能芯片的起源与发展

传统计算机采用冯·诺依曼架构，存储与计算在空间上分离，数据交互受限于总线能力，频繁的数据交换导致处理海量信息效率很低，这被称为“冯·诺依曼瓶颈”。与之相比，人脑作为世界上最复杂的系统之一，将记忆、存储、处理整合成一体，重量小于3磅，体积大约两升，却能在约20瓦功耗、10赫兹低频下实现远超计算机的高级智能，是自然界高性能、低功耗计算硬件的典范[1]。人脑能够实现与外界环境的交互与自主学习，具有低功耗、高容错、分布式并行、异步信息处理等明显优势。在这样的背景下，“类脑计算”应运而生。类脑智能芯片是从硬件角度实现类脑智能计算，它彻底摒弃了低智能、高能耗、低容错的冯·诺依曼架构，通过拟人脑的连接结构和信息处理方式，使芯片能够进行异步、并行、低速和分布式处理信息数据，以极低的硬件代价实现传统计算机无法达到的智能水平，是新一代计算机和智能产业的关键技术[2, 3]。

“类脑计算”的概念最早始于图灵，他早在1948年就提出打造一种能够被训练、能够自我演化的计算硬件的构想[4]。人工神经网络的研究则进一步推动对类脑智能的探索，早期的神经网络是在软件层面上对大脑神经网络进行模拟，用软件模拟实现人工神经网络的方法具有成本低、使用方便、灵活性强等优点，但由于冯·诺依曼体系结构的问题，再加上它不可避免要把神经网络大量的并行运算通过串行的方式实现，因此软件模拟无法发挥人工神经网络分布式存储和大规模并行计算的优势[5]。

工业界和学术界开始研究神经网络硬件始于二十世纪八九十年代[6, 7]。TRW公司于1984年推出世界上第一台商用神经计算机产品Mark-III及其后续产品Mark-IV，训练速度可达到五百万个突触每秒。德州仪器也在同时期推出Odyssey，训练速度为两百万个突触每秒。Intel于1991年正式推出基于模拟电路的神经网络计算机产品ETANN（Electrically Trainable Analog Neural Network）。西门子公司于1994年推出的SYNAPSE-1商用神经计算机，速度达3300万次运算每秒。中科院半导体所的王守觉院士团队于1995年成功研制了一台数模混合的神经网络处理机Cassandra-I（预言神1号），速度为2000万次运算每秒。然而受支持向量机兴起的影响，由于理论分析难度大，训练方法需要很多经验和技巧的神经网络在20世纪末遭遇研究的大低谷，失去了人工智能领域主流方法的地位。在计算机体系结构领域，神经网络计算机也随之逐渐淡出主流。

自2004年起，各国政府及研究机构开始密切关注“类脑计算”的研究，涌现了一批国家层面的重大研究计划。其中欧盟和美国对此投入了巨资，先后推出了各自的人脑研究计划[8–10]。在瑞士洛桑联邦理工学院和IBM公司的共同支持下，2005年洛桑联邦理工学院的神经科学家马克拉姆（Henry Markram）牵头启动了“蓝脑计划”（Blue Brain Project），旨在通过超级计算机“蓝色基因”（Blue Gene）模拟大规模神经网络的活基因（Blue Gene）作为未来新兴技术旗舰项目，计划在10年间投资11.9亿欧元。欧盟“人类大脑工程”包括神经科学、医学以及“类脑计算”等主要研究领域，旗下涵盖13个项目，包括老鼠大脑战略性数据、人脑战略性数据、认知行为架构、理论型神经科学、神经信息学、大脑模拟仿真、高性能计算平台、医学信息学、神经形态计算平台、神经机器人平台、模拟应用、社会伦理研究和HBP项目管理。无独有偶，美国政府于2013年提出可与人类基因组计划相媲美的“脑创新计划”（BRAIN initiative），侧重从微观层面上探索神经元、神经回路与大脑功能之间的关系。美国前总统奥巴马称要“通过10年努力绘制出完整的人脑活动图”。白宫给予这个项目巨大支持，计划10年间为“脑创新计划”新增投入45亿美元。美国脑创新计划由美国国家卫生研究院（NIH）、美国自然科学基金会（NSF）、美国国防部高级研究项目局（DARPA）等多个机构负责，其中DARPA负责重点推进“类脑计算”方面的研究进程。

近10年间，神经网络研究和计算机体系结构的发展方向都发生了深刻变化。一方面，深度学习的兴起让神经网络重新成为学术界和工业界的研究热点。[11, 12] Hinton、LeCun和Bengio等人提出了若干深度神经网络模型，引发了神经网络算法的巨大突破，在图像识别、语音识别等主流应用中取得了最领先的效果，准确率甚至超越人类智能[3-15]。使用深度学习和强化学习的人工智能AlphaGo打败了围棋大师李世石，并不断更新换代，陆续战胜了柯洁等一众围棋大师。目前绝大多数人工智能算法还是采用GPU、FPGA等已由适合并行计算的通用芯片来支持[16, 17]，在产业应用没有大规模兴起之时，这种方法可以避免专用ASIC芯片的高投入和高风险，但由于这类通用芯片设计初衷并非专门针对神经网络，天然存在性能、功耗等方面的瓶颈，研究人员开始将关注点放在针对神经网络开发专门集成电路芯片上。另一方面，通用处理器芯片上聚集了越来越多的晶体管，但由于功耗和可靠性的限制，许多晶体管并不能全速运行，也就是所谓的暗硅（dark silicon）现象。这使得许多体系结构研究者更多地转向专用加速器/处理器核，研究如何利用丰富的晶体管资源有选择地加速关键应用，取得相对于通用处理器核数量级以上的性能功耗比提升。

在此背景下，类脑智能芯片成了学术界和产业界的热点。目前类脑智能芯片主要分两大类，一类是以应用为牵引，对成熟的人工智能算法进行加速。这类芯片以深度学习加速器为代表，如寒武纪的Cambricon系列、华为的“昇腾”系列AI处理器[18]、阿里巴巴的AI推理芯片含光800[19]、中科院半导体所的CASSANN-X神经网络芯片[20]等。此外，中科院半导体所还发布了专门针对超多变量复杂最优化问题的CASSANN-V神经计算芯片。另一类是模拟大脑的神经形态芯片，神经形态芯片借鉴生物神经形态架构，具有超低的功耗，可支持更贴近生物神经网络的脉冲神经网络，其代表之一即IBM研制的TrueNorth芯片[21]。由于目前神经科学还没有完全阐明生物脉冲神经网络机理，且脉冲神经网络受制于无监督学习的SDTP训练算法，在工业级人工智能任务上直接实现的精度远逊于深度学习，因此离实际应用推广尚有距离。目前涉足类脑智能芯片的主要学术研究团队和企业如表6.1.1、6.1.2所示。总体来说，国内的研究团队还是比较多的，而企业方面，除了IBM、Google等科技巨头，还有很多初创公司，其中中国公司占了很大比例[22, 23]。分析全球技术积累态势发现，虽然目前与美国技术积累相比还是稍显弱势，但有国家层面对芯片产业的大力扶持，中国有望摆脱传统计算机时代“无芯化”的被动局面，实现类脑智能芯片和智能计算产业的“弯道超车”。

表6.1.1 类脑智能芯片学术研究团队

机构名称	地区	项目
Manchester University	英国	SpiNNaker
海德堡大学	德国	HICANN
Standford University	美国	Neurogrid
剑桥大学	英国	BlueHive
苏黎世理工大学	瑞士	ROLLS Processer
加州大学圣地亚哥分校	美国	IFAT
清华大学	中国	“天机芯”类脑芯片
中科院半导体所	中国	“预言神”芯片、“CASSANN”系列芯片
浙江大学	中国	“达尔文”类脑芯片
中科院计算所 &INRIA	中国 & 法国	“DianNao”系列芯片

表6.1.2 涉足类脑智能芯片的主要企业

公司	国家	技术研究	产品及应用
Wave Computing	美国	深度学习芯片架构	DPU（Dataflow Processing Unit）
地平线机器人	中国	基于云端的深度神经网络算法、图像、语音、自然语言理解和运动控制、技术集成	设计 BPU（Brain Processing Unit），提供嵌入式人工智能解决方案
启英泰伦	中国	物联网人工智能芯片	中国首款量产 DNN 智能语音芯片 CI1006
云天励飞	中国	视觉智能	提供视觉智能芯片和解决方案
谷歌	美国	人工智能综合研究	TensorFlow 等开源框架，加速机器学习芯片 TPU
Deep Vision	美国	人工智能视觉算法	将人工智能算法和低功耗芯片技术相结合，开发了技术指标先进的低功耗人工智能芯片，提高智能设备的视觉识别能力
英特尔	美国	人工智能硬件	CPU、Xeon Phi、Nervana
高通	美国	人工智能硬件	移动智能设备芯片，Zeroth 认知平台

（续表）

公司	国家	技术研究	产品及应用
Graphcore	英国	深度学习硬件和软件开发	开源软件框架 Poplar 和智能处理器 IPU
中星微	中国	数字多媒体芯片的研究与产业化	嵌入式神经网络处理器，用于视频监控等领域
赛灵思	美国	全可编程技术和器件	全可编程 FPGA、SoC 和 3D IC 提供商
TeraDeep	美国	基于 FPGA，针对服务器端的高性能深度学习平台	直接嵌入移动设备的深度学习模块
深鉴科技	中国	深度学习平台解决方案	深度学习 DPU 平台
英伟达	美国	人工智能硬件	GPU、深度学习超级计算机 DGX-1
AMD	美国	人工智能硬件	面向 HPC、数据中心等高性能加速卡 FirePro 系列
寒武纪科技	中国	深度学习硬件	Cambricon 系列神经网络芯片
IBM	美国	人工智能综合研究	类脑芯片 TrueNorth
KnuEdge	美国	模仿人脑，加速机器学习	神经芯片 KNUPATH Hermosa processors
General Vision	美国	类脑芯片	类脑芯片 CM1K
西井科技	中国	神经形态工程	仿生类脑神经元芯片 deepsouth（深南）
Brainchip	美国	神经形态工程	脉冲神经元自适应处理器 SNAP
Kneron	美国	人工智能芯片技术	软件 sdk，用于实时识别；芯片 IP，用于物联网终端
CEVA	美国	人工智能芯片技术	用于机器学习的第二代神经网络软件框架 CDNN2
阿里巴巴	中国	人工智能芯片	AI 芯片含光 800

6.1.2 类脑智能芯片的前沿技术途径

类脑智能芯片模仿人脑的结构和工作原理，使用神经元和突触的方式替代传统冯·诺依曼架构体系，使芯片能够进行异步、并行、低速和分布式处理信息数据，从而突破冯·诺依曼瓶颈。目前国内外研究人员对智能芯片的研究不仅仅局限于加速深度学习算法，而是从芯片基本结构甚至器件层面上研究出新的类脑计算机体系结构，例如会采用忆阻器和ReRAM等新器件来提高存储密度等[25-28]。目前，智能芯片的前沿技术途径主要有以下几种：

（1）基于忆阻器

忆阻器是一类具有电阻记忆行为的非线性电路元件，被认为是除电阻、电容、电感外的第四个基本电路元件。它能够在电流断开时，仍记忆之前通过的电荷量，从而保持之前的阻值状态，具有记忆功能。忆阻器的这些特性与生物大脑中神经突触的工作原理及结构有着高度相似性，而且忆阻器有着很简单的金属/介质层/金属三明治结构，集成度高，因此在新型神经突触仿生电子器件领域引起极为广泛的关注。

目前已有许多研究将忆阻器用于神经网络中的神经元与突触的结构设计[29, 30]。美国密歇根大学开发出一种由忆阻器制成的神经网络系统，也称为“储备池计算”（reservoir computing）系统，它可以在对话之前预测词汇，甚至可以基于现在预测未来的输出。麻省理工学院Can Li等人将基于氧化铪的忆阻器与晶体管阵列单片集成到多层神经网络中，提出一种可靠的双脉冲电导编程方案，用于解决忆阻器用于神经网络时受器件的不均匀、电阻电平的不稳定、潜路径电流和导线电阻的限制等问题，并在128×64忆阻器阵列中实现了多层神经网络中高效现场学习的实验仿真。麻省理工学院Zhongrui Wang等人，使用基于介电膜中银纳米粒子的扩散型忆阻器作为神经元，模拟生物突触中神经递质的扩散行为，构建全忆阻神经网络用于无监督模式分类。IBM公司Irem Boybat等人，提出一种多记忆突触结构，能够在不增加功率密度的情况下提高突触的精度，并在一个拥有100多万个相变存储器（PCM）的脉冲神经网络（SNN）中对多记忆突触结构进行了实验演示。电子科技大学Wang等人设计并实现了CMOS兼容的HfO2忆阻器神经元，具有模拟生物神经元膜中突触前电流的整合能力，并构建了基于HfO2忆阻器神经元的混合CNN用于识别手写数字。

虽然现阶段忆阻器在神经网络中的应用已日渐成熟，但仍存在以下几个问题。首先是器件的不一致性，包括电导响应不对称和器件之间的可变性，其次器件本身电导变化范围有限，电导响应呈现非线性，电导变化也存在较大随机性，因此忆阻器在维持高网络精度所必需的宽动态范围内精确调制器件电导具有较大的挑战性。此外，忆阻器本身与生物结构（神经元和突触）的工作原理相比存在差异，这也限制了模拟生物功能的逼真度和多样性。忆阻器材料非常之多，甚至把任意绝缘材料做到纳米级，就很有可能具有阻变特性。找出隐藏在众多阻变现象之后的机理有无共同的规律，研究阻变特性是由材料的化学成分决定，还是由材料的微观结构决定，这将是以后研究中需要回答的问题。

（2）基于数模混合电路

由于大规模神经网络中神经元间存在大量的互联和通信，计算单元与存储单元间的频繁数据搬移会造成大量的能耗。针对传统冯·诺依曼体系结构所带来的存储墙问题，存内计算（computing-in-memory，简称 CIM）技术是解决该问题的有效途径[31]。存内计算的主要改进就是把计算嵌入内存里面去，内存变成存储+计算的利器，在存储/读取数据的同时完成运算，减少了计算过程中的数据存取的耗费。把计算都转化为带权重加和计算，把权重存在内存单元中，让内存单元具备计算能力。存内计算本质上会使用模拟计算，计算精度会受到模拟计算低信噪比的影响，而且只能作定点数计算，只能支持向量内积等有限运算。但存储器颗粒嵌入算法权重MAC后，存储单元具备计算功能，这种结构并行计算能力强，加上神经网络对于计算精度的误差容忍度较高（存储位数可根据应用调整），因此存内计算数字和模拟混合即使带来误差，但对于符合的应用性能和能效比合适，带来存内计算和人工智能尤其深度学习的广泛结合。

清华大学微纳电子系可重构芯片研究团队的数模混合计算芯片（代号 Thinker-IM）是该研究方向的代表成果之一，Thinker IM芯片基于可重构计算架构，融合存内计算技术，在语音识别应用中实现了极低能耗。该芯片在算法层面上使用二值化的循环神经网络（RNN）建立语音声学模型，从而降低了计算复杂度并节省了存储开销。在硬件层面设计了数模混合计算架构，打破了冯·诺依曼体系结构的存储墙瓶颈，使用 16 个 SRAM-CIM 宏单元完成 RNN计算任务，避免了存储单元与计算单元的大量数据搬移所产生的能耗。

（3）基于超导量子器件

量子计算是国际科技竞争的热点领域，其中超导量子计算具备系统集成度高、芯片设计和加工技术成熟等特点，从而成为各大企业和研究单位主要研究方向[32, 33]，例如IBM公司推出的在线量子计算云平台，DWave公司的量子退火机，Google公司的72比特量子处理器均选用超导量子比特作为运算单元。当前，实现量子计算的物理体系主要有光学系统、离子阱和量子点等微观体系，基于宏观约瑟夫森效应的超导电路由于其在可操控性和可扩展性等方面的优势，是目前国际上公认的有希望实现量子计算的几个物理载体之一。

超导量子比特的门操作时间在几十纳秒量级，退相干时间则在几十微秒量级，超导量子比特可在现有退相干时间内进行数千次的门操作。因此基于超导电路制成的超导开关器件，其理论上开关动作所需时间为千亿分之一秒，是当今所有电子、半导体、光电器件都无法比拟的。这意味着超导计算机的运算速度将比现在的电子计算机快100倍，而电能消耗仅是电子计算机的千分之一。得益于超导电路的高能效比，研究者们尝试将其用于神经拟态电路中神经元突触的结构设计中，以模拟人类大脑的计算性能。麻省理工学院的Emily Toomey设计了一个由纳米线组成的超导神经元，在很多方面都更加接近一个真实的神经元。超导纳米线具有一种特殊的非线性特性，当流过纳米线的电流超过某个阈值时，纳米线的超导性就会崩溃，此时电阻突然增大，产生一个类似于神经元动作电位的电压脉冲。用这种电压脉冲来调制另一根超导纳米线产生的另一个脉冲，使得对生物神经元的模拟更加真实，相当于创造了一个具有许多生物神经元特性的简单超导电路。研究人员已经证明超导神经元具有触发阈值、不应期，以及可以根据电路特性进行调整的传播时间等特性。NIST 研究人员则研究出一种基于约瑟夫逊结的超导突触，它能像生物系统一样进行“学习”，并可以在未来类脑计算机中连接处理器并存储记忆。这种人工突触是一个直径10微米的金属圆筒，可以处理输入的电尖峰脉冲，并定制输出的尖峰脉冲信号。此外，通过在磁场中施加电流脉冲改善磁场的有序性，改变器件制造方法及其运行温度可以调整突触的行为，这也类似于大脑的工作模式。目前研究者们已经使用这类超导突神经元和触模拟了一个简单的神经网络，但尚未用于建立3D电路或者更复杂的电路，基于超导器件的大规模神经网络电路还有大量工作需要做，包括大规模神经形态架构的复杂布局和使用新技术布线等。

（4）基于概率计算

概率计算[34，35]是一种区别于传统数字电路计算形式的数值表征及处理方法，首先概率计算将传统的数字电路中的数据映射为由随机比特组成的概率序列，然后就可以用简单的初级电路来处理这样的概率序列，这些处理电路包括简单的非门等，所以逐比特的计算方式可以大大降低原有算法的复杂度及硬件开销，而且简单的电路实现方法也不会存在较长的关键路径，最后的数据输出部分即是对概率序列所表征结果的统计处理过程，因此概率计算具有低复杂度、低时延特性。传统意义上概率计算常被用于描述与人工智能无关的许多事物，例如随机计算和容错计算，模糊逻辑在处理信息时，会有意地追踪不确定性；还有统计计算通过构建“树”来追踪不确定性。但在人工智能领域，使用概率计算的方式与以前有所不同，关键部分在于如何将概率引入推理系统和传感系统中。而这其中存在两个挑战。一个是如何进行有概率的计算，另一个是如何存储概率性的记忆或场景。在未来几年，概率计算将大幅提升人工智能系统的可靠性、安全性、可服务性与性能，包括专为概率计算而设计的硬件。

目前许多公司致力于使未来的系统能够理解和计算自然数据中固有的不确定性，制造出能够理解、预测和决策的计算机，而概率计算被认为是最适合在不确定的情况下做出判断的技术。美国Lyric半导体公司推出了一种概率运算芯片，该芯片的运算主要基于概率而非传统的二进制逻辑。它仍由晶体管制成，但它输入输出的值是概率而非0或1。Intel则发布了基于概率计算的神经拟态芯片“Loihi”，并成立了Intel神经拟态研究社区（INRC），推动神经拟态计算的发展。该芯片采用一种新颖的方式通过异步脉冲来计算，同时整合计算和存储，模仿了大脑根据环境的各种反馈来学习如何操作的运作方式，可以利用数据来学习并做出推断，随着时间的推移也会变得更加智能，并且不需要以传统方式来进行训练。同时，Intel宣布代号“Pohoiki Beach”的全新神经拟态系统，包含多达64颗Loihi芯片，集成1320亿个晶体管，总面积3840平方毫米，拥有800万个神经元、80亿个突触。有测试表明，该系统运行实时深度学习基准测试时，其功耗比传统CPU低了足有109倍，对比特制的IoT推理硬件功耗也低了5倍，而且网络规模扩大50倍后仍能维持实时性能，功耗仅增加30%，IoT硬件的话功耗会增加5倍以上，并失去实时性。中国科学院半导体研究所于2017年成功研制的CASSANN—V类脑神经计算芯片也是创新性地引入了概率计算策略，将复杂最优化问题的优化变量看作依概率分布的随机事件，将神经元的权值赋予不确定性，在目标优化过程中既保障算法的收敛性，又兼顾优化策略的多样性，最终实现复杂问题的全局最优化求解。经应用验证，对于离散域内超多变量复杂最优化求解这类NP-hard问题，芯片综合计算效能相比传统的冯·诺依曼架构处理器提高近5个数量级。

总体而言，类脑智能芯片不仅能提高计算机的计算速度、降低功耗，对研发高度自主性的智能机器人以及提高其他设备的智能水平也有重要意义。且冯·诺依曼瓶颈是客观存在的事实，随着运算数据量的增加，这一短板将越来越明显，而人脑凭借其低功耗和高运算力必将成为计算机芯片研发学习的方向。

6.2 CASSANN-X类脑神经网络芯片

伴随着互联网与移动互联网时代智能硬件的普及，数据量在以指数级速度增长，由于传感器、噪声干扰等原因，目前的数据存在海量、不精确、不完整的特性，传统方法处理困难。以神经网络为核心，包括群体智能、模糊信息处理、多传感器信息融合等技术在内的智能信息处理技术是当前解决该问题的有效方法。由于深度学习的广泛应用，目前在产业界应用广泛的类脑智能芯片都是深度学习加速器，鲜少能支持深度神经网络外的其他智能信息处理技术。本节重点介绍作者团队研制的一款类脑架构神经网络芯片CASSANN-X[20]，该芯片除了能支持深度卷积神经网络之外，还能重构实现多子群智能最优化算法，用于求解连续变量域内的复杂最优化问题。

CASSANN-X芯片采用TSMC 28HPC 1P8M工艺制造，Die size为3.43×3.63mm^2，采用eQFP-144封装。在典型工艺角（Typical-Typical, TT）下，芯片主频为1.0GHz，功耗为2.0W，峰值算力1.02TOPS，芯片能效为0.5TOPS/W。芯片使用时需要配合外部的FPGA芯片，外部的FPGA把芯片计算所需的数据信息和控制信息通过对应的端口发送给CASSANN-X芯片，芯片接收到数据后，开始计算，并通过LVDS端口把计算结果（输出特征图）回传给FPGA芯片。

6.2.1 CASSANN-X芯片架构

卷积神经网络（CNN）是在计算机视觉应用中广泛使用的深度神经网络模型，在大量诸如分类和识别任务上实现了目前为止的最佳表现。不同于其他神经网络模型，CNN的参数共享机制和连接的稀疏性，使得它对局部特征有着很强的抽象表征能力，同时保证了平移不变性，也因此，CNN存在着大量的数据复用。在芯片设计时，最大化实现数据复用将大量减少数据重复搬移带来的计算性能损耗。另外，卷积层通道规模和卷积核尺寸多样，为了保障CNN芯片的通用性和灵活性，芯片应兼容不同卷积核大小、不同通道规模的CNN算法。

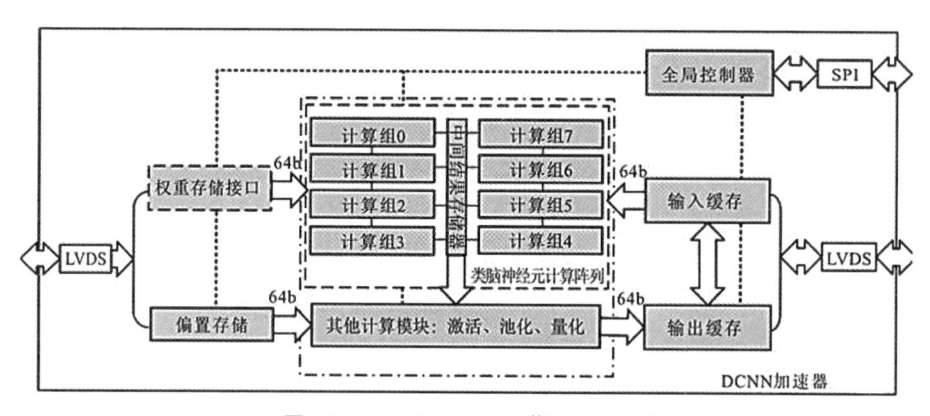

图6.2.1　CASSANN-X芯片系统结构

CASSANN-X的系统结构如图6.2.1所示，主要包括计算部分、存储部分和控制部分。全局存储按数据类型分为输入缓存区、输出缓存区、权重存储区（分布在计算部分）、中间缓存区及偏置缓存区。权重、偏置及部分层的输入特征图数据来自片下DRAM中。根据训练，特征图数据、权重与偏置均采用8位定点格式输入缓存与输出缓存构成双向存储结构，通过片下控制两个缓存的方向属性。当第n层的输出结果能够全部存储在片上时，在计算n+1层时直接将第n层的输出缓存作为输入缓存。特征图数据在片上分两级存储，除全局缓存外，在计算单元附近采用分布式结构配有本地存储单元。权重在片上只采用一级存储，同样分布各计算单元附近。中间缓存位于计算部分中输出总线附近，当阵列无法一次性完成所有输入通道累加时，将中间结果暂存在中间缓存中，待下一轮计算时取出并累加。

计算部分分为类脑神经元阵列及其他计算模块。其中，类脑神经元阵列是实现卷积（全连接层）和评价函数计算（求解最优化问题时）的核心计算模块，它分为8个计算组，共512个处理单元，采用分布式计算结构，计算组之间可以通过中间结果存储器连接在一起。其他少量计算操作模块包括非线性激活、池化和量化，这些模块均集成了多种选择模式，以适应不同的卷积神经网络算法。例如，量化模块不仅具有上取整、下取整、截位和四舍五入等量化选择，而且还可以根据训练阶段的参数为每层计算设置不同的量化位数。

控制部分分主控制器及各缓存部分的分立控制器。主控制器将片下FPGA传送的寄存器参数及控制命令字发送给片上各寄存器单元，并将芯片状态返回给FPGA，供FPGA实时监控。各分立控制器之间通过一些状态信号及控制信号连接。这种分立结构使得不同数据读写控制可以同时进行。

深度卷积神经网络整体的计算量和数据量庞大，CASSANN-X采用逐层的方式进行计算。每一层计算首先配置参数，并预存部分数据，之后启动计算，以全流水的方式完成卷积、非线性激活、池化、量化、全连接等计算。在计算过程中，片上缓存采用乒乓缓存机制与片下动态随机存储器进行数据交互，数据更新与计算并行处理，不需要为了传输数据而停止计算。在CASSANN-X进行多子群最优化计算时，神经元逐代进化计算至最终收敛或达到最大代数。

6.2.2　可塑类脑神经元计算阵列

在脑神经系统中，神经元是最基本的信息处理单元。神经元中的突触具有接收并传递信息的功能。它是大脑获取知识，进行记忆和学习的核心结构，分为树突和轴突两种。树突和轴突的形态和功能略有差异：树突数目多，它从胞体发出具有短而密集的分枝，密集分枝可以收集外界的刺激信息，并将信息传递到细胞体；轴突数目较少，它将胞体整合的信息通过末梢传向受体神经元或组织。生物突触的多样性主要体现在形态类型、突触数量的不同，且突触具有一定的可塑性。作者将承载卷积层计算的电路仿照脑神经原理进行结构设计，提出了类脑神经元计算阵列，使计算阵列面对多样化的卷积层具备可重构性。

（1）类脑神经元结构

仿照树突结构原理，一个处理单元代表一个神经元突触，具备乘累加功能，如图6.2.2（a）所示。8个处理单元构成基本类脑神经分簇，如图6.2.2（b）所示，为了减少全局缓存的频繁访问，类脑神经分簇内分布着输入局部存储区与权重局部存储区，用于存储使用频繁及位置近邻的数据。4个基本类脑神经分簇组成一个类神经元，如图6.2.2（c）所示。通过控制选择类脑神经分簇之间进行加法连接或者数据串行输出，类脑神经元电路可实现1簇、2簇、4簇，三种分簇结构。当卷积计算的输入通道较多时，计算一个输出结果需要累加的内积运算量较大，将4个类脑神经分簇汇集成一个大簇，集中计算一个输出通道的运算，可以减少中间存储，提高计算速度；反之，4个类脑神经分簇独立成几个小簇，分别计算不同输出通道的运算，分立的神经元簇可以共享总线数据，减少输入特征图数据重传。

有些卷积层后会有池化层，为了将池化层与卷积层的计算构成全流水结构，进一步减少卷积结果的存取，将两个类脑神经元电路并列组成一个类脑神经元对，如图6.2.2（d）所示。为避免输出结果在总线上产生拥堵，在输出端口设置一个小的缓冲器。当有池化时，两个类脑神经元分别计算相邻的两个输出行，两行的计算结果同步输出，采用全流水的方式经过卷积、激活、量化计算后，第一时间进行局部池化计算，这样不仅避免了存储卷积结果的时间消耗，而且池化计算还隐藏在全流水线中，提高了计算速度；当没有池化层时，两个类脑神经元并行计算两个输出通道的卷积。

（2）类脑神经元阵列结构

仿照轴突将一个神经元信息传递到下一个神经元的功能原理，将8个类脑神经元对通过链式组织构成类脑神经元阵列，如图6.2.2（e）所示。具体地，每个类脑神经元对的中间结果输入端可以选择接受上一个类脑神经元对的计算结果，或者中间结果存储器中的数据；中间结果输出端可以选择将结果传输给下一个类脑神经元对的中间结果输入端，或者中间结果存储器。类脑神经元对通过这种中间结果输入输出端的选择性使相邻的类脑神经元对之间可选择性连接，我们称每个连接处为链路节点。外部参数控制该类脑神经元阵列上各节点的通断，实现一条链、二条链、四条链及八条链四种组织方式，分别为：

ⅰ）一链路：B0B1B2B3B4B5B6B7；

ⅱ）二链路：B0B1B2B3，B4B5B6B7；

ⅲ）四链路：B0B1，B2B3，B4B5，B6B7；

ⅳ）八链路：B0，B1，B2，B3，B4，B5，B6，B7彼此独立。

这种链式可塑性使得类脑神经元阵列可以对卷积神经网络中不同通道规模，设计不同的计算映射，增强计算阵列的加速效率，使类脑神经元阵列具有高效适用性。

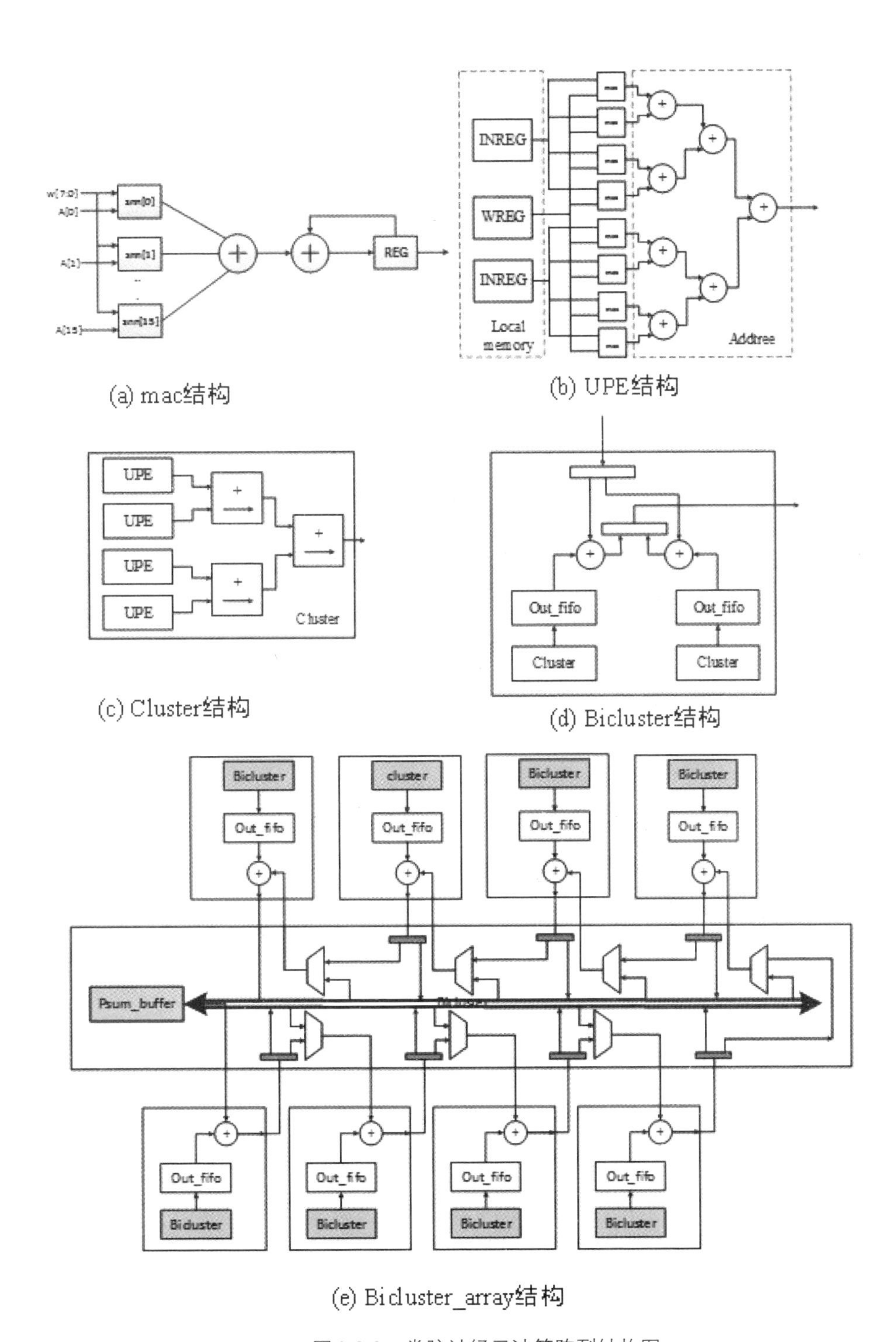

(a) mac结构

(b) UPE结构

(c) Cluster结构

(d) Bicluster结构

(e) Bicluster_array结构

图6.2.2　类脑神经元计算阵列结构图

6.2.3 多级分布式存储结构

如图6.2.3所示，是芯片的存储结构示意图，它包括全局存储区、输入输出双向缓存、以及分布式的局部存储区。结合图6.2.1，全局存储部分通过10Gbit/s低电压差分信号的总线接口与片下动态随机存储器进行大块数据通信，在进行CNN运算时，这些数据包括输入特征图、输出特征图、偏置和权重数据。分布式局部存储，用来存储近邻及使用频繁的数据，最大化复用局部存储数据。采用动态地址编码，由行、列、通道位选择构成地址，不同层的位选择动态可配置。

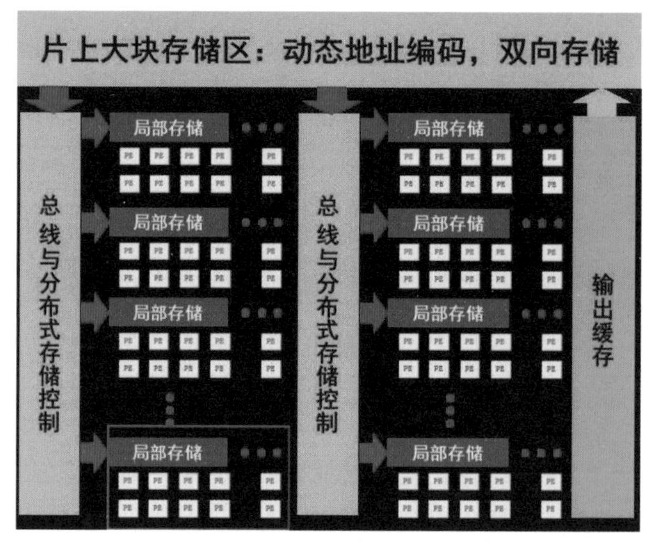

图6.2.3 分布式多级存储体系结构

CASSANN-X采用逐层的方式处理CNN，为减少片下访问，在物理层对存储系统配置两个完全相同的全局存储。在逻辑层通过方向选择信号（director），配置两块存储分别为输入缓存和输出缓存，称这种结构为双向存储结构。方向选择信号在芯片制版前以寄存器参数形式存在。在芯片制成后，当第n层的输出缓存中的卷积结果能够直接作为第n+1层的输入时，将第n层的方向选择信号取反，配置给第n+1层。这样，只需要改变双向存储的方向，即可将输出缓存中的数据“瞬间移动”到输入缓存中，无须再对动态随机存储器执行存取操作。

6.3　基于CASSANN-X的行人检测应用演示系统

行人检测可定义为判断输入图片或视频帧是否包含行人，如果有将其检测出来，并输出bounding box级别的结果。由于行人兼具刚性和柔性物体的特性，外观易受穿着、尺度、遮挡、姿态和视角等影响，使得行人检测成为计算机视觉领域中一个既具有研究价值同时又极具挑战性的热门课题。本节介绍基于CASSANN-X神经网络芯片设计的行人检测应用系统。

6.3.1　CASSANN-X行人检测系统总体结构

CASSANN-X行人检测演示系统能够完成基于CASSANN-X芯片对视频中行人的检测，系统核心部分由CASSANN-X任务调度与数据预处理模块和CASSANN-X芯片计算板组成。结合摄像头、显示器等部件可以实现对视频中行人的检测。其整体结构示意图如图6.3.1所示。

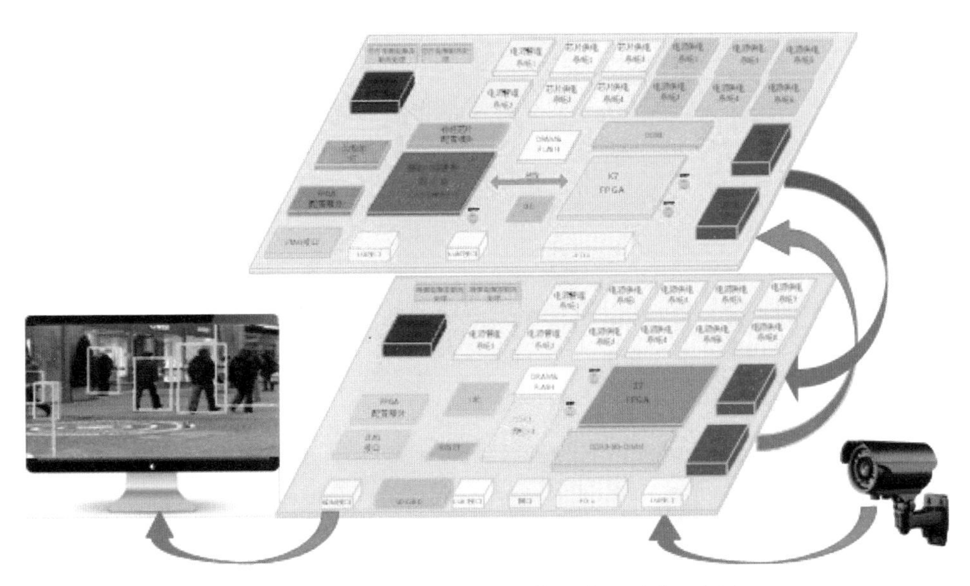

图6.3.1　CASSANN-X行人检测演示系统示意图

其中CASSANN-X任务调度与数据预处理模块主要负责接收视频数据，对视频数据进行格式转换，并将视频数据发送给芯片计算板，接收芯片计算板返回的结果，并与视频合并后输出到显示器显示。同时可以对板上资源及芯片计算板任务进行分配和调度。CASSANN-X芯片计算板则完成主要计算功能，例如能够完成不同网络结构的芯片配置权重的传输，不同应用场景下的数据传输、计算结果的返回等等。两个板卡都具有独立和联合供电系统，具有各自的通用总线接口可以与上位机进行通信，因此都可以独立运行完成相应任务。

6.3.2 CASSANN-X行人检测系统核心组件

CASSANN-X行人检测系统包含两个核心模块：CASSANN-X任务调度与数据预处理模块和CASSANN-X芯片计算模块，它们最终以两块板卡的形式呈现。

CASSANN-X任务调度与数据预处理模块以Xilinx 公司Zynq-7000系列FPGA XC7Z045-2FFg900I 为核心单元，主要负责对视频数据进行格式转换，与芯片计算板进行数据交互，接收芯片计算板返回的结果，并与视频合并后输出到显示器显示。Z7-FPGA与CASSANN-X芯片计算板上的K7-FPGA通过FMC总线连接负责对采集到的视频数据进行格式转换并传输给芯片计算板，同时负责接收CASSANN-X芯片计算结果，并与视频合并后输出到显示器进行显示。

CASSANN-X任务调度和数据预处理板与CASSANN-X芯片计算板之间在硬件上是通过FMC总线连接的。任务调度和数据与处理板Z7-FPGA外接了可支持4GB的DDR3内存条和总存储量为1GB的4颗DDR3内存颗粒。其中DDR3内存条与Z7-FPGA的可编程逻辑PL（Programmable Logic）连接，4颗DDR3内存颗粒与Z7-FPGA的处理系统PS（Processing System）连接，主要用于缓存视频数据和芯片计算板返还的计算结果等。FPGA配置支持SPI模式和JTAG模式，外围还有标准通用总线接口，例如PCI-e总线、USB总线、HDMI总线等。PCI-e主要用于连接上位机，传输上位机的任务分配和调度命令信号。USB主要用于连接摄像头，以此来采集视频信息。HDMI总线采用HDMI1.4标准，最高支持3840×2160分辨率和30FPS帧率，主要用来连接显示器，可以显示摄像头采集到的视频图像和最后CASSANN-X芯片计算板返回的计算结果视频图像。此外，板上还配有UART、I2C、千兆以太网等接口，可以方便板卡的调试。

CASSANN-X任务调度和数据与处理板采用外接ATX通用电源供电。板卡供电充分考虑了Z7-FPGA及其外围组件供电要求（包括各个电轨的供电功率需求，上电顺序需求等）。采用PTH08T250、PTH08T220、MAX8556等DC-DC供电模块和LDO供电单元，以及MAX16051上掉电排序芯片来满足FPGA和CASSANN-X芯片的各种供电需求。

CASSANN-X计算板上有大量的高速信号，例如板级交互的FMC总线信号、PCI-e总线接口信号等。这些高速信号将采用差分信号形式，满足对应的电平标准。PCI-e差分阻抗严格控制在85Ω ± 10%，FMC差分阻抗严格控制在100Ω ± 10%，以满足高速传播的信号完整性。FPGA与DDR3存储模块间的总线信号，差分阻抗严格控制在80Ω ± 10%，单端信号阻抗控制在40Ω ± 10%。此外，其他差分信号阻抗控制在100Ω ± 10%，其他单端信号阻抗控制在50Ω ± 10%。

板上布线密集，因此采用了超高叠层（16层）高密度布线，以及军工级制板和焊接标准完成电路板的制作。两组板卡组成的CASSANN-X行人检测演示系统核心组件如图6.3.2所示。

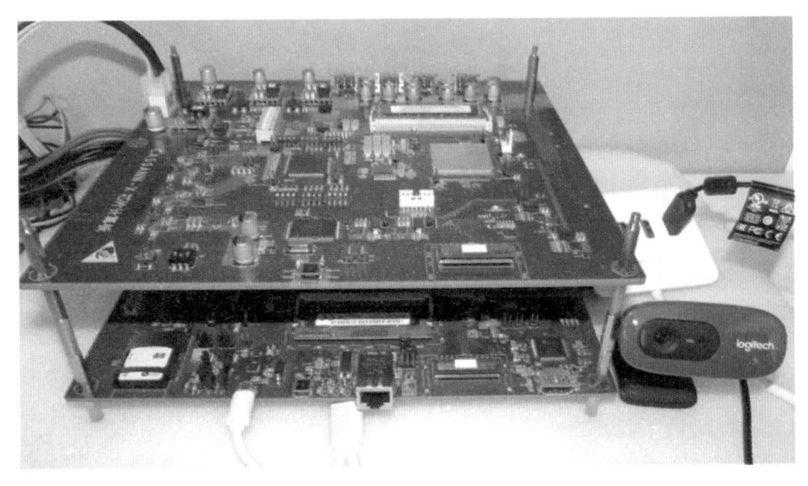

图6.3.2　CASSANN-X行人检测演示系统核心处理组件

6.3.3　CASSANN-X行人检测系统性能

行人检测系统通过USB摄像头采集图像数据，经由板卡处理后，将返回结果实时显示在显示器上。CASSANN-X任务调度与数据预处理模块主要负责接收视频数据，对视频数据进行格式转换，并将视频数据发送给芯片计算板，接收芯片计算板返回的结果，并与视频合并后输出到显示器显示，同时可以对板上资源及芯片计算板任务进行分配和调度。CASSANN-X芯片计算板则完成主要计算功能。图6.3.3是行人检测系统实际工作图。为了适应芯片处理图片的格式要求，系统输入图片数据大小为640×480×4×8bit，上传芯片计算板的图片大小为448×448×4×16bit，显示用的分辨率为720×960×4×8bit。

系统中CASSANN-X芯片对外数据接口运行自定义总线协议，硬件上分为4组RX总线，共有16根并行数据线，时钟频率为400MHz，采用8B/10B编码方式，则总线传输速率为16bit（2B）×400MHz×8/10 = 640MB/S。

CASSANN-X芯片可以根据不同的应用场景，通过不同的配置实现不同的深度卷积神经网络。行人检测系统中CASSANN-X实现了Tiny-YOLO网络，网络包含9个卷积层和5个池化层。卷积层主要采用的是3×3的卷积核（最后一层为1×1卷积），池化层为最大值池化。在VOC数据集上进行测试，原始的Tiny-YOLO网络的mAP值为54.2，演示系统实际实现的网络对原始Tiny-YOLO进行了量化和修剪，最终的mAP值为55.4，如图6.3.4所示。CASSANN-X行人检测演示系统平均精度均值要略优于原网络，这是由于在权值量化和结构修剪过程中，对原网络进行了优化。

图6.3.3　CASSANN-X行人检测演示系统实际工作图

CASSANN-X系统-Tiny-YOLO mAP	原Tiny-YOLO mAP
bus AP=0.663	bus AP=0.690
tvmonitor AP=0.608	tvmonitor AP=0.591
cat AP=0.681	cat AP=0.693
car AP=0.683	car AP=0.643
person AP=0.630	person AP=0.589
bicycle AP=0.715	bicycle AP=0.693
dog AP=0.585	dog AP=0.629
chair AP=0.368	chair AP=0.294
sheep AP=0.562	sheep AP=0.524
horse AP=0.728	horse AP=0.729
train AP=0.682	train AP=0.702
aeroplane AP=0.612	aeroplane AP=0.587
boat AP=0.311	boat AP=0.336
bottle AP=0.238	bottle AP=0.185
diningtable AP=0.512	diningtable AP=0.576
motorbike AP=0.710	motorbike AP=0.709
cow AP=0.582	cow AP=0.539
pottedplant AP=0.268	pottedplant AP=0.244
bird AP=0.444	bird AP=0.447
sofa AP=0.496	sofa AP=0.511
mAP=0.554	mAP=0.546

图6.3.4 CASSANN-X芯片行人检测系统与原网络mAP对比

6.4 基于CASSANN-X的智能油田生产管控信息测量平台

石油作为现代工业的“血液”，对全球经济发展起着不可替代的作用。近年来随着通信技术和自动控制领域的发展，油气开采等传统行业正在经历着从数字油田到智慧油田的发展过程。作者团队针对该领域的困难问题，研发了智能油田生产管控信息测量平台，该平台以基于神经网络建模分析的抽油机示功图测量技术为基础，以CASSANN-X神经网络芯片为核心计算单元，对井下工况进行实时诊断，为采油智能化平台提供统一的现场数据服务[36, 37]。

目前，我国90%以上的抽油井为机械采油井，而机械采油井中一半以上使用的是游梁式抽油机。因此对游梁式抽油机运转状态监控的研究有重要的科研意义及经济价值。游梁式抽油机的状态监控主要手段为地面示功图。地面示功图是反映抽油杆载荷随位移变化的二维图表，是抽油机进行工况诊断、智能调控的重要工具。典型的地面示功图如图6.4.1所示，其中横坐标为抽油杆的位移，纵坐标为抽油杆的载荷。地面示功图的形状直观地反映了抽油机运转过程中悬点载荷随悬点位移的变化情况。通过对地面示功图形状的分析，可以有效获取井下信息，对包括气体影响、充满度不足、油稠、含沙、断杆等多种井

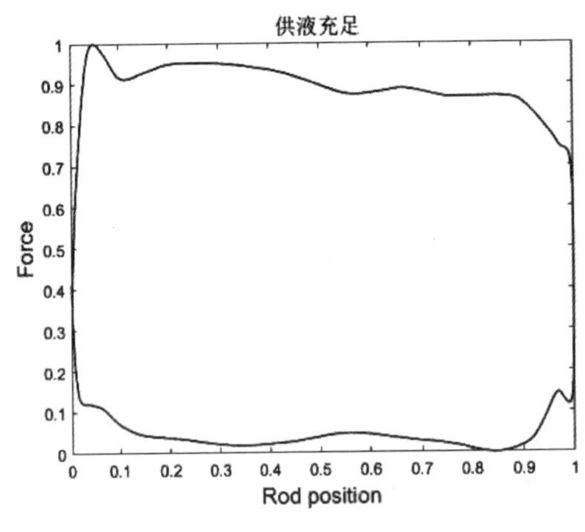

图6.4.1　典型地面示功图形状

下工况进行诊断。

获得地面示功图，载荷测量是关键。油田的悬点载荷测量方法包括直接测量法和间接测量法。直接测量法通过在抽油杆处安装载荷传感器，直接测量悬点载荷。这种测量方法原理简单，但是缺陷也十分明显。首先载荷传感器使用寿命相对较短，并且在使用过程中测量值会随着传感器老化而产生漂移，需要定期校准。每次校准或者替换载荷传感器都需要由专业的工作人员进行操作，而且替换过程需要关闭抽油机，影响油井的正常生产。其次，由于载荷传感器安装于悬点处，不方便走线，供电和数据传输只能使用电池加无线通信的方案。相比于有线方案，无线通信的稳定性较差，且电池在电量耗尽后需要手动更换。随着《中国石油“十二五”信息技术总体规划》将油气生产物联网作为新增项目加入其中，我国对油井的数字化管理越发重视。远程测控终端（RTU, Remote Terminal Unit）作为数字化油井的重要组成部分近些年快速普及，它涵盖了压力传感器、综合电参仪、一体化载荷位移传感器等多种仪器的功能。相比之下，电参数传感器稳定性高，寿命长，更适合作抽油机状态监控。而且抽油机悬点载荷的变化会引起电机功率的变化，这使得基于电机功率数据对悬点载荷进行间接测量成为可能。

基于CASSANN-X的智能油田生产管控信息测量平台中地面油井示功图计算主要采用神经网络方法，将抽油机动力学相关的特征量作为神经网络输入，实际载荷数据作为“教师”，网络通过计算实际输出与“教师”之间的差异，逐级修正网络的权值，从而使网络输出更加接近“教师”，此为网络的学习过程。如此循环往复，通过不断的学习，网络就会建立起输入向量与输出向量之间的某种非线性映射关系。当网络训练结束，网络就可以脱离“教师”进行工作，对于给定的输入（不包含载荷数据），网络输出得到载荷，从而实现示功图间接测量的目的。在算法设计上，将混合网络主体与侧抑制网络进行融合，从模块封装上来看网络类似于一个前馈神经网络。不同的是，神经网络的权值修改一方面来自于“教师”的指导，另一方面还受侧抑制网络的扰动影响。

混合网络主体吸收了有教师学习与无教师学习两种学习机制，其中，有教师学习主要针对样本载荷数据相对可靠时，通过有教师学习能够学习输入输出的非线性映射关系。无教师学习适用于输出数据缺失，即载荷数据缺失的情况，特别是网络在实际应用中的预测过程，大量数据只有功率、位移等数据而缺少载荷。无教师学习能够仅凭数据的统计特征，重新排布网络权值，其最重要的优势在于分类，使神经元在空间上形成拓扑结构。混合网络主体的动力学约束主要通过神经元的网络连接以及输入输出端口设计上得到体现。侧翼网络是对混合网络主体的后期修正。由于前期研究功率损耗因素或因样本数据太少等因素，所得到功率损耗因素曲线误差太大，不适合应用解析法求解示功图。因此在混合网络主体设计上，将功率损耗因素与抽油机总体机械扭矩作为隐藏变量进行了拟合求解。侧翼网络是一个与混合网络主体相互独立的神经网络，其功能是相对精确地对抽油机总体机械扭矩进行拟合求解。混合网络主体求解结束后，通过侧翼网络结果进行修正。

采用混合网络主体与侧翼网络并联结构，而不是将侧翼网络嵌入到混合网络主体，原因在于直接使用侧翼网络的扭矩容易导致混合网络主体无法收敛。混合网络主体采用初始值随机选取的方式有利于网络收敛，之后通过侧翼网络进一步修正有力与两个网络实现优势互补。

最后将训练好的网络将过量化处理，映射到CASSANN-X芯片中，由芯片加速，保证了对井下工况的实时诊断。

图6.4.2是油田生产管控综合测量信息平台的软件系统《油井故障诊断及自动调参控制系统》的界面图，平台包含油井运行监控、油井诊断控制、单井运行监控、油井数据查询、油井曲线查询、油井诊断查询、诊断系统管理、油井参数调整与拟合系统管理共9个功能模块。其中，诊断系统管理、油井参数调整与拟合系统管

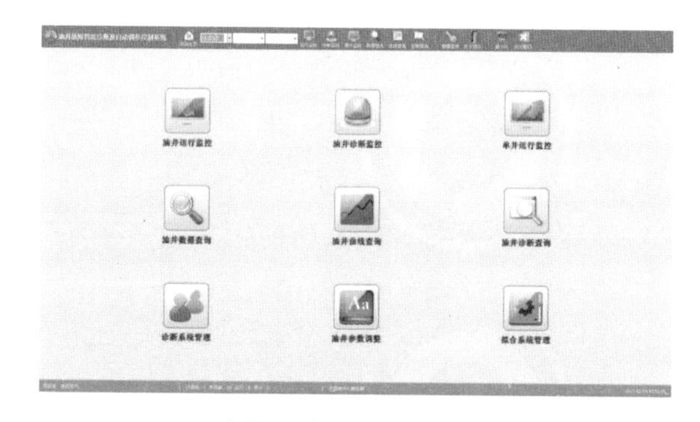

图6.4.2 油井故障诊断及自动调参控制系统

图6.4.3　集成CASSANN-X芯片计算模块的油井控制柜

理需要以管理员身份登录。图6.4.3是集成CASSANN-X芯片计算模块的油井控制柜，集成之后可实现本地自动调控。

该应用以抽油机的物理模型为基础，开展抽油机运动学与动力学仿真和分析，继而提出基于神经网络的抽油机简化数学模型，并研制基于CASSANN-X芯片的硬件模块，支持神经网络的加速，完成工况的实时分析。所研制的地面油井示功图测量单元既能从模型中获取先验知识，又能通过机器学习的方法掌握抽油机工作时的能量传递规律，从而实现抽油机示功图的准确计算，并开发、研制出一套可视化的《油井故障诊断及自动调参控制系统》，为数字化油田、智慧油田建设奠定坚实的数据与信息基础。

参考文献

[1]　鲁华祥. 类脑计算［J］. 高科技与产业化,2018(12):67-68.

[2]　唐旖浓. 美国类脑芯片发展历程［J］. 电子产品世界,2015(4):24-25. DOI:10.3969/j.issn.1005-5517.2015.3.007.

［3］　韩栋,周聖元,支天,等.智能芯片的评述和展望［J］.计算机研究与发展,2019,(1).7-22.
［4］　危辉.类脑计算［J］.科学（上海）,2016,68(5):7-10. DOI:10.3969/j.issn.0368-6396.2016.05.002.
［5］　鲁华祥,王守觉.半导体人工神经网络的研究与发展［J］.电子科技导报,1996, (9):10-12.
［6］　王守觉,鲁华祥,陈向东,等.人工神经网络硬件化途径与神经计算机研究［J］.深圳大学学报,1997, (1):8-13.
［7］　鲁华祥,王守觉.开发半导体人工神经网络孕育新型智能计算机［J］.世界电子元器件,1999, (12):38-40.
［8］　欧洲将研发“人脑”计算机 完全模拟人类思维［J］.科技与生活,2012(8):243-243.
［9］　尚力.欧洲将研发"人脑"计算机 完全模拟人类思维［J］.今日科苑,2012(12):40-41.
［10］　王亚,李永欣,黄文华.人类脑计划的研究进展［J］.中国医学物理学杂志,2016,33(2):109-112. DOI:10.3969/j.issn.1005-202X.2016.02.001.
［11］　孙志军,薛磊,许阳明,等.深度学习研究综述［J］.计算机应用研究,2012,29(8):2806-2810. DOI:10.3969/j.issn.1001-3695.2012.08.002.
［12］　周飞燕,金林鹏,董军.卷积神经网络研究综述［J］.计算机学报,2017,40(6):1229-1251. DOI:10.11897/SP.J.1016.2017.01229.
［13］　Simon Osindero,Yee-Whye Teh,Geoffrey E. Hinton.A Fast Learning Algorithm for Deep Belief Nets［J］.Neural Computation,2006,18(7).
［14］　Yoshua Bengio.Learning Deep Architectures for AI［J］.Foundations & trends in machine learning,2009,2(1).
［15］　Erhan Dumitru,Bengio Yoshua,Courville Aaron,et al.Why Does Unsupervised Pre-training Help Deep Learning?［J］.Journal of Machine Learning Research,2010,11(2).625-660.
［16］　郭乔进,胡杰,宫世杰,等.深度学习计算平台发展综述［J］.信息化研究, 2019(3).
［17］　S. Markidis, S. W. D. Chien, E. Laure, et al. NVIDIA Tensor Core Programmability, Performance & Precision. The Eighth International Workshop on Accelerators and Hybrid Exascale Systems (AsHES)［C］. 2018, pp. 522-531.
［18］　梁晓峣.昇腾AI处理器架构与编程［M］.北京：清华大学出版社,2019.
［19］　张孝荣.阿里巴巴的AI"阳谋"［J］.中国战略新兴产业,2019(21):80-82.
［20］　乔瑞秀,陈刚,龚国良,等.一种高性能可重构深度卷积神经网络加速器［J］.西安电子科技大学学报（自然科学版）,2019,46(3):130-139. DOI:10.19665/j.issn1001-2400.2019.03.020.
［21］　IBM's New NeuroChip: True North［J］. Intelligence: The future of computing, 2014,31(4):5.
［22］　章栩睿.智能化的微型大脑——AI芯片探秘［J］.通讯世界,2019,26(1):224-225. DOI:10.3969/j.issn.1006-4222.2019.01.147.

[23] 徐国亮,陈淑珍. 中美人工智能专用芯片龙头企业发展路线对比研究 [J] . 生产力研究,2020(5):73-76. DOI:10.3969/j.issn.1004-2768.2020.05.018.

[24] 尹首一,郭珩,魏少军. 人工智能芯片发展的现状及趋势 [J] . 科技导报,2018,36(17):45-51.

[25] 施羽暇. 人工智能芯片技术体系研究综述 [J] . 电信科学,2019,35(4):114-119.

[26] 程鹏榆. 人工智能芯片的发展趋势探究 [J] . 科学与信息化,2019(33):64.

[27] 尹首一,TSINGHUA UNIVERSITY,BEIJING [1] 0 [0] 0 [8] 4,等. 人工智能芯片概述 [J] . 微纳电子与智能制造,2019(2):7-11.

[28] 王宗巍,杨玉超,蔡一茂,等. 面向神经形态计算的智能芯片与器件技术 [J] . 中国科学基金,2019,33(6):656-662.

[29] Shuiming Cai,Xiaojing Li,Peipei Zhou,et al.Aperiodic intermittent pinning control for exponential synchronization of memristive neural networks with time-varying delays [J] . Neurocomputing,2019.332249-258.

[30] Jinde CAO,Ruoxia LI.Fixed-time synchronization of delayed memristor-based recurrent neural networks [J] .中国科学：信息科学（英文版）,2017,(3).104-118.doi:10.1007/s11432-016-0555-2.

[31] 毛海宇,舒继武. 基于3D忆阻器阵列的神经网络内存计算架构 [J] . 计算机研究与发展,2019,56(6):1149-1160. DOI:10.7544/issn1000-1239.2019.20190099.

[32] 金贻荣,郑东宁. 超导量子计算:长退相干量子比特发展之路 [J] . 科学通报,2017,62(34):3935-3946. DOI:10.1360/N972017-00715.

[33] R. J. Schoelkopf,M. H. Devoret.Superconducting Circuits for Quantum Information: An Outlook [J] .科学（上海）,2013,339(Mar.8 TN.6124).

[34] Omar Benjelloun,Anish Das Sarma,Alon Halevy,et al.Databases with uncertainty and lineage [J] .VLDB journal: The international journal of very large data bases,2008,17(2).

[35] 王梁,周光焱,王黎维,等. 不确定关系数据属性级溯源表示与概率计算 [J] . 软件学报,2014,25(4):863-879. DOI:10.13328/j.cnki.jos.004426.

[36] 王安. 改进粒子滤波算法在抽油机系统状态追踪中的应用研究 [D] . 中国科学院大学,2018.

[37] 王濶. 基于物理引导的神经网络抽油机地面示功图间接测量算法研究 [D] . 中国科学院大学,2019.

第七章

功能性仿生机器人平台

7.1 肌肉骨骼机器人硬件平台

作者：付 航 乔 红
（北京科技大学、中国科学院自动化研究所）

7.1.1 研究背景

类人机器人是类脑机器人的一种主要硬件体现。类人机器人是指机器人的感官机制、行为机制以及交互机制都与生物学人体接近的一类机器人[1]，相较于其他种类机器人而言最大的优势在于：类人机器人可以和人共享工作空间合作完成操作任务，而非像其他机器人一样需要将两者物理隔绝开来。学者们研究类人机器人主要是希望在未来它能够作为一种类似于智能手机一样普遍的人类助手，在人类的日常生活中与人类和谐共处，为人类提供便利的服务，和人类合作完成需要的任务，或是完全代替人类从事一些危险且未知的工作。

目前，全球约有70个大型类人机器人项目正在研究[2]。学者们对类人机器人进行如此大规模的研究，理论上应该会得到不少新颖的生物学启发，但是实际上情况并非如此。大多数类人机器人项目的研究仅仅停留在对人体进行简单的运动功能模仿（如使机器人能模仿人类的各种运动姿态，达到人所能达到的大部分运动范围），这些研究实际上并未从人体这一精妙复杂的系统中获取其内在生物灵感。很多类人机器人只是拥有了和人类相似的形态外壳，其本质上仍然是传统机器人复合叠加，难以实现类人机器人最初的设计初衷。

实际上，在类人机器人的漫长研究历史中，最亟待解决的问题就是开发一种能够在以人为中心的非结构化环境中进行安全操作的机器人。尽管当今机器人科学技术的重大进步使得类人机器人变得越来越灵活、柔顺和安全，但是要让这些机器人能够在需要人机交互的非结构化环境中安全地运行，其开发研究的道路还有很长一段路要走。从现在的工程技术手段上看，要制造出这种安全友好的类人机器人，其中的一个比较实用的方法就是通过模仿人体的系统机制，将其固有的灵活性、柔顺性和安全性的特性赋予机器人，这一类机器人也被称作肌肉骨骼机器人[3]。

从机器人硬件角度上看肌肉骨骼机器人，不难发现模仿人体系统的机械特性能够使得机器人更好地朝着拟人化方向发展，因为肌肉骨骼系统其内在的顺应性和自然性可以通过组织结构的模仿设计实现。肌肉骨骼机器人主要通过人工设计的模拟肌肉将机器人不同的骨骼相连，这种方法提供了一种轻量级的末端执行器。同样，在机器人软件方面，可以用生物启发的方法模拟生物神经网络控制机器人，因为人类的大脑、小脑以及中枢神经系统是肌肉骨骼机械系统最直接相关的自然控制方式[4]。理论上经过自然选择，神经系统可以使得肌肉骨骼机械系统以最安全、最灵活、最节能的方式进行运动，这些优势可以高效地解决当前机器人所面临的安全性问题以及能源问题。如果能够模仿这种生物神经控制机制，那么这种类脑的控制方法也将发挥出肌肉骨骼系统所固有的优势，让机器人具有理想的主动安全且自然的特性，也就是生物体神经系统所具有的主动顺从。这些都是类人机器人研究目标中最重要同时也是最具挑战性的。

（1）传统机械臂的不足

人们对机器人的研究最早要追溯到“二战”后美国阿贡国家能源实验室，为了解决核污染而研制了遥操机械手来处理放射性物质[5]。经过长达半个多世纪的发展，传统机器人技术逐渐成熟，并凭借着高速度、高精度、高稳定性的优势已经在工业生产、军事研究、地形探测等诸多领域做出了突出贡献。同时，随着人们生活水平的提高，人们希望机器人能够在更多领域发挥作用。但随之而来的并不是机器人因使用场景扩大而带来的生活便利，与此恰好相反，传统机械人的弊端却日益显露出来。

传统机器人指的是那些以关节电机或者气缸液压缸等传统作动器作为机器人驱动的串联刚性机器人。在真实的物理环境中，机器人需要和各种各样的物体进行接触，从而完成一定的任务目标，但实际上很难提前建立起机器人和这些对象之间的模型联系。因为刚性的关系，传统机器人只能以平移或是旋转的方式进行运动，这就使得其在与非结构化的多自由度需求的自然环境进行交互的同时，机器人的安全性、柔顺性以及灵活性都受到了极大限制。尽管传统机器人因运动形式简洁且控制技术成熟而具有较高的精确性，但同时也舍弃了对环境的适应能力，这就在很大程度上限制了机器人的使用范围。比如在进行外科手术时，由于人体环境复杂且无法精确建模，又重又硬的传统机械人很难在不损害人体的前提下进行或辅助进行外科手术任务。因此，需要根据传统机械人的不足而研制新的机器人解决方案。

传统机械人的弊端包括：

- 关节臃肿。传统机器人将减速器、传感器、驱动器等元件堆积放置在机器人关节处，很容易急速地增大机器人的关节体积。机器人关节臃肿首先带来的一个缺点是会让机器人显得非常不自然，因为关节臃肿在生物学上属于一种病态表现，降低了机器人的人机交互体验。同时，机器人关节臃肿会使得当前活动连杆的质心向下级驱动关节的远端富集，增大了机器人的运动阻力，从而使得机器人笨重；
- 承载效率低下。由于传统机器人大部分采用的是串联式关节排布，导致机器人当前的关节质量会附加在下级关节的承载力上。机器人的关节承载能力与其关节质量是正相关的关系，如果需要提高机器人末端的承载能力，往往会增大一系列关节的质量和体积，其中基座关节所需承载能力最大。由于制造工艺以及环境约束的限制，其关节的质量、体积以及承载能力会有最大限制，机器人的实际承载能力由基座关节的设计所决定。关节的承载效率大部分浪费在支撑自身重量上，导致了传统机器人的承载效率的低下；
- 有效工作范围小。由于传统机器人关节体积臃肿巨大（尤其在机器人基部），其关节间连杆有时候为了外形设计也往往做的厚实粗壮。为了不造成物理干涉，这种笨重结构很容易制造机器人运动盲区，减小机器人的有效工作范围。特别是对于多轴机械臂而言，因为众多关节和连杆在机器人工作空间中占有较大位置比重，其有效工作范围比自由度低的传统机器人更为狭小；
- 成本昂贵。传统机器人泛化性比较差，不同机器人公司需要配置定制的作动器、驱动器、传感器、基体材料等元器件，这就极大地增加了机器人的制造成本。专业仪器能够提高机器人的运动和感知能力，但是这些器件昂贵的价格却使得大部分普通人对传统机器人的使用望而却步。同时，由于缺乏普适性，使用成本也比较巨大；
- 环境适应性差。传统机器人在使用前需要对其周围环境进行精确建模，不然机器人很容易出现任务失败甚至发生事故。其主要原因是传统机器人自由度是有限的，而任务需求的自由度数目要大于机器人所固有的自由度数，使得传统机器人难以适应未知的非结构化环境。比如，当环境出现较大扰动时，传统机械臂表现得不那么鲁棒。同时，传统机器人在使用时还需要对自身进行如参数标定之类的精准建模工作，这使得其在不同环境下更难泛化使用。

这些由自身结构机制所带来的原理性缺陷，使得传统机器人在医疗保健、家庭服务等诸多领域进一步发展。为了避免关节臃肿，提高自身承重比、增大有效工作范围、降低制作和使用成本、提升机器人环境适应能力，可以借助生物特有的肌肉骨骼系统机制对传统机器人进行改良。

（2）肌肉骨骼机器人的优势

肌肉骨骼机器人顾名思义是基于人体的肌肉骨骼系统机制特性所设计的机器人。人类在日常生活中需要面对非结构化环境，也需要完成各种动态和静态任务（如站立、行走、跑步等等）。对于与未知物体的物理交互能力主要是靠具有大自由度的骨骼结构，以及具有大冗余特性的肌肉驱动系统所产生的物理特性来实现的[6]。现在大部分类人机器人并没有像人类那样执行多种动态和静态任务的能力，部分原因是机器人和人在关节驱动系统上存在显著差异。现在大部分传统机器人都是使用关节电机之类的对关节轴直接施加关节扭矩的驱动方式，而人类则是由截然不同的复杂肌肉骨骼机制进行驱动。从生物力学的角度上看，人类的这种结构有助于机器人完成需要较强的适应能力和动态能力的任务[7]。

肌肉骨骼机器人与传统串联刚性机器人有着较大的不同：

- 柔顺性好。通常作用于肌肉骨骼机器人的人工肌肉和人工骨骼都保留了生物体的优势特性，即肌肉的被动弹性和黏滞性、多肌肉分布结构冗余性以及骨骼的多自由度运动冗余性[7]。用肌肉骨骼的方式驱动机器人，可以通过控制人工肌肉群的张力进而控制机器人关节的刚度，改善机器人的柔顺性。同时，对于运动和扰动而言，机器人的物理弹性以及黏滞性也是可控的，这就使得机器人在非结构化环境中能够更高效地执行操作任务。
- 动态特性好。大部分传统机器人的动态特性不佳，不仅是因为其本身的结构重、转动惯量大，同时还存在电机或是液气压缸的抗冲击能力较差等因素。对于生物体而言，肌肉骨骼系统被认为是机体瞬态运动的关键因素[7]，因为肌肉和肌腱的弹性机械特性有助于机体瞬态运动的动态实现。由于能量不能凭空突变，在运动时生物体内的弹性和黏滞性组织充当了为能量突变做准备的缓存器，进而帮助机体达到更好的动态运动效果。肌肉骨骼机器人在人工肌肉的设计中也考虑并模仿了其功能。同时，肌肉骨骼机器人元器件都不需要密集布置在机器人关节处，这样在很大程度上降低了机器人的转动惯量和体积，增大其灵活性，进而改善机器人的动态特性。

- 安全性高。肌肉骨骼系统的最大一个优点是可以利用具有多关节肌肉的耦合驱动系统提高机器人整体的安全性[8]，这对于人机交互而言至关重要。根据传统工程经验，假如一个机器人作动器或者关节出现失效，由于串联结构的作用，往往会使得整个机器人终止任务执行，并很可能产生意想不到的事故后果。肌肉骨骼机器人对于作动器失效，甚至是关节失效的情况存在较大的包容性，因为其动力学自由度以及运动学自由度都是冗余的。同时，肌肉骨骼机器人的类脑控制方法对于模型依赖性不强，能够及时做到自学习和自修正以保证机器人安全运行。
- 交互友好：从形态结构上看，肌肉骨骼机器人相较于传统机器人而言与人体更为接近，这样容易增加机器人的亲和感并提高人机交互效率。在一些特定场合，比如商务接待、人群服务上，肌肉骨骼机器人比起传统经典的圆锥形移动服务机器人往往更能实现类人机器人最终的设计目的。这种改进能够使得机器人以一种更自然的方式在以人为中心的非结构化环境中进行安全操作。

肌肉骨骼机器人吸取了人类的形态结构和运动机制的优势，进而成为一种能解决当前大部分传统机器人弊端的方案。在肌肉骨骼机器人结构系统中，单条人工肌肉可以连接多个机器人关节，并使它们的系统作用产生驱动扭矩，它可以在保证机器人运动速度的前提下显著提高机器人的安全性和柔顺性，这将有助于帮助类人机器人发展成真正服务于人类的机器拟人。

（3）肌肉骨骼机器人所带来的新问题

随着越来越多的肌肉骨骼机器人被研制出来，其骨骼自由度以及驱动肌肉排布也在逐渐向人体靠近，许多机器人甚至已经能够像人一样做自然的动态动作。相较于传统机器人而言，肌肉骨骼机器人固然有着巨大优势，但随着驱动机制的改良，复杂的肌肉骨骼结构又带来了一些新的问题。

- 不能精确建模。根据生物力学有关文献资料中肌肉骨骼系统的机械结构信息[7]，可以很方便地将其转化为机械结构设计。但是，文献资料无法给出一个确定的肌肉骨骼参数系统，同时这种肌肉骨骼结构复杂性与工程机械设计差异巨大，很难建立精确的机器人几何模型。比如：肌腱在骨骼上的附着点实际作用位置往往与线绳绑定方式有关，肌腱与骨骼以及其他接触物之间的摩擦决定了肌肉的动力学特性，肌腱的初始张紧程度也能影响肌肉的作用效果等等。如果使用它们的设计模型中的几何关系，就很难驱动肌肉骨骼机器人像传统的类人机器人那样精确地运动。同时，由于模型误差的存在，很容易导致冗余驱动系统出现内力僵持的现象，这对机器人而言往往是危险且致命的。
- 力学性能复杂。大部分肌肉骨骼机器人的驱动肌肉数目相较于关节自由度数目是冗余的，其在关节上施加的驱动力矩也往往是由多条肌肉张力和力矩叠加形成的，这种耦合容易引起输入参数互相干扰[9]。同时，由于几何模型不够精确，这就使得机器人的力学求解复杂困难。特别是在肌肉骨骼机器人关节自由度数目较多的情况下，待求解量也相互耦合，这样短时间内几乎无法利用传统方法对机器人力学性能进行准确分析。
- 系统寿命有限。肌肉骨骼机器人的运行效果很大程度上受制于肌腱的张紧程度，不同的初始状态对于肌肉骨骼机器人的运行影响都不相同。在长时间使用下，肌腱的塑性形变容易导致肌肉力学性能的改变。假如涉及肌腱磨损断裂至更换的情况，那么被修复的这条肌肉的数学模型将出现较大差异。同时，肌肉附着点也容易随着时间运动而逐渐偏移，这主要是由于骨骼的磨损以及线绳头的变形导致的。这些问题都使得肌肉骨骼机器人的系统寿命减短。
- 很难完全复制人体。实际人体肌肉骨骼系统极其复杂，约有639块肌肉，206块骨头，200多个自由度[7]。以当前工程机械技术想要完全模仿这些生物机械特性是不现实的，但是相较于传统机器人而言可以较大提升其冗余性和灵活度来尽可能逼近实际人体，大部分肌肉骨骼机器人都需要对生物体结构进行适当简化和优化以提高该方案的可行性。尽管当前肌肉骨骼机器人自由度增加的再丰富，也难以完全复现生物组织结构的优美和有效，这些不足之处需要材料和能源技术方向上的较大革新。

近年来学者们对肌肉骨骼机器人的研究力度正在逐渐加大，一些肌肉骨骼机器人项目也得到了新的进展。对于肌肉骨骼系统所附带的工程设计难点和运动控制难点，对其运用当前比较流行的一些生物启发式的方法已经取得良好的效果[10-13]。随着研究的进行，学者们正在一代又一代地改良肌肉骨骼机器人，为实现最终的机器拟人做出努力。

7.1.2 国内外研究现状

国内外肌肉骨骼机器人近几年发展得非常快，并且取得了一些重要的研究进展，实现的功能包括：站立、坐下、行走、跳跃、奔跑、攀爬、出汗自降温、自适应抓取、智能对话等。由此可见肌肉骨骼机器人不仅能够完成常规传统机器人的基本功能，也能完成如攀爬、自适应抓取和出汗自降温等传统机器人很难实现的能力。在设计具有人体生物组织结构的肌肉骨骼机器人硬件基础之上，进行与其自身相适应的类脑智能控制也是肌肉骨骼机器人的研究趋势。

(1) 国外研究现状

根据机器人驱动方式的不同，可以将当前的国外已有的肌肉骨骼机器人样机分为电机肌腱式驱动、气动人工肌肉驱动以及新型智能材料驱动三种。

- 电机肌腱式驱动

早在2002年东京大学JSK实验室的Ikuo Mizuuchi等人研制了一款名为"Kenta"的肌肉骨骼机器人[14]如图7.1.1所示。该机器人拥有一条灵活的S型人造脊椎，由10块椎骨和椎间盘、3根肋骨、40块带有传感器（长度、张力、电流）的肌肉和数条韧带组成。同时，Kenta也拥有与脊柱结构类似的由5块椎骨、6条肌肉驱动的颈椎。机器人的运动关节除肘关节与膝关节是单轴关节外，其他都是球窝关节，每个球窝关节由4条肌肉驱动，而每个单轴关节由2条肌肉拮抗驱动。

图7.1.1　Kenta机器人[14]

在机器人传感上，Kenta主要安装了肌肉信息传感器、CCD视觉传感器、3D加速度计、陀螺仪以及触觉传感器，通过这些装置，机器人可以很方便地获得自身和环境的信息。对于Kenta的复杂驱动结构，主要可以利用直接示教的方式进行运动，即控制所有肌肉都处于恒定张力张紧的状态，然后操作员人为改变机器人姿势，这时候记录机器人的各肌肉长度数据，回放时通过控制肌肉的长度以重现机器人的姿势，进而完成机器人的运动。

2006年，东京大学JSK实验室的Ikuo Mizuuchi等人研制了一款名为“Kotaro”的肌肉骨骼机器人[15]如图7.1.2所示。Kotaro具有91个自由度：每条腿有8个自由度（髋关节3个、踝关节3个、膝关节1个以及脚趾关节1个）；每条手臂有13个自由度（胸锁关节3个、肩锁关节3个、肩肱关节3个、手腕3个以及肘关节1个）；每只手4根手指有11个自由度（拇指2个以及其他手指各3个）；脊柱有5块椎骨15个自由度；颈椎有3个椎骨9个自由度；眼球有3个自由度。

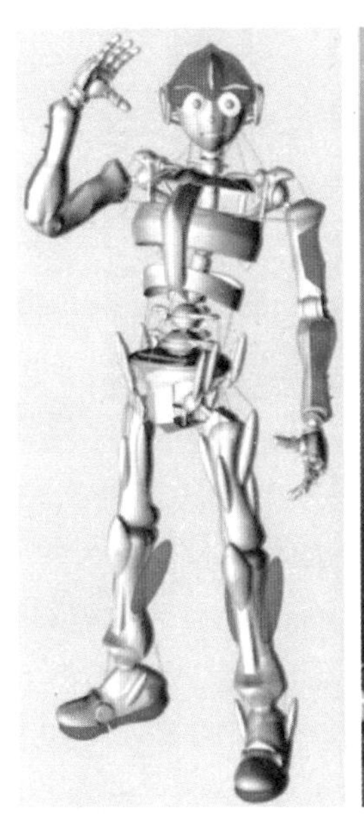
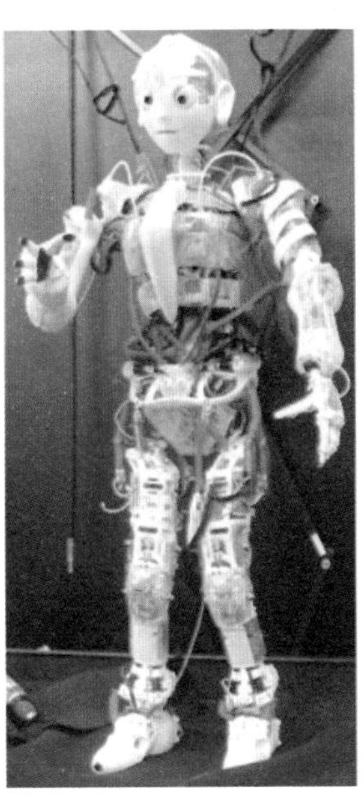

图7.1.2　Kotaro机器人[15]

Kotaro由90条肌肉单元驱动，每个肌肉单元由1个张力传感器、1个温度计、1台电机和1个微型放大电路板组成。同时机器人还装载了感受躯体运动的绷带式触觉传感器、感受手部接触的多肉型触觉传感器，以及测量球窝关节位置的角度传感器等新颖的机器人传感器件。Kotaro在骨骼设计上特别采用了硅橡胶和张力弹簧作为关节间韧带的方法，利用其物理粘性和弹性吸收振动，存储能量并使其运动更温和高效。

同年，贝尔格莱德大学ETF机器人部的Owen Holland等人研制了一款名为“CRONOS”的肌肉骨骼机器人[16]如图7.1.3所示。CRONOS机器人由1个头部、1个颈部、1个躯干和1只手组成。其中，头部装有的机器人眼睛在结构上模仿

图7.1.3　CRONOS机器人[16]

了人体的视网膜中央视觉系统，同时在其旁边配有类似于耳朵前庭系统的惯性测量装置。机器人颈部由4块椎骨和4条驱动肌肉组成。骨骼直接由新型工程热塑料打印组装制作，具有良好的弹性和韧性，同时肌肉由改装后的电动螺丝刀电机通过滑轮卷扬Dyneema风筝线的方式实现收缩运动。CRONOS的躯干中包含一条与颈椎结构相似的由6块椎骨组合成的人工脊柱，每个椎间盘都是以一个镀铬球体核心的球窝关节。连接机器人躯干和手的肩关节被设计为一个半开放的球关节，这种结构模仿了人体肩关节可以自由脱臼的性能。CRONOS的手臂模仿了尺骨和桡骨的旋转作用，但是对肘关节和腕关节进行了简化，其手也只有抓握和舒展两种动作。

随后，ETF机器人部在CRONOS的基础上进行改良，研制出“ECCE-ROBOT”[17]如图7.1.4所示。相较于一代机，ECCEROBOT增加了机器人的左臂，进而设计出了机器人完整的上半身，同时研究人员也对机器人骨骼进行了改良和优化，比如简化了肩关节的机械设计、手指的制作工艺改进等。ECCEROBOT有42个自由度：眼球3个自由度、颈部6个自由度、肩关节7个自由度、肘关节2个自由度、手腕4个自由度、手部1个自由度以及腰部5个自由度。该机器人由78个电机驱动，在传动过程中增加了减震索模仿人体肌肉固有弹性的同时，也改进了肌肉的电气控制系统。ECCEROBOT能够以一种自然、流畅、协调的方式在复杂环境中进行全身运动，这是CORONOS难以实现的。

2007年，东京大学JSK实验室的Ikuo Mizuuchi等人研制了一款名为“Kojiro”的肌肉骨骼机器人[18]如图7.1.5所示。Kojiro相较于Kotaro而言，在保证机器人肌肉的质量和体积大体不变的前提下，肌肉的驱动电机功率增加了9倍，同时应用主动温度控制法极大地提高了电机的工作效率和动态性能。在机

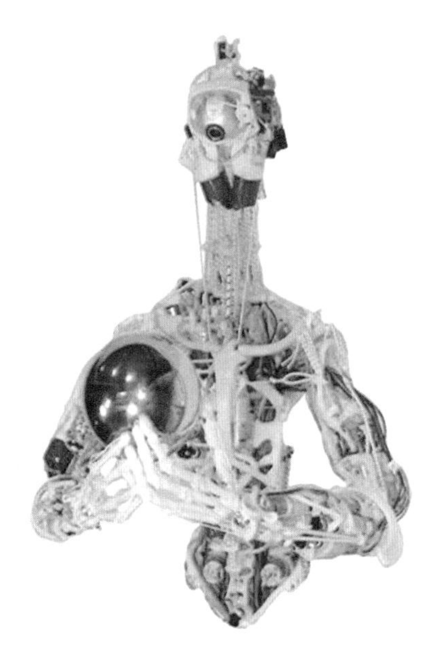

图7.1.4 ECCEROBOT机器人[17]

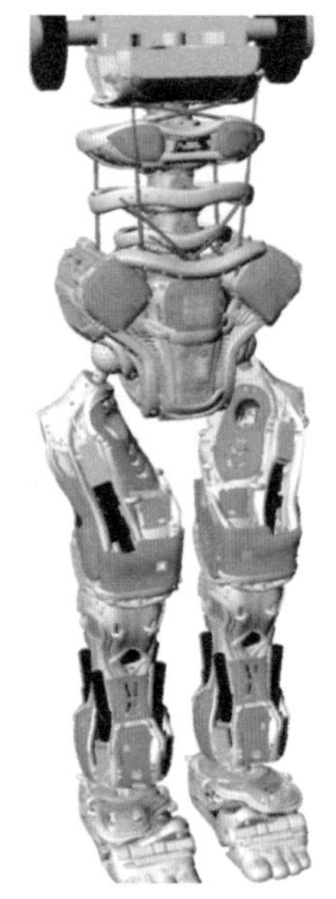

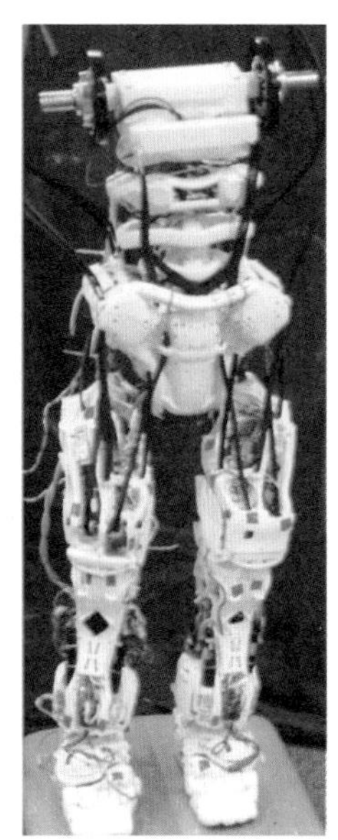

图7.1.5 Kojiro机器人[18]

器人运动精度方面，Kojiro安装了一种新型紧凑式非线性弹簧单元，相较于上个版本其刚度可调，能够更好地适用于机器人身上不同的肌肉块，从而提高机器人的运动精度。Kojiro的骨骼运动关节相较于以前版本也进行了改良：在保证机器人可达性一致的情况下，将锁骨两端的球窝关节改制成内置高精度旋转式编码器的单轴转动关节，这样可以让机器人更精确地获取上肢的位置，同时对于机器人下肢的精确控制则主要通过在脚踝处安装6轴力传感器辅助实现。由于机器人运动精度的提高，对Kojiro的全身运动控制不仅可以通过示教学习的方式实现，同时还可以通过张力控制等更具体、更拟人化的方式进行。

2012年，东京大学JSK实验室的Yuto Nakanishi等人研制了一款名为“Kenshiro”的肌肉骨骼机器人[19]如图7.1.6所示。Kenshiro高度为1.58m，重量为50kg，模仿的是日本12岁男孩。除手部自由度外，Kenshiro共有64个关节自由度，其中颈部13个，每条上肢13个，每条下肢7个以及脊柱11个。相较于以前版本肌肉骨骼机器人的骨骼系统，Kenshiro主要在脊柱结构、膝关节以及材料等三方面进行了改良：根据人体解剖学数据将脊柱拆分为具有球窝关节的胸椎以及双轴旋转的腰椎，在保证机器人与人运动范围相同的前提下提高了脊柱的运动精度及工作性能；根据膝关节的交叉韧带结构以及弯曲旋进的特

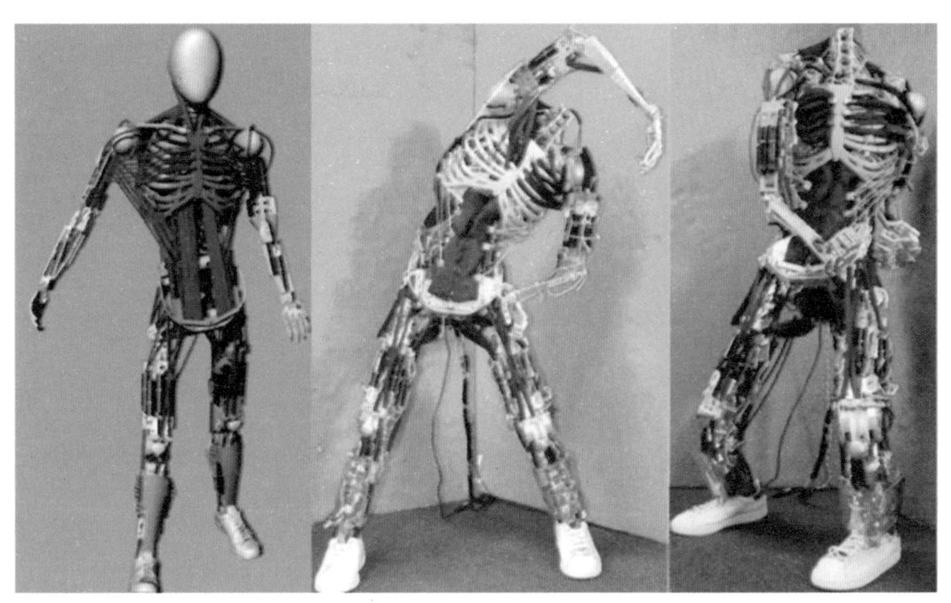
图7.1.6 Kenshiro机器人[19]

性设计了新型机器人膝盖，更全面地模仿了人体生物学性能并提高了机器人运动稳定性；Kenshiro大部分骨骼都是用坚固的铝合金等金属材料，而不是其他肌肉骨骼机器人常用的工程塑料制成，这种制造方式虽然提高了机器人的造价，但同时也解决了机器人运动时的安全性问题。在机器人驱动肌肉方面，Kenshiro安装一种新型平面人工肌肉机构用来模仿人体躯干上比较常见的排状肌肉（如腹肌、背阔肌等），除腕部的8块驱动肌肉外，全身94块肌肉执行器均由100W的Maxon交流电机驱动，全身运动时总功率约10000W，比上个版本的肌肉骨骼机器人Kojiro降低了5倍。改进后的Kenshiro可以通过机器学习的方式获取肌肉雅可比矩阵，从而实现机器人的全身运动控制。

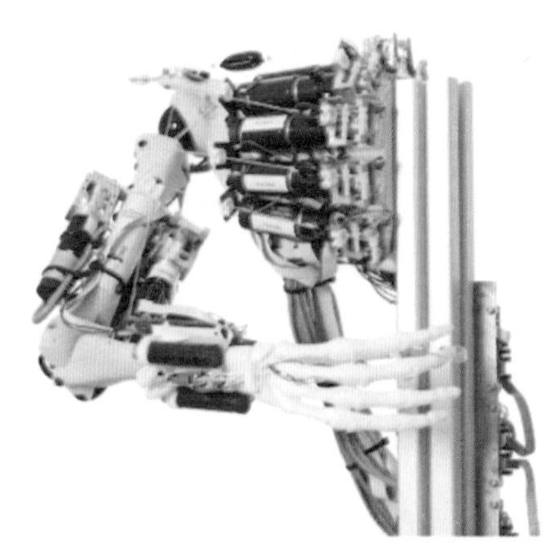
图7.1.7 Anthrob机器人[20]

2013年，慕尼黑工业大学的Alois Knoll等人研制了一款名为“Anthro-b”的肌肉骨骼机器人[20]如图7.1.7所示。

Anthrob机器人模仿了人体的上肢，主要由胸廓、上臂、前臂以及手四部分组成。对于机器人的肩关节，A-nthrob省去了肩胛骨、锁骨等复杂骨骼结构并将其简化为一个球窝状半包围结构，也具有人体的肩关节脱臼性能。对于机器人的肘关节，Anthrob则将其简化为一个单轴旋转关节，并且保持了机器人前臂的尺骨和桡骨的结构特性。对于机器人的手部，则只能进行简单的抓握500g的对象并进行交互运动。Anthrob机器人装备了一种紧凑型模块化的肌肉单元，该肌肉单元装有肌肉长度传感器、肌肉张力传感器等传感元件，作为肌肉状态感知器以及NBR复合橡胶环用来模拟人体肌肉的粘弹性特性。同时，在机器人掌骨交互接触面上也装有力敏电阻（FSRs）来感知机器人与环境交互时的握力。Anthrob主要是作为肌肉控制算法的验证平台，为神经科学家和控制工程师服务。

2013年，苏黎世大学的Rolf Pfeifer等人研制了一款名为“Roboy”的肌肉骨骼机器人[21]如图7.1.8所示。Roboy设计初衷主要是为了便于在日常生活中与人们交互，头部装有丰富的交流传感器设备，如Odroid UX3机器人表情系统、2-mirror光学系统、ZED立体相机等。该机器人具有28个自由度，其中颈部3个，腰部3个，每条上肢6个（肩关节3个、肘关节2个、手部1个），每条下肢5个（髋关节3个、膝关节1个、踝关节1个）。其驱动肌肉系统由48个传感驱动一体化集成度较高的MyoRobotis肌肉模块，模仿简化人体组织结构组装而成，具有较高的冗余性。当前，Roboy已经将其软硬件开源，不少研究团队将其作为神经认知机器人学的实验平台。

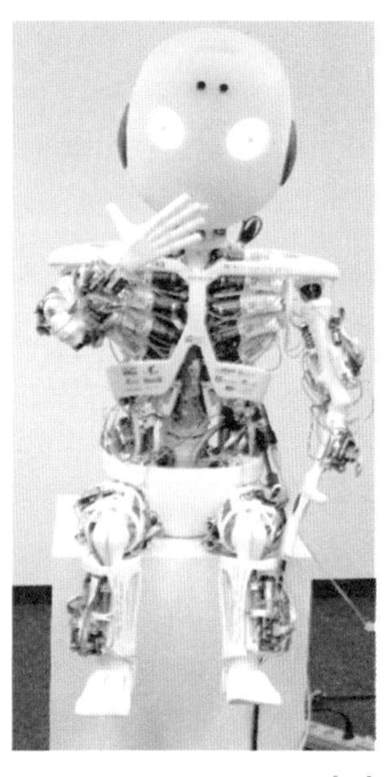

图7.1.8　Roboy机器人[21]

2017年，东京大学JSK实验室的Yuki Asano等人研制了一款名为“Kengoro”的肌肉骨骼机器人[22]如图7.1.9所示。Kengoro是Kenshiro机器人的下一版本，机器人关节自由度数目提升至114个，肌肉驱动数目提升至116条。相较于Kenshiro而言，Kengoro更为注重机器人与环境的交互，为此安装了模拟人类组织结构的五指型手和脚，极大地扩展了机器人的行为方式。同时，Kengoro的骨骼结构安装了人工排汗系统，可以迅速地释

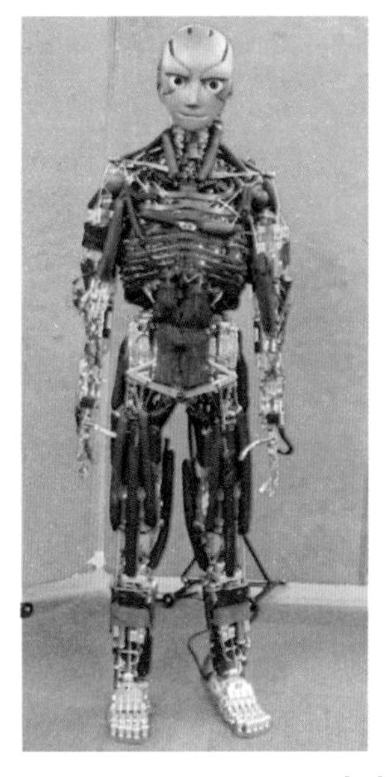

图7.1.9 Kengoro机器人[22]

放电机的热量，从而保证机器人在高功率下仍能够安全有效地工作。再则，为了平衡机器人肢体的质量分布，Kengoro的骨架结构很多都是由超硬7系铝合金以及碳纤维组合而成，这使得机器人获得更高的强度和更均匀的质量分布。最后，在机器人电源供应上，Kengoro使用了内置式电源，并将其植入在腿部骨骼结构中。即使在没有连接任何外界电源线的情况下，机器人仍旧能够工作20min左右。通过模拟人体的肌肉拮抗共收缩特性，Kengoro在全身运动控制方面使用了类脑拮抗抑制控制策略，从而驱动机器人能够流畅地完成引体向上、仰卧起坐以及打羽毛球等全身关节大范围运动。

• 气动人工肌肉驱动

2009年，大阪大学Hosoda实验室的Kenichi Narioka等人研制了一款名为“Pneuborn-7 II”的肌肉骨骼机器人[23]如图7.1.10所示。Pneuborn-7 II机器人模仿的是人类7个月大的婴儿，其高度为0.8m，重5.44kg，共有26个自由度：每条上肢5个（肩关节3个、肘关节1个、腕关节1个）、每条下肢5个（髋关节3个、膝关节1个、踝关节1个）、颈部2个、腰部4个。Pneuborn-7 II共由19条McKibben气动人工肌肉驱动，但很多关节是欠驱的被动关节。机器人内部还包含微控制器、电磁阀、电池以及二氧化碳储气

图7.1.10 Pneuborn-7 II机器人[23]

罐等电气元器件，能够进行短时间内的完全独立自主式运动。利用CPG中枢模式发生器或是Powell学习策略可以控制Pneuborn-7 II进行爬行和翻转学习。

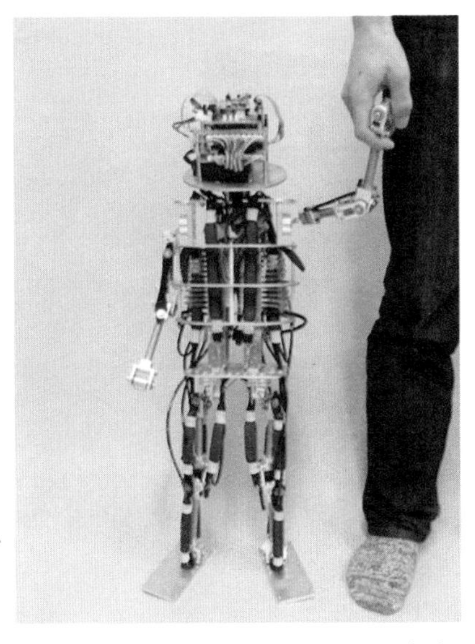

图7.1.11　Pneuborn-13机器人[23]

同时，该实验室还推出了“Pneuborn-13”肌肉骨骼机器人[23]如图7.1.11所示。Pneuborn-13机器人是模仿13个月大的婴儿进行设计制造的，其高度为0.75m，重3.9kg。该机器人删去了颈部的1个左右摇摆自由度和腰部的3个自由度，共有21个自由度。同时，该机器人由18条McKibben气动人工肌肉驱动，主要排布在机器人的下肢上。Pneuborn-13也能够像Pneuborn-7 II一样保持短时间的自主行为，但不同的是其主要为了研究双足行走时的骨骼结构。利用相似的控制算法可以驱动Pneuborn-13保持站立姿势，或是作踏步动作。

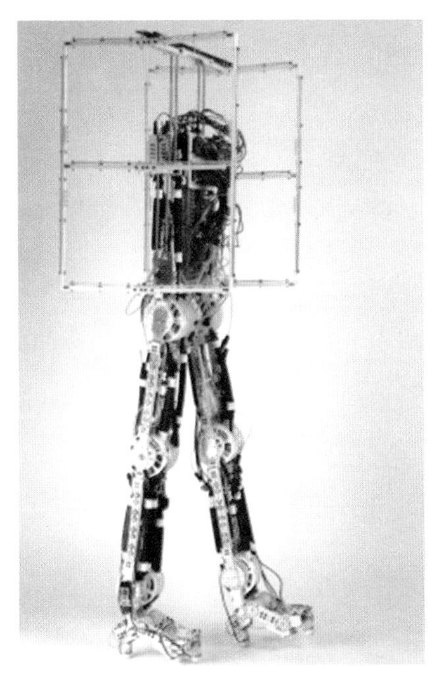

图7.1.12　Pneumat-BB机器人[24]

2012年，大阪大学Hosoda实验室的Kenichi Narioka等人研制了一款名为“Pneumat-BB”的肌肉骨骼机器人[24]如图7.1.12所示。Pneumat-BB机器人高1.1m，重11.0kg，共有10个自由度：每条腿5个（髋关节1个、膝关节1个、踝关节1个、脚部2个）。该机器人的所有关节均为主动关节，由26条McKibben气动人工肌肉驱动，包括髋屈肌、髋伸肌、股内侧肌等。气动肌肉的关节角度、GRFs和内部压力分别由各关节的电位计、脚上的测力元件以及附着在足底

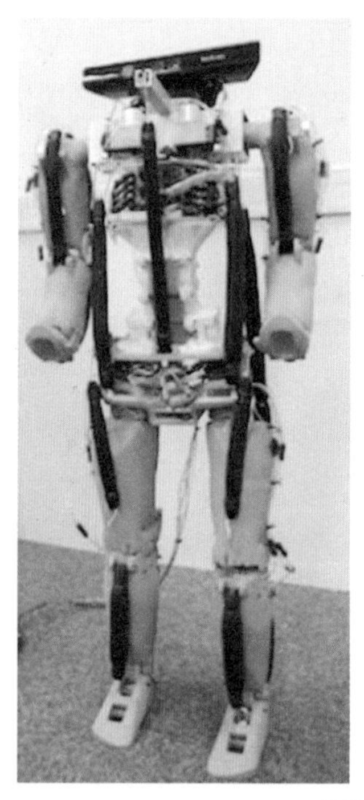

图7.1.13 buEnwa机器人[25]

气动肌肉上的压力传感器来测量。传感器信息通过辅助转换器发送到微控制器，然后通过串行通信在PC机上进行监控。其最大的特点在于设计了双足机器人三连杆四肌肉足弓结构实现了双足机器人模仿人类行走时足部减震、储能和再利用的功能。

2012年，东京农工大学的Ikuo Mizuuchi等人研制了一款名为“buEn-wa”的肌肉骨骼机器人[25]（如图7.1.13所示）。buEnwa共有15个运动关节：其中脊柱3个、上肢6个、下肢6个，并且为了节省成本这些机器人关节都被设计成围绕着俯仰轴旋转的单轴关节。该机器人由18块气动人工肌肉驱动：其中每条腿上拮抗布置4块，脊柱和肩部布置6块，每条手臂上布置2块。buEnwa机器人的设计初衷主要是为了解决大部分气动肌肉骨骼机器人复杂的气源外置问题。buEnwa安装了内置分布式储气罐作为机器人的自给自足的起源供应。当给机器人3.5L的空气压缩罐中充入0.4MPa空气10分钟，机器人就可以获得足够站立的力量。同时，buEnwa安装了多关节人工脊柱，其椎骨间安装有椎间橡胶。利用这种关节间的弹性性能，存储在上下半身的能量可以很方便地进行相互作用，促进机器人的动态运动。为了模仿人体膝关节的滚动接触结构，buEnwa机器人的膝关节被设计为两个中心距固定的齿轮啮合接触，这就使得机器人的蓄力起跳以及落地冲击的力学过程都与实际人体极为相似，提高了机器人的能源利用效率。

2012年，大阪大学Hosoda实验室的Shuhei Ikemoto等人研制了一款模仿人体上肢的气动肌肉骨骼机器人[17]如图7.1.14所示。该机器人共有12个自由度：胸锁关节2个、肩锁关节3个、盂肱关节3个、肘关节1个、尺桡关节1个以及腕关节2个。该机器人肩部真实地还原了人体肩部肱骨、关节盂、肩胛骨、锁骨以及肋骨之间的相互作用，并通过工程技术手段保证了运动精度。除肩关节外，其他机器人骨架结构设计与人体较为相似，如前臂由尺骨和桡骨平行排列组成、腕关节也采用椭球关节的设计等。该机器人安装了25

条McKibben气动人工肌肉。这些气动人工肌肉模仿人体结构布置在机器人骨架上，并以拮抗的形式驱动机器人运动。每个气动人工肌肉都有一个压力传感器，内部压力由PID控制系统进行控制。通过机器人自身的冗余物理特性以及顺应性控制，该气动肌肉骨骼机器人可以很高效地完成投掷、开门等动作。

图7.1.14　大阪大学气动肌肉骨骼机械臂[26]

2015年，大阪大学Hosoda实验室的Keita Ogawa等人研制了一款名为“Pneumat-BS”的肌肉骨骼机器人[27]如图7.1.15所示。Pneumat-BS机器人整体高度为1.181m，重量为10.1kg。机器人躯体各连杆长度设计成与人类比例相同，其重心位置也与人类高度一致（在整体身高的0.58米处）。这个机器人总共有21个自由度，其中腰关节和髋关节为3自由度球窝关节，踝关节和肩关节为2自由度万向关节，其他机器人关节为1自由度单轴旋转关节。机器人的所有关节都是主动关节，由44条McKibben型气动人工肌肉驱动。Pneumat-BS上不仅有单关节跨度肌肉，同时还有如缝匠肌之类的双关节跨度肌肉。在机器人头部和腰部装载了位姿传感器以感受自身状态，在机器人足部四角也安装了力传感器检测地况环境。尽管该机器人能够很高效地完成各种操作任务，由于其控制箱以及气源外置的关系，其运动范围有限。

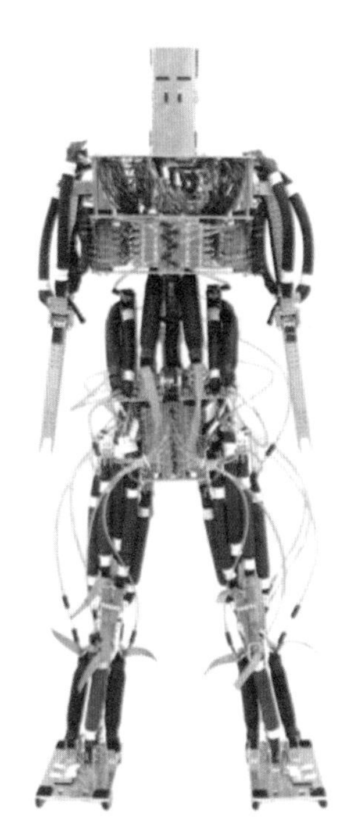

图7.1.15　Pneumat-BS机器人[27]

2015年，大阪大学Hosoda实验室的Hirofumi Shin等人研制了一种拥有臀中肌的气动双足肌肉骨骼机器人[28]如图7.1.16所示。该双足机器人直立时高1.112m，重11.7kg，躯干连杆尺寸被设计成与人体结

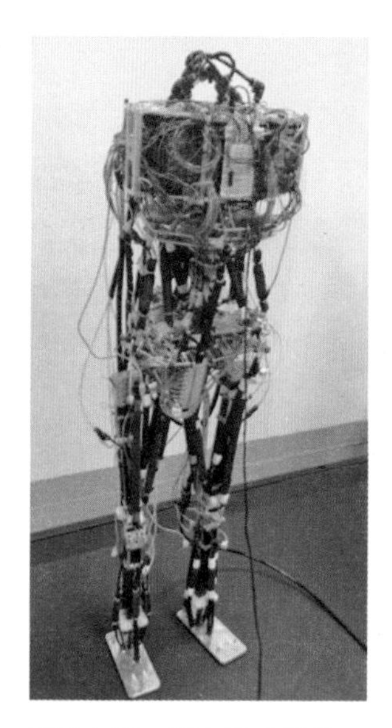

图7.1.16　拥有臀中肌的双足机器人[28]

构一致。从关节结构上看，该机器人拥有15个自由度：腰关节和髋关节均为3自由度关节、踝关节为2自由度万向关节，膝关节为1自由度单轴旋转关节。该双足机器人由38条McKibben型气动人工肌肉驱动，其肌肉排布情况与实际人体一致。特别的，机器人的臀中肌被设计为两根PAMs独立牵引肌腱，以此提高机器人运动时髋关节的稳定性。该机器人所有传感器与气阀都安装在机器人上，同时使用一个二氧化碳压缩瓶作为内置气源，相较于大部分气源及控制阀外置的气动机器人，该双足机器人拥有更高的自由性。

2015年，东京大学的Ryuma Niiyama等人研制了一种具有人工肌肉骨骼系统的双足机器人[29]如图7.1.17所示。该机器人高1.25m，重10kg，全身拥有10个自由度（髋关节3个、膝关节1个、踝关节1个），由14条McKibben型气动人工肌肉进行驱动。特别的，由于工程技术的限制，机器人髋关节抬升的肌肉附着点相较于人类的组织结构有所差异，而其他肌肉排布与人体实际结构基本一致。控制气动人工肌肉的阀门以及微处理器都安装在机器人身上，但是电源以及气源等能源元器件则放置在机器人外部。通过PID控制调节，研究人员发现机器人在静止站立的过程中出现了和人体相似的摆动。当前，利用肌肉骨骼系统的优势，该双足机器人已经能够实现垂直起跳0.5m以及1m高的软着陆等高难度动作。

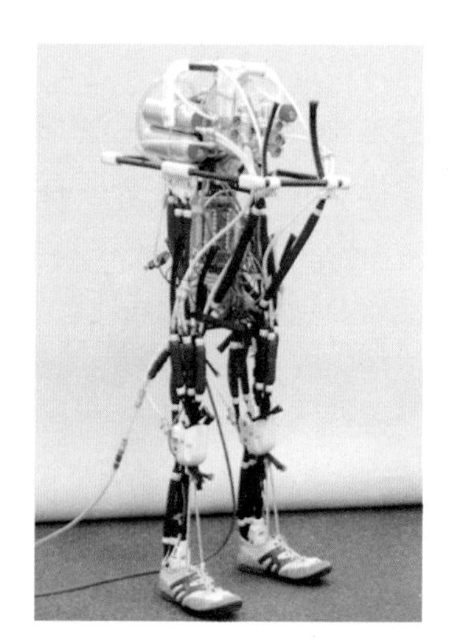

图7.1.17　东京大学跳跃型双足机器人[29]

• 新型智能材料驱动

2015年，斯坦福大学的Michael C. Yip等人研制了一款SCP驱动机器人[30]如图7.1.18所示。该机器人使用导电尼龙缝纫线材料旋转扭曲成高性能轻量级人工肌肉，通过热循环产生巨大的机械收缩力驱动关节运动。这个机械手采用ABS材料3D打印制成，拥有5根手指14个旋转关节。按照人体肌腱的排布，

图7.1.18　斯坦福大学SCP驱动机器人[30]

每根手指上都固定了一条SCP驱动器，并且每条SCP驱动器都能够提供10~15mm的应变，使得机械手能够完成抓握动作。相较于哺乳动物骨骼肌0.32KW/kg的峰值功率重量比，SCP执行器能够产生的功率重量比高达5.3KW/kg，并且能在30ms内完成收缩，远高于人体骨骼肌100ms的平均收缩时间。但从工程上看，SCP材料的收缩率为8%，远低于气动人工肌肉驱动和电机肌腱式驱动的收缩率。

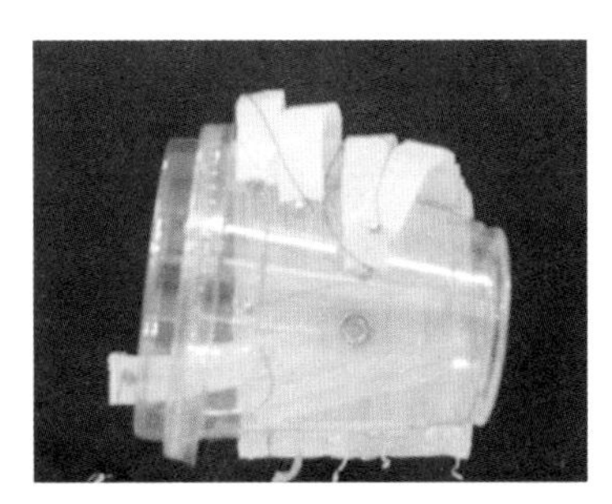
图7.1.19　形状记忆合金仿生软体机械手[22]

2015年，首尔国立大学的Hyung-Il Kim等人研制了一款形状记忆合金仿生软体机械手[22]如图7.1.19所示。该机械手长约180mm，宽146mm，采用如形状记忆合金（SMA）、智能软复合材料（SSC）等智能材料进行肌肉骨骼式设计制造，相较于传统机械手臂而言更轻量化和低功耗。该机械手共有手指和手掌2个运动部件，其中，5个编织SSC材料作为机器人的手指肌肉驱动机器人5根手指，6个编织SSC材料作为机器人的手掌肌肉驱动手掌的各向运动，并且每个编织SSC都有1根SMA棒作为运动的支撑材料。该机械手共有7个自由度，拥有和人体结构类似的柔性连杆和关节，并且能实现较大幅度的动作（例如抓握等），但其负载能力以及运动精度有待改进。

图7.1.20　多丝肌肉驱动的肌肉骨骼下肢机器人[32]

2016年，东京工业大学Suzumori Endo实验室的Shunichi Kurumaya等人研制出一种多丝肌肉驱动的肌肉骨骼下肢机器人[32]如图7.1.20所示。该机器人骨架是通过3D打印制作而成，其结构与实际人体骨架结构一致。在机器人大腿上有8块多丝肌肉、小腿上有12块多丝肌肉，其形状和大小都与人体肌肉近乎一致。从工作原理上看，这种多丝肌肉也属于McKibben气动人工肌肉，但相较于传统气动人工肌肉其执行器更轻、附着更紧密、后移性更好、与人体实际的驱动肌肉更为接近。通过控制开关电磁阀进而调节多丝气动肌肉的内部气压，在加压状态下多丝肌肉会产生相应的可控膨胀，从而驱使机器人骨架运动。当前，该机器人具有站立、行走和踢球等多种运动功能。

图7.1.21　东京大学生物混合机器人[23]

2018年，东京大学的Yuya Morimoto等人研制出一款生物混合机器人[33]如图7.1.21所示。该机器人长约2cm，有一对拮抗的骨骼肌组织驱动3D打印出的树脂骨架。在机器人运动过程中，每条骨骼肌的驱动都是通过对机器人骨架顶端和中间的两个金电极进行电刺激，从而实现机器人的控制，其肌肉的伸展和收缩都将导致骨架关节产生大幅度动作。该机器人的肌肉驱动器是将未成熟的大鼠的肌细胞通过水凝胶将其固定在骨架上自发生长出来的，维持着生物体拮抗系统所固有的一些力学性能优势。无论是从运动形式还是负载能力上看，该机器人比当前所有肌肉骨骼机器人更接近生物学机体。但其弊端也非常明显，就是活体肌肉的使用时间有限，最长也仅仅只能维持机器人有效工作一周。同时，由于活体肌肉比较脆弱，整套机器人设备也必须放置在培养液中才能保存。

（2）国内研究现状

根据机器人驱动方式的不同，可以将当前的国内已有的肌肉骨骼机器人样机分为电机肌腱式驱动和气动人工肌肉驱动两种。

- 电机肌腱式驱动

2010年，北京航空航天大学陈伟海等人研制了一款绳驱动式串并联机械臂[34]如图7.1.22所示。该机器人共由6个部分组成：绳驱动机械臂本体、张力检测系统、电机驱动系统、PMAC多轴控制卡、中央处理系统以及安装基架。该机器人共有7个自由度，其中：肩关节3个自由度，可以实现上臂的屈伸、抬起和旋转运动；肘关节1个自由度，可以实现前臂的屈伸运动；腕关节3个自由度，可以实现手掌的翻滚。机器人3自由度的肩关节和腕关节均采用4个电机牵引4条绳索进行驱动，而肘关节则由1个电机牵引2条绳索进行拮抗式驱动。考虑到冗余驱动器运动学和动力学解耦的复杂性，该机器人的肩关节和腕关节采用了弱耦合结构设计，增强了机器人控制的可行性。同时，该机器人每个旋转关节内都布置了旋转编码器用于检测机器人的运行状态，这极大地提高了机器人运行精度。当前，该机器人能够进行一些简单的类人操作行为模仿。

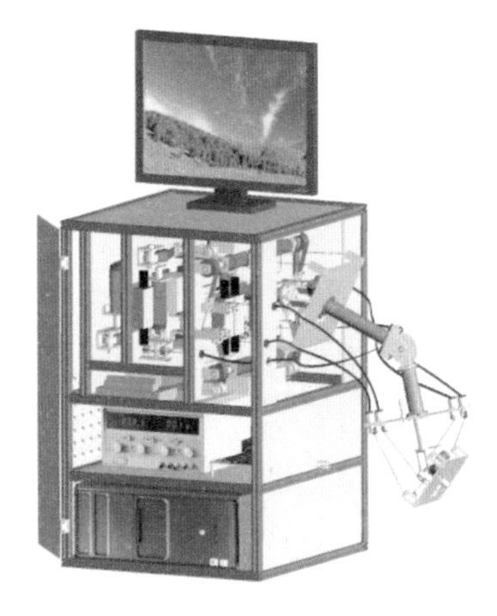

图7.1.22　北京航空航天大学串并联机器人[34]

2014年，郑州轻工业大学的陈鹿民等人设计了一种绳驱动仿人踝关节机器人[35]如图7.1.23所示。该仿人踝关节结构机器人总高度420mm，小腿长370mm，足长245mm，足宽80mm，模仿了18~25岁的中国男性身体。该机器人根据人体踝关节、距下关节和跖趾关节的2条关节轴线的生理结构特点，将踝关节设计为绕2条空间轴线旋转的复合旋转关节。通过仿真实验，研究者证明该2自由度机构近似实现了实际人体踝关节的3自由度运动，通过控制两个关节的运动角度，可以很便捷地使踝关节完成内外翻转、内旋外旋以及背屈跖屈三个方向运动，提高了机器人运动的灵活性。

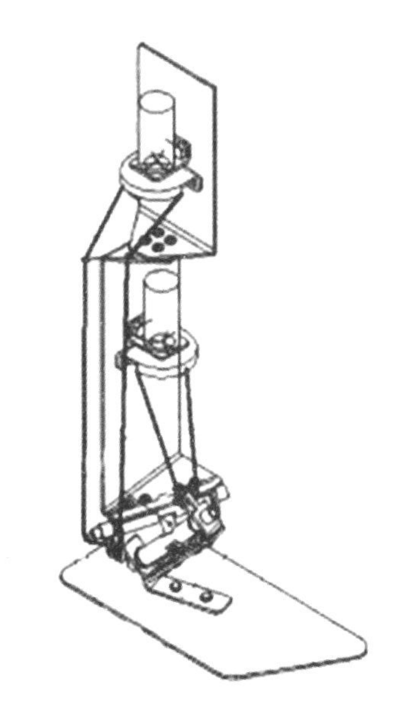

图7.1.23　郑州轻工业大学仿人踝关节机器人[35]

2018年，合肥工业大学的王从浩等人设计了一款仿人下肢的肌肉骨骼机器人[36]如图7.1.24所示。该机器人长1000mm，宽400mm，共有10个自由度：每条腿髋关节2个、膝关节1个和踝关节2个。为了模仿实际人体结构，髋关

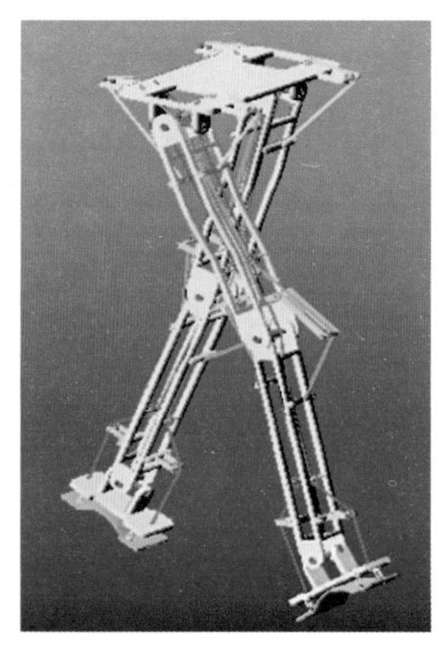

图7.1.24　合肥工业大学仿人下肢的肌肉骨骼机器人[36]

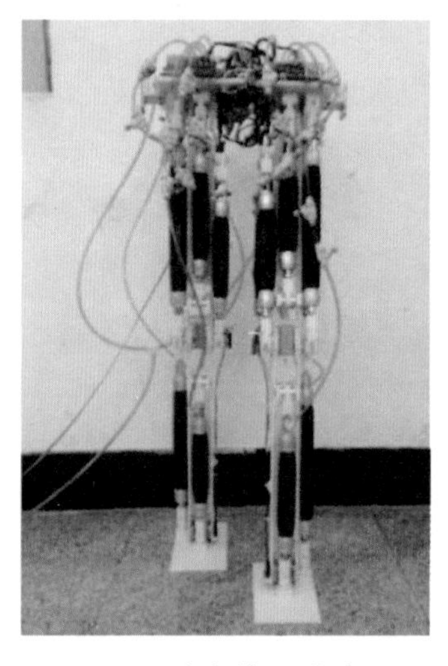

图7.1.25　哈尔滨工业大学双足机器人[37]

节和膝关节的运动轴存在10°的偏差，这保证了机器人在运动过程中重心能够落在支撑区域，从而提高行走的稳定性。同时，该机器人脚部模仿人体的足弓结构设计为弓形，其弓形两端通过弹簧与骨架连接，这样机器人的抗震性以及其他地面适应能力都有很大程度的提升。

• 气动人工肌肉驱动

2015年，哈尔滨工业大学臧希喆等人研制了一种基于气动肌肉驱动的肌肉骨骼机器人[37]如图7.1.25所示。该机器人总高1.1m，宽0.35m，重约20kg。该机器人将生物学人体下肢的骨骼结构进行了一定的简化并设置为8个自由度，其中，髋关节和膝关节都只有Pitch方向上的1个旋转自由度，踝关节拥有在Roll和Pitch两个方向上的2个旋转自由度。同时，该机器人每条腿由11条FESTO公司生产的气动人工肌肉驱动，其中8条为单关节型驱动肌肉，3条为双关节型驱动肌肉。在机器人运动时，微处理器根据指令驱动电磁阀控制人工肌肉以及机器人骨骼运动，同时安装在机器人每个关节的电位器精确测量机器人各关节运行角度，并反馈至中央微处理器形成运动闭环。最后，研究人员在实验中通过不同的机器人肌肉排布，证实机器人的双关节型肌肉布置对机器人在类人行走时的顺应性控制及冲击减震起到了很大帮助。

2015年，浙江大学的姜飞龙等人研制了一款模仿人体下肢的单腿肌肉骨骼机器人[38]如图7.1.26所示。该机器人悬吊在400mm × 400mm × 1200mm的铝架上，整体采用铝合金和3D打印材料制成，共有9个自由度，其中髋关节3个，膝关节2个，踝关节2个，大脚趾1个以及其他脚趾1个。同时，该机器人共由16条PMA

气动人工肌肉驱动，完全再现了股直肌、腘绳肌、股薄肌等人体肌肉的排布。其中，髋关节5条，膝关节4条，踝关节3条，脚趾关节4条。当前，该机器人能够实现较为丰富的下肢躯体动作，但未能进行双足行走。

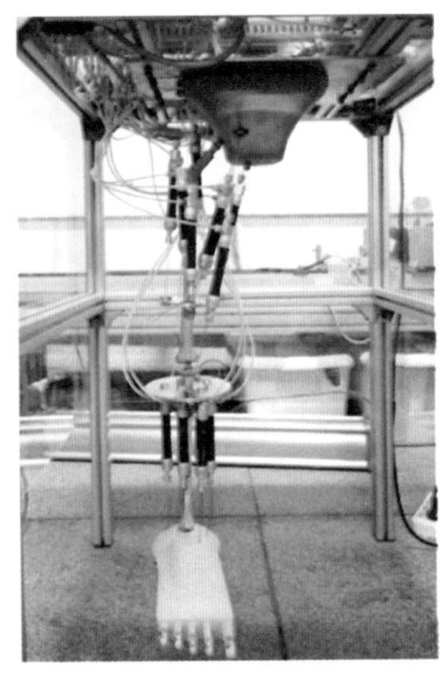

图7.1.26　浙江大学下肢机器人[38]

2018年，燕山大学高锟林等人研制了一款模仿人体上肢的仿人机械上肢[30]如图7.1.27所示。该仿生上肢总长度约880mm，重量约8kg，能够抓握0.5kg以内的物体，包含15个自由度，其中：肩关节有2个自由度，由2个电机驱动；肘关节有1个自由度，由3根气动肌肉驱动；腕关节有2个自由度，由4根气动肌肉驱动；手部有10个自由度，其设计为欠驱动结构，由6根气动人工肌肉驱动。该机器人在气动肌肉的肌腱驱动上采用变半径滑轮的方式增加人工肌肉的行程，使得整体驱动系统体积减小。机器人仿生手臂部分采用7系铝合金作为非标零件的制作基材，而仿生手部分则主要通过液态树脂3D打印而成，整体质量较轻、硬度适中，对人体手臂有着一个较好的模仿。

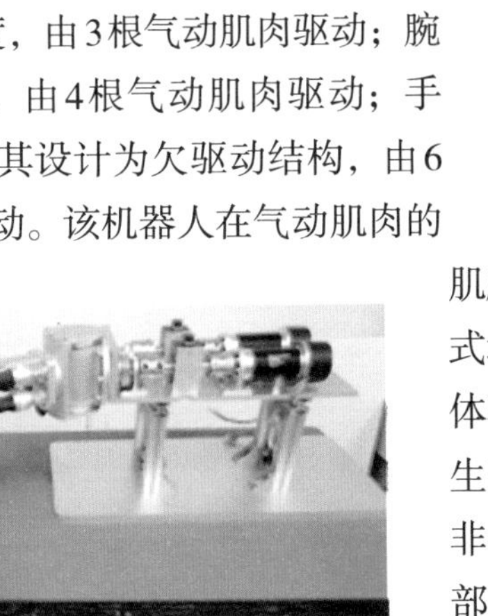

图7.1.27　燕山大学仿生机械手[39]

7.1.3　综合对比分析

(1) 肌肉骨骼机器人性能对比

尽管当前世界各国研究人员都对肌肉骨骼机器人平台进行过一定的研究，但是机器人的研究目的以及性能参数都大相径庭。从研究目的上看，有些研究人员主要关注于人体的上肢结构和功能模仿，有些则更偏向于下肢运动的新机制探索，还有模仿了整个人体的肌肉骨骼系统以探寻人体内部机制，获得新的机器人设计灵感等。由于实验室研究水平和制造工艺的约束，有些实验室（如东京大学的JSK实验室）在数十年间不停地对其肌肉骨骼机器人版本进行迭代更新，以至于其机器人性能参数远优于其他研究人员的成果。

肌肉骨骼机器人主要是为了模仿人体的肌肉骨骼机制，而人体的肌肉骨骼机制的优势特点主要是大冗余度和高柔顺性，其中高柔顺性在很大程度上又由大冗余度决定，所以冗余度应当成为肌肉骨骼机器人的一个重要评判标准[40]。

肌肉骨骼机器人冗余度主要分为骨骼运动冗余度和肌肉驱动冗余度，而骨骼运动冗余度和肌肉驱动冗余度分别与骨骼自由度以及肌肉作动器数量成正相关。根据上一章的论述，当前主要肌肉骨骼机器人性能对比如图7.1.28所示。

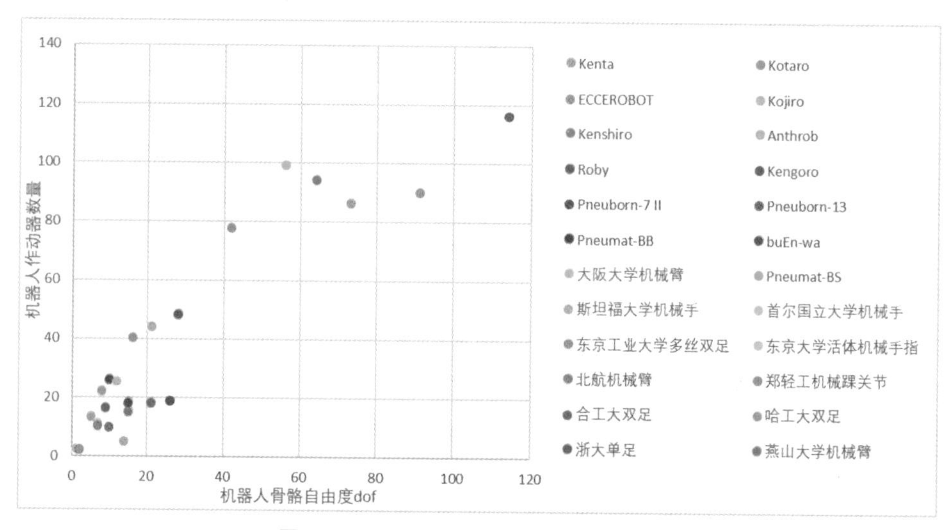

图7.1.28 肌肉骨骼机器人性能对比图

可以看出，当前JSK实验室的Kengro机器人最贴近实际人体的肌肉骨骼结构，这主要得益于其实验室产品迭代的工程经验以及数十年从未改变的实验室研究目标。

总的来看，肌肉骨骼机器人按照关节驱动方式的不同可以分为：电机肌腱式驱动、气动人工肌肉驱动以及新型智能材料驱动。考虑到当前理论计算水平和工程技术层次不同，这三种驱动方式各有优劣，如表7.1.1所示。

表 7-1-1 肌肉骨骼机器人驱动方式性能对比

驱动方式	关节质量	肌肉力量	肌肉行程	肌肉柔顺性	肌肉可控性	能耗	是否需要外设
电机肌腱式驱动	重	小	∞	有	好	中等	一般不需要
气动人工肌肉驱动	轻	大	≤ 25%	有	良好	大	一般需要
新型智能材料驱动	轻	小	≤ 15%	有	差	大	要

这三种驱动方式相较于传统机器人的关节电机驱动而言可以让机器人运行得更轻量、柔顺和安全。相比较而言，电机肌腱式驱动所使用的作动器是电机，相较于其他两种驱动的作动器质量更大，同时体积也更大，控制性能也得益于工程中电机控制技术的成熟而更为优越。但由于电机肌腱式驱动的方式大多都是靠电机卷扬线绳的方式驱使肌肉收缩，其肌肉收缩率近乎无穷。而气动人工肌肉由于作动器的能量密度远高于其他两者，其承载能力相当可观。但由于其工程使用的物理膨胀有极限，所以存在最大收缩率，同时由于液气压一般难以控制，其使用性能也欠佳。最后，新型智能材料驱动尽管当前的大部分驱动效果不佳，且工程上目前尚未有确切使用案例，但其从组织结构到运动机理上更趋近于实际人体，而且轻量化的优势也将可能是肌肉骨骼机器人的一个新的突破点。

（2）肌肉骨骼机器人发展趋势

综上所述，国内外学者在肌肉骨骼机器人研究上已经取得了一些突破性的进展，根据实际人体的肌肉骨骼结构以及运动机制，研制了多种柔顺的、安全的肌肉骨骼机器人，并具备了一定的运动工作性能。但无论当前哪种肌肉骨骼机器人与实际人体相比，都未充分体现出人体肌肉骨骼机制的优势特点。造成这种现象的主要原因在于当前的工程技术限制，以及实际生物体能量运用机制的不明确。尽管运用工程技术手段可以对实际人体组织结构进行一定程度的模仿，但是由于缺乏对其生物组织的深入认识，简化步骤可能造成功能优势的丢失。当前肌肉骨骼机器人的驱动器高能量密度设计、稳定性控制，以及全信息传感器的设计等关键技术尚未得到突破，同时肌肉骨骼系统的动态响应特性（如刚度、能耗等）对于当前工程技术水平仍需亟待解决的瓶颈。

今后的肌肉骨骼机器人的主要发展趋势包括：

- 设计高性能人工肌肉：当前主流工程上使用的人工肌肉包括电机和气动肌肉，新人工肌肉需要在这两者的收缩率和力学性能上进行进一步改善，既要保证能产生足够的肌肉力，又要拥有较大的肌肉收缩率，还要体现肌肉的被动柔顺性，更要让肌肉尽可能轻量化。
- 改进变刚度柔性关节：尽管当前大部分肌肉骨骼机器人对机器人柔性关节有一定程度的研究和应用，但是相较于实际人体关节而言仍旧差距甚远。由于不同程度的简化，一些肌肉骨骼机器人的骨骼系统逐渐向传统机器人的样式变化，进而损失了关节的黏弹性，造成如机器人能耗加大之类的弊端。肌肉骨骼机器人的关节应当保证关节柔性，同时需要深度研究柔性关节变刚度以改进肌肉骨骼机器人的实际运用效果。
- 开发全信息传感器：大部分肌肉骨骼机器人的传感器仍使用传统的传感器（如位置编码器、相机等），并没有对人体系统的传感器进行深入研究。今后的肌肉骨骼机器人更应当注重于一些全信息传感器的开发研究，如触觉传感器模仿人体的皮肤感官、嗅觉传感器模仿人体的应急感官，以及全传感器信息的生物启发式融合等。

参考文献

[1] C. Richter, S. Jentzsch, R. Hostettler, et al. Musculoskeletal Robots: Scalability in Neural Control[J]. IEEE Robotics & Automation Magazine. 2016, 23(4): 128-137.

[2] A. Diamond, R. Knight, D. Devereux, et al. Anthropomimetic Robots: Concept, Construction and Modelling[J]. International journal of advanced robotic systems. 2012, 9(5): 209.

[3] J. Yamaguchi, A. Takanishi. Development of a biped walking robot having antagonistic driven joints using nonlinear spring mechanism Robotics and Automation,[C]1997. IEEE International Conference on 1997.

[4] A. J. van Soest, M. F. Bobbert. The contribution of muscle properties in the control of

explosive movements [J] . Biological cybernetics. 1993, 69(3): 195-204.

[5] 王田苗，陶永. 我国工业机器人技术现状与产业化发展战略 [J] . 机械工程学报. 2014, 50(09): 1-13.

[6] M. M. van der Krogt, W. W. de Graaf, C. T. Farley, et al. Robust passive dynamics of the musculoskeletal system compensate for unexpected surface changes during human hopping [J] . Journal of Applied Physiology. 2009, 107(3): 801-808.

[7] N. Margareta, F. Victor H. Basic Biomechanics of the Musculoskeletal System [M] . Julie K. Stegman, 2012: 470.

[8] J. Rasmussen, M. Damsgaard, M. Voigt. Muscle recruitment by the min/max criterion - a comparative numerical study [J] . Journal of biomechanics. 2001, 34(3): 409-415.

[9] T. Siebert, C. Rode, W. Herzog, et al. Nonlinearities make a difference: comparison of two common Hill-type models with real muscle [J] . Biological Cybernetics. 2008, 98(2): 133-143.

[10] B. Feldotto, F. Walter, F. Röhrbein, et al. Hebbian learning for online prediction, neural recall and classical conditioning of anthropomimetic robot arm motions [J] . Bioinspiration & Biomimetics. 2018, 13(6): 66009.

[11] S. W. K. D. Michael Jantsch. Adaptive Neural Network Dynamic Surface Control: An Evaluation on the Musculoskeletal Robot Anthrob [C] . 2015 IEEE International Conference on Robotics and Automation (ICRA) 2015.

[12] M. Jantsch, S. Wittmeier, K. Dalamagkidis, et al. Adaptive neural network dynamic surface control for musculoskeletal robots [C] . 53rd IEEE Conference on Decision and Control 2014.679-685.

[13] S. Wittmeier, C. Alessandro, N. Bascarevic, et al. Toward Anthropomimetic Robotics: Development, Simulation, and Control of a Musculoskeletal Torso [J] . Artificial Life. 2013, 19(1): 171-193.

[14] I. Mizuuchi, R. Tajima, T. Yoshikai, et al. The design and control of the flexible spine of a fully tendon-driven humanoid "Kenta" [C] . Piscataway NJ: IEEE, Proceedings of the 2002IEEURSJ Inti. Conference on Intelligent Robots and Systems 2002.2527-2532.

[15] I. Mizuuchi, T. Yoshikai, Y. Sodeyama, et al. Development of Musculoskeletal Humanoid Kotaro [C] . IEEE International Conference on Robotics & Automation 2006.

[16] O. Holland, R. Knight. The Anthropomimetic Principle [C] . Proceedings of the AISB06 symposium on biologically inspired robotics 2006.

[17] M. Jantsch, C. Schmaler, S. Wittmeier, et al. A scalable joint-space controller for musculoskeletal robots with spherical joints [C] . Proceedings of the 2011 IEEE International Conference on Robotics and Biomimetics 2011.2211-2216.

[18] I. Mizuuchi, Y. Nakanishi, Y. Sodeyama, et al. An advanced musculoskeletal humanoid Kojiro [C]. 2007 7th IEEE-RAS International Conference on Humanoid Robots,2007.294-299.

[19] Y. Nakanishi, Y. Asano, T. Kozuki, et al. Design concept of detail musculoskeletal humanoid "Kenshiro"-Toward a real human body musculoskeletal simulator [C]. ,2012 12th IEEE-RAS International Conference on Humanoid Robots 2012.1-6

[20] M. Jantsch, S. Wittmeier, K. Dalamagkidis, et al. Anthrob - A printed anthropomimetic robot [C]. 2013 13th IEEE-RAS International Conference on Humanoid Robots (Humanoids), 2013.342-347.

[21] R. Pfeifer, P. Y. Tao, H. G. Margues, et al. Roboy anthropomimetic robot [online]. 2013: www.roboy.org 2013.

[22] Y. Asano, T. Kozuki, S. Ookubo, et al. Human Mimetic Musculoskeletal Humanoid Kengoro toward Real World Physically Interactive Actions [C]. 2016 IEEE-RAS 16th International Conference on 2016.

[23] K. Narioka, R. Niiyama, Y. Ishii, et al. Pneumatic Musculoskeletal Infant Robots [C]. Proceedings of the 2009 IEEE/RSJ International conference on intelligent robots and systems 2009.

[24] K. Narioka, T. Homma, K. Hosoda. Humanlike ankle-foot complex for a biped robot [C], 2012 12th IEEE-RAS International Conference on Humanoid Robots (Humanoids 2012) 2012.15-20.

[25] I. Mizuuchi, M. Kawamura, T. Asaoka, et al. Design and development of a compressor-embedded pneumatic-driven musculoskeletal humanoid [C]. 12th IEEE-RAS International Conference on Humanoid Robots (Humanoids 2012) 2012.811-816

[26] S. Ikemoto, F. Kannou, K. Hosoda. Humanlike Shoulder Complex for Musculoskeletal Robot Arms [C]. 2012 IEEE/RSJ International Conference on Intelligent Robots and Systems 2012.

[27] K. Ogawa, K. Narioka, K. Hosoda. Development of whole-body humanoid "pneumat-BS" with pneumatic musculoskeletal system [C]. 2011 IEEE/RSJ International Conference on Intelligent Robots and Systems 2011.4838-4843.

[28] H. Shin, S. Ikemoto, K. Hosoda. Understanding function of gluteus medius in human walking from constructivist approach [C]. 2015 IEEE/RSJ International Conference on Intelligent Robots and Systems (IROS) 2015.3894-3899.

[29] R. Niiyama, Y. Kuniyoshi. Pneumatic biped with an artificial musculoskeletal system [C]. Proceedings of 4th International Symposium on Adaptive Motion of Animals and Machines 2008.

[30] M. C. Yip, G. Niemeyer. High-Performance Robotic Muscles from Conductive Nylon Sewing Thread [C]. 2015 IEEE International Conference on Robotics and Automation (ICRA) 2015.

[31] H. Kim, M. Han, W. Wang, et al. Design and development of bio-mimetic soft robotic hand with shape memory alloy [C]. 2015 IEEE International Conference on Robotics and Biomimetics (ROBIO) 2015.2330-2334.

[32] S. Kurumaya, K. Suzumori, H. Nabae, et al. Musculoskeletal lower-limb robot driven by multifilament muscles [J]. ROBOMECH Journal. 2016, 3(1).

[33] Y. Morimoto, H. Onoe, S. Takeuchi. Biohybrid robot powered by an antagonistic pair of skeletal muscle tissues [J]. Science robotics. 2018, 3(18).

[34] 陈泉柱，陈伟海，刘荣，等. 具有关节角反馈的绳驱动拟人臂机器人机构设计与张力分析[J]. 机械工程学报. 2010, 46(13): 83-90.

[35] L. M. Chen, Z. Z. Zhu, Q. Lin, et al. Design and Kinematics of a Cable-Driven Humanoid Ankle Joint [J]. Applied Mechanics and Materials. 2014, 541-542: 846-851.

[36] 王从浩. 绳索驱动的仿人机器人下肢设计与研究[D]. 合肥工业大学, 2018.

[37] Y. Liu, X. Zang, X. Liu, et al. Design of a biped robot actuated by pneumatic artificial muscles [J]. Bio-Medical Materials and Engineering. 2015, 26(s1): S757-S766.

[38] F. Jiang, G. Tao, H. Liu. Research on PMA properties and humanoid lower limb application [C]. Research on PMA properties and humanoid lower limb application,2015.1292-1297.

[39] 高锟林. 基于气动肌肉驱动的仿人手臂设计研究[D]. 燕山大学, 2018.

[40] Y. Asano, K. Okada, M. Inaba. Design principles of a human mimetic humanoid: Humanoid platform to study human intelligence and internal body system [J]. Science robotics. 2017, 2(13).

7.2 四足仿生机器人及关键技术

作者：张 伟
（山东大学）

7.2.1 绪论

(1) 四足仿生机器人介绍

机器人技术涉及自动化、力学、机械学、生物学、系统工程、计算机、人工智能等学科知识。随着科技水平的提高，各式各样的机器人逐渐出现在人类日常工作和生活场景中，将人类从枯燥的重复性劳动中解放出来。目前，能在地面上移动的机器人按其移动结构可以分为：轮式、履带式、腿足式、蠕动式等。

轮式机器人可以在相对平坦的坚硬地面上高速运动且能耗较低，但在松软或崎岖不平的复杂地面上运动困难。履带式机器人虽然可以克服地面的不平整，但在移动过程中机器人本体灵活性差，且能耗高。蠕动式机器人主要用于管道等狭窄空间内的作业，移动速度很低。在自然界中，大多数哺乳类动物采用腿足式的移动方式，几乎可以到达地面上的任何地方，在运动灵活性、环境适应性、能量利用的高效性以及负重等方面优势明显。与传统的轮式与履带式机器人相比，腿足式机器人有如下优点[1][2]：

1）移动方式的落足点是离散的，可在工作空间内主动选择落足点，有利于跨越障碍和深坑；

2）移动方式无横向运动约束，易于实现全方位移动；

3）足端运动与躯干质心运动解耦，可以实现主动隔振，在起伏不平的地形环境中移动时能保持躯干运动的平稳性；

4）可以用腿迈过障碍，避免质心上下浮动所需的额外能耗。

制造具备哺乳类动物优良特性（环境适应性、高动态特性、大负载能力等）的仿生机器人，使之能够在危险与复杂环境中作业，一直是机器人领域研究的重要课题。腿足式行走机器人也是仿生学、现代制造技术和现代信息技术等多学科技术综合应用的成果。

四足仿生机器人作为腿足式机器人的一种，其稳定性优于双足机器人，结构又比六足机器人简单，既能以静态步行方式实现不平地面及复杂地形的行走，又能以动态步行方式实现高速行走，在整体运动效率、控制难易程度及制作成本等方面相比于其他多足机器人均具有巨大优势[1,3]。

（2）国内外四足仿生机器人现状

美国自第二次世界大战后就持续资助腿足机器人研究，尤其是仿哺乳类动物四足机器人的研究。德国、日本、瑞典等国家的学者从20世纪70年代开始也陆续加入到四足仿生机器人的研究行列。国内四足仿生机器人研究从20世纪90年代初起步，主要研究机构包括清华大学、哈尔滨工业大学、上海交通大学、国防科技大学、北京理工大学和山东大学等。

- 国外四足仿生机器人研究现状

美国波士顿动力公司推出的BigDog系列四足仿生机器人性能强劲，它采用液压驱动方式，并配有汽油发动机，其超强的运动稳定性和复杂地形下优异的运动性能使其在众多四足仿生机器人中脱颖而出。如图7.2.1（a）所示，2006年波士顿动力展示的BigDog[4]四足仿生机器人，自重90kg，负载可达50kg，能够上25°斜坡和下35°斜坡，最大速度达到1.8m/s，并能在松散的岩石路上以0.7m/s的速度行走。随后，波士顿动力推出改进版的BigDog[5]，其运动性能得到进一步提升，可以爬上35°斜坡，对角小跑运动步态速度可达2m/s，跳跃步态行进时速度可超过3.1m/s，可不间断行驶20.6km，最大负重提升至154kg。如图7.2.1（b）所示，2012年推出的四足机器人LS3[6]，拥有更强的抗扰动能力，能够在摔倒后原地站起，能实时探测地形信息并在线调整落足点位置，同时其负重能力进一步提升，可达181kg，续航能力达到32.2km。

提高四足仿生机器人的灵活性和机动性也是国外机构的研究重点。如2012年波士顿动力推出Cheetah机器人实验样机，如图7.2.1（c）所示[7]，在跑步机上的奔跑速度达到了29km/h，创下了四足仿生机器人奔跑速度纪录，半年后，通过提升作动器带宽、减轻腿部转动惯量和增加动力源功率，其速度提升到45.5km/h，超过了人类的百米世界纪录。2013年波士顿动力推出WildCat，如图7.2.1（d）所示[8]，它内置发动机和燃料箱，可以实现Bound和Gallop步态，能在奔跑中转向和急停，最高速度为25.7km/h。2015年波士顿动力推出Spot四足仿生机器人，如图7.2.1（e）所示[9]，采用电机带动液压泵，既保留了液压驱动的高性能，又避免了使用发动机作动力源时带来的噪声问题。该机器人运动灵活，可以用对角步态爬楼梯，也可以抵抗侧踢。

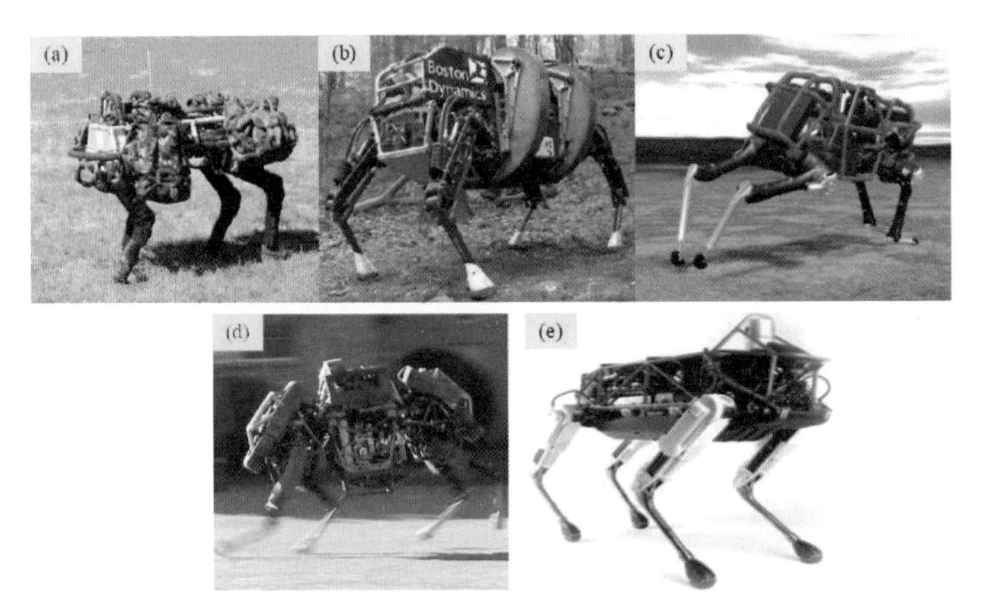

图7.2.1　国外四足仿生机器人介绍：(a) BigDog (b) LS3 (c) Cheetah (d) WildCat和 (e) Spot

• 国内四足仿生机器人发展现状

国内四足仿生机器人研究起步较晚，但也取得了一定的进展。2010年，为提高国内四足仿生机器人研究水平，缩小与国外的差距，国家863计划先进制造技术领域启动了“高性能四足仿生机器人”项目，旨在开展新型仿生机构、高功率密度驱动、集成环境感知、高速实时控制等四足仿生机器人核心技术研究，以建立高水平四足仿生机器人综合集成平台。

液压驱动四足仿生机器人展现出了更强的负重能力和更快的移动速度，因而受到国内众多高校和科研机构的青睐。2013年，山东大学[10]、国防科技大学[11]、哈尔滨工业大学[12]、北京理工大学[13]、上海交通大学[14]等高校均展示了各自研发的液压驱动四足仿生机器人。这几台机器人尺寸接近，外形迥异，运动灵活，各具特色。

除了液压驱动之外，不少国内高校和研究所也推出了基于电机驱动的四足仿生机器人。2016年，浙江大学-南江机器人联合研究中心在第三次世界互联网大会上推出了四足仿生机器人“赤兔”[15]，如图7.2.3（a）所示)。“赤兔”全身12个自由度，身长1m，宽0.5m，高0.6m，总重65kg，负载50kg，全身关节采用力矩电机进行驱动，通过加入小减速比的齿轮箱，实现了关节的力矩、速度和位置控制。“赤兔”机器人具有爬坡、爬楼梯、崎岖路面行走、小跑和奔跑等功能，目前最快跑步速度超过6km/h。2017年，数宇科技公司发布了Laikago四足仿生机器人，如图7.2.3（b）所示该机器人开创性地使用了外转子无刷电机直驱的传动方式，具有强劲的动力性能和运动稳定性。整机具有12个高性能电机，瞬时最大功率为18KW，可上下20°坡度的草地，在有松软小石块地形上行走，并且对一定幅值内的外部冲击具有自适应能力。

图7.2.2　国内液压驱动四足仿生机器人介绍:（a）山东大学（b）国防科技大学（c）哈尔滨工业大学（d）北京理工大学和（e）上海交通大学

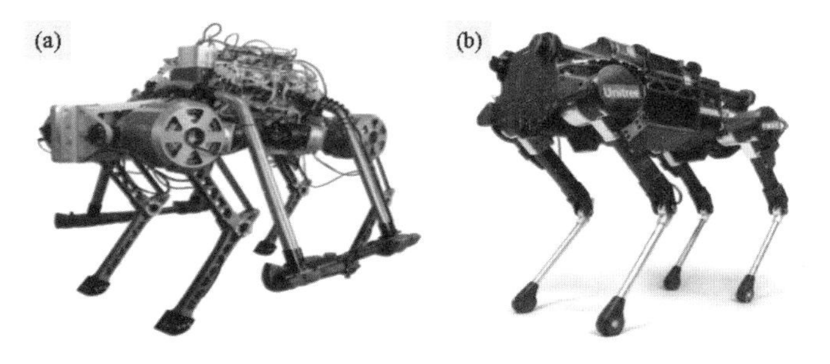

图7.2.3　国内电机驱动四足仿生机器人介绍:（a）浙江大学“赤兔”机器人和（b）数宇科技Laikago机器人

（3）四足仿生机器人的关键技术

• 驱动方式与结构设计

四足仿生机器人通常有电驱动、气动驱动和液压驱动三种方式。受益于成熟的技术和低廉的价格，电驱动装置成为机器人领域最为常用的驱动方式，但由于功率密度较小，基于电驱动方式的四足仿生机器人一般负载较小，或者基本无负载能力。液压驱动装置是通过工作在大约21MPa（最高可达70MPa）下的高压密封液压油进行驱动。由于液压驱动装置具有功率密度和带宽较高，且快速响应性能好等特点，近几年出现了一系列具有高动态特性和高负载能力的液压驱动四足仿生机器人。气动装置除了采用压缩空气取代液压油提供压力外，其他部分和液压驱动装置十分相似。气动系统的响应速度很快，但是空气的可压缩性高也意味着系统难以实现对位置的精确控制。除此以外，空气压缩装置也存在体积大，噪声大等缺点，影响了其在机器人运动系统上的进一步应用。不同类型的驱动方式优缺点及范例见表7.2.1。

表7.2.1　不同类型的驱动方式优缺点及范例

驱动方式	优点	缺点	范例
液压驱动	动力大、负载能力强、安全性高	自重大、体积较大、精度一般、结构较复杂、价格昂贵	BigDog
气压驱动	可靠性好、缓冲性好、价格较低	动力小、噪声大、体积大、精度差、效率低	类豹四足机器人
电机驱动	精度高、驱动效率高、抗干扰能力强	负载差、功率质量比低	Laikago

四足仿生机器人运动主要依靠传动装置和机器人腿部机构完成，因此国内外学者也对腿部运动结构开展了大量的研究工作。机器人腿部结构一般可以分为开链式和闭链式两类。开链式机构具有较大的工作空间且结构简单，在运动过程中具有较强的姿态修复能力，其不足之处在于负载能力有限且协调控制难度较大。闭链式机构一般有四连杆机构、缩放式机构和摆动伸缩式机构，该类机器人腿部机构具有承载力大、功耗小的特点，但其工作空间较小。

图7.2.4　四足仿生机器人腿部结构介绍：（a）开链式和（b）闭链式[16]

- 环境感知与路径规划算法

■ 环境感知技术

由于四足仿生机器人多应用于室外非结构化的复杂场景，在该类仿生机器人的研究中，野外复杂地形环境下的自主运动一直是研究重点，而地形识别及路径规划技术又是解决这一问题的关键。传感器系统是机器人感知外部环境的基础，目前常用的传感器有平面激光雷达、三维激光雷达、彩色相机、RGB-D相机等。利用环境感知技术可以从多传感数据中获得目标及地形信息，引导机器人朝目标方向前进，并根据地形调整腿部运动[17]。

如图7.2.5（a）[17]，LittleDog四足仿生机器人采用双目相机或二维激光雷达进行地形建模研究。图7.2.5（b）中Spot仿生机器人采用双目相机与三维雷达进行攀爬实验。Cheetah2仿生机器人如图7.2.5（c）所示采用二维激光雷达对前方障碍进行检测并完成障碍跨越实验[18]。

由于国内四足仿生机器人研究起步较晚，研究人员在环境感知方面所做的工作也相对较少。2012年，中科院以FROG-1四足仿生机器人[19]为平台并采用双目相机作为感知传感器进行了机器人避障实验。2015年，山东大学[18]以SCalf四足仿生机器人为平台进行了机器人地形识别与路径规划算法研究。

图7.2.5　四足仿生机器人环境感知技术应用：（a）LittleDog、（b）Spot和（c）Cheetah2

■ 路径规划算法

早在1968年，Nilsson便首次描述了具有自主运动规划能力的移动机器人，其采用可视图法为移动机器人寻找一条最优的运动路径，从而使得机器人可安全避开障碍物[19]。根据路径规划开始时机器人是否已知完整的环境信息，可将路径规划方法分为两类：环境已知的路径规划与环境未知的路径规划。其中环境信息未知包括信息完全未知或者部分已知以及环境内存在不可预测的障碍物等情况。目前，在环境未知情况下应用于四足仿生机器人的传统路径规划方法主要为人工势场法和图搜索算法等。

随着仿生学和人工智能技术的发展，一些基于生物结构的算法也开始应用于四足仿生机器人路径规划，这其中主要包括：遗传算法[20]、人工神经网络[21]、模糊逻辑[22]、强化学习[23]、蚁群算法[24]、模拟退火算法[25]、粒子群算法[26]及免疫算法[27]等。

• 运动控制方法

四足仿生机器人在运动过程中容易出现因重心偏移而导致的不稳定现象，因此需要进行合理的运动控制才能使其实现稳定行走。四足仿生机器人的运动控制一直是该领域研究的重点和难点，按照产生机理划分主要有以下几种运动控制方法：

■ 基于建模的控制方法

基于建模的运动控制方法是应用最广泛的控制方法，它采用“建模—规划—控制”的思路，首先对机器人的本体结构及环境进行精确建模，然后通过人工规划得到机器人的最佳运动轨迹，再利用反馈机制控制机器人实际运动，使机器人的运动尽可能趋近理想轨迹。

■ 基于行为的控制方法

由于昆虫没有存储、规划、控制全身各部分运动的中心控制系统，当感受到外界刺激或者内部指令时，局部产生的反应动作综合形成生物行为。因此基于对昆虫智能的仿生，采用感知触发的思路，在输入和输出之间没有复杂的计算处理过程，通过自组织实现系统的复杂行为，称为基于行为的控制方法。该方法产生的控制效果具有运动简单、灵活等优点，在非结构化环境中具有较好的适应性。

■ 基于仿生的控制方法

仿生学和人工智能技术的发展为四足仿生机器人运动控制研究提供了新

思路。其中最具代表性的是基于CPG（中枢模式发生器）的控制方法，该方法将中枢模式发生器、高层控制中枢、反射调节系统等生物控制模型应用于机器人运动控制，实现更加协调、自然、多样、具有环境自适应性的运动。

■ 智能控制方法

智能控制方法包括专家控制、模糊控制、神经网络控制以及基于学习的控制等。近年来，基于学习的控制方法发展迅速，此类方法可模仿人脑的学习和训练过程，通过对已有地形信息和运动特征的学习帮助机器人主动适应新环境，不断提高自身性能，从而进一步提升运动的速度和稳定性。目前，国内外学者已经把机器学习算法引入机器人运动控制当中，如图7.2.6所示[18,20]。

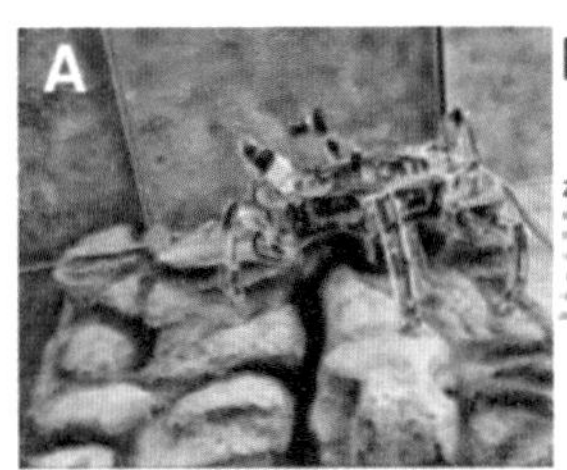

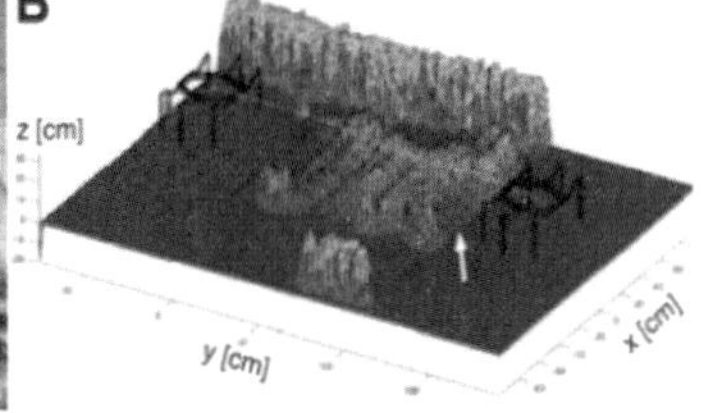

(a) Little Dog跨越台阶　　(b) Messor 创建地形图并穿越复杂地形

图7.2.6　移动步态规划与稳定性控制

四足仿生机器人研究经历了几十年的发展，已取得显著成果，但与动物相比，其运动灵活性与稳定性仍有较大差距。较传统控制方法，基于人工智能技术的感知和运动规划算法潜力巨大。以下将重点介绍人工智能技术在四足仿生机器人环境感知、稳定性控制及步态规划等领域的应用，以方便读者进一步了解智能四足仿生机器人的发展趋势。

7.2.2　四足仿生机器人智能感知技术

由于四足仿生机器人应用场景多为室外非结构化的复杂环境，因而环境感知能力是影响其适应能力的重要因素。四足仿生机器人环境感知能力的研究主要集中在感知传感器选择、地形识别与自主定位、目标识别与自主跟随等方面。

（1）感知传感器选择

四足仿生机器人配备的传感器系统与人的感官系统类似，是其感知外部信息的主要工具，也是实现环境智能感知的基础。例如，BigDog搭载了大约50个传感器用于感知自身状态和外部环境信息[29]。感知传感器可分为视觉传感器和非视觉传感器[30]。视觉传感器可获取的信息丰富，在环境信息获取过程中具有不可替代的地位，但易受光照等影响。激光雷达传感器、超声波传感器和红外传感器等基于距离测量的各类非视觉传感器在测量精度方面优于视觉传感器，但其提供的信息仅限于距离等简单信息，且容易受镜面反射、漫反射等影响，如图7.2.7所示，目前常用的传感器包括超声波传感器、激光雷达传感器、视觉传感器等。

（1）超声波传感器：受环境变化影响小，可探测直线方向上某点的距离，但探测范围异常狭窄，往往只是某个点，常作为四足仿生机器人距离探测的辅助手段。

（2）激光雷达传感器：具有测量范围广、响应速度快、精度高等特点。目前常用的激光雷达分为单线型、平面型及立体型三种。低成本的三维多层激光雷达的应用推动了四足仿生机器人的相关研究[31]。

（3）视觉传感器：随着RGB-D相机的发展，具有深度信息的图片逐渐展现了其在环境信息分析方面的优越性[32]，但RGB-D相机探测距离有限且易受环境光的影响，所以主要用于室内机器人的视觉感知。TOF相机能够以面阵的形式实现环境深度信息的获取且帧率普遍在20Hz以上，可在一定程度上克服激光雷达仅能进行线性扫描以及双目相机计算量大等问题。

为充分利用视觉传感器对环境色彩信息的超强捕获能力与激光雷达传感器提供高速高精度的环境深度信息，现今四足仿生机器人普遍采用视觉与激光相配合的环境感知策略。传感器采集的数据固然重要，但如何从对传感器数据进行有效表征也是影响四足仿生机器人环境感知能力的重要环节。拟合、分类和聚类等方法适合于距离信息处理，尤其适合于处理离散的点云数据。FAST[33]、SURF[34]等算法常用于从视频和图像中提取包含颜色、形状、纹理等信息的特征。为提高效率，机器人也可在传感器采集的原始数据上进行感知和控制，但对于复杂的、长期的任务而言，特征提取仍是必不可少的步骤[35]。

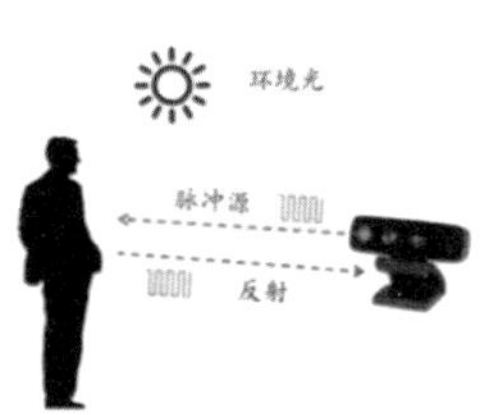

图 7.2.7　超声波、激光雷达、RGB-D 相机、TOF 相机传感器

（2）地形识别与自主定位

- 地形识别

四足仿生机器人可借助于所获取的不同地形（如草地、山坡等）信息，利用地形识别技术提前对可通行区域进行选择，并根据地形状态选择相应的步态，最终采取合适的运动控制策略。地形识别技术主要包括地形特征提取和地形分类两个环节。

地形特征提取方法主要有基于绝对/相对高程的提取方法，以及基于坡度坡向/分形维数的提取方法。然而上述方法均存在耗时长、参数难以确定的问题。近年来，随着计算机视觉处理技术的快速发展，基于视觉的地形特征提取得到了广泛研究，典型方法包括：

（1）纹理特征提取[36]：纹理特征的表示和分析方法通常有统计法、结构法和模型法。基于灰度共生矩阵的纹理特征提取方法是一种典型的统计分析方法。由于四足仿生机器人所处的各种地形环境具有其独特的统计特性和纹理特性，通过结合地形图像直方图统计特性和灰度共生矩阵纹理特性来训练识别器，可以获得良好的识别特征。

（2）小波特征提取[37]：正交小波变换可将图像分解为由原始小波位移和缩放之后的一组小波。分解后的小波每个方向都具有独特的频率特性和空间特性。通过将复杂度不同的地形视为不同频率的信号，可利用小波变换的分析特性对地形进行识别。

（3）基于神经网络的图像特征提取[38]：人在进行图像认知时是分层抽象的，首先获取颜色和亮度信息，然后是边缘、角点等局部细节特征，接下来是纹理、几何形状等复杂的结构信息，最后形成整个物体的概念。卷积神经网络（Convolutional Neural Network, CNN）便是模仿了人的认知机制，它由多个卷积层构成，每个卷积层包含多个卷积核，经过多个卷积层的运算，最后输出图像在各个不同尺度的抽象表示，以便于地形分类和识别。

在提取出地形特征后，便可进行地形分类，从而为四足仿生机器人选择可通行区域提供决策依据。现在常用的地形分类算法有：

（1）决策树[39]：对典型地形特征进行归类后生成知识规则再进行分类。该方法可以根据图像和专家经验灵活快速地扩充和优化决策树，具有分类速度快、准确性高的优点，但其分类效果过度依赖地形特征的质量和专家经验的可信度。

（2）随机森林[40]：由若干决策树构成，其核心思想是随机选择训练样本和特征参数用于分类。相比于传统基于数理统计的分类方法，随机森林在保证分类速度和分类精度的同时也能够应对数据的缺失问题。该方法还能处理高维图像数据的分类问题。

（3）支持向量机[41]：是一类按监督学习方式对数据进行分类的广义线性分类器，其决策边界是对学习样本求解的最大边距超平面。支持向量机具有训练样本小、抗噪声强、支持高维度数据等特点，并且该方法具有较强的稳定性和较快的分类速度。但在此类分类器学习过程中需要人为设置核函数与函数误差控制参数，且最优参数难以确定，需要花费大量时间和精力进行调参。

（4）神经网络[42]：可满足以任意精度拟合任意函数的需求，如常见的BP神经网络一般只需要三层就可以实现较高的分类精度。人工神经网络是一种基于计算机模拟人体神经系统学习过程的机器学习方法，具有非线性、抗干扰强、适应性高、并行化处理、学习过程自组织的优点。但学习过程中需要设定较多参数且学习效率低，此外神经网络学习过程无法直接观测，导致分类结果难以解释。

因此，上述分类算法各有所长，算法实际选用情况还要结合具体数据进行分析。然而由于对各类算法的特点了解不足，往往需要采用多种算法分别进行实验，根据实验结果的分析对比选择最合适的算法。

• 自主定位

四足仿生机器人定位方式可分为非自主定位与自主定位两大类。非自主定位是指机器人需要借助额外搭载的装置（如全球定位系统（GPS））实现定位；而自主定位则是机器人仅依靠自身携带的传感器进行定位。由于部分场景（如室内、山区）中GPS信号弱，而且GPS信号只能给出位置和高度信息，无法对周围环境进行精确表征，四足仿生机器人往往需要通过创建周围环境地图的方式来进行自我定位。

地图创建的本质属于环境特征提取方式与知识表示方法范畴，它决定了系统如何存储、获取并利用知识。常见的地图分类如图7.2.8所示。

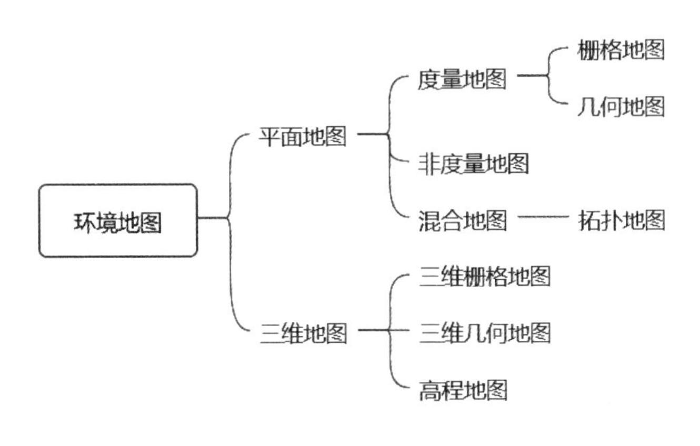

图7.2.8　地图类型

栅格地图[43]指在空间和亮度上均离散的地图。几何地图[44]使用全局坐标表示环境中的几何图像。拓扑地图[45]是指一种保持点与线相对位置关系正确而非保持图形形状与面积、距离、方向正确的抽象地图，拓扑地图在机器人领域的应用相对较早。

但随着四足仿生机器人技术的研究逐步由结构化环境转向非结构化环境，上述平面地图已经难以满足复杂环境下机器人对环境感知的要求。与之相比，所包含环境信息更加丰富的三维环境地图成为如今四足仿生机器人领域更为实用的环境表达方式。研究人员通过三维重建技术来生成三维环境地图，其中三维场景重建方法可分为基于深度数据的三维重建、基于多视图的三维重建和基于深度与图像信息融合的三维重建。

（1）基于深度数据的三维重建[46]：主要是利用激光雷达、深度相机等对场景不同区域进行深度扫描以获取场景中各测量点的深度值，进而生成关于环境的一致描述模型，如点云模型。通常所使用的点云数据一般包括点坐标精度、空间分辨率和表面法向量等。点云一般以PCD格式进行保存，因为该格式的点云数据可操作性较强，同时能够提高点云配准融合的速度。

（2）基于多视图的三维重建[47]：利用立体视觉恢复场景的三维结构，其核心思想是计算双眼观察空间中同一特征点在两幅图像中的位置差（即视差），以获取场景的三维信息。通常来说基于多视角图像进行三维重建主要包括三个部分：图像特征提取与匹配、摄像机参数估计和三维稀疏/密集重建。

（3）基于深度与图像信息融合的三维重建[48]：基于图像与点云间的信息融合进行场景三维重建可获得较为理想的重建效果，通常利用稀疏点云从图像中提取出规则的几何结构，同时结合图像颜色信息去除点云中的噪声。但由于实际应用时存在图像遮挡的情况，点云与图像的配准成为一个难点问题。

在完成周围环境地图创建后，仿生机器人便可依据地图与自身状态进行自主定位。根据初始位姿是否已知，四足仿生机器人自主定位可分为初始位姿已知的位姿跟踪和初始位姿未知的全局定位。

位姿跟踪[49]是在已知四足仿生机器人的初始位姿的条件下，在机器人的运动过程中通过将实时观测特征与地图中的既定特征进行匹配，根据两者差异进行位姿更新的机器人定位方法。位姿跟踪通常采用扩展卡尔曼滤波器（EKF）来实现。该方法利用高斯分布近似表示机器人位姿的后验概率分布，其计算过程主要包括三步：首先根据机器人运动模型预测其位姿，然后将观测信息与地图进行匹配，最后根据预测后的机器人位姿以及匹配的特征计算机器人应观测到的信息，并通过比较该信息与实际观测信息之间的差距来更新机器人的位姿。

全局定位[50]是在四足仿生机器人初始位姿未知的情况下，利用局部的、不完全的观测信息估计机器人当前位姿。虽然在实际中机器人为动，周围物体（比如墙，各种路标等）为静，但相对机器人而言，墙为移动物体。可通过特征点匹配，获取墙移动后的位置，即为相机中两帧间的位置差，并据此得出机器人的位移，从而实现机器人定位。

（3）目标识别与自主跟随

在四足仿生机器人完成复杂环境下地形探测的基础上，实现对领航员的自主跟随[41]是其智能性的又一体现。领航员识别是实现跟随功能的前提，为保证识别的稳定性，领航员在行走时通过佩戴特殊反光材料作为与环境进行区分的标志，如图7.2.9所示，通过激光雷达获得反射光强度信息，并对该反射光标识进行探测，进而实现对领航员的识别与定位。

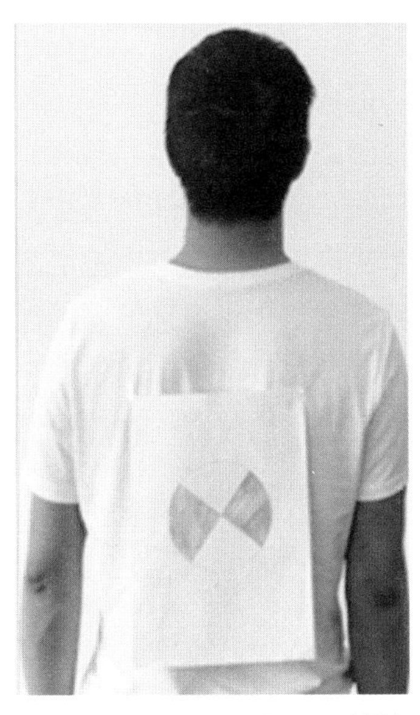

图7.2.9　领航员背部反光材料

采用激光雷达实现领航员目标检测的方式可分为对身体特定部位的检测和轮廓的检测。身体特定部位的检测往往选择腿部或躯干作为标志，该方式要求激光雷达安装位置尽量与检测目标平齐。身体轮廓检测则采用三维激光或RGB-D相机进行扫描。为保证激光雷达对反光标识检测的稳定性，领航员的背部及上臂均粘贴了反光标识。

如图7.2.10所示，领航员识别的基本流程可概括为：每间隔一段时间，激光雷达进行一轮扫描，得到单帧点云，而后提取满足光强度要求的线段，计算该线段长度，并判断是否在设定阈值内，同时计算该线段中心坐标。对满足要求的线段中心坐标在笛卡尔坐标系内进行聚类，最终得到的聚类中心即为判断的领航员位置。

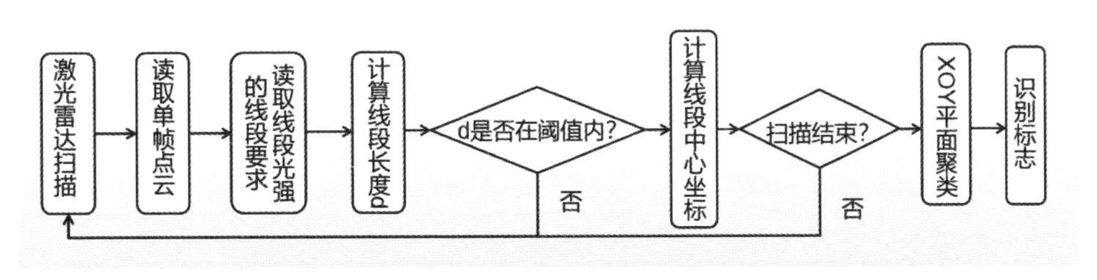

图7.2.10　领航员识别的基本流程

(4) 环境感知小结与展望

四足仿生机器人使用的传感器种类繁多，如何组织和利用这些信息是一个亟待解决的问题。不同传感器之间的协调和分配、实时信息处理以及融合算法的优化等问题若能得到解决，其环境感知能力将得到极大的提高。然而，对四足仿生机器人而言，简单的环境感知不足以满足实际应用需求。未来的工作重点应放在帮助机器人识别、记忆和学习环境等方面。识别意味着机器人有记忆环境必要信息的能力，这将提高环境感知的效率。此外，随着智能算法和深度学习的发展，四足仿生机器人将通过提前训练和实时学习来适应环境。

7.2.3 四足仿生机器人运动控制技术

对移动机器人而言，运动控制技术是实现各项功能的基础。相较于轮式或履带式机器人，四足仿生机器人控制难度更大，因此研究人员也为实现四足仿生机器人运动控制提出了多种方案。传统控制方法主要对机器人与环境进行建模，根据所建模型设计控制方案；还有一些控制方法模仿脊髓等低级神经中枢设计轨迹生成器控制足部轨迹；近年来有学者尝试使用基于自主学习的方法使四足仿生机器人具备从零开始学习自适应步态的能力。

(1) 传统运动控制方法

如绪论部分所述，腿足式机器人在行进时存在诸多优点，由于其所需要的支撑为孤立地面而非连续地面，腿足式机器人可在地面上选择最优的支撑点以及多种步态，从而拥有较强的环境适应性与运动灵活性[52]。

步态规划是四足仿生机器人研究领域的重要课题之一。四足仿生机器人的步态一般分为静步态和动步态两种：在任何时刻至少有3条腿着地的步态称为静步态；少于3条腿着地的步态称为动步态。静步态的占空比（duty factor）满足 $\beta>0.5$，当 $\beta \geqslant 0.75$ 时，称为爬行或匍匐步态（crawl或creep）；当 $0.5<\beta<0.75$ 时，称为慢走步态（amble）。动步态一般指的是 $\beta \leqslant 0.5$ 的步态，当 $\beta<0.5$ 时，存在4条腿同时离地的、具有腾空阶段的飞奔步态（gallop）；当 $\beta=0.5$ 时，相应的动步态可分为对角小跑步态（trot）、单侧小跑步态（pace）和双足跳跃步态（bound）。

• 静步态

静步态的研究源于人类对动物步态的观察。Muybridge[53,54]使用多相机连续拍摄的方法对动物的连续运动进行研究，他撰写的书成为研究动物步态的重要文献。McGhee[55]对静步态进行了系统化研究，将机器人的腿部运动状态分为支撑相和摆动相，由此可将机器人运动看作腿部触地和离地事件的组合序列，从而实现步态的数学描述。他通过提出步态矩阵的概念，指出k条腿的机器人有(2k−1)!种非奇异步态，即对于四足仿生机器人来说，若每条腿每个周期仅有一次抬落过程，总共存在5040种非奇异步态。

在传统算法中，保证四足仿生机器人的行走稳定性一直是重中之重，而为准确而有效地衡量机器人的稳定性，国内外学者提出了多种稳定裕度计算方法。McGhee等人[55]于1968年给出了静态稳定裕度的定义：四足仿生机器人重心在水平面上的投影到支撑多边形各边距离的最小值。1985年，Messuri等人[56]给出了能量稳定裕度（ESM）的定义：机器人初始状态下的重力势能与绕两支撑足构成的轴线在倾倒过程中最大势能的差值。其他还有纵向稳定裕度、SAL（Stability Admitting Line）方法等稳定裕度。但这些稳定性判据均为静态稳定判据，当使用静态判据判断机器人稳定性或者计算稳定裕度时，往往忽略了其动态性，因而难以对机器人稳定性进行准确度量。

- 动步态

动步态通常分为对角小跑（trot），踱蹄（pace），跳跃（bound），疾驰（gallop）等。对角小跑步态将4条腿分为两组，右前腿与左后腿一组，左前腿与右后腿一组，两组交替运动；踱蹄步态也将腿分为两组，2条右腿一组，2条左腿一组；跳跃步态则是2条前腿一组，2条后腿一组；疾驰步态既有腾空阶段，又有单足支撑和双足支撑阶段。

动态稳定性判据充分考虑了机器人在运动过程中的动态特性，能够更加准确地描述机器人在运动过程中的稳定性。其中最常用的方法为零力矩点（Zero Moment Point，ZMP），其定义为机器人重力与惯性力的合力延长线与支撑面的交点。当机器人处于运动状态时，只有当ZMP在支撑面内，才可判定四足仿生机器人是稳定的。此外还有动态稳定性裕度（Dynamic Stability Margin，DSM）、Tumble Stability等稳定性判定方法。

各类传统的四足仿生机器人控制方法往往聚焦于在维持四足仿生机器人稳定裕度的情况下完成各类任务。但仿生技术和人工智能技术的发展为四足仿生机器人控制问题带来了新的解决思路，相关运动控制方法也逐渐成为了近年来的研究重点。

（2）基于仿生的运动控制

在自然界中，动物为获得食物、搜寻配偶与躲避天敌，必须拥有良好的运动能力，而在亿万年的进化过程中，几乎所有大型陆生动物都进化为了四足的形态，与之配套的中枢神经系统使之可以适应多样的环境与复杂的任务。在机器人控制过程中，优秀且适合的控制方法同样是使机器人具备多变场景任务适应性的重要保障。在四足仿生机器人发展进程中，“向动物学习”的思想贯穿始终，无论是机器人形态特征还是运动控制方法，学者们都大量借鉴了自然界中的诸多生物特性。

中枢模式发生器（Central Pattern Generators，CPGs）就是一种在无脊椎动物与脊椎动物中都广泛存在的神经环路，它无须周期性反馈即可产生节律模式的输出信号，例如生物的行走、游泳、咀嚼、飞行等。早在1910年，Sherrington就指出猫的基本控制神经元回路存在于脊髓中[57]，而在1911年，Brown观察到同样的现象[58]。此后，CPG在各类生物体内存在的证据逐渐被发现[59]。20世纪90年代，CPG理论日渐完善并逐渐应用到其他领域。至21世纪，CPG也开始在机器人控制领域得到应用，如图7.2.11所示。

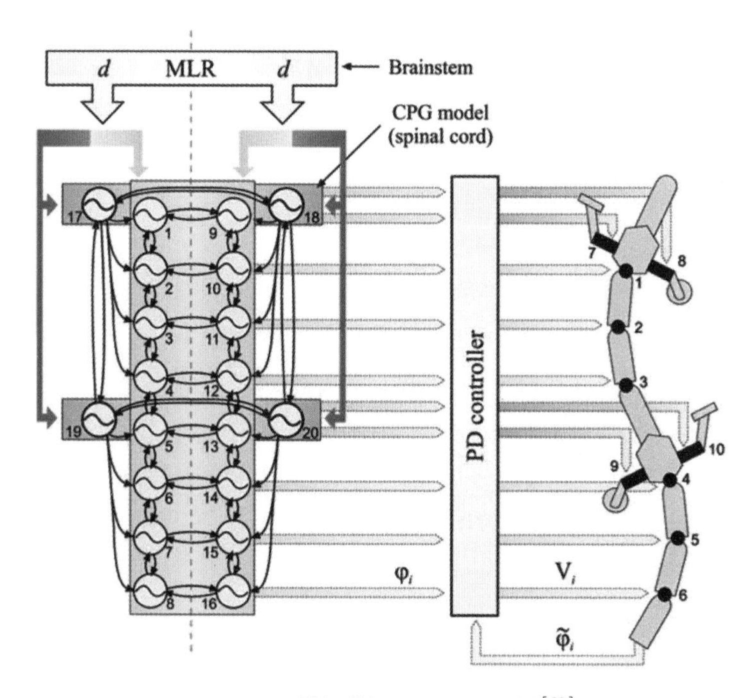

图7.2.11　蝾螈状机器人CPG示例[60]

在机器人领域，主要包含联结模型[61]、矢量图[62]、耦合振荡器系统[63]等CPG模型。而在腿足机器人控制领域，CPG方法也取得了良好的效果[64]。但由于多数CPG方法缺乏反馈与自协调能力，难以实时调整CPG输出的节律行为，因而在2013年，Se'bastien等人[65]提出了一种利用粒子群优化算法（Particle Swarm Optimization，PSO）来学习，并利用反馈调整CPG参数的方法（见图7.2.12），从而提高了四足仿生机器人Oncilla稳定性。

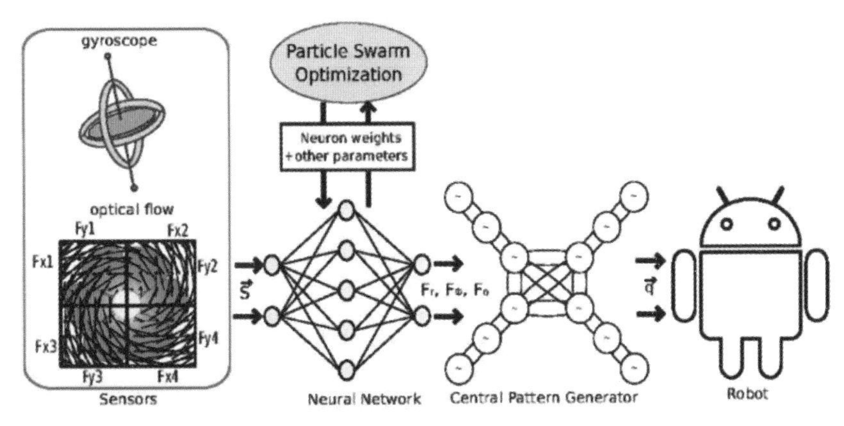

图7.2.12　有反馈CPG系统[65]

Se'bastien采用陀螺仪与光流相机作为传感器反馈输入。传感器信号输入神经网络，经神经网络计算后将计算所得幅值、频率、偏置等信息作为反馈调整信号输入CPG算法进行下一步计算，最终利用计算得到的指令控制机器人。其中，CPG算法采用类似Hopf振荡器，可直观调整震荡的幅值频率等参数，方便运动控制系统设计及人为观察调整。对于神经网络，采用PSO算法进行优化，为提高机器人稳定性，采用以下适应度函数：

$$F = \rho \times \theta_P \times \theta_R$$

$$\theta_P = \left(\frac{1}{1+\frac{1}{\tau}\int_{t=0}^{\tau}|\theta_P(t)dt|}\right)^{\beta_P}$$

$$\theta_R = \left(\frac{1}{1+\frac{1}{\tau}\int_{t=0}^{\tau}|\theta_R(t)dt|}\right)^{\beta_R}$$

其中，θ_P、θ_R为机器人俯仰角和横滚角在t时刻的全局位置，ρ为机器人前进距离，τ为机器人运动的全部时间，β为θ_P、θ_R比例系数，在文中均设为1。通过对适应度函数的最大化优化，最终有效提高了机器人的运动稳定性，同时证明了将神经网络输出作为CPG参数调整依据可有效提高机器人的运动性能。

在模仿低级神经中枢的CPG方法发展的同时，可进行高级感知与控制的四足仿生机器人学习方法也在同步发展。虽然基于类脑与学习的方法出现较晚，但近几年随着深度强化学习（Deep Reinforce Learning，DRL）理论的逐渐成熟，可从无到有进行自主学习的四足仿生机器人运动控制成为新的研究热点。

（3）基于学习的运动控制

机器学习是人工智能的核心问题之一，是通过对已有知识和经验的学习，不断提高自身性能的过程。机器学习帮助机器人主动适应新环境，从而避免了研究人员必须为所有不同的场景编制程序。目前，国内外学者把机器学习算法中的强化学习方法引入机器人运动控制领域，以提高机器人运动的速度和稳定性。该方法有如下优点：

1）通过机器人的学习可以调整运动模型中某些难以确定的参数；

2）对某些基本无法通过手动调节来实现的机器人动作，可通过制订相应的学习规则来实现；

3）通过不断学习和知识积累，机器人能够对未曾训练的场景做出正确的反应。

强化学习的特点在于从无到有进行学习。相比于传统机器人控制方法，它无需专家建立复杂的动力学模型[66]，而是机器人在环境交互过程中自主学习经验与行动策略，模仿人类在面对新任务时反复尝试并修改策略的行为模式。因无须完全知晓环境与自身状态，在与环境互动过程中不断完善自身知识库，所以理论上基于强化学习的机器人控制方法可解决一切问题而无须专家全程干预。

强化学习算法理论从20世纪开始就已经萌芽，但受计算能力与优化方法限制，其在四足仿生机器人控制领域的应用效果始终难以满足实际应用需求。直到2013年，DeepMind的Mnih等人[67]将深度学习方法与传统强化学习方法（Reinforce Learning，RL）中的Q学习[68]方法相结合，提出了深度Q

网络（Deep Q Network，DQN），并在Atari等多个视频游戏中取得了超过人类的学习效果。

除基于值函数的深度强化学习方法外，基于策略梯度[69]的深度强化学习方法通过计算当前策略奖励总期望对策略参数的偏导数更新策略，最终收敛于最优策略。理论上，由于基于策略梯度的方法可直接优化提升奖励的总期望，提高选择能获得高奖励的行为策略的概率，以最终提高总的奖励期望，从而更适用于解决强化学习问题。

将基于值函数的深度强化学习方法与基于策略梯度的深度强化学习相结合的AC算法，则实现了两者的优势互补，既可以继承策略梯度的高效学习与适应连续动作空间的优点，又可以吸取基于值函数方法的高效稳定的特点，但由于存在两个神经网络相互对抗，经验与记忆相似度高，相对难以收敛。为解决这一问题，2016年Google DeepMind 的Volodymyr等人提出了异步优势演员评论家（Asynchronous Advantage Actor-critic，A3C）方法[70]，通过在多线程中分别与环境进行交互学习，进一步打乱记忆库的记忆顺序，降低记忆间的关联性，提高了收敛性与收敛速度。此外还有近端策略优化（Proximal Policy Optimization，PPO）、双延迟深度确定性策略梯度（Twin Delayed Deep Deterministic，TD3）等强化学习算法，均为四足仿生机器人运动控制提供了良好的算法基础。

2018年，UC Berkeley的Peng等人[71]利用近端策略优化（Proximal Policy Optimization，PPO）[72]的强化学习方法在仿真中训练包括标准人形模型、猎豹模型以及Atlas机器人等在内的多种模型，取得了惊人的效果。由此控制的机器人可以进行行走、奔跑、后空翻以及侧踢等动作，并在其他模型上习得了投掷物体、高空跳跃等行为，其表现甚至优于人类。该方法的主要贡献在于验证了参考状态初始化和提前终止训练的重要性。

由于强化学习是使智能体从无到有开始学习，因而也不局限于人类想象范围内的行为模式，所以在人们设定的奖励规则之外，智能体常常会学到一些人们设想之外的行为。在一些情况下这种行为是被鼓励的，有利于扩展解决问题的手段。但在很多情况下，提高了研究人员进行算法设计的难度，因为一些任务的解决手段已提前有所设定，无须也不再鼓励智能体花费大量的时间与计算资源去进行策略空间的大范围探索，仅需在一个有所限定的动作与策略空间内进行探索与优化。譬如在设计学习四足仿生机器人步态算法时，无须让机器人从零探索，在现有的步态方法的基础上进行改进与优化即可。所以Peng等人提出在强化学习训练时，可以对智能体进行与参考动作相关的初始化，让其能够从现有策略入手，通过模仿现有策略中关节的位置、速度等信息，让其学习已有的策略，同时又加入新的任务目标，保证其在学习已有策略的同时能够适应复杂多变的情况。通过将复杂动作分解，以不同阶段的形式作为智能体初始化的条件，客观上也相当于将复杂任务予以分解，降低任务的学习难度，这种方式更加符合人类的学习习惯。

而Peng等人所提的提前终止同样是为了提高学习效率，降低学习难度。由于强化学习要求智能体独立探索，所以难免与人类一样学到或养成一些"坏习惯"，或者陷入一些错误策略中难以摆脱。在这种情况下，智能体提前终止训练可以降低智能体试错的成本，也减少了一些无法成功学习的情况，从"好的"策略开始再次学习。

由于利用强化学习训练四足仿生机器人步态需要与环境进行大量互动，所以人们通常会让四足仿生机器人在仿真环境中进行学习与试错，以此来避免在真实环境中学习时的试错成本。另外，通过在仿真环境中对仿真速度进行加速，可以节约在真实场景中训练的时间成本。但是，即便是最为出色的仿真平台也无法严格还原现实场景，仿真平台在仿真精度与真实性方面均与现实环境存在一定的差距，所以在仿真中可行的策略不一定能够在现实中应用。为解决这一问题，2018年谷歌Jie等人[73]提出了一种可以直接将在仿真中学习的四足仿生机器人控制策略直接应用于现实的方法。其主要思想在于尽力缩小仿真场景与现实场景的差异，通过不断降低仿真与现实的差距，最终实现四足仿生机器人控制从仿真到现实的跨越。Jie等人详细测量了机器人质量、电机摩擦系数、延迟、环境摩擦系数以及电池电压等诸多参数，并且在训练中对这些参数施加噪声以提高算法的鲁棒性。此外，Jie等人还使用了一种更加可靠的电机执行器模型，以降低电机这一仿真与现实差距最为明显的环节对机器人控制效果的干扰。实验结果表明通过仿真对现实的不断近似，可以解决四足仿生机器人控制方法从仿真到现实"跨越"的问题。

2019年，Jemin等人[74]在SCIENCE ROBOTICS上发表文章提出了一种新的四足仿生机器人控制系统，如图7.2.13所示，致力于解决机器人仿真到现实的"跨越"问题以及提高强化学习方法的学习速度。这篇文章的创新点之一在于，它使用ANYmal机器人并对目前仿真平台无法模拟的电机进行了提前学习，也就是在机器人学习控制策略之前，先对电机的输入所对应的输出进行有监督学习，以一个单独的神经网络作为仿真中的执行器，在现实中利用真实机器人所采用的执行器采集监督学习所需的标签，并将其用于拟合该执行器的输入输出函数，这一措施提供了非线性且无精准模型执行器在仿真环境下的拟合方法，有效解决了仿真平台中的策略难以于现实中部署的问题。与此同时，为缓解强化学习方法学习速度慢学习效率低的问题，Jemin等人使用刚体接触解算器（Rigidbody Contact Solver）[75]进行四足仿生机器人的仿真与学习，大大提高了机器人的学习速度。

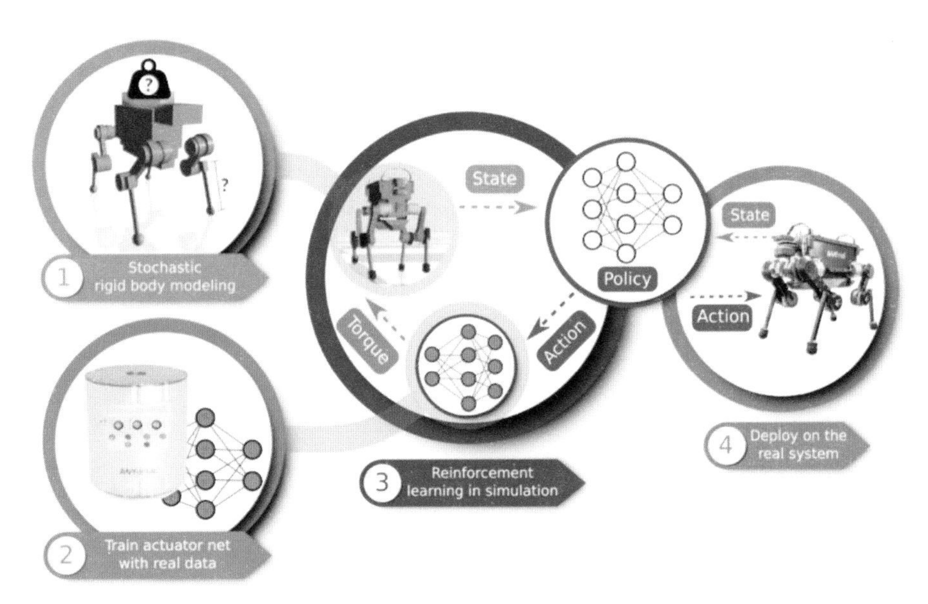

图7.2.13　ANYmal机器人学习系统[74]

此外有方案直接在算法层面设计出适合于机器人控制的强化学习算法。由于强化学习算法本身要求四足仿生机器人在弱监督情况下与环境进行交互，自己获得训练数据，这就对算法自身的探索能力提出了要求。换言之，探索能力越强，学习经验就越丰富，从而所学得的控制策略效果就更好。为使算法获得更强的探索能力，Tuomas等人[76]提出了柔性演员评论家（Soft Actor-Critic，Soft AC）算法，致力于提高策略本身的信息熵，从而扩展机器人控制算法的探索空间以提高机器人控制性能。Tuomas等人将信息熵的概念引入强化学习方法之中，以信息熵来衡量强化学习策略的信息量，并有意识地增加策略的信息熵，当信息熵高时，说明行动策略信息量大，即策略的探索能力较强。但过强的探索能力会使策略无法专注于完成任务而仅仅是进行探索，Tuomas等人[77]又设计了自动学习如何平衡探索能力与完成任务能力的改进Soft AC方法，使得算法的两种能力更为平衡，最终在现实场景中对四足仿生机器人Ghost进行训练并取得了良好效果。

在基于强化学习的四足仿生机器人的控制算法逐渐发展的同时，将传统控制方法与强化学习方法相结合的机器人控制算法逐渐显现。2018年，谷歌大脑的Atil等人[78]将强化学习方法与轨迹生成器结合起来，提出了策略调制轨迹生成器（Policies Modulating Trajectory Generators，PMTG）方法。利用轨迹生成器生成轨迹并利用PD控制器轨迹是一种常见的四足仿生机器人控制方法。但由于足部轨迹由轨迹生成器计算生成，实现的效果需要反馈给轨迹生成器，从而导致机器人难以对环境反馈做出快速、协调的反应。而通过强化学习的加入，可对轨迹生成器参数进行适时调整，从而实现传统方法与学习方法的结合。

随着四足仿生机器人行进控制方法的不断产生，利用强化学习方法对机器人进行高级控制的需求也日益增大，人们不再满足于仅仅控制四足仿生机器人前进这一目标，而是希望控制机器人走出某种特定的轨迹，或是完成一些特定的任务，这就产生了机器人控制的层次问题。执行复杂策略的高层理解认知决策行为与底层的行为产生、平衡控制并不一定需要进行端到端的处理，而且由于强化学习本身收敛困难，对于复杂任务要求从零开始学习亦是一个难题。因而可以对学习所需的网络结构与学习过程进行分层处理。2019年谷歌大脑的Deepali等人[79]对四足仿生机器人控制提出了一种分层强化学习的解决方案，用于使Ghost机器人沿特定轨迹前进，利用高级策略网络控制低级策略网络，使用一个新的神经网络控制上述的PMTG方法，因此，该方法可以使高级策略网络将注意力集中于机器人行进方向，而无须学习沿该方向前进所需的电机控制指令。即当完成一种路径的学习之后，底层控制网络无须改变就可以去学习其他路径，进而大幅降低学习新任务所需的时间。

在强化学习的基础上，为提高模型对新任务的学习效率，学者们将元学习（Meta Learning）与强化学习相结合，提高了学习过程中的训练速度。2018年，Kevin等人[80]提出一种方法，使用高级策略网络选择需要执行的底层策略，利用多种底层策略的组合来完成任务。通过在训练时进行“热身”，也就是在训练完整网络前添加预训练高级策略网络的步骤，达成优化训练效果、提升蚂蚁型四足仿生机器人训练速度的目的。

除了使用学习的方法使四足仿生机器人行进以外，在面对意外损伤时的适应能力也是研究人员所关注的问题，这可以使机器人的环境适应能力大幅增加，客观增加了其在运动过程中的适应性。2006年，Josh Bongard等人通过一种持续自我建模（Continuous Self-Modeling）的方法使得他们所设计的四足仿生机器人具有损伤自适应能力。研究人员创造出的人造“海星”，可逐渐发展出一种清晰的内部自我模型。这种四足机器人使用动作–感知关系间接推断自身结构，然后利用自我模型生成前向运动。当腿的一部分被截去时，它将适应自我模型并产生适应的步态，比如跛行。换句话说：它能够在失去肢体后，学习到新的身体结构，继而重组其身体表现。自我学习这个概念不仅可以帮助开发更强大的机器，还可以阐明动物自我建模的方式。而且这个现象首次证明了人造物理系统也能够像动物一样具备这种能力。通过不断优化其自身生成的自模型参数，以很少的先验知识自动恢复其自身的拓扑[66]。

（4）运动控制小结与展望

目前四足仿生机器人控制学习方法仍处于低级阶段，存在着学习效率低、场景适应性差、高级认知与决策能力有所不足等问题。如何解决这些问题也是接下来该方向研究工作的重点之一。设计更高效的学习算法、减少学习过程的时间与设备损耗、引入合适的模型等均可以提高四足仿生机器人的学习效率。同时人们也在尝试直接在现实中学习，或构建更合适的环境与机器人模型以适应多变的环境。在高级认知与决策方面，轮式与履带式机器人已经有了可喜的成就，但仍需要针对四足仿生机器人的结构特点进行设计和改进。相信在不远的将来，随着运动控制与自主学习技术的发展，具有结构和控制完全仿生能力的四足仿生机器人将真正做到为人类分忧。

参考文献

[1] 孟健, 刘进长, 荣学文, 等. 四足机器人发展现状与展望[J]. 科技导报, 2015, 33(21):59-63.

[2] 荣学文. SCalf液压驱动四足机器人的机构设计与运动分析[D]. 济南：山东大学, 2013.

[3] 柴汇, 孟健, 荣学文, 等. 高性能液压驱动四足机器人SCalf的设计与实现[J]. 机器人, 2014, 36(4):385-391.

[4] R. Playter, M. Buehler, M. Raibert. BigDog[C]//Society of Photo-optical Instrumentation Engineers. Society of Photo-Optical Instrumentation Engineers (SPIE) Conference Series, 2006.

[5] Raibert M, Blankespoor K, Nelson G, et al. Bigdog, the rough-terrain quadruped robot[C]// World Congress. 2008.

[6] Legged squad support systems[EB/OL]. [2014-04-09]. http://en.wikipedia.org/wiki/Legged Squad Support System.

[7] Briggs R , Lee J, Haberland M , et al. Tails in biomimetic design: Analysis, simulation, and experiment[C]//IEEE/RSJ International Conference on Intelligent Robots & Systems. IEEE, 2012:1473-1480.

[8] B. Dynamics., "Wildcat," https://www.bostondynamics.com/wildcat.

[9] B. Dynamics., "Spot," https://www.bostondynamics.com/spot.

[10] Rong X, Li Y, Meng J, et al. Design for Several Hydraulic Parameters of a Quadruped Robot[J]. Appl. Math, 2014, 8(5): 2465-2470.

[11] Cai R B, Chen Y Z, Hou W Q, et al. Trotting gait of a quadruped robot based on the time-pose control method[J]. International Journal of Advanced Robotics System, 2013, 10(148)

[12] Li M, Jiang Z, Wang P, et al. Control of a quadruped robot with bionic springy legs in trotting gait[J]. Journal of Bionic Engineering, 2014, 11(2): 188-198.

[13] Junyao G , Xingguang D , Qiang H , et al. The research of hydraulic quadruped bionic robot design[C]//International Conference on Complex Medical Engineering. IEEE, 2013: 620-625.

[14] Hu N , Li S , Huang D , et al. Crawling Gait Planning for a Quadruped Robot with High Payload Walking on Irregular Terrain[C]//International Joint Conference on Neural Networks. IEEE, 2014:2153-2158.

[15] 朱秋国. 浅谈四足机器人的发展历史、现状与未来[J]. 杭州科技, 2017(2):47-50.

[16] Topping T T, Kenneally G, and Koditschek D E. Quasi-static and dynamic mismatch for door opening and stair climbing with a legged robot [C] // 2017 IEEE International Conference on Robotics and Automation. IEEE, 2017:1080–1087.

[17] Kolter J Z, Kim Y, Ng A Y. Stereo vision and terrain modeling for quadruped robot [C] //2009 IEEE International Conference on Robotics and Automation. IEEE, 2009:1557–1564.

[18] 张慧. 四足机器人环境感知、识别与领航员跟随算法研究 [D]. 济南：山东大学，2016.

[19] Shao X, Yang Y, Wang W. Obstacle crossing with stereo vision for a quadruped robot [C] //International Conference on Mechatronics and automation. IEEE, 2012:1738–1743.

[20] Sampson J R. Adaptation in natural and artificial systems (John H. Holland) [J]. 1976.

[21] McCulloch, Warren; Walter Pitts (1943). "A Logical Calculus of Ideas Immanent in Nervous Activity". Bulletin of Mathematical Biophysics. 5(4): 115–133.

[22] Zadeh, L.A. (1965). "Fuzzy sets". Information and Control. 8(3): 338–353.

[23] Burnetas, Apostolos N.; Katehakis, Michael N. (1997), "Optimal adaptive policies for Markov Decision Processes", Mathematics of Operations Research, 22: 222–255

[24] A. Colorni, M. Dorigo et V. Maniezzo, Distributed Optimization by Ant Colonies, actes de la première conférence européenne sur la vie artificielle, Paris, France, Elsevier Publishing, 134-142, 1991.

[25] Kirkpatrick, S.; Gelatt Jr, C. D.; Vecchi, M. P. (1983). "Optimization by Simulated Anneal ing". Science. 220 (4598): 671–680.

[26] Kennedy, J.; Eberhart, R. (1995). "Particle Swarm Optimization". Proceedings of IEEE International Conference on Neural Networks. IV. pp. 1942–1948.

[27] Kephart, J. O. (1994). "A biologically inspired immune system for computers". Proceedings of Artificial Life IV: The Fourth International Workshop on the Synthesis and Simulation of Living Systems. MIT Press. pp. 130–139.

[28] Kolter J Z, Rodgers M P, Ng A Y. A control architecture for quadruped locomotion over rough terrain [C] //2008 IEEE International Conference on Robotics and Automation. IEEE, 2008: 811–818.

[29] Wooden D, Malchano M, Blankespoor K, et al. Autonomous navigation for BigDog [C] //2010 IEEE International Conference on Robotics and Automation. IEEE, 2010: 4736–4741.

[30] Dudek G, Jenkin M. Computational principles of mobile robotics [M]. Cambridge university press, 2010:132–145

[31] Li Y, Olson E B. Extracting general-purpose features from LIDAR data [C] //2010 IEEE International Conference on Robotics and Automation. IEEE, 2010: 1388–1393.

[32] Endres F, Hess J, Sturm J, et al. 3-D mapping with an RGB-D camera [J]. IEEE

transactions on robotics, 2013, 30(1): 177–187.

[33] Rosten E, Drummond T. Machine learning for high-speed corner detection [C] //European conference on computer vision. Springer, Berlin, Heidelberg, 2006: 430–443.

[34] Bay H, Tuytelaars T, Van Gool L. Surf: Speeded up robust features [C] //European conference on computer vision. Springer, Berlin, Heidelberg, 2006: 404–417.

[35] Siegwart R, Nourbakhsh I R, Scaramuzza D. Introduction to autonomous mobile robots [M]. MIT press, 2011.

[36] 陈强, 田杰, 黄海宁, 等. 基于统计和纹理特征的 SAS 图像 SVM 分割研究 [J]. 仪器仪表学报, 2013, 34(6):1413–1420.

[37] Wei X . Classifying Complication of Seabed Terrain Based on Orthogonal Wavelet Transform [J]. geomatics and information science of wuhan university, 2008, 33: 631–634.

[38] LeCun Y, Bottou L, Bengio Y, et al. Gradient-based learning applied to document recognition [J]. Proceedings of the IEEE, 1998, 86(11): 2278–2324.

[39] 谷晓天, 高小红, 马慧娟, 等. 复杂地形区土地利用/土地覆被分类机器学习方法比较研究 [J]. 遥感技术与应用, 2019, 34(1): 57–67.

[40] Breiman L. Random forests [J]. Machine learning, 2001, 45(1): 5–32.

[41] Cortes C, Vapnik V. Support vector machine [J]. Machine learning, 1995, 20(3): 273–297.

[42] 刘彩霞, 方建军, 刘艳霞, 等. 基于多类特征融合的极限学习在四足机器人野外地形识别中的应用 [J]. 电子测量与仪器学报, 2018 (2): 15.

[43] Moravec H, Elfes A. High resolution maps from wide angle sonar [C] //Proceedings. 1985 IEEE international conference on robotics and automation. IEEE, 1985, 2: 116–121.

[44] Chatila R, Laumond J P. Position referencing and consistent world modeling for mobile robots [C] //Proceedings. 1985 IEEE International Conference on Robotics and Automation. IEEE, 1985, 2: 138–145.

[45] Kuipers B, Byun Y T. A robot exploration and mapping strategy based on a semantic hierarchy of spatial representations [J]. Robotics and autonomous systems, 1991, 8(1-2): 47–63.

[46] Forlani G, Nardinocchi C, Scaioni M, et al. Complete classification of raw LIDAR data and 3D reconstruction of buildings [J]. Pattern analysis and applications, 2006, 8(4): 357–374.

[47] Hartley R, Zisserman A. Multiple view geometry in computer vision [M]. Cambridge university press, 2003.

[48] Lin C H, Kong C, Lucey S. Learning efficient point cloud generation for dense 3d object reconstruction [C] //Thirty-Second AAAI Conference on Artificial Intelligence. 2018.

[49] Wagner D, Schmalstieg D. Artoolkitplus for pose tracking on mobile devices [J]. 2007.

[50] Se S, Lowe D G, Little J J. Vision-based global localization and mapping for mobile robots [J]. IEEE Transactions on robotics, 2005, 21(3): 364-375.

[51] 张慧, 荣学文, 李贻斌, 等. 四足机器人地形识别与路径规划算法 [J]. 机器人, 37(5):546–556.

[52] 张帅帅. 复杂地形环境中四足机器人行走方法研究 [D]. 济南：山东大学,2016.

[53] Muybridge E. Animals in motion [M]. Courier Corporation, 1957.

[54] Muybridge E. The human figure in motion [M]. Courier Corporation, 1887.

[55] McGhee R B, Frank A A. On the stability properties of quadruped creeping gaits [J]. Mathematical Bioscience, 1968, 3: 331-351.

[56] Messuri D, Klein C A. Automatic body regulation for maintaining stability of a legged vehicle during rough-terrain locomotion [J]. Robotics and Automation, IEEE Journal of, 1985, 1(3): 132-141

[57] Sherrington C S. Flexion - reflex of the limb, crossed extension - reflex, and reflex stepping and standing [J]. The Journal of physiology, 1910, 40(1-2): 28-121.

[58] Brown T G. The intrinsic factors in the act of progression in the mammal [J]. Proceedings of the Royal Society of London. Series B, containing papers of a biological character, 1911, 84(572): 308-319.

[59] Delcomyn F. Neural basis of rhythmic behavior in animals [J]. Science, 1980, 210(4469): 492-498.

[60] Ijspeert A J. Central pattern generators for locomotion control in animals and robots: a review [J]. Neural networks, 2008, 21(4): 642-653.

[61] Arena P. The central pattern generator: a paradigm for artificial locomotion [J]. Soft Computing, 2000, 4(4): 251-266.

[62] Okada M, Tatani K, Nakamura Y. Polynomial design of the nonlinear dynamics for the brain-like information processing of whole body motion [C] //Proceedings 2002 IEEE International Conference on Robotics and Automation (Cat. No. 02CH37292). IEEE, 2002, 2: 1410-1415.

[63] Crespi A, Ijspeert A J. AmphiBot II: An amphibious snake robot that crawls and swims using a central pattern generator [C] //Proceedings of the 9th international conference on climbing and walking robots (CLAWAR 2006). 2006 (CONF): 19-27.

[64] Pogue A, Bianes A, Hong D, et al. NABI-S: A compliant robot with a CPG for locomotion [C] //2017 IEEE/RSJ International Conference on Intelligent Robots and Systems (IROS). IEEE, 2017: 3366-3371.

[65] Gay S, Santos-Victor J, Ijspeert A. Learning robot gait stability using neural networks as sensory feedback function for central pattern generators [C] //2013 IEEE/RSJ

International Conference on Intelligent Robots and Systems. IEEE, 2013: 194-201.

[66] Tan W, Fang X, Zhang W, Song R, Chen T, Zheng Y, Li Y. A Hierarchical Framework for Quadruped Locomotion Based on Reinforcement Learning [C] . Proceedings of International Conference on Intelligent Robots and Systems (IROS). 2021.

[67] Mnih V, Kavukcuoglu K, Silver D, et al. Playing atari with deep reinforcement learning [J] . arXiv preprint arXiv:1312.5602, 2013.

[68] Watkins C J C H. Learning from delayed rewards [J] . 1989.

[69] Sutton R S, McAllester D A, Singh S P, et al. Policy gradient methods for reinforcement learning with function approximation [C] //Advances in neural information processing systems. 2000: 1057-1063.

[70] Mnih V, Badia A P, Mirza M, et al. Asynchronous methods for deep reinforcement learning [C] //International conference on machine learning. 2016: 1928-1937.

[71] Peng X B, Abbeel P, Levine S, et al. Deepmimic: Example-guided deep reinforcement learning of physics-based character skills [J] . ACM Transactions on Graphics (TOG), 2018, 37(4): 1-14.

[72] Schulman J, Wolski F, Dhariwal P, et al. Proximal policy optimization algorithms [J] . arXiv preprint arXiv:1707.06347, 2017.

[73] Tan J, Zhang T, Coumans E, et al. Sim-to-real: Learning agile locomotion for quadruped robots [J] . arXiv preprint arXiv:1804.10332, 2018.

[74] Hwangbo J, Lee J, Dosovitskiy A, et al. Learning agile and dynamic motor skills for legged robots [J] . Science Robotics, 2019, 4(26): eaau5872.

[75] Hwangbo J, Lee J, Hutter M. Per-contact iteration method for solving contact dynamics[J] . IEEE Robotics and Automation Letters, 2018, 3(2): 895-902.

[76] Haarnoja T, Zhou A, Abbeel P, et al. Soft actor-critic: Off-policy maximum entropy deep reinforcement learning with a stochastic actor [J] . arXiv preprint arXiv:1801.01290, 2018.

[77] Haarnoja T, Zhou A, Hartikainen K, et al. Soft actor-critic algorithms and applications[J]. arXiv preprint arXiv:1812.05905, 2018.

[78] Iscen A, Caluwaerts K, Tan J, et al. Policies modulating trajectory generators [J] . arXiv preprint arXiv:1910.02812, 2019.

[79] Jain D, Iscen A, Caluwaerts K. Hierarchical reinforcement learning for quadruped locomotion [J] . arXiv preprint arXiv:1905.08926, 2019.

[80] Frans K, Ho J, Chen X, et al. Meta learning shared hierarchies [J] . arXiv preprint arXiv:1710.09767, 2017.

[81] Bongard J, Zykov V, Lipson H. Resilient machines through continuous self-modeling [J] . Science, 2006, 314(5802): 1118-1121.